U0255312

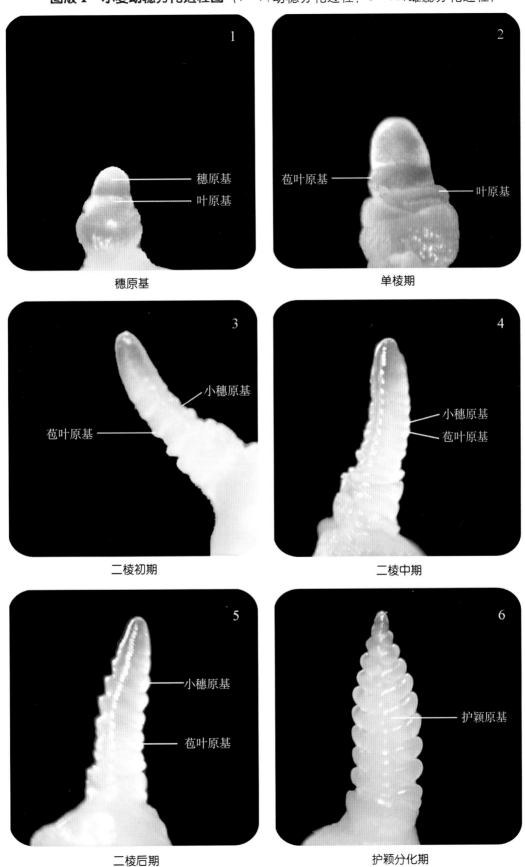

图版 1　小麦幼穗分化进程图（1～7.幼穗分化过程，8～16.雌蕊分化过程）

1　穗原基

穗原基
叶原基

2　单棱期

苞叶原基
叶原基

3　二棱初期

小穗原基
苞叶原基

4　二棱中期

小穗原基
苞叶原基

5　二棱后期

小穗原基
苞叶原基

6　护颖分化期

护颖原基

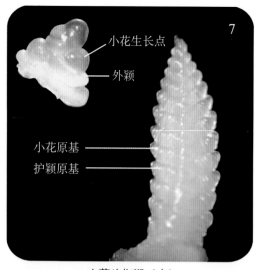

小花分化期（末）

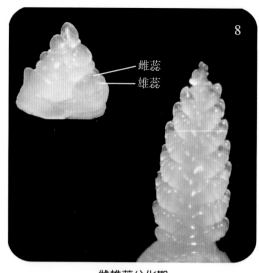

雌雄蕊分化期

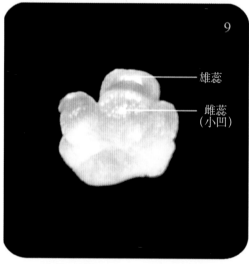

一朵花示雌蕊小凹期（药隔形成初期）

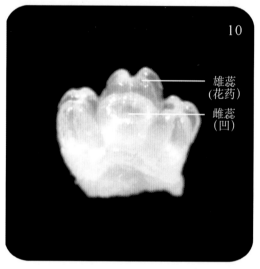

凹　期

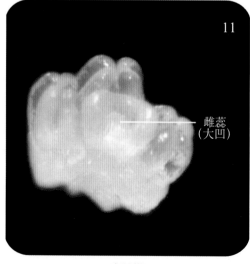

大凹期

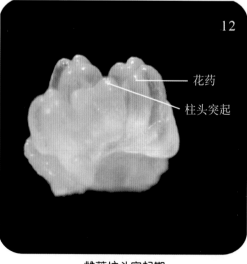

雌蕊柱头突起期

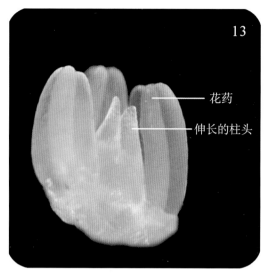

花药

伸长的柱头

柱头伸长期

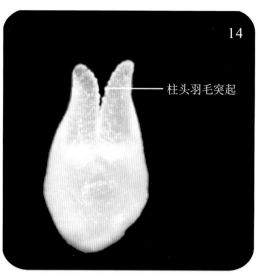

柱头羽毛突起

雌蕊柱头羽毛突起期

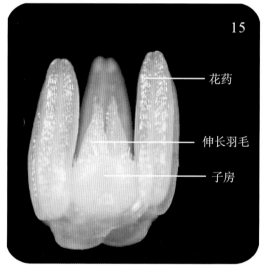

花药

伸长羽毛

子房

羽毛伸长期

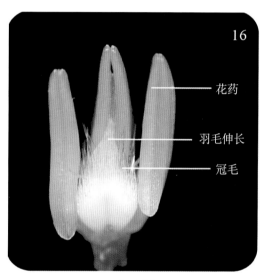

花药

羽毛伸长

冠毛

羽毛形成期

图版 2　顶端小穗和中部小穗

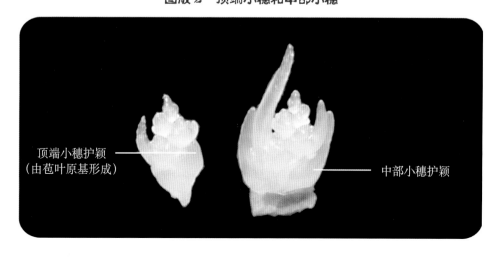

顶端小穗护颖
（由苞叶原基形成）

中部小穗护颖

图版 3 小麦幼穗分化进程部分电镜扫描图

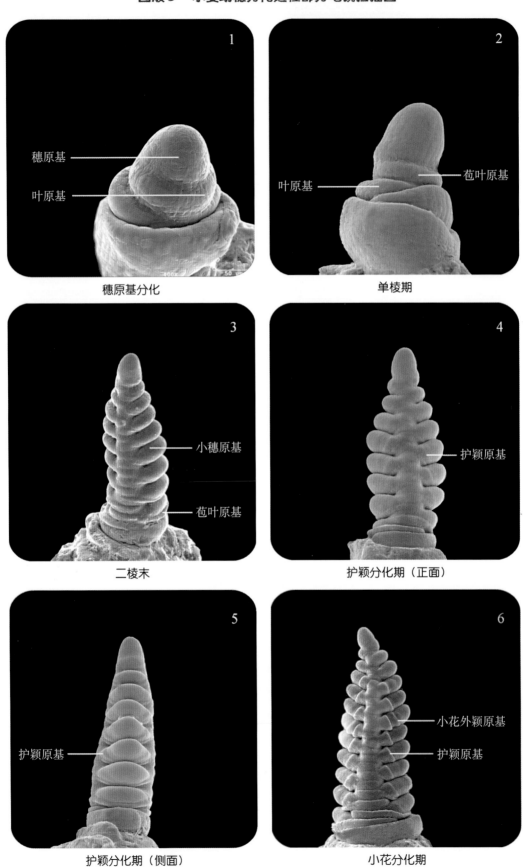

1 穗原基分化
穗原基
叶原基

2 单棱期
叶原基
苞叶原基

3 二棱末
小穗原基
苞叶原基

4 护颖分化期（正面）
护颖原基

5 护颖分化期（侧面）
护颖原基

6 小花分化期
小花外颖原基
护颖原基

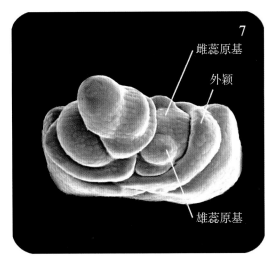

雌雄蕊分化期（一个小穗）

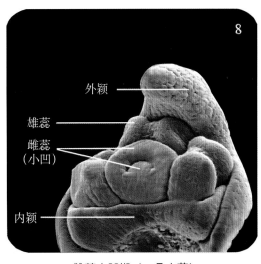

雌蕊小凹期（一朵小花）

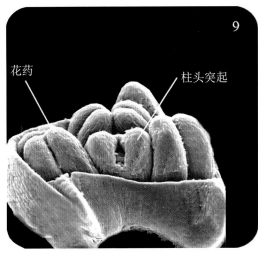

雌蕊柱头突起期

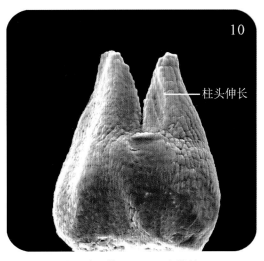

雌蕊柱头伸长期（一个雌蕊）

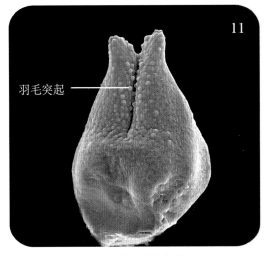

雌蕊柱头羽毛突起期

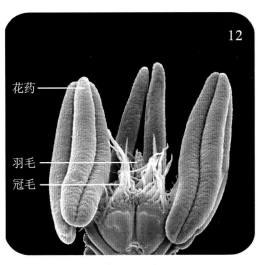

雌蕊柱头羽毛伸长期

图版 4　正在分化的顶端小穗（箭头以上为顶端小穗）

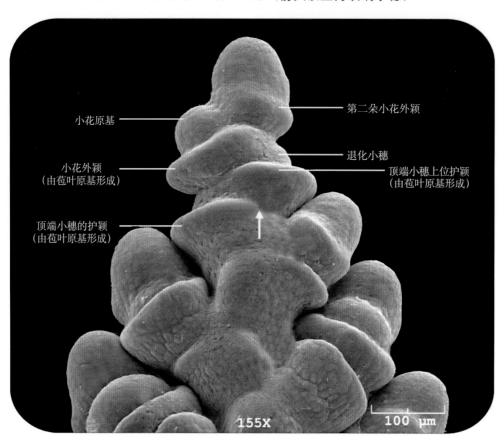

小花原基

第二朵小花外颖

小花外颖
（由苞叶原基形成）

退化小穗

顶端小穗上位护颖
（由苞叶原基形成）

顶端小穗的护颖
（由苞叶原基形成）

155X

100 μm

图版 5　小麦的穗和穗轴

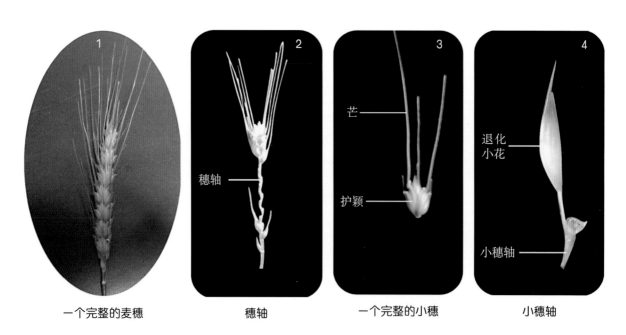

穗轴

芒

护颖

退化
小花

小穗轴

一个完整的麦穗　　　　穗轴　　　　一个完整的小穗　　　　小穗轴

图版 6　一朵小花

外颖

雄蕊

雌蕊

内颖

图版 7　苞叶原基没有退化的穗

苞叶原基形成的叶

图版 8　羽毛状柱头（一朵花）

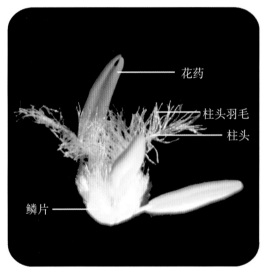

花药

柱头羽毛

柱头

鳞片

图版 9　开花授粉

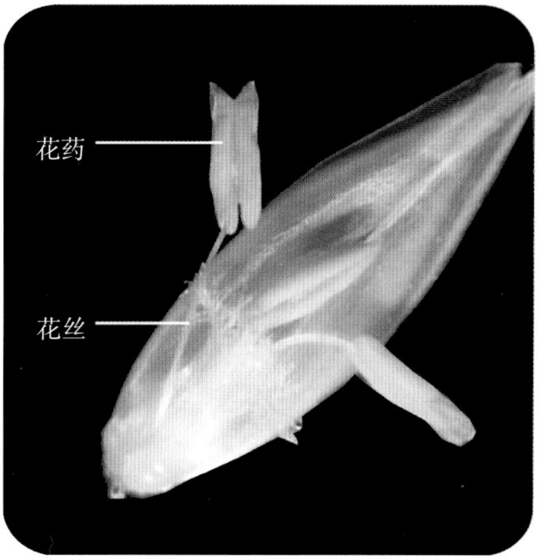

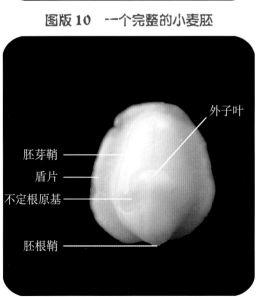

花药

花丝

图版 10　一个完整的小麦胚

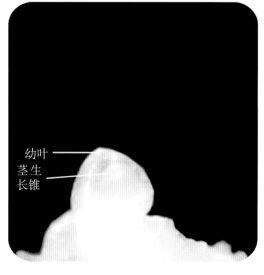

外子叶

胚芽鞘

盾片

不定根原基

胚根鞘

图版 11　幼苗生长锥

幼叶

茎生长锥

图版 12　小麦籽粒纵切面

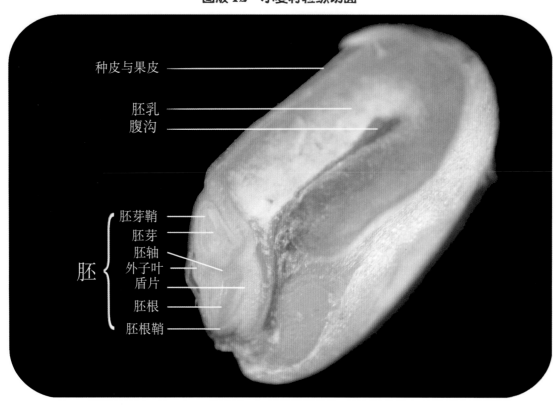

种皮与果皮

胚乳
腹沟

胚芽鞘
胚芽
胚轴
外子叶
盾片
胚根
胚根鞘

胚

图版 13　带有鳞片的籽粒

鳞片

图版 14　鳞　片

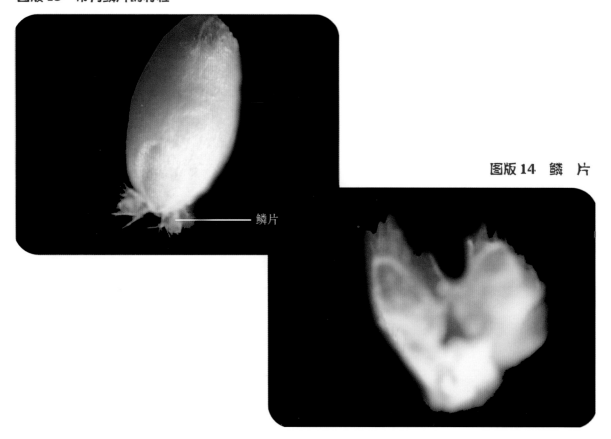

图版 15 开花前的鳞片

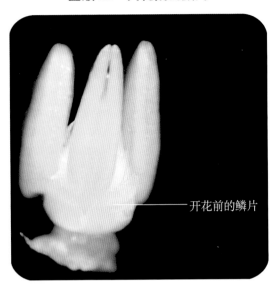

———开花前的鳞片

图版 16 小花数不再增加的小穗

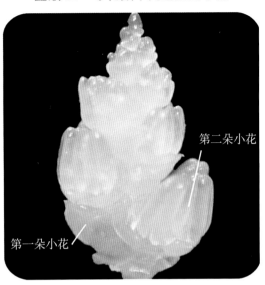

第二朵小花

第一朵小花

图版 17 冻害后的苗和穗

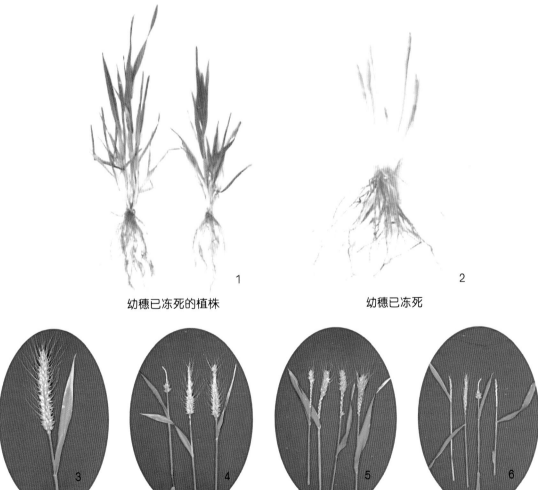

1

幼穗已冻死的植株

2

幼穗已冻死

3

4

发育正常的未受冻麦穗

5

6

不同部位受冻害麦穗

图版 18 小麦花药压片示花粉母细胞减数分裂

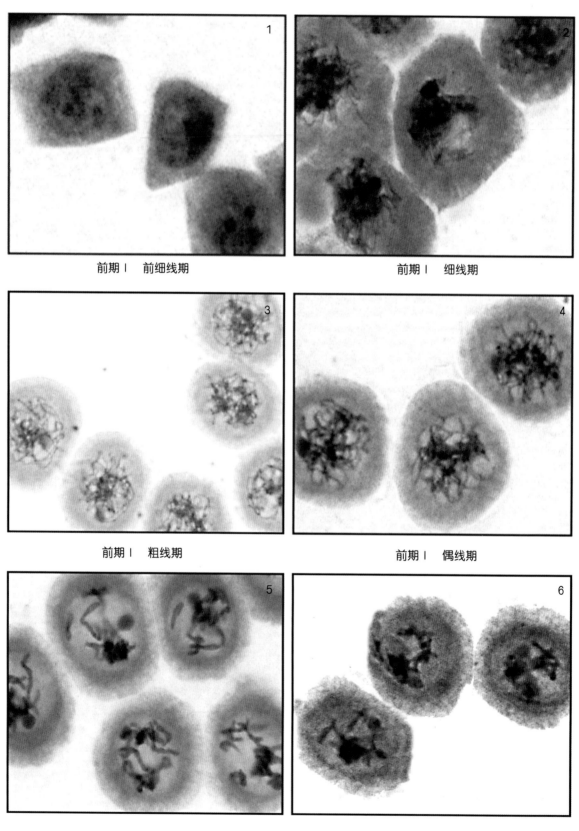

前期Ⅰ 前细线期

前期Ⅰ 细线期

前期Ⅰ 粗线期

前期Ⅰ 偶线期

前期Ⅰ 双线期

前期Ⅰ 终变期

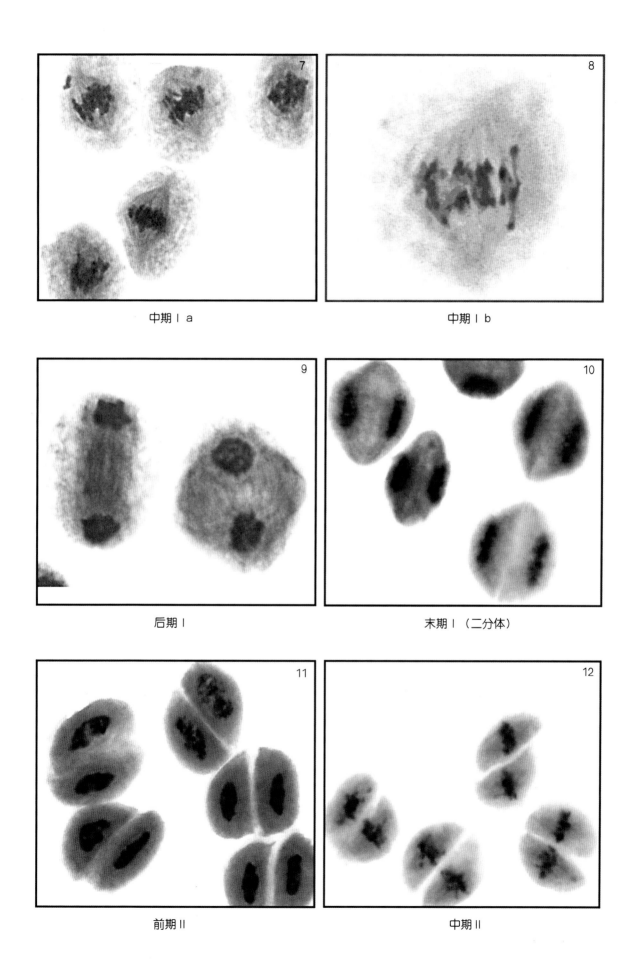

中期Ⅰa

中期Ⅰb

后期Ⅰ

末期Ⅰ（二分体）

前期Ⅱ

中期Ⅱ

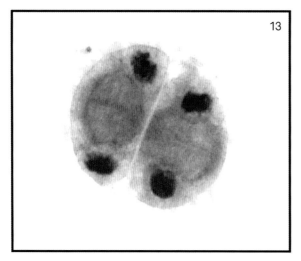

后期Ⅱ

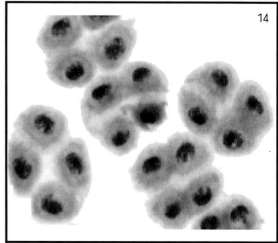

末期Ⅱ（四分体）

图版 19　花后不同天数籽粒形态变化

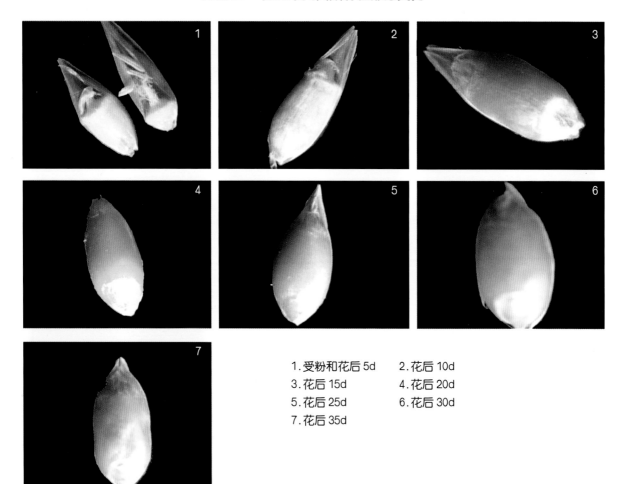

1.受粉和花后 5d　　2.花后 10d
3.花后 15d　　4.花后 20d
5.花后 25d　　6.花后 30d
7.花后 35d

小麦的穗

崔金梅 郭天财 等 著

中国农业出版社

内 容 提 要

　　本书是著者在河南生态条件下自1975—2003年连续28年，以郑引1号和百泉41冬小麦品种为对照，并先后结合黄淮冬麦区，特别是河南省不同时期生产上大面积推广种植的冬小麦品种，采用统一试验方案、分期播种、定期观测等研究方法，对冬小麦幼穗发育、籽粒形成与灌浆进行系统研究而撰写的一部学术专著。

　　该书的主要内容包括：不同类型冬小麦品种幼穗发育与籽粒建成规律，不同小穗位、小花位的小花发育及退化规律；幼穗发育进程与温、光、水等气候条件的关系；籽粒发育过程中生理代谢特征及其与气象因子、植株营养器官建成的内在关系；播期及肥、水运筹对幼穗发育、籽粒形成的调控效应与稳定提高小麦穗粒重的技术途径等。

Summary

　　"Spike of Wheat" is an academic book on young panicle development, and grain formation and filling in winter wheat (*Triticum aestivum* L.) grown under Henan ecological condition. Two typical winter wheat cultivars, Zhengyin 1 and Baiquan 41 as control, were investigated from 1975 to 2003 with same experimental design together with other widely cultivated ones in Huanghuai region of China. All the investigated cultivars were sown on five discontinuous dates at eight days interval in each year, and the observations were performed on a series of regular dates.

　　There are four main sections in this book. First section introduced the rules on young panicle development and grain formation of different winter wheat cultivars, and on floret development and degeneration at different spikelet positions and floret positions. Second section stated the relationship between young panicle development and ecological conditions, such as temperature, radiation, and water etc. The third section discussed the correlation of the metabolism characteristics in grain during its development period with both meteorological factors and the formation of nutritional organs. In the last section, the authors proposed the technologies including optimal sowing date determination, and fertilizer and water management to regulate the young panicle development and grain formation, thus improve the grain weight.

崔金梅　郭天财　朱云集

王晨阳　马新明　等著

作者分工

绪　论　郭天财　崔金梅

第一章　崔金梅　王永华　王化岑

第二章　崔金梅　余　华　赵荣先

第三章　王晨阳　马冬云　冀天会

第四章　段增强　吉玲芬　王永华

第五章　崔金梅　郭天财　李　磊　齐广超

第六章　贺德先　朱云集　崔金梅

第七章　马新明　远　彤　李春明

第八章　赵会杰　康国章　郭天财

第九章　夏国军　刘万代　王晨阳

第十章　朱云集　谢迎新　罗　毅

前　　言

小麦是世界上第一大粮食作物，其收获面积、总产量和总贸易额均居各类作物之首位。在中国，小麦是仅次于水稻的第二大粮食作物，小麦产量的高低对国家粮食安全和社会经济发展及人民生活水平提高都具有极其重要的作用。

小麦产量是由单位面积穗数与单穗粒重构成的，而单穗粒重又取决于每穗粒数的多少和粒重的高低，由此可见，小麦穗的大小与产量关系极为密切。幼穗分化是小麦生长发育过程中与营养生长同步进行的生殖生长过程。许多研究表明，小麦生长条件不同，将影响其幼穗分化的起止时间、分化各阶段历时长短、分化状况等，进而影响到小麦穗粒数的多少和粒重的高低。因此，小麦穗的研究在小麦生态类型划分、生育特性研究、遗传育种与品种利用，以及高产优质高效栽培等方面都具有非常重要的指导意义。

河南农业大学作为河南省小麦高（产）稳（产）优（质）低（成本）研究推广协作组的第一主持单位和国家小麦工程技术研究中心的依托单位，历来对小麦的生态生理和高产优质栽培研究十分重视，其中小麦穗的研究是数十年始终坚持的一个重要研究课题。在国家有突出贡献中青年专家崔金梅教授的带领下，课题组从1975年开始，在国家科技部和河南省科技厅下达的河南省小麦高（产）稳（产）优（质）低（成本）研究、河南省小麦生态区划及其生产技术规程、稳定提高小麦穗粒重研究、小麦大面积高产综合配套技术研究开发与示范、国家粮食丰产科技工程河南课题、河南小麦丰产高效生产技术集成与示范等重大科技攻关项目的资助下，通过近30年连续以春性品种郑引1号、半冬性品种百泉41为对照品种，以黄淮地区小麦生产不同发展阶段推广的主导品种为研究对象，采用分期播种、定期观察等方法，对幼穗分化发育进行了连续观察记载。系统研究了冬小麦幼穗分化发育规律及籽粒形成特点，小麦幼穗分化与生态条件、品种类型、栽培措施及营养器官生长之间的关系，深入探讨了影响小麦穗粒重的因素及促花增粒、提高粒重的技术途径与配套栽培技术措施。围绕上述研究，曾先后获得全国科学大会、国家科技部、农业部和河南省科技进步二等奖以上科技成果奖励 6 项。本书的主要内容也是著者多年来关于冬小麦穗研究成果的系统总结。

《小麦的穗》是迄今为止国内第一部关于小麦穗器官建成、穗粒重形成与调控的学术专著。本书的主要内容包括：小麦穗的形成、小麦籽粒形成、幼穗发育与植株生长、幼穗发育与生态条件、籽粒形成与幼穗发育的关系、穗粒重与营养器官的关系、籽粒形成过程中的生理特点、籽粒形成的影响因素、提高小麦穗粒重的途径与技术等，共分 10 章。本书密切结合生态条件和生产实际，既有对观察结果的归纳总结，又有定量的具体指标，资料系统完整。其特点突出体现在小麦器官建成长期观察与气象条件对应分析等方面，并将研究过程中拍摄的小麦幼穗发育彩色图片制成图版首次发表。同时，为了体现该书的系统性和完整性，本书所用资料除主要著者多年来的研究结果外，还参考和吸收了国内外不同时期小麦幼穗发育方面相关的研究资料和成果。本书可供从事小麦科学研究和技术推广工作者、农业生产的领导和农业院校师生阅读参考。

在该项研究中，曾得到了河南农业大学、国家小麦工程技术研究中心有关老师、研究生、本科实习生和农场试验工人等多方面的协助与支持，才使得本项研究连续坚持几十年从不间断。在本书撰写过程中，国家小麦工程技术研究中心尹钧教授曾审阅书稿，并提出了许多宝贵意见。河南省人民政府副秘书长王树山、河南省科技厅副厅长贾跃、河南省科技厅农村处处长徐公民、河南省科技厅总农艺师王志和等都曾给予热情鼓励与大力支持。本书的出版得到了河南省科技厅、河南农业大学、河南省农业厅、国家小麦工程技术研究中心和中国农业出版社等单位的大力支持。本书电子扫描图片在拍摄过程中得到 University of Oklahoma, Samuel Roberts Noble Electron Microscopy Laboratory 的热情帮助。在此，一并表示最诚挚的谢意。

限于写作和著者的水平，不当之处敬请同行专家和广大读者批评指正。

著 者

2006 年 5 月 5 日

目　　录

前言

绪论 ……………………………………………………………………………… 1

　　一、河南农业生态特点与小麦生产发展 ………………………………… 2

　　二、小麦幼穗发育研究进展 ……………………………………………… 4

　　三、本书的资料来源及试验研究方法 …………………………………… 13

　　参考文献 …………………………………………………………………… 15

第一章　冬小麦穗的分化与形成 …………………………………………… 18

　　第一节　小麦穗的结构 ………………………………………………… 18

　　　一、穗与穗轴 ……………………………………………………………… 18

　　　二、小穗与护颖 …………………………………………………………… 18

　　　三、小花的结构 …………………………………………………………… 18

　　　四、籽粒 …………………………………………………………………… 19

　　第二节　小麦幼穗的发育时期 ………………………………………… 21

　　　一、幼穗发育时期划分 …………………………………………………… 21

　　　二、幼穗发育各个时期的形态特征 ……………………………………… 22

　　　三、雌蕊发育的形态变化及时期划分 …………………………………… 27

　　第三节　小麦幼穗的发育进程 ………………………………………… 28

　　　一、幼穗原基分化形成——茎生长锥的转化 ………………………… 29

　　　二、苞叶原基分化形成（单棱期） ……………………………………… 29

　　　三、小穗原基分化形成（二棱期） ……………………………………… 30

　　　四、护颖原基分化形成 …………………………………………………… 31

　　　五、小花原基分化形成 …………………………………………………… 31

　　　六、雌雄蕊原基分化形成 ………………………………………………… 31

　　　七、药隔分化形成 ………………………………………………………… 32

　　　八、雌蕊的生长发育 ……………………………………………………… 32

　　　九、四分体时期 …………………………………………………………… 33

　　　十、顶端小穗的形成 ……………………………………………………… 34

　　第四节　小麦小花的发育 ……………………………………………… 34

　　　一、同一小穗不同花位小花发育动态 …………………………………… 34

　　　二、不同小穗位小花发育动态 …………………………………………… 39

三、小花退化 ··· 41

第五节　小麦分蘖穗的幼穗发育 ································· 42

一、分蘖的基本营养生长期 ································· 42

二、分蘖的幼穗发育动态 ······························· 43

三、同伸蘖组的幼穗发育变化动态 ··················· 46

四、植株受伤害后分蘖穗的发育 ······················· 47

第六节　不同品种小麦幼穗发育特点 ··················· 49

一、不同品种幼穗分化发育进程的差异 ············· 49

二、不同品种分化小穗数的差异 ······················· 51

三、不同品种小花发育的差异 ··························· 52

参考文献 ··· 54

第二章　冬小麦幼穗发育与营养器官生长之间的关系 ················ 55

第一节　小麦茎生长锥的生长与叶原基分化 ············· 55

一、茎生长锥的生长 ····································· 56

二、叶原基分化与主茎叶片数 ··························· 57

三、旗叶叶原基与苞叶原基 ····························· 57

第二节　小麦幼穗发育与叶片生长之间的关系 ············· 58

一、主茎幼穗发育与叶片的生长 ······················· 58

二、分蘖幼穗发育与其叶片生长的关系 ············· 67

第三节　小麦幼穗发育与茎秆伸长的关系 ··············· 70

一、幼穗发育时期与其相应的伸长节位 ············· 70

二、幼穗发育与茎秆长度的关系 ······················· 72

参考文献 ··· 76

第三章　冬小麦幼穗发育与生态条件的关系 ····················· 77

第一节　小麦营养生长与气象条件的关系 ··············· 77

一、营养生长历时天数与温度条件的关系 ············· 78

二、营养生长历时天数与光照条件的关系 ············· 82

三、营养生长历时天数与降雨的关系 ················· 85

四、播期处理间幼苗营养生长期与气象条件的关系 ····· 85

第二节　小麦幼穗发育进程与气象条件的关系 ············· 87

一、穗原基分化期与气象条件的关系 ················· 87

二、单棱期与气象条件的关系 ··························· 91

三、二棱期与气象条件的关系 ··························· 96

四、护颖分化期与气象条件的关系 ····················· 104

五、小花、雌雄蕊分化至四分体形成阶段与气象条件的关系 ··· 109

六、不同类型品种幼穗发育的差异性表现 ············· 115

第三节　气象因子对小麦幼穗发育各时段历时的贡献及其温光指标 …………… 118

一、幼穗发育各阶段历时天数与主要气象因子的回归分析…………………… 118

二、小麦幼穗发育各阶段的温光指标…………………………………………… 123

第四节　小麦穗部性状与气象因子的关系 …………………………………………… 124

一、幼穗发育各阶段温度条件与穗部性状的关系…………………………… 125

二、幼穗发育各阶段日照条件与穗部性状的关系…………………………… 126

三、幼穗发育各阶段降雨量与穗部性状的关系……………………………… 128

四、幼穗发育各阶段历时天数与穗部性状的关系…………………………… 128

第五节　小麦营养条件及农艺措施对小麦幼穗发育的影响 ……………………… 129

一、土壤肥力对幼穗发育状况的影响………………………………………… 129

二、追肥、灌水时期对小花发育动态的影响………………………………… 131

三、氮肥施用量及追施时期对幼穗发育的影响……………………………… 132

四、种植密度对幼穗发育的影响……………………………………………… 134

五、砂土地对幼穗发育及穗部性状的影响…………………………………… 136

第六节　低温与幼穗冻害的关系 …………………………………………………… 138

一、幼穗冻害的温度指标、受害部位及形态表现…………………………… 138

二、农艺措施与小麦冻害的关系……………………………………………… 141

参考文献 ……………………………………………………………………………… 142

第四章　冬小麦籽粒形成及其形态结构 ……………………………………………… 145

第一节　小麦的花序、小穗和小花的结构 ………………………………………… 145

一、花序的形态结构…………………………………………………………… 145

二、小穗的形态结构…………………………………………………………… 146

三、小花的形态结构…………………………………………………………… 146

第二节　小麦开花、传粉、受精 …………………………………………………… 153

一、开花………………………………………………………………………… 153

二、传粉与花粉粒萌发………………………………………………………… 154

三、受精………………………………………………………………………… 154

四、影响小麦开花受精的因素………………………………………………… 156

第三节　小麦籽粒的生长发育 ……………………………………………………… 158

一、胚的发育…………………………………………………………………… 158

二、胚乳的发育………………………………………………………………… 160

三、子房壁和珠被的生长发育………………………………………………… 160

参考文献 ……………………………………………………………………………… 161

第五章　冬小麦籽粒形成与幼穗发育的关系 ………………………………………… 162

第一节　小麦的早期粒重 …………………………………………………………… 162

一、小麦早期粒重的差异……………………………………………………… 162

二、早期粒重与灌浆进程 …………………………………………………………… 163

　　三、不同播种时期早期粒重的差异 ……………………………………………… 164

　第二节　小麦早期粒重与幼穗发育进程的关系 ………………………………… 165

　　一、不同品种、不同年际间早期粒重与幼穗发育的关系 …………………… 165

　　二、不同播种时期早期粒重与幼穗发育的关系 ……………………………… 172

　　三、形成早期高粒重年型的幼穗发育进程 …………………………………… 175

　第三节　小麦早期粒重与生育中期气象条件的关系 …………………………… 176

　　一、早期粒重与温度的关系 …………………………………………………… 176

　　二、早期粒重与日照的关系 …………………………………………………… 178

　　三、早期粒重与降雨的关系 …………………………………………………… 179

　第四节　小麦最终粒重与早期粒重的关系 ……………………………………… 180

　　一、不同年型的早期粒重与最终粒重 ………………………………………… 180

　　二、早期粒重对最终粒重的影响 ……………………………………………… 180

　　三、早期粒重对最终粒重的贡献 ……………………………………………… 181

　参考文献 …………………………………………………………………………… 182

第六章　冬小麦籽粒生长发育与灌浆 ……………………………………………… 183

　第一节　小麦籽粒的生长发育及其形态特征 …………………………………… 183

　　一、籽粒发育进程 ……………………………………………………………… 183

　　二、籽粒生长发育特征 ………………………………………………………… 186

　第二节　小麦籽粒灌浆特点 ……………………………………………………… 188

　　一、籽粒灌浆进程 ……………………………………………………………… 188

　　二、不同类型小麦品种的籽粒灌浆特点 ……………………………………… 188

　　三、不同小穗位、小花位籽粒的灌浆特点 …………………………………… 190

　第三节　小麦籽粒灌浆参数及其与最终粒重的关系 …………………………… 194

　　一、不同粒型品种籽粒灌浆特性 ……………………………………………… 194

　　二、不同灌浆时段粒重间的相关分析 ………………………………………… 197

　　三、最终粒重与不同灌浆时段粒重间的回归分析 …………………………… 198

　第四节　小麦籽粒灌浆后期小高峰 ……………………………………………… 198

　　一、籽粒灌浆后期小高峰出现的时间 ………………………………………… 198

　　二、灌浆强度小高峰出现与营养器官衰老的关系 …………………………… 201

　　三、影响小高峰出现的因素 …………………………………………………… 202

　参考文献 …………………………………………………………………………… 203

第七章　冬小麦的营养器官与穗粒重 ……………………………………………… 204

　第一节　小麦叶片与穗粒重 ……………………………………………………… 204

　　一、叶面积与穗粒重 …………………………………………………………… 204

　　二、叶干重与穗粒重 …………………………………………………………… 205

　　三、叶片结构与穗粒重 ……………………………………………………………… 207

第二节　小麦茎秆与穗粒重 …………………………………………………………… 209

　　一、茎节长度与穗粒重 …………………………………………………………… 209

　　二、茎秆干重与穗粒重 …………………………………………………………… 210

　　三、茎秆结构与穗粒重 …………………………………………………………… 212

第三节　小麦茎叶产量与籽粒产量 …………………………………………………… 217

　　一、生物产量、籽粒产量和经济系数 …………………………………………… 217

　　二、不同密度茎叶产量与籽粒产量 ……………………………………………… 219

　　三、不同播期茎叶产量与籽粒产量 ……………………………………………… 220

　　四、不同年际间茎叶产量与籽粒产量 …………………………………………… 221

　　五、不同品种茎叶产量与籽粒产量 ……………………………………………… 222

　　六、不同产量水平茎叶产量与籽粒产量 ………………………………………… 223

第四节　小麦根系与穗粒重 …………………………………………………………… 224

　　一、根系干物重与穗粒重 ………………………………………………………… 224

　　二、根系数量与穗粒重 …………………………………………………………… 224

　　三、根系活力与籽粒灌浆 ………………………………………………………… 225

　　四、根层的补偿作用与穗粒重 …………………………………………………… 228

参考文献 ………………………………………………………………………………… 230

第八章　冬小麦籽粒形成与灌浆的生理特点 ………………………………………… 232

第一节　小麦光合特点 ………………………………………………………………… 232

　　一、叶绿素含量变化 ……………………………………………………………… 232

　　二、单叶光合速率变化 …………………………………………………………… 234

　　三、群体光合速率变化 …………………………………………………………… 236

　　四、RuBPcase活性和羧化效率 ………………………………………………… 239

　　五、叶绿素荧光参数 ……………………………………………………………… 240

第二节　小麦灌浆期的酶活性 ………………………………………………………… 245

　　一、叶片中硝酸还原酶（NR）和磷酸蔗糖合成酶（SPS）活性 …………… 245

　　二、籽粒中蔗糖合成酶（SS）活性 …………………………………………… 246

　　三、腺苷二磷酸葡萄糖焦磷酸化酶（AGPP）活性 ………………………… 246

　　四、可溶性淀粉合成酶（SSS）和淀粉分支酶（SBE）活性 ……………… 247

　　五、防御酶系统 …………………………………………………………………… 248

第三节　植物生长调节剂与活性氧清除剂的效应 …………………………………… 249

　　一、植物生长调节剂的效应 ……………………………………………………… 249

　　二、活性氧清除剂的效应 ………………………………………………………… 252

参考文献 ………………………………………………………………………………… 255

第九章　冬小麦籽粒灌浆与生态条件的关系 ······· 257

 第一节　小麦灌浆期气象条件对籽粒形成的影响 ······· 257

  一、不同年份间粒重的差异 ······· 257

  二、气象因子对粒重形成的影响 ······· 258

 第二节　小麦不同营养条件及特殊类型麦田籽粒灌浆特点 ······· 266

  一、营养条件及施肥对粒重的影响 ······· 266

  二、砂、旱地小麦籽粒灌浆特点与粒重关系 ······· 269

 第三节　小麦粒重与播种时间、种植密度的关系 ······· 274

  一、播种时间 ······· 274

  二、种植密度 ······· 276

 第四节　小麦粒重与病虫害及气象灾害的关系 ······· 278

  一、病害 ······· 278

  二、虫害 ······· 280

  三、气象灾害 ······· 281

 参考文献 ······· 283

第十章　提高小麦穗粒重的途径与技术 ······· 284

 第一节　提高小麦穗粒重的技术思路 ······· 284

  一、协调小麦幼穗发育进程，增加穗粒数 ······· 284

  二、稳定提高粒重 ······· 286

 第二节　选用适宜的穗型品种 ······· 286

  一、不同穗型品种的特性 ······· 287

  二、小麦品种的合理选用 ······· 289

 第三节　施肥运筹 ······· 290

  一、氮肥的施用 ······· 291

  二、磷、钾肥的施用 ······· 297

  三、硫肥和有机肥的施用 ······· 299

  四、叶面喷肥 ······· 301

 第四节　微肥和植物生长调节剂的施用 ······· 301

  一、微量元素和有机酸 ······· 301

  二、植物生长调节剂 ······· 303

 第五节　播种技术 ······· 305

  一、播种时间 ······· 305

  二、播种密度 ······· 306

  三、合理的配置方式 ······· 311

 第六节　灌水技术 ······· 313

  一、前中期灌水 ······· 313

二、后期灌水 ··· 315

第七节　耕作措施 ··· 316

一、播前整地 ··· 316

二、中耕与镇压 ··· 318

第八节　适期收获 ··· 319

一、成熟期的鉴别 ··· 319

二、适宜收获期的掌握 ··· 320

参考文献 ··· 321

绪　　论

　　小麦是全世界栽培面积最大、分布范围最广、总产量最高、贸易额最多的粮食作物。小麦不仅为人类提供了消费蛋白质总量的 20.3％，热量的 18.6％，食物总量的 11.1％，远远超过其他任何一种粮食作物，而且，小麦作为全世界最重要的商品粮品种，其贸易额超过所有其他谷物的总和。据统计，全世界约有 35％～40％的人口以小麦作为主要食粮。

　　小麦是人类栽培最古老的作物之一。根据考古学研究，新石器时代人类就已开始对小麦野生祖先进行驯化种植，历史已有 1 万年以上。中国小麦的栽培历史非常悠久。在上古时代已经有"麦"字，它是大麦、小麦的统称。到春秋期间的《诗经》（公元前 6 世纪）里，既有"麦"字，也有"来"、"牟"两字。据《广雅》（公元 3 世纪）所载："大麦，牟也；小麦，来也。"在河南省安阳县小屯殷墟遗址中发掘的甲骨文上就有"来"字和"麦"字的记载。由于小麦在粮食生产中的地位日益重要，后来作为统称的"麦"字逐步转化而为小麦的专称。根据在河南省陕县东关庙底沟原始社会遗址的红烧土台上麦粒印痕考古证明，距今已有 7 000 多年的历史；在甘肃省东灰山原始社会遗址文化灰土层中发现的小麦炭化籽粒和在安徽亳县钓鱼台发掘的新石器时代遗址中发现的炭化小麦种子，经鉴定均距今有 5 000 余年的历史；河南安阳殷墟出土的甲骨文中有《告麦》的记载，说明公元前 1238 至前 1180 年小麦已是河南省北部的主要栽培作物。在《诗经》农事诗中共有 7 次提到麦作生产的情况，根据这些诗歌所代表的地区，说明在公元前 6 世纪或更早以前，在黄河中下游各地都已经普遍栽培小麦（金善宝，1996），而且，冀、鲁、豫、皖北、苏北的小麦在明代已作为重要的商品对外出口。据以后史书记载，长江以南地区约在公元 1 世纪，西南部地区约在公元 9 世纪都已经种植小麦。到明代《天工开物》（1637）记载，小麦已经遍及全国，在粮食生产上占有重要地位（吴兆苏，1991）。

　　我国劳动人民在数千年的小麦生产实践中，曾积累了大量有关小麦生长发育的经验性知识，包括对小麦幼穗发育及温光反应特性等的认识。战国《吕氏春秋·任地篇》中就有："子能使穗大而坚均乎"等内容；《吕氏春秋·审时篇》总结当时劳动人民的种麦经验为：得时之麦，先时后时之麦，以及失时之麦，在生长发育上所发生的现象，其籽粒厚薄、颜色、香味、重量、营养价值和感染病虫害的机会均不一样，而以"五谷正时"为第一要义。据《齐民要术》记载，早在西汉时代的《氾胜之书》中，即对麦类的冬春性有所认识，并把秋种夏收的冬小麦称为宿麦（《淮南子》，《汉书·食货志》），把春种秋收的春小麦称为旋麦（《氾胜之书》），指出："种麦得时，无不善。夏至后七十日，可种宿麦。早种则虫而有节，晚种则穗小而少实"；"春冻解，耕和土，种旋麦"等。汉代著名农学家氾胜之在"教田三辅"时，曾大力推广冬小麦的栽培技术，后人赞扬他"督三辅种麦，而关中遂穰"（《晋书·食货志》）。东汉《四民月令》对河南洛阳一带小麦播种期的记述为："凡种大小麦，得白露节可种薄田；秋分种中田；后十日种美田。"我国古代农民积累的许多关于小麦生长发育和栽培管理的经验与技术对现代小麦生产仍具有重要的指导意义。

一、河南农业生态特点与小麦生产发展

河南处于北亚热带向暖温带过渡地区，光热资源丰富，但南北跨度大、气候条件多变。生产实践和科学研究证明，小麦生育期间的生态条件，特别是气候条件，与小麦生长发育和最终产量形成有密切关系。因此，在一定生态条件下，研究小麦生长发育规律及其调控技术，对充分利用农业气候资源，实现小麦高产、稳产、优质、高效具有十分重要的意义。

（一）河南的农业生态特点

河南省位于我国中东部，黄河中下游，华北大平原的南部，介于北纬 $31°23'$ ~ $36°22'$，东经 $110°21'$ ~ $116°39'$ 之间，南北相距约 530km，东西长 580 余 km。全省土地面积约 16.7 万 km²，占全国总面积的 1.74%，人均土地资源仅有 0.07hm²，不及全国平均水平的 1/4。其中山地和丘陵地占全省总面积的 44.3%，豫东黄淮冲积平原与南阳盆地共占全省总面积的 55.7%，全省地貌地势，主要由豫北、豫西、豫南三块山地、一个大平原（豫东平原）和一个大盆地（南阳盆地）组合而成。全省平原耕地面积占总耕地面积的 3/4，豫南、豫西、豫北丘陵山区的耕地面积占总耕地面积的 1/4。境内流域面积在 100km² 以上的河流有 470 多条，分属海河、黄河、淮河、长江四大水系。全省的土壤类型有褐土、潮土、砂姜黑土、水稻土、黄棕壤土、棕壤土、盐碱土和风化土等，有机质含量一般在 0.5% ~ 1.0% 之间。

河南省跨北亚热带和暖温带两个热量带，气候过渡性极为明显，兼有南北气候的特色。从全国 1 月平均温度分布状况看，1 月 0℃ 等温线大体上从河南省中部穿过，在本省境内大致和淮河干流及伏牛山的走向相一致；从全国年平均降水量分布状况看，800mm 等降水量线大体上从河南中部偏南穿过，南部属湿润区，中部和北部属半湿润区。由此可见，河南正处于从亚热带向暖温带，从湿润区向半湿润区过渡的地带（胡廷积，2005）。由于上述两条温、湿界线在走向和分布上比较接近，习惯上便以淮河干流和伏牛山为界，将河南气候划为南、北两部分。此线以北地区为暖温带半湿润气候，属于黄淮平原冬麦区，占全省麦田面积的 80% 左右；其南为北亚热带湿润气候，属于长江中下游冬麦区。河南四季分明，气候温和，日照充足，降水丰沛，具有"冬长寒冷雨雪少，春短干旱风沙多，夏日炎热雨丰沛，秋季晴和日照足"的特点。全省无霜期 190~230d，年平均气温 12.8~15.5℃，日均温稳定通过 10℃ 的活动积温全年为 4 200~4 900℃，年日照时数为 2 000~2 600h，日照百分率为 45%~60%。由于季风的影响，降水量和热量配合较好，全年降水量为 600~1 200mm，年均降水量为 850mm，相当于 1 296 亿 m³ 的水量，其中，有 50%~60% 的降水集中在 7~9 三个月。

河南小麦一般在 10 月上旬至 10 月下旬播种，5 月底至 6 月初收获，全生育期 220~240d。全省小麦全生育期内太阳总辐射介于 2 700~2 900MJ/m² 之间，其光合有效辐射在 1 300~1 400MJ/m² 之间，日照时数除淮南麦区、南阳盆地及山区不足外，绝大部分地区均在 1 300~1 600h 之间，年均气温 12~15℃，1 月气温平均在 -1~-3℃，无霜期

195～245d，初霜期在 10 月中、下旬，终霜期在 3 月下旬至 4 月中下旬。小麦生育期间≥0℃积温除豫西、豫北山区少于 1 800℃外，绝大部分地区均在 1 900～2 250℃之间，冬前利于培育壮苗的≥0℃积温大部分地区只要适期播种均能达到 550～650℃。河南小麦生育期的降水量分布呈现南多北少，并表现为从豫东南向豫西北方向递减的特点，且生育期分配不均，地域间差异明显，南北差异大，豫南信阳、南阳、驻马店地区基本上在 300mm以上，占年降水量的 35%～45%；豫北安阳、濮阳、鹤壁、新乡等市在 200mm 以下，占年降水量的 25%～30%；豫东、豫中、豫西广大地区则在 200～300mm 之间，占年降水量的 30%～40%。与冬小麦的最佳生理需水 357.8mm（朱自玺，1995）相比，全省大部分地区降水都不能满足冬小麦正常生长对水分的需要，必须通过农田补充灌溉给予保障。此外，全省降水量的年际间变率非常大，各年降水资源的满足程度有很大差别。

河南小麦生育期间总的气候特点是：秋季温度适宜；中部和南部多数年份秋雨较多，麦田底墒充足，西部和北部播种期间降雨量年际间变幅较大；冬季少严寒，雨雪稀少；春季气温回升快，光照充足，常遇春旱；入夏气温偏高，易受干热风危害。这样的气候条件形成了河南小麦具有全生育期长、幼穗分化期长、籽粒灌浆期短的"两长一短"生长发育特点。根据河南省小麦高（产）、稳（产）、优（质）、低（成本）研究推广协作组对多个品种连续多年的系统观察，河南小麦播种至成熟一般为 230d 左右，小麦全生育期比北方春小麦长 80～90d，比南方冬小麦长 20～30d 到 70～80d 不等；幼穗分化从 11 月中旬幼穗原基分化开始至第 2 年 4 月上旬四分体时期结束，历时 160～170d，占小麦全生育期的2/3 左右，比北京小麦长 40～50d，比南方冬小麦长 60～70d，有利于促穗大粒多；小麦籽粒灌浆期从 4 月下旬开始至 5 月底或 6 月初小麦成熟，历时仅 35～40d，占全生育期的18%～20%，且此期气温急剧上升，多种病虫害并发，多数年份易遭受干热风、雨后青枯和干旱等自然灾害影响，常导致小麦粒重变化较大，对产量造成严重威胁。

（二）河南的小麦生产发展

河南是我国小麦的主要产区和重要的商品粮产区之一，小麦生产是河南的一大优势，全省小麦的种植面积、总产量和每年对国家的贡献均居全国各省、自治区、直辖市前列，而且农民农业收入的 30% 左右来自于小麦产业。因此，河南小麦产量高低不仅关系到全省社会经济发展和人民生活水平的提高，而且也关系到全国的粮食供需平衡和安全。

河南小麦生产发展历史极为悠久，但在新中国成立前，由于受水、旱、风、雹、病虫和战争的影响，造成"地瘠民贫"，生产技术落后，致使全省小麦产量长期低而不稳。新中国成立初期，河南小麦生产条件较差，生产上应用的是"三土"、"三农"，即土井、土粪、土犁耙和农家种、农家肥、传统农业生产经验。由于土壤肥力低，农家肥料缺乏，耕作粗放，种植过稀，经常遭受干旱威胁和病虫为害频繁，加之当时利用的农家品种秆高穗小，不抗病，易倒伏，河南小麦产量长期低而不稳，群众形象地说："小麦小麦，（亩*产）不过一百（斤**）。"到 1949 年，全省小麦平均单产只有 637.5kg/hm²。

---

* "亩"为非法定计量单位。1 亩＝667m²，1hm²＝15 亩。

** "斤"为非法定计量单位。1 斤＝500g。

新中国成立以来，由于党和政府的重视、生产条件的改善和科学技术的发展，河南小麦生产得到了快速发展。2006 年全省小麦的收获面积由 1949 年的 400.87 万 hm² 扩大到 500.67 万 hm²，面积扩大了 24.9%；全省小麦总产由 1949 年的 255 万 t 连续跨上 500 万 t（1971）、1 000 万 t（1981）、1 500 万 t（1984）、2 000 万 t（1996）和 2 500 万 t（2005）5 个台阶，2006 年全省小麦总产达到 2 810 万 t，比 1949 年增长了 10.02 倍；小麦平均单产由 1949 年的 637.5kg/hm² 提高到 2006 年的 5 613kg/hm²，比 1949 年提高了 7.8 倍。2006 年全省小麦的收获面积和总产量分别占全国小麦收获面积和总产量的 1/5 和 1/4，河南小麦的播种面积、单产、总产、增产总量和收购量等五项指标均位居全国第一。分析河南小麦生产变化发展过程可以看出，河南省小麦产量增长的特点，是由慢到快，由不稳定到稳定，由单纯追求产量到产量、质量、效益并重逐步发展起来的，虽然中间曾经出现过曲折、徘徊，甚至倒退现象，但总的方向是向前发展的。

二、小麦幼穗发育研究进展

小麦穗由茎生长锥分化而来，幼穗分化的起止时间、各阶段的历时长短与其所处的生态环境和栽培管理措施等条件关系密切。因此，小麦幼穗分化的研究在小麦生态类型划分、生育特性研究、遗传育种与品种利用及高产栽培研究等方面都具有非常重要的指导意义。

（一）小麦幼穗分化与产量及其产量构成因素的关系

小麦的穗为复穗状花序。麦苗在田间满足一定条件后，进入营养生长和生殖生长并进时期，逐步分化出穗轴、小穗、小花、雌蕊、雄蕊等，形成完整的麦穗。小麦幼穗分化过程是争取穗大粒多的关键时期。所以，采取适当措施，增加每穗小穗数和小花数，提高结实率，才能达到穗大粒多。马元喜等（1993）根据对小麦幼穗发育的系统观察与分析，从幼穗分化开始到最后籽粒形成，要经过前后相联系的三个两极分化过程，即不论品种或播期早晚，到起身期，每穗小穗数已达到最多，以后便出现一部分小穗继续发育，一部分小穗发育停止，进而萎缩退化，为小穗的两极分化；到挑旗期，小花的分化达到最多，接着一部分小花继续发育，另有相当大一批小花萎缩退化，为小花的两极分化；到开花授粉期，已经发育成穗的小花，有一部分正常开花授粉，子房膨大形成籽粒，另一部分子房则萎缩变干，为子房的两极分化。要提高穗粒数，必须协调好三个两极分化过程中的各种矛盾，促进小穗、小花和子房继续发育，增加成粒数，减少退化数。

小麦穗粒数是决定产量的关键因素，也是变异性最大的产量因子。穗粒数决定于每穗结实小穗数和每小穗粒数。而小穗数的多少决定于品种遗传特性和生态条件，小穗发育的肥水条件则决定了最终的结实小穗数，若肥水不足，引起部分小穗退化（Hay R K M，1991）。

小麦穗的形成为有限生长方式，顶端小穗的出现标志着小穗数目的最后确定。顶端小穗是由幼穗顶端数个苞叶原基及小穗原基转化而成的。在穗分化过程中，单棱期到顶小穗形成的阶段是决定小穗数的关键时期，这一阶段的持续时间和生态条件是决定穗粒数的重要因素。多数研究认为，适当延长顶端小穗的形成期，促进顶端小穗形成前的小花分化，有利于延长小穗原基分化形成过程而增加每穗小穗数，对培育大穗多粒具有重要意义。在阶段发育特性方面，顶端小穗的形成与光照阶段结束和植株开始拔节一致，因此，凡有利于延迟拔节和光照阶段通过的条件可延迟顶端小穗的形成（余松烈等，1980）。短的日照和低温均可延缓光照阶段的通过，从而延长幼穗分化的时间，增加小穗数目，有利于形成大穗（Halse，1974）。米国华等（1999）认为，温度和光周期从叶原基的分化转化及穗分化持续期两个方面调节着小穗数，幼穗原基分化到护颖原基分化、护颖原基分化到小花分化盛期持续时间较长有利于形成较多的小穗和小花。不论是冬性、半冬性或春性品种，小穗数目都与分化的时间呈显著正相关，穗分化的时间愈长，分化的小穗数目就愈多（张国泰，1989）。单棱期和二棱期是决定小穗数分化多少的主要阶段，而这两个时期的持续时间因生态条件不同而有差异。据研究，在河南生态条件下这两个时期历时 90d 左右，占幼穗分化总时间的 50％以上，有利于增加穗粒数（胡廷积，1979）。

　　小穗是形成小花和籽粒的基础，争取穗大粒多的关键在于减少小穗小花退化，提高结实率（崔金梅等，1980）。每穗的小穗数目、小花数目和小花发育程度取决于它本身形成的早晚和分化持续时间以及分化强度等。在一定的生态条件下，每穗总小穗数是比较稳定的，而不孕小穗数多少受外界条件影响较大。环境条件优异时可没有退化小穗或发生复小穗（余遥，1998）。每穗分化的总小花数也是比较稳定的，而小花结实率变异幅度比较大。小麦穗粒数的多少除受分化出的小穗数、小花数影响外，还决定于小穗小花的退化程度。因此，为了获得高产，必须针对小麦品种的需要，在穗原始体形成与分化时期及时提供合适的条件，以便在一个穗上形成尽可能多的小穗，在一个小穗中形成尽可能多的小花，并保证这些小花都尽可能结成籽粒（庄巧生，1961）。根据崔金梅等（1980）观察，不同穗位的小花分化速度有快有慢，历时有长有短，加之起讫时间不同，分化程度始终参差不齐。但当幼穗进入药隔形成后期，凡在 1～2d 能进入四分体的小花，都可以继续发育，否则便停留在原有状态，即因分化不全而逐渐萎缩退化。大量研究证明，顶端小穗的形成是小穗分化的终期，而四分体时期则是小花退化的转折点（金善宝，1996）。从生物学观点看，小花退化也是一种适应环境的表现，即当分化时间不长的上位小花停止发育时，可使幼穗内部进行养分调整，以保证下位小花良好发育。其次，小花退化的时间虽然较长，但都有一个高峰期，在开花前 20d 左右（崔金梅，1980）或抽穗前 15d 左右（江苏农学院，1975）。不育小花的集中退化，避免了大量营养物质的消耗，有利于可育小花的发育与结实。根据多年的观察，小麦小穗、小花和子房的两极分化分别在起身到拔节后、挑旗到抽穗期和开花到籽粒形成初期，各期经历的天数大约为 30、15 和 5d（马元喜等，1993；1996）。大量研究结果表明，穗分化期间，单棱期至小花分化期是争取小穗数的关键时期，小花分化至四分体期是争取小花数的关键时期，药隔期至四分体时期是防止小花退化，提高结实率的关键时期。朱云集等（2005）认为，保证小花发育期间氮素供应，有利于小花之间的平衡发育，尤其是中部小穗的小花出现明显的分化优势，使其向结实方向发展，可增加发育完善的小花数目，减少小花的退化，提高结实率。在争取穗大粒多的过程中，无论是穗子形成过程的前、中期增加小穗、小花分化数目，还是分化后期提高小花结实率均有良好的效果，并且三者都有很大的增粒潜力（李淑贞等，

1982；裴昭峰等，1982）。

小花的发育与退化与其形态结构有关。根据江苏农学院（1992）的观察，扬麦 5 号各小穗的第 1、2 朵小花有 5～7 条维管束，中部小穗第 3 朵小花有 4 条，顶部、基部小穗第 3 朵及中部小穗第 4 朵以上仅有 3 条维管束。还有报道指出，各小穗第 3 朵小花以上属于次级输导系统（Hanif 等，1972），使小花发育极不均衡。上位小花得不到足够营养时，必然因饥饿而停止发育，这是小花不能全部结实的又一原因。

在小麦的幼穗分化期间，特别是从拔节期开始，随着气温的回升，对营养的需求日增。充足的氮肥能促进分化强度，延长分化时间，提高小花可育性，在适当磷肥配合下能显著提高结实率而增加每穗粒数（余遥，1998）。

小麦幼穗分化期间，细胞分裂、生长和分化过程十分活跃，需要经常供应足够的养分和水分，任何时期干旱都会影响当时正在发育的器官。如果在穗原始体分化和小穗分化时期缺肥缺水则会显著降低每穗小穗数；如在小花分化期营养不良则每小穗结实粒数就要受到影响；在性细胞形成时期，穗及茎生长最旺，这时营养条件供应不足则使穗小粒少（庄巧生，1959）。在河南生态条件下，3 月 16～25 日小麦正处在拔节期，幼穗发育进入雌雄蕊分化到药隔形成初期，4 月 16～20 日小麦幼穗发育正处在四分体前后，此时降雨对促进小花发育和植株干物质积累、促进穗大粒多具有十分重要的意义，这与生产实践中重视浇拔节水、孕穗水是一致的（崔金梅等，2000）。

（二）小麦幼穗分化时期的划分

一般认为，当小麦完成春化阶段后，其茎生长锥便开始分化幼穗原始体，幼穗经过一系列的分化发育过程，最后形成麦穗。在幼穗分化过程中，外部形态也发生一系列变化。为了便于研究小麦幼穗的发育过程，以及外界环境条件对它的影响，许多学者根据穗部不同器官分化出现的特点，将小麦幼穗的生长发育进程划分为若干个时期。小麦的幼穗分化是一个连续的过程，根据不同的目的与要求，小麦幼穗分化的划分时期可繁可简。但从农学角度划分，应界限清晰且易于掌握，各期应具有相对应的外部形态特征，并对生产有实践意义（金善宝，1996）。

1892 年 Carruthers 在英国皇家农业杂志发表了《小麦植株生活史》，对小麦植株发育提出了新的认识。1918 年 Jensen 在《Studies on the morphology of wheat》一书中曾引用了许多关于小麦植株形态发育方面的论文，对小麦穗和花的不同发育时期作了描述，并附有插图。Percival（1921）、Kiesselbach 等（1926）、Noguchi（1929）都分别描述和绘制了小麦穗和小穗不同发育时期的轮廓图。McCall（1934）对小麦幼苗及胚发育的解剖学和形态学作了研究。1936 年美国 Bonnett 在《Journal of Agricultural Research》发表了"The development of the wheat spike"论文，详细报道了对小麦幼穗发育的描述。Kornicke（1896）、Dudley（1908）、Jensen（1918）、Percival（1921）、Hudson（1936）、Bonnett（1936）、田荣太郎（1936）等许多学者较早地以小麦为材料，对幼穗分化过程和各时期的形态特征进行了较为深入的研究。但由于不同的研究者所采用的试验材料、划分标准不同，就提出了不同的划分时期。

1936 年日本学者田荣太郎将小麦的幼穗分化过程划分为 10 个时期。即：

①幼苗生长点呈圆锥状，基部叶原基突起。

②生长点的锥体徐徐增大，基部叶原基数目增多，整个生长锥成为"穗原基"。

③穗原基急速伸长，下部生出多数环状突起，即除叶原基外，还出现了苞原基。

④穗原基继续伸长，苞原基数目增多。

⑤穗原基继续伸长，苞原基数目继续增多。

⑥穗原基上出现二重棱，即小穗原基从中部开始出现。

⑦最下位的苞原基腋部也出现了小穗原基，第1、第2、第3小穗的基部均可见到不发育的苞原基突起。

⑧小穗原基分化终了，小穗数目不再增加，中部小穗原基基部出现苞颖原基突起，继而是穗的下半部、最后是上半部出现苞颖原基突起。

⑨小花和雌雄蕊原基分化，小穗中顺序分化出9～10朵小花，第5朵以上的小花停止发育。

⑩小花分化完毕，鳞片、苞颖、外颖（稃）、内颖（稃）、雌蕊、雄蕊均分化出来。

20世纪三四十年代，Banerjee和Wienhues将小麦幼穗发育的早期阶段划分为：

①有一个叶原基的生长点。

②有2～3个叶原基的生长点。

③有4个或更多叶原基的生长点伸长。

④二棱期。

⑤小穗分化开始。

⑥带有初始侧枝的小穗发育。

⑦颖基出现。

⑧小花原基出现。

在Ф. M. 库别尔曼1953年著的《小麦栽培生物学基础》一书中，将小麦器官形成划分为下列主要时期：第1时期原始的茎生长锥的形成（第1序轴）；第2时期分化为幼茎节、节间和茎叶鞘的原始体；第3时期生长锥伸长（第1序轴），同时在生长锥下部节片分化及形成颖状苞叶（突起）；第4时期由苞叶的颖腋中形成小穗突起（第2序轴）；第5时期开始形成颖片和内外稃以及花药和雌蕊原始体；第6时期花粉粒及雌蕊形成造孢组织；第7时期穗轴节片延长，芒和芒状物生长；第8时期抽穗；第9时期开花；第10时期受精及合子形成；第11时期胚及胚乳形成；第12时期小麦果实。

我国不同麦区的自然生态条件与品种生态类型差异较大，小麦幼穗分化的起止时期与长度各有不同。崔继林（1955）、夏镇澳（1955）、吴兰佩（1959）等先后发表了有关小麦幼穗分化的研究结果。在金善宝（1961）主编的《中国小麦栽培学》一书中，将小麦的幼穗分化过程划分为初生期、生长锥伸长期、小穗原始体分化期、小花原始体分化期四个阶段，其中，小穗原始体分化期包括单棱期、二棱期和二棱后期三个短暂时期；小花原始体分化期包括护颖分化期、小花分化期和雌雄蕊分化与形成期三个短暂时期。

在董留卿（1978）编著的《青海春小麦高产实践》一书中，为简化栽培管理，把春小麦的幼穗分化划分为伸长期、棱形成期、花器形成期、花粉粒形成期、定型期等五个时期。

在余松烈（1980）主编的《作物栽培学》（北方本）和《山东小麦》（1990）中及金善宝（1996）主编的《中国小麦学》一书中，都将小麦幼穗分化过程划分为叶原基分化期（初生期、圆锥期）、伸长期、单棱期（穗轴分化期）、二棱期（小穗分化期）、小花分化期、雌雄蕊分化期、药隔形成期、四分体形成期等八个时期。

在中国农业科学院主编的《小麦栽培理论与技术》（1980）中，把小麦幼穗分化过程划分为伸长期、单棱期、二棱初期、二棱末期、护颖分化期、小花原基分化期、雌雄蕊原基分化期、药隔形成期、颖片伸长期、雌雄蕊形成期和四分体期等十一个时期。

在杜怡斌等（1983）编著的《小麦个体发育》一书中，把小麦的幼穗分化划分为未分化期、生长锥伸长期、节片分化期（单棱期）、小穗原基分化期（包括二棱期和二棱末期）、颖片分化期、小花原基分化期、雌雄蕊原基分化期（包括雄蕊分化期、药隔分化期、四分体期）、生殖细胞分化期等八个时期。

在徐是雄等（1983）编著的《小麦形态和解剖结构图谱》一书中，把小麦的幼穗分化划分为伸长期、单棱期、二棱期、小花突起期、雄蕊和雌蕊突起期等五个时期。

在范迟民等（1984）编著的《小麦》一书中，把生长锥未伸长也算为一个时期，将小麦幼穗分化划分为生长锥未伸长期、生长锥伸长期、穗轴节片分化期（又称单棱期或苞原基分化期）、二棱初期、二棱中期、二棱末期、护颖分化期、小花原基分化期、雌雄蕊原基分化期、药隔形成期、四分体形成期等十一个时期。其中，把二棱初期、二棱中期、二棱末期合并为小穗原基分化期，统称为二棱期，就形成了小麦幼穗分化的九个时期。

在黄祥辉等（1984）编著的《小麦栽培生理》一书中，把小麦的幼穗分化划分为伸长期、单棱期、二棱期、护颖分化期、小花原基分化期、雌雄蕊原基分化期、药隔形成期、四分体形成期、花粉粒形成期等九个时期。

在河南省农业科学院（1988）主编的《河南小麦栽培学》一书中，将小麦幼穗分化过程划分为伸长期、单棱期、二棱期、护颖原基分化期、小花分化期、雌雄蕊分化期、药隔形成期和四分体时期等八个时期。

在余遥（1998）主编的《四川小麦》和安徽省农业厅（1998）主编的《安徽小麦》中，均把小麦的幼穗分化划分为伸长期、单棱期、二棱期、小花分化期、雌雄蕊分化期、药隔形成期、四分体形成期等七个时期。

在敖立万（2002）主编的《湖北小麦》中，根据幼穗发育形态学上的变化，将小麦幼穗分化划分为生长锥伸长期、单棱期、二棱期、小花原基形成期、雌蕊雄蕊形成期和生殖细胞分化期等六个时期。

曹广才等（1987）根据对全国小麦生态试验数据的统计分析，把小麦的幼穗分化划分为小穗形成期、花器官形成期、花粉粒形成期三个时期。其中，把从生长锥伸长、单棱期、二棱期直到护颖原基分化期，视为"小穗形成期"；把从小花原基分化、雌雄蕊原基分化到药隔分化等连续过程视为"花器官形成期"；把从药隔形成、四分体形成、初期花粉粒形成和成熟花粉粒形成等连续过程视为"花粉粒形成期"。

单玉珊（1976）曾将整个幼穗分化过程划分为三个阶段，即自生长锥伸长期至护颖原基分化期为"小穗分化阶段"，此期北方冬小麦基本上相当于返青至起身，主要分化形成穗轴节片和小穗原基，决定小穗数目的多少；自护颖原基分化期至药隔形成期为"花器分化阶段"，植株外观基本上相当于起身至拔节期，主要分化形成外颖、内颖、雄蕊、雌蕊等花器，决定每小穗分化小花数的多少；自药隔形成期至大、小孢子成熟期为"大、小孢子分化、形成阶段"，植株外观基本相当于拔节至开花，此期决定小花结实率的高低。

崔金梅在长期对幼穗分化的观察研究中，发现从药隔形成始期到四分体时期历时较长，是决定小花发育与退化的重要时期，也是生产上依据穗器官的分化进程和形态变化，及时采取有效调控措施提高穗粒数的关键时期，但此阶段雄蕊（花药）外部形态变化不明显，雌蕊形态变化较大。为此，从1976年开始按雌蕊生长发育的形态变化特点，将幼穗发育进入小花分化期之后划分为雌雄蕊分化、雌蕊小凹期、凹期、大凹期、柱头突起期、柱头伸长期、柱头羽毛突起期、柱头羽毛伸长期、柱头羽毛形成期等九个时期，并详细描述了雌雄蕊分化过程、历时天数及各时期的主要形态特征。

（三）小麦幼穗分化与温光反应的关系

20世纪二三十年代，苏联的李森科（Т. Д. Лысенко，1928）创立了植物的阶段发育理论（phasic development theory），揭示了小麦个体发育的阶段性，并明确了春化阶段和光照阶段。温光条件与小麦幼穗分化的关系，首先温度是诱导小麦开始生殖生长的重要因素。故以往的研究认为，生长锥伸长是小麦通过春化发育的标志，但在全国小麦生态研究过程中，许多学者对此提出了疑义（黄敬芳，1990；胡承霖，1990）。由于某些品种在未能完成春化发育的情况下，幼穗分化全部顺利通过了伸长期，多数停滞在单棱期，故认为二棱期才是小麦通过春化的标志（单玉珊，2001）。继春化通过之后，还要进行光周期发育，该发育过程一直延续到雌雄蕊分化方告结束。

前人在气候条件对小麦生长发育的影响及相应的调控技术方面进行了大量研究，金善宝（1964）、Friend（1965）、Halse（1974）、崔金梅等（1979）、蔡奇生（1985）、李基正（1993）曾对温度、水分胁迫、光周期和光强度等对小麦幼穗发育的影响进行了研究。

温度是影响小麦幼穗发育过程的一个非常重要的生态因子。早期的研究认为，冬小麦生长早期需要一定时间的低温条件，无此低温条件，春化阶段不能通过，茎生长锥便不能进行幼穗分化（Trione等，1970）。近年来，随着小麦幼穗分化与温光反应关系研究的不断深入，认为生长锥的伸长是积温效应（何立人，1983；黄敬芳等，1986；Haloran等，1982；郝照等，1983；曹广才等，1989），高温能促进生长锥的伸长。生长早期的低温条件不仅不能促进发育，反而会延迟生长锥的出现日期（何立人，1983；郝照等，1983）。一般认为，小麦的春化发生在茎端的生长锥部分，实际上，在受精卵发育到8个细胞时就可产生对低温春化的反应（赵微平，1993）。低温春化作用到小穗原基分化时即消失，且小穗分化以后的幼穗发育进程不再受早期有无低温春化的影响（阎润涛等，1984）。小麦播种后日均温的高低是支配茎生长锥伸长发生早晚的主导因素（张敬贤等，1986）。但多数研究认为，小麦的幼穗分化过程中仍需要一定的低温时期，才能使其通过春化阶段，而单棱到二棱期，是品种通过春化阶段对低温反应最敏感的时期。单棱期、二棱期之前较低的温度均有利于缩短单棱期的持续天数，使小穗原基提早出现。但也有研究认为，小麦在二棱期之前的低温不促进幼穗分化，高温也不能使发育加快，二棱期之前的发育主要是"度过"一定的时间（郝照等，1983）。二棱期后分化的小穗数与穗分化持续时间密切相关，穗分化持续时间越长，每穗分化的小穗数越多（Hay 等，1991）。至顶小穗形成，小穗原基分化结束，每穗总小穗数基本确定。穗分化持续时间长短主要受二棱期至顶小穗形成期日均温的影响，低温能延缓小穗分化持续时间（米国华，1998；1999），且不同品种类型对温度效应的反应不同，冬性品种穗分化过程对温度变化的反应比春性品种更为敏感（Hay 等，1991）。同时二棱期后分化的小穗数还受到光周期变化的影响，二棱期后处于短日照条件下会推迟顶小穗出现的时间，从而增加小穗数（米国华，1998；1999）。许多关于小麦顶端发育过程的生理研究表明，每穗小穗的形成不仅决定于二棱期以前叶原基分化的小穗数，也取决于二棱期以前叶原基的分化过程（米国华等，1999；Li 等，2002）。二棱期以前分化的叶原基可转化参与小穗原基分化的过程十分复杂，决定于叶原基分化过程的温度与日长条件，并且受到温光互作效应的影响（米国华，1999；Miglietta 等，1991）。决定每小穗可孕小花数和结实小花数的时期分别为小花分化期至四分体形成期和开花期（Miglietta，1991），此阶段肥水供应不足是减少小花分化及导致小花退化的主要内因，温度条件是决定小花发育、退化与败育的主要外因（Li 等，2002）。潘洁等（2005）从影响小麦穗粒数形成过程和因素入手，通过定量分析小麦茎顶端发育过程及其与环境因子和品种特性的动态关系，构建了小麦穗粒发育与结实的模拟模型，包括对叶原基、叶片数、小穗原基数、籽粒数及籽粒重的预测，从而为小麦生长模拟和产量预测提供了定量化工具。

不同类型小麦品种对低温的反应有很大不同（路季梅等，1992），随冬性增强，对低温要求更严格，分化历程更长，高温滞留效应更突出。二棱期通过之后，各种类型品种都较快地完成以后各分化时期，对温度要求都完全表现为"积温效应"（何立人，1983；Haloran 等，1982；郝照等，1983），但二棱至护颖原基分化的时间与所需积温随品种冬性的增强而相应增加（路季梅等，1992）。著者（1982）曾报道了 3 个品种 5 个播期条件下冬小麦幼穗发育进程对温度反应的连续多年观察结果，明确了不同品种幼穗发育各阶段的最适温度条件、历时天数及其与冻害的关系。崔继林等（1955）根据华东地区 104 个小麦品种的研究结果，曾把小麦划分为春性、半冬性、冬性三种类型，并据此明确了各种类型小麦的地理分布。黄季芳等（1956）曾于 1953 年对全国 163 个和 1955 年对全国 200 个秋播小麦品种在春播的自然条件下抽穗日期比在充分春化处理条件下春播的抽穗日期延迟的天数，将小麦品种划分为春型、弱冬型、冬型和强冬型四种类型，并确定了各种类型小麦品种的全国性地理分布。小麦幼穗分化发育的下限温度一般与生长起点温度相一致，约为 2~3℃，而幼穗分化发育的上限温度则随品种冬、春性的不同有高有低（马健翎等，1999）。河南省小麦幼穗分化开始早，延续时间长，一般经历 160~170d，占小麦全生育期的 60% 以上；共需积温 1 000℃左右，占总积温 2 200~2 300℃的 45% 左右，有利于形成大穗多粒，能发挥大穗品种的穗部潜力（胡廷积，1979）。根据多年的观察结果，在日均温 10℃左右时小花发育加快；10~13℃时有利于雌雄蕊分化；药隔形成期在 10~16℃范围内随温度升高分化速度加快（崔金梅等，2000）。有研究认为，在小麦幼穗分化过程中，有利于小穗、小花分化的日平均温度指标为，单棱至二棱阶段≤7.0℃；单棱至护颖阶段≤7.5℃；护颖至顶端小穗形成阶段≤10.5℃；小花至顶端小穗形成阶段≤10.5~11.5℃，这种温度指标的天数愈多，分化的时间愈长，则有利于小穗、小花的分化，能形成大穗多粒的产量结构（高翔等，1994）。在小麦幼穗分化发育过程中，有两个对温度要求较严格的时期，一是小穗原基分化形成期；二是花粉母细胞到花粉粒形成期。前者对低温敏感，后者则要求有一定的高温条件（Cooper，1960；曲曼丽等，1982）。在其他条件相同的情况下，温度降低到10℃以下，光照阶段的发育速度减慢，从而延长幼穗分化的时间，不同程度地延长了单棱期、二棱期、护颖原基形成期和小花分化期的持续日数，可增加小穗数和小花数目。温度增高，光照阶段发育加速，则形成较少的小穗和小花。因此，春季温度回升慢的年份，往往形成大穗。而冬小麦播种晚的，由于其光照阶段是在温度较高的条件下进行的，光照发育加速，麦穗常常较小（余松烈，1990）。

小麦属长日照作物，但并不存在低于一定临界日长就不能开始幼穗分化的白昼长度。关于光照阶段和生长锥分化，始终存在两种意见，一种是光照阶段结束于小花分化后、雌雄蕊原基分化和形成期（夏镇澳，1955）；另一种是小穗分化是在光照阶段结束的基础上进行，因此，二棱期和小穗突起是光照阶段完成的指标（张锦熙等，1986）。但光照阶段的始期一般认为是单棱期（马健翎等，1999）。大量的人工遮光试验表明，光照不足使幼穗分化各期延迟，降低分化速度，减少每穗小穗及小花，增加不孕小穗及小花，导致穗粒数减少。短日照能延缓光照阶段发育和幼穗分化进程，使穗长、每穗小穗数及小花数都有所增加；而随着日照长度的增长，小穗小花数则有所减少。在生长锥伸长期，光照强度减弱会延缓光照阶段发育，从而增加每穗小穗数，有时甚至会产生分枝穗（庄巧生，1961；余松烈，1990）。一般来说，秋播小麦在苗期要求短日照，在生长后期则需要长日照（赵微平，1993）。光周期效应主要是诱导小穗原基的分化。不同的日照长度对茎生长锥分化的影响都是以伸长期到小穗突起期为最大。连续光照加速其分化，短日照抑制其分化，随品种冬性增强，长日照的促进效应显著（夏镇澳，1955）。但也有研究认为，二棱至雌雄蕊分化期是光照反应最敏感的时期，高温长日照加速这一阶段穗分化的进程（郝照等，1983；Halse，1974）。在雌雄蕊形成阶段以其四分体形成，特别需要强的光照，这时光照不足就会产生不孕的花粉和不正常的子房（庄巧生，1961）。黄季芳等（1956）在对我国秋播小麦品种连续三年观察分析的基础上，根据其对光照长度反应的程度，将我国小麦划分为反应迟钝、反应中等、反应灵敏三种类型，并确定了不同光照反应品种的地区分布。吴兰佩（1959）等曾研究了小麦光照阶段的开始、结束时间和不同品种的临界日长，指出小麦的光照阶段开始于二棱期，结束于小花分化期或雌雄蕊分化期（黄鸿枢等，1957），光照阶段结束的早晚与营养体大小有关，且以营养体较大者结束的时期早些（陈少麟等，1957）。夏镇澳（1955）、黄鸿枢等（1957）、吴兰佩（1959）、陈少麟等（1959）研究了阶段发育与小麦器官建成的关系，确定了以生长锥分化进程作为小麦感温阶段与感光阶段的发育标准。在此之后，我国许多科技工作者对小麦的温光反应进行了更加深入细致的研究，特别是在金善宝主持下进行的全国性小麦生态研究，对小麦的温光反应又有了许多新的认识。如发现了对低温反应极不敏感的强春性类型（胡承霖等，1988；苗果园等，1988；曹广才等，1989），可以代替低温的"短日春化"类型（曹广才等，1987；1989）。此外，还发现了在一定温光组合下，不一定需要低温长日照即可通过温光发育的阶段要求（王士英，1986；胡承霖等，1988）。对于通过春化阶段的形态指标，也有新的发展（黄季芳等，1988；胡承霖等，1988；何立人等，1988）。根据上述研究结果，胡承霖等

（1988）、苗果园等（1988）曾对小麦品种的冬春性进行了重新划分，使其更加符合我国小麦品种的实际情况。

（四）小麦幼穗分化与外部形态关系的研究

小麦的幼穗分化包被在植株内部进行，但小麦的幼穗发育进程与植株外部营养器官的发育有着一定的相关性，如幼穗发育与叶片伸出形成的关系、与茎秆节间形成的关系等，如何利用"器官同伸关系"，即以外部形态表现判断内部幼穗分化过程就成为许多科技工作者的热门研究课题。

许多研究表明，小麦的幼穗分化过程与生育时期、茎的节间伸长和春季主茎叶龄之间有较好的对应关系。虽然不同品种、不同年度之间，小麦幼穗分化形成过程并非绝对一致，但是有几个主要的穗分化期与物候期是比较吻合的（马健翎等，1999）。据胡廷积等（1981）研究，在河南生态条件下，小麦的分蘖始期正处于幼穗原始体的伸长期；越冬期在正常情况下，春性品种为二棱期，冬性品种为单棱期；起身期一般是第 1 节间开始伸长，但尚未出土，此时幼穗分化进入护颖分化期；拔节期，即主茎第 1 节露出地表 1～2cm 时，正与雌雄蕊分化期相对应；挑旗期正是花粉母细胞进行减数分裂形成四分体的时期，也是小花退化的高峰期。山东省烟台市农业科技工作者通过 1974—1976 连续三年对蚰包小麦的观察，汇总出了蚰包小麦幼穗分化 12 个时期与植株外部形态之间的对应关系。据此可根据植株外部形态、长相，大致判断幼穗分化所处时期（单玉珊，2001）。也有将小麦幼穗分化的 5 个时期与物候期相对应，即伸长期与三叶期、棱形成期与分蘖期、花器形成期与拔节期、花粉粒形成期与孕穗期、定型期与抽穗期相对应（曹广才，1987）。

小麦主茎的叶片数在正常情况下是比较稳定的，因此，在外部形态上，可以主茎叶片的出生为依据或以叶龄为指标来判断幼穗分化的进程。李焕章等（1964）首先提出了不同穗分化期的叶龄指数法，指出以叶龄指数及叶龄余数作为植株内部幼穗发育情况的诊断指标。McMaster（1992）的研究表明，出苗至二棱期叶原基的分化速率为叶片出现速率的 2～3 倍，二棱期前分化的叶原基数与叶龄有显著的线性相关关系，且这种线性关系不随基因型和环境条件而改变（Kirby，1974）。张锦熙等（1981）系统研究了小麦幼穗分化与主茎叶数的对应关系，提出了小麦"叶龄指标促控法"，并指出北方麦区适时播种的冬性品种在越冬后，春生第 1 片叶露尖前后是穗分化的单棱期，以后穗分化全过程的各阶段基本上与依次增长的叶龄相互对应，即用叶龄余数法表示，N－6、N－5、N－4、N－3、N－2、N－1、N 与 N 展开分别对应着小麦穗分化的伸长期、单棱期、二棱初期、二棱末期至护颖原基分化期、小花原基分化期、雌雄蕊原基分化期、药隔期、四分体期。郑麟章（1964）、梅楠（1980）先后根据冬小麦春季出生 1～6 叶的顺序分别与幼穗分化的单棱期、二棱期、小花分化期、雌雄蕊分化期、药隔形成期和覆盖器官形成期相对应，这种对应关系在播期不同时，变化也不大。邵子兴（1982）也得出了类似的研究结果。根据胡廷积等（1977）的观察，郑引 1 号幼穗分化与出叶数和节间长度的对应关系为：伸长期不同苗情均为三叶一心；单棱期壮苗的叶龄为 4.5；二棱期的叶龄为 5.6～7.6；护颖分化期的叶龄为 8.3；小花分化期的叶龄为 8.5；雌雄蕊分化期的叶龄约为 9.2，基部第 1 节间伸长达 3.5cm；药隔形成期的叶龄为 9.7，基部第 1 节间长达 4.5cm，第 2 节间长 2.3cm；四分体期的叶龄为 11.6，第 1、第 2 节间固定，第 3 节伸长 10.2cm，第 4 节刚露头。曹广才等（1989）通过对全国小麦生态试验北京试点进行连续三年的秋、冬、春、夏每年 8 个播期的试验数据分析，得出不同类型品种进入生长锥伸长期其主茎叶数不同的结论，即强春性品种、过渡型品种和冬性品种分别于 3 叶时、4～7 叶时和 5～9 叶时进入伸长期。根据山东省的研究，冬性小麦品种越冬后心叶伸长转绿为返青期，此时幼穗开始分化，生长锥伸长；年后长出第 1 片叶，穗分化为单棱期；年后长出第 2 片叶，正与起身期相吻合，此时幼穗分化至二棱期；年后长出第 3 片叶时，为小花原基分化期；年后长出第 4 片叶时为拔节期，穗分化正值雌雄蕊原基分化期；年后出现第 5 片叶，穗分化进入药隔期；年后长出最后一片叶（旗叶）为挑旗期，雌雄蕊分化大、小孢子母细胞，当旗叶叶鞘抽出 3～5cm 时，形成四分体（余松烈，1990）。宁夏农学院（1974）根据对春小麦的观测结果认为，当生长锥的伸长期确定后，基本上也是一个叶龄推进一个穗分化期。根据作物器官的同伸关系，李焕章等（1964）、张锦熙等（1981）在冬小麦，朱保本等（1983）、王荣栋等（1989）在春小麦曾用叶龄余数作为指示幼穗分化的指标。李焕章等（1964）曾利用叶龄系数来指示冬小麦幼穗分化进程的探索，对于小麦来说，采用叶龄指数似乎不如用叶龄余数或直接用叶龄来指示更为适用（郑丕尧等，1992）。据观察，当主茎第 1 节间开始伸长（在地表以下节间）时，幼穗分化开始进入护颖分化期；主茎第 2 节间开始伸长（露出地面节间）为小花分化期；第 3 间开始伸长，是雌雄蕊分化期；而第 4、第 5 节间伸长，则分别是药隔形成期和四分体形成期。所以可借助于地上茎节间伸长数来判断自护颖分化至四分体形成期的穗分化进程。至于护颖分化期以前的几个时期，可结合生育时期加以判断，如幼穗伸长期与分蘖期相吻合，双棱期与适期早播的越冬期相吻合，单棱期与偏晚播种的越冬期相吻合（胡承霖，1998）。由于受播期、温度、营养、水分和管理等多种因素的影响，小麦幼穗分化与外部形态之间的关系有时表现得不够规范。

三、本书的资料来源及试验研究方法

河南是我国第一小麦生产大省，小麦高产栽培始终是河南省农业科技攻关研究的重点。在河南省和国家有关科技项目的资助下，河南农业大学、河南省小麦高（产）稳（产）优（质）低（成本）研究推广协作组和 1996 年依托河南农业大学组建的国家小麦工程技术研究中心的教师和科技人员，围绕小麦高产栽培攻关，对小麦的生长发育规律及其与生态条件的关系进行了系统深入的研究，特别是从 1975 年到 2003 年，以崔金梅教授为首的课题组，连续 28 年采用同一试验方案和固定对照品种、分期播种、定期观察等方法，对小麦幼穗分化与籽粒形成进行了连续系统观察记载。本书是以我们连续 20 多年对小麦穗发育研究结果的系统总结。

我们最初开展小麦穗的研究目的是为了掌握在高产条件下不同类型品种、不同播种时间以及不同种植密度条件下小麦幼穗的分化过程、生育规律以及提高穗粒数的途径等，以便及时为小麦高产栽培管理提供依据。随着研究的不断深入，同时考虑到天气条件对小麦生长发育的重要影响，而且这种影响的重演性、差异性、特殊性在短时间内是难以研究清楚的，必须通过多年的连续试验才能真正掌握在不同气候条件下小麦生育变化的细微特征

和变化规律。为此，我们决定将当时生产上大面积推广的有代表性的小麦品种郑引 1 号（春性品种）和百泉 41（半冬性品种）连续 28 年作为试验对照品种，每年选取 1～2 个生产上推广面积大的小麦品种，设置专门试验，观察不同品种类型在不同年份种植条件下的幼穗发育特点。自 1975 年以来，曾先后用过的品种有偃大 25、博农 7023（1975—1978）、郑州 761（1979—1982）、百农 3217（1983—1984）、豫麦 2 号（宝丰 7228，1985）、偃师 9 号（1986）、徐州 21（1987—1989）、冀麦 5418（1990—1992）、豫麦 18（矮早 781，1993）、豫麦 25（温 2540，1994—1996）、兰考 8679（1995—1999）、豫麦 66（兰考 906，1997—1998）、豫麦 49（温麦 6 号，1997—2003）、豫麦 18－64 系（1997—2003）、周麦 11 号（1998—1999）等 16 个品种。另外只设有一个播种期的还有蚰包、郑州 891、豫麦 10 号（豫西 832）等 50 多个品种（品系）观察过 1～2 年。1975 年至 1993 年的 18 年中，每个供试品种和播期又设 4 个密度，每 667m² 基本苗分别为 5 万、10 万、15 万和 20 万，其他年份只设一个密度，半冬性品种为每 667m² 10 万，春性品种为每 667 m² 15 万。播种期固定为每年的 9 月 26 日（平均日均温 19.8℃，该平均日均温是连续 20 年该播期当天加上播种前后各 2d，共计 5d 的平均日均温。下同）、10 月 1 日（平均日均温 19.0℃）、10 月 8 日（平均日均温 18.2℃）、10 月 16 日（平均日均温 15.8℃）和 10 月 24 日（平均日均温 14.2℃）5 个播期，有些年份因阴雨天气无法按时播种则减少 1～2 个播期，最后 4 年只用 10 月 8 日、10 月 16 日和 10 月 24 日三个播种期。小区面积为 17.6～22.0m²，重复两次，随机排列。整个试验均在河南农业大学教学试验农场进行，其间，由于校址搬迁，1975—1982 年试验设在河南农业大学许昌教学农场，1982 年至 2003 年设在河南农业大学郑州教学农场。为了尽量消除试验地点变化造成的误差，1982 年两个地点均设置同一试验。试验地的产量水平为每 667 m² 350～450kg，田间管理每年基本一致。

在整个试验期间，每年的观察日期、测定项目基本相同，标准一致。1975—1982 年自小麦出苗期开始取苗，以便观察测定茎生长锥的生长变化状态，以后各年均在 4 叶期开始取苗，每次取 3～5 株，记载植株生长情况，在双目解剖镜下观察幼穗的发育状态。当幼穗发育进入小花分化期之后，又将小花的分化按雌蕊的形态特征划分为 9 个时期，以便掌握不同生态条件、不同类型品种的变化。除越冬期每 7～10d 取苗一次外，其他时间均为每 3～5d 取苗一次，每次观察幼穗中部第 9 小穗（或第 10 小穗）、顶端小穗和下部第 1、2 小穗每朵小花的发育进展，一直到雌蕊柱头羽毛伸长期，即四分体时期才停止观察。

小麦籽粒形成的测定是在小麦进入开花盛期之后，每处理选择生长一致的单茎挂牌作标记，开花后 5d 开始取样，每次取 5 穗，测定穗的生育状况，而后分别测定每小穗下位花的 1、2 粒，5 穗共 100 粒的长宽、鲜重、干重和 5 穗剩余籽粒的干重，同时研究籽粒灌浆盛期的生理特点。

通过 28 年的连续观察研究，对小麦穗粒的形成规律、穗粒形成与营养器官生长关系、穗粒形成与气象条件的关系，以及籽粒形成的生理特点、早期粒重与幼穗发育进程的关系、早期粒重与小麦生育中期气象条件的关系、早期粒重与最终粒重的关系等均作了系统的研究与分析。一些研究结果以论文的形式发表。如"小麦生殖生长始期形态特征的观察"、"不同栽培条件下小麦小花分化动态及提高结实率的研究"、"小麦幼穗发育进程及温度影响的研究"、"影响小麦粒重因素"、"冬小麦粒重形成与生育中期气象条件关系的研究"等20余篇论文,其间完成的"冬小麦器官建成与天气年型的关系及其信息库的建立"、"稳定提高小麦穗粒重关键技术研究"和"小麦穗器官建成"等研究成果曾分别获河南省科技进步奖。与此同时,我们每年还将幼穗发育的研究成果与当年河南大面积种植的小麦品种幼穗发育进程进行比较,及时为农业行政管理部门科学决策指导麦田管理技术提出建议,对小麦生产发展起到了重要的技术支撑作用。

该项研究的主要特点为连续性、规范性、完整性和实用性。整个试验研究倾注了许多人的心血,包括农场工人、毕业实习学生和有关老师,并受到了各级领导和有关部门,特别是河南农业大学、河南省科技厅、河南省农业厅、国家小麦工程技术研究中心等单位的大力支持,才使该课题延续下来。为此,我们决定将该项试验研究结果进行系统整理,并以此为主体撰写《小麦的穗》,供广大小麦科技工作者参考应用。在此,我们对曾经参加过和支持过该课题研究的领导、同志们致以深深的谢意。

由于该项研究经历时间长,观察数据多,归纳整理的工作量很大,特别是小麦生育期间的气象因素复杂多变,都为本研究增加了不少的工作难度。因此,本书错误和不当之处在所难免,敬请广大读者批评指正。

参 考 文 献

[1] Kirby E J M. Analysis of leaf, stem and ear growth in wheat fromterminal spikelet stage to anthesis. Field Crops Res., 1984, 18: 127~140

[2] Delecolle R, Hay R K M, Guerif M, Pluchard P, Varlet - Grancher C. A method of describing the progress of apical development in wheat based on the time: course of organ genesis. Field Crops Research, 1989, 21: 147~160

[3] 金善宝. 中国小麦学. 北京: 中国农业出版社, 1996

[4] Percival J. The Wheat Plant. London: Duckworth and Co. 1921: 134~140

[5] 夏镇澳. 春小麦2419及冬小麦红芒的茎生长锥分化和发育阶段的关系. 植物学报, 1955, 4 (4): 287~315

[6] 崔继林. 华北地区小麦品种春化阶段发育的研究. 植物学报, 1955, 4 (4): 84~86

[7] 金善宝. 中国小麦栽培学. 北京: 农业出版社, 1960

[8] 余松烈. 作物栽培学. 北方本. 北京: 农业出版社, 1980

[9] 余松烈. 山东小麦. 北京: 农业出版社, 1990

[10] 中国农业科学院. 小麦栽培理论与技术. 北京: 农业出版社, 1980

[11] 杜怡斌. 小麦个体发育. 北京: 农业出版社, 1983

[12] 徐是雄. 小麦形态和解剖结构图谱. 北京: 北京大学出版社, 1983

[13] 范迟民. 小麦. 北京: 科学出版社, 1984

[14] 董祥辉. 小麦栽培生理. 上海: 上海科学技术出版社, 1984

[15] 河南省农科院. 河南小麦栽培学. 郑州: 河南科学技术出版社, 1988

[16] 余遥. 四川小麦. 成都: 科学技术出版社, 1998

[17] 安徽省农业厅. 安徽小麦. 北京: 中国农业出版社, 1998

[18] 敖立万. 湖北小麦. 武汉: 湖北科学技术出版社, 2002

[19] 曹广才. 关于幼穗分化时期的划分. 新疆农业科学, 1987 (1)：13～15

[20] 崔金梅, 朱云集, 郭天财等. 冬小麦粒重形成与生育中期气象条件关系的研究. 麦类作物学报, 2000, 20 (2)：28～34

[21] 庄巧生. 小麦栽培的生物学基础. 见：庄巧生论文集. 北京：农业出版社, 1961, 207～260

[22] 米国华, 李文雄. 温光互作对春性小麦小穗建成的效应. 作物学报, 1999, 25 (2)：186～192

[23] 马元喜, 王晨阳, 朱云集等. 协调小麦幼穗发育三个两极分化过程增加穗粒数. 见：卢良恕. 中国小麦栽培研究新进展. 1993, 119～126

[24] Halse J N, Weir R N. Effect of temperature on spikelet number in wheat. Aust. J. Agric. Res. , 1974, 25：687～695

[25] Cantrell L L R G, et al. Selection for spikelet fertility semidwarf durum wheat population. Crop Sci. , 1986, 26：691～693

[26] Sterm W R. Floret surrival in wheat：Significance of the time of floret in itiation relation to terminal spikelet formation. J. Agric. Sci. , 1982, 98：257～259

[27] Rahaman M S, Wilson J H. Determination of spikelet number in wheat I. Effect of varying photoperiod on ear development. Aust. J. Agric. Res. , 1977, 28：265～274

[28] 张国泰. 小麦顶小穗形成特点及其与大穗形成的关系. 作物学报, 1989, 15 (4)：349～353

[29] 胡廷积. 小麦生态与生产技术. 郑州：河南科学技术出版社, 1986

[30] 崔金梅, 朱旭彤, 高瑞玲等. 不同栽培条件下小麦小花分化动态及提高结实率的研究. 见：中国农业科学院作物育种栽培研究所编. 小麦生长发育规律与增产途径. 郑州：河南科学技术出版社, 1980, 69～78

[31] 朱云集, 郭天财, 崔金梅等. 河南省小麦超高产品种选用及其关键技术. 作物杂志, 2005 (1)：39～41

[32] 黄敬芳. 小穗原基出现是小麦通过春化阶段的形态标志. 见：金善宝主编. 小麦生态研究. 杭州：浙江科学技术出版社, 1990

[33] 胡承霖, 罗春梅. 小麦通过春化的形态指标及温光组合效应. 见：金善宝主编. 小麦生态研究. 杭州：浙江科学技术出版社, 1990, 195～201

[34] 单玉珊. 小麦高产栽培技术原理. 北京：科学出版社, 2001

[35] Trione E J, Jones L E, Metzger R J. In vitro culture of somatic wheat callus tissue. Am. J. Bot. , 1968, 55 (5)：529～531

[36] 曹广才, 吴东兵, 王士英等. 小麦的穗分化与温光反应. 华北农学报, 1989, 4 (4)：1～7

[37] 何立人. 小麦生长锥分化和温光关系的初步探讨. 西南农学院学报, 1983 (3)：1～6

[38] 郝照. 冬小麦穗分化研究初报. 河北农学报, 1983, 8 (3)：8～12

[39] 赵微平. 小麦生理学和分子生物学. 北京：北京农业大学出版社, 1993

[40] 张锦熙, 刘锡山, 阎润涛. 小麦冬春品种类型及各生育阶段主茎叶数与穗分化进程变异规律的研究. 中国农业科学, 1986 (2)：27～35

[41] 张敬贤, 毕恒武. 周年播种条件下小麦的穗发育. 华北农学报, 1986, 1 (2)：14～15

[42] Hay R K M, Kirby E J M. Convergence and synchrony：a review of the coordination of development in wheat. Aust. J. Agric. Res. , 1991, 42：661～700

[43] 米国华, 李文雄. 小麦穗分化过程中的光温组合效应研究. 作物学报, 1998, 24 (4)：470～474

[44] Li C D, Cao W X, Zhang Y C. Comprehensive pattern of primordium in itiation in shoot apex of wheat. Acta. Bot. Sin. , 2002, 44 (3)：273～278

[45] Miglietta F. Simulation of wheat ontogenesis. Predicting dates of ear emergence and main stem final

leaf number. Clim. Res. ，1991，13（1）：151～160

[46] 潘　洁，朱　艳，曹卫星等．基于顶端发育的小麦产量结构形成模型．作物学报，2005，31（3）：316～322

[47] 路季梅，张国泰．南京自然温光条件对小麦幼穗发育进程的影响．南京农业大学学报，1992，15（2）：19～25

[48] 崔金梅．小麦幼穗发育进程及温度对其影响的研究．河南农学院学报，1982，16（2）：1～12

[49] 马健翎，何蓓如．小麦幼穗分化研究进展．湖北农学院学报，1999，19（3）：272～275

[50] 胡廷积．从产量因素的形成谈小麦看苗管理．植物学报，1976，18（4）：306～311

[51] 高　翔，宁　锟，宋哲民等．小麦高产品种幼穗分化发育特性的研究．西北农业学报，1995，4（3）：1～7

[52] 曲曼丽，王云变．冬小麦穗粒形成与气候条件的关系．北京农业大学学报，1984，10（4）：421～426

[53] 张锦熙，刘锡山，阎润涛等．小麦冬春品种类型及各生育阶段主茎叶数与穗分化进程变异规律的研究．中国农业科学，1986（2）：27～35

[54] Halse J N, Weir R N. Effect of temperature on spikelet number in wheat. Aust. J. Agric. Res. ，1974，25：687～695

[55] 苗果园．小麦温光发育类型的研究．第一报．北京农学院学报，1988，3（2）：20～23

[56] 王士英．小麦温光发育模型的研究．华北农学报，1986，1（2）：28～30

[57] 黄季芳，李泽蜀．中国秋播小麦春化阶段和光照阶段特性的研究．遗传学集刊，1956

[58] 胡廷积，李九星，王化岑等．高产小麦幼穗发育规律及外部形态相关性的研究．河南农学院学报，1989（2）：14～25

[59] 李焕章，苗果园，张云亭等．冬小麦农大183分蘖、叶片发生规律与穗部关系的研究．作物学报，1964，3（2）：137～158

[60] Mc Master G S, Wilheim W W, Morgan J A. Simulating winter wheat shoot apex phenology. J. Agric. Sci. ，1992，119：1～12

[61] Kirby EJM. Ear development in spring wheat. J. Agric. Sci. ，1974，82：436～437

[62] 张锦熙，刘锡山，诸德辉等．小麦“叶龄指标促控法”的研究．中国农业科学，1981（2）：1～13

[63] 梅　楠．小麦高产工程．新疆农垦科技，1980（增刊）：1～24

[64] 王荣栋．春小麦叶龄指标及其应用研究．新疆农业科学，1989（3）：33～35

[65] 郑丕尧．作物生理学导论．北京：北京农业大学出版社，1992

[66] 胡承霖，张华建．安徽小麦．北京：中国农业出版社，1998

[67] 崔金梅，王化岑，刘万代等．冬小麦籽粒形成与幼穗发育的关系研究．麦类作物学报．2007，27（4）：682～686

第一章 冬小麦穗的分化与形成

冬小麦在一定低温条件下通过春化阶段之后，其茎生长锥便开始分化幼穗原始体，经过一系列的分化发育过程，最后形成穗。了解小麦穗的分化、形成规律及其与外界环境条件的关系，是正确运用栽培措施，挖掘品种穗部增产潜力的重要依据。为此，前人对小麦穗的发育进程以及影响因素已作了大量的研究工作。我们自1975年开始，通过连续20多年设置不同试验，对小麦穗的分化形成、穗发育进程及其与营养器官的关系作了较为深入系统的研究。

第一节 小麦穗的结构

一、穗与穗轴

小麦的穗为复穗状花序，由穗轴和小穗两部分组成（图版5）。一个小麦的穗通常有十几个至二十几个小穗。穗轴由曲折排列的节片组成，节片由相邻两苞叶原基之间伸长形成，小穗着生在节片上，并留有退化了的苞叶原基痕迹。穗轴节片内的维管束与茎内基本相同，均属外韧维管束，既与相邻节片相连，又直接通向小穗。穗轴节片的长短因品种而异，是构成不同穗型的基础。穗轴节片长，构成疏散型的穗，节片短，形成紧密型的穗；若上部节片短下部节片长时，则构成棍棒型穗。麦穗的形状、长宽和小穗排列的松紧程度，因品种而异，可分为纺锤形、圆锥形、棍棒形、长方形、椭圆形及分枝形穗等，这些形态上的差异，是识别不同品种的重要标志。

二、小穗与护颖

每个小穗由两枚护颖、小穗轴和数朵小花构成（图版5）。一般基部每个小穗可分化6～8朵小花，中部小穗可分化9～10朵小花（图版16），顶部小穗可分化6～7朵小花，一个麦穗可能分化180朵左右小花。但在生产上，往往穗子基部的小穗退化，中部小穗结实较多，一般可结3～4个籽粒，顶部能结1～2个籽粒，有的品种顶部小穗退化，其余的小花均退化不能结实，退化小花一般占分化总小花数的70%左右。护颖的形状、质地、色泽、有无茸毛和包被籽粒的松紧程度，也是鉴别品种的重要依据。

三、小花的结构

每朵小花由外颖、内颖、2枚鳞片、3枚雄蕊和1枚雌蕊组成（图版6、图版8）。雄蕊由花药和花丝构成，花丝使花药与花器底座相连，开花时花丝伸长把花药送出花外；花药分隔，内含 4 个花粉囊，囊内含有花粉粒，开花时花药开裂，花粉散出。雌蕊由子房、很短的花柱和羽毛状柱头构成，子房室内含有 1 个倒生胚珠，胚珠由两层珠被、珠孔、珠心、合点和胚囊构成，小麦的胚珠无珠柄。成熟胚囊由 1 个卵细胞、2 个助细胞、1 个中央细胞，内含 2 个极核，合点端有数个反足细胞构成。鳞片位于外颖内侧基部，开花时吸水膨胀，迫使内、外颖张开，开花后失水呈膜片状，仍附在籽粒的胚下部（图版 13、图版 14）。有芒品种外颖顶端着生芒，芒的有无、形状（直芒、曲芒、钩芒和蟹爪芒）、长短（短芒、半芒、长芒）、芒色（白、红、黑）和分布（平行、辐射）因品种而异。芒断面呈三角形，有较多气孔，约占整个小穗气孔数的 55%～60%，故有较高的蒸腾和光合能力。通过 ^{14}C 测定，芒向籽粒提供的同化产物占全株提供总量的 17% 左右。研究表明，有芒品种去芒后粒重减少 4.1%～26%，芒的光合量约占全穗光合量的 20.2%～53.3%。干旱年份芒的作用大于湿润年份。但芒过长的品种，机械脱粒过程中易堵塞分离系统。

四、籽　　粒

　　小麦籽粒在植物学上称为颖果，生产上称作种子。小麦籽粒的粒型多样，粒色常有红皮和白皮两种。整个籽粒由皮层（包括果皮和种皮）、胚和胚乳三部分组成。麦粒顶端的茸毛称为冠毛，腹面凹陷处称为腹沟，腹沟两侧称颊，种子的背面称为腹背，胚着生于种子背面的基部（图 1-1、图版 12）。

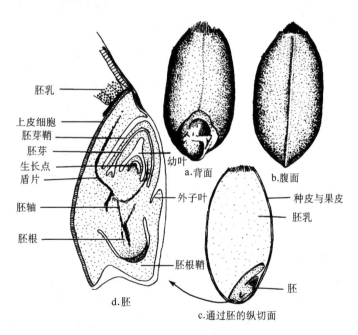

图 1-1　小麦的颖果

　　1. 皮层　皮层包括果皮和种皮，厚度为 40～60μm，重量占种子重量的 5.0%～7.5%。小麦籽粒种皮内含有色素层，麦粒颜色的深浅与该层细胞含色素多少有关。小麦籽粒皮层厚度因品种和栽培条件而异，与加工品质密切相关。籽粒皮层越厚，出粉率越低。

皮层是一种保护组织，其作用是保护胚和胚乳免受不良环境条件的侵害，尤其在避免真菌侵害方面起重要作用，同时具有一定的通气性和透水性。一般认为，白皮种子皮层较薄、透性强、休眠期较短；红皮种子皮层较厚、透性差、休眠期较长，具有较强的抗穗发芽能力。

2. 胚乳 胚乳占种子重量的 90%～93%，可分为糊粉层和粉质胚乳两部分。糊粉层是由一层传递型细胞构成，该细胞具有许多壁内突起，使细胞壁的表面积扩大，而在光学显微镜下形似厚壁细胞，这种结构与物质和水分的短途运输有关，所以称其为传递型细胞。糊粉层因细胞内含有大量的糊粉粒而得名，它紧贴着种皮（约占种子重量的 7%），包围着胚乳的所有部分。在种子萌发时，糊粉层细胞吸收水分，分泌酶类促进胚乳分解。糊粉层中有一半是纤维素，1/4 为蛋白质等含氮物质，还含有一定数量的灰分和脂肪，营养价值很高。糊粉层下面是胚乳的粉质部分，由许多胚乳细胞组成。胚乳中最主要成分是面筋蛋白质和淀粉，胚乳占整个籽粒的营养成分百分比约为：蛋白质的 70%～75%，泛酸的 43%，维生素 B_2 的 32%，烟酸的 12%，维生素 B_6 的 6%，维生素 B_1 的 3%。胚乳所含营养可供种子生根、发芽、出苗和幼苗初期生长所需的养分。根据籽粒胚乳中蛋白质含量和胚乳结构及紧密程度的差异，可将其分为角质胚乳、半角质胚乳和粉质胚乳，具有角质胚乳的小麦，有较好的加工与烘焙品质。

3. 胚 胚位于小麦籽粒背面基部，一面紧接着胚乳，另一面为子实皮所覆盖，它是幼小植株的雏形，由胚根、胚根鞘、胚轴、胚芽、胚芽鞘、盾片及外子叶组成（图版 10）。胚根外面由胚根鞘保护；胚芽由茎生长点和幼叶组成，外面被胚芽鞘包被；胚轴连接胚根与胚芽，胚轴分节，节上依次着生形如盾状的盾片（内子叶）（图 1-1）、外子叶和胚芽鞘。盾片与胚乳接触的一层整齐的细胞叫上皮细胞（图 1-1a 胚纵切）。在种子萌发时，上皮细胞分泌酶类释放到胚乳细胞中，把胚乳细胞中贮藏的营养物质降解，并吸收到盾片中，再转移到胚的生长部位以供利用。外子叶着生在盾片对面，属退化器官；胚芽鞘为保护幼芽出土的器官，其内侧着生一个蘖芽原基，可发育成胚芽鞘分蘖。胚轴上部（上胚轴）可伸长形成地中茎。包围在胚背面外部的有果皮及种皮，而无糊粉层。胚占籽粒重量的 25% 左右，胚中脂肪含量高达 6%～11%，还含有蛋白质、可溶性糖、多种酶和大量维生素。在磨制高精度面粉时，不宜将胚磨入。胚占整个籽粒营养成分的百分比约为：维生素 B_1 的 64%，维生素 B_2 的 26%，维生素 B_6 的 21%，蛋白质的 8%，泛酸的 7%，烟酸的 2%。由于品种、产地和种植条件不同，小麦籽粒各部分所占比例也会有所不同。

4. 小麦籽粒各部分的营养成分 小麦的各种营养成分在籽粒中的分布是很不均匀的（表 1-1）。从表中数据可以看出，胚和糊粉层是蛋白质和赖氨酸密集的部位，在不影响面粉颜色及酸败的前提下，尽可能将其磨入面粉，可有效提高面粉的营养价值。胚在面粉加工过程中可单独提取麦胚片，作为食物添加剂或营养药物的成分。胚乳中的蛋白质是面筋蛋白质。面筋在胚乳中的分布也是不均匀的，胚乳外层部分比胚乳中心部分的面筋含量高。淀粉主要积累在胚乳中，几乎占胚乳干物重的 80%，其他部位则很少。纤维素主要积累在果皮和种皮中，可溶性糖则以胚中含量最多，戊聚糖以果皮和种皮中含量最高，脂肪主要存在于胚中，其他部位含量较低，灰分在糊粉层中含量最高，其次是胚和种皮，胚乳中含量甚微。

表 1-1　小麦籽粒及其各部分中营养成分的分布　　（单位：%、干物质）

部 位	蛋白质	赖 氨 酸	淀粉	纤维素	脂肪	可溶性糖	戊聚糖	灰分
整 粒	16.06	0.27～0.40	63.07	2.76	2.24	4.32	8.10	2.16
胚 乳	12.91	0.21	78.82	0.15	0.68	3.54	2.72	0.45
胚	41.30	1.30～1.77	0	2.46	15.04	25.12	9.74	6.32
糊粉层	53.16	0.76	—	6.41	8.16	6.82	15.44	13.92
果皮和种皮	10.56	0.56～0.61	—	23.73	7.46	2.59	51.43	4.28

第二节　小麦幼穗的发育时期

一、幼穗发育时期划分

　　小麦幼穗分化是一个连续进行的生长发育过程，为便于研究其发育规律，以及外界环境条件对它的影响，人们根据穗部不同器官分化出现的特征，将幼穗的生长发育进程划分为若干个时期。早在 1892 年 Carruthers 在英国皇家农业杂志发表了《小麦植株生活史》，对小麦植株发育提出了新的认识。1918 年 Jensen 在《Studies on The Morphology of Wheat》一书中曾引用了许多关于小麦植株形态发育方面的论文，对小麦穗和花的不同发育时期作了描述，并附有插图。Percival（1921）、Kiesselbach 等（1926）、Noguchi（1929）都分别描述和绘制了小麦穗和小穗不同发育时期的轮廓图。McCall（1934）对小麦幼苗及胚发育的解剖学和形态学作了研究。1936 年美国 Bonnett 在《Journal of Agricultural Research》发表了"The development of the wheat spike"论文，详细报道了对小麦幼穗发育的描述。Kornicke（1896），Dudley（1908），Jensen（1918），Percival（1921），Hudson（1936），Bonnett（1936），田荣太郎（1936）等许多学者也较早地以小麦为材料，对幼穗分化过程和各时期的形态特征进行了较为深入的研究。但由于不同的研究者所采用的试验材料、划分标准不同，就提出了不同的划分时期。在 1936 年 Bonnett 将小麦茎生长锥的生长分化过程划分为八个时期。1953 年在 Ф. M. 库别尔曼著的《小麦栽培生物学基础》一书中，将小麦茎生长锥的分化过程划分为 12 个时期。到目前为止，一般将小麦幼穗分化形成过程划分为 8 个时期，即伸长期、单棱期、二棱期、护颖分化期、小花分化期、雌雄蕊分化期、药隔形成期、四分体形成期。

　　随着小麦研究的深入发展，特别是在研究不同生态条件、不同栽培技术对幼穗发育的影响，探索稳定提高穗粒数途径等一些与实践密切相关的理论问题时，上述的划分方法显得不够。如从药隔形成的始期到四分体时期，持续时间长、幼穗生长发育变化大，又是形成穗粒数的关键时期，而花药的发育特点、不同生态因子对其生长发育的影响等从形态上观察不到明显的标志。因此，不少研究者对幼穗发育进程的划分作了一些补充，增加了一些时期。著者从 1975 年至 2003 年，采用固定对照品种、分期播种、定期观察的方法，研究小麦高产栽培技术及不同基因型品种的幼穗发育过程，对幼穗发育进行了较详细的系统观察。特别是在研究小花发育的过程中，为便于研究，按雌蕊生长发育的形态变化特点，将小花的发育过程进一步划分为 9 个时期，依此作为小花不同发育时期的标准，对其分化形成规律以及退化特点进行了详细探讨。

二、幼穗发育各个时期的形态特征

小麦幼穗生长发育是一个连续变化过程，但每分化一个新的器官都会表现出其相应的形态特征，以此可作为判断幼穗发育进程的外部形态指标。自茎生长锥分化叶原基结束到四分体时期，一般将小麦幼穗的分化形成过程划分为以下几个时期（图版1、图版3）。

1. 幼穗原基分化期（原称伸长期）　该期是指从分化出旗叶叶原基（图1-2），到第1苞叶原基出现，这一时期的生长锥即穗的原始体（图1-3a），这也是小麦从纯营养生长进入生殖生长的开始。正确判断一个品种进入生殖生长的时间，对确定该品种的种性，掌握不同品种的适宜播种期，了解不同栽培措施对小麦生长发育的影响，均具有十分重要的实践意义。

为了更确切地判断小麦植株开始进入生殖生长时，茎生长锥的变化特点及形态指标，著者从1975年到1982年，采用春性品种郑引1号、博农7023等，半冬性品种百泉41、郑州761、百农3217等作为观察品种，每年设4～5个播期（9月26日、10月1日、10月8日、10月16日、10月24日），自小麦出苗期至单棱期（出现3～4个苞叶原基为止），每3天取苗观察一次，每次每个处理观察3～5株。观察前先记载植株的外部形态，而后用带测微尺的双目解剖镜解剖观察，记录分化的叶片数，测量生长锥的长宽。长度从最上一个叶原基的基部量至生长锥的顶端，宽度量生长锥的最宽处，共测定1 000多株。

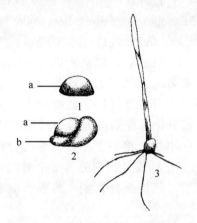

图1-2　出苗期的植株和茎生长锥

1、2. 出苗期的茎生长锥　3. 幼苗

a. 生长锥　b. 叶原基

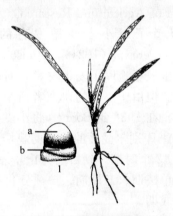

图1-3　穗原基分化期

1. 生长锥　2. 植株

a. 穗原基　b. 叶原基

据观察，小麦茎生长锥从旗叶原基分化出现，到第1个苞叶原基分化出现，也和分化一个叶原基的进程相同，即小麦旗叶叶原基分化出现以后，其生长锥又不断增大，当长度接近宽度时，即分化出第1个苞叶原基。图1-3为春性品种郑引1号茎生长锥分化叶原基到分化第1苞叶原基的生长过程。此时已分化出第12叶原基（旗叶），这时茎生长锥长0.13mm，宽0.16mm，其形状已成顶部稍窄、下部略宽的锥形体，这一锥形体已是幼穗的原始体，植株的叶龄为3.3左右。图1-4.1为旗叶叶原基已明显出现，旗叶叶原基上

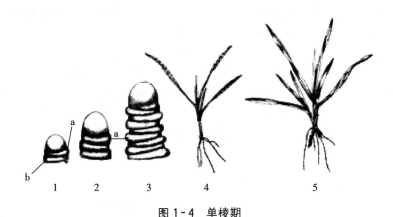

图 1-4 单棱期

1. 单棱始期 2. 单棱期（三个苞叶原基）

3. 单棱期（将进入二棱期） 4. 单棱始期幼苗 5. 单棱末期幼苗

a. 苞叶原基 b. 叶原基

部的第 1 个苞叶原基刚刚突起，穗长为 0.18mm，宽为 0.17mm，此时包括第 1 苞叶原基茎生长锥的长度，才略大于宽，该时已是单棱期。植株的叶龄为 3.4 左右。

从上述观察结果可以看出，小麦从叶原基分化到第 1 苞叶原基分化出现，从形态上看和茎生长锥分化一个叶原基没有明显差异，但从旗叶出现到第 1 苞叶原基出现为止，茎生长锥已是幼穗的原始体。为此，该时期称幼穗原基分化期。

2. 单棱期 单棱期是开始分化穗轴节片和苞叶原基的时期。从形态观察来看（图版 3-2），第 1 个苞叶原基分化形成的初期与叶原基没有明显区别。有些情况下，常常出现第 1 个苞叶原基没有退化，继续生长而形成一个小的叶片（图版 7），在其叶腋处有一退化的小穗。因此，这给判断单棱期的始期带来了一定的困难，这时只能根据品种在正常条件下应有的叶片数，来判断第 1 个苞叶原基的出现。当第 2、3 苞叶原基出现以后，苞叶原基呈明显环状突起，这时的苞叶原基较叶原基平宽，常常略向上生长，但多数情况很快停止生长。整个幼穗呈环状圆柱体，单棱期明显可辨（图 1-4.2）。生长锥自下而上不断地分化新的苞叶原基。在试验研究中，为了便于区别不同处理之间的差异，常把单棱期划分为三个时期：幼穗原始体分化 1～3 个苞叶原基时为单棱初期；分化 4～6 个苞叶原基时为单棱中期；分化 7 个苞叶原基以上为单棱后期，单棱后期两相邻苞叶原基之间的距离拉长（图 1-4.3）。

3. 二棱期（小穗原基分化期） 二棱期是分化形成小穗原基的时期，在幼穗分化过程中，根据小穗原基的生长变化状况，将该期分为 3 个时期，即二棱初期、二棱中期、二棱后期（图版 1-3、图版 1-4、图版 1-5）。

（1）二棱初期 图 1-5a 为幼穗分化进入二棱初期的形态图。该期的主要特征是：小穗原基小于苞叶原基。早期从幼穗的正面可以看到，两相邻苞叶原基之间出现椭圆形小穗原基突起，随着小穗原基的不断生长增大，小穗原基明显可见，但其高度仍小于苞叶原基，此时幼穗上部继续分化小穗原基，下部 1～3 个苞叶原基处仍未分化出现小穗原基。

（2）二棱中期 图 1-5b 为幼穗分化的二棱中期。这一时期的主要特征是：从幼穗的正面观察（图 1-5b.2），其中部苞叶原基和小穗原基形成等大的棱，为明显的成对形，幼穗上部仍继续分化苞叶原基，穗的下部仍呈单棱状；从侧面观察（图 1-5b.1），中部小穗原基呈扁圆形，宽度略大于苞叶原基。此时幼穗分化的苞叶原基数因品种而异，一般在 12～16 之间，已达到苞叶原基总数的 70% 左右。

（3）二棱后期　图 1-5c 为幼穗分化的二棱后期。由于小穗原基不断生长增大，苞叶原基逐渐停止生长，幼穗中部的小穗原基远大于苞叶原基。从幼穗的正面观察，小穗明显排列在穗轴的两侧，苞叶原基已不明显；从幼穗的侧面观察，相邻两小穗原基互相重叠，幼穗下部 1～3 个小穗原基和苞叶原基仍呈明显二棱状，此时幼穗上部仍继续分化苞叶原基和小穗原基。到该期末，下部小穗原基也明显大于苞叶原基，不再呈二棱状，穗轴节片也明显形成交错排列，呈现节状。

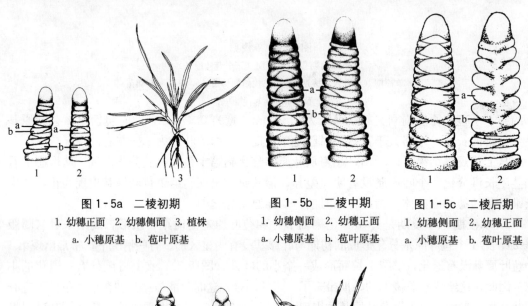

图 1-5a　二棱初期
1. 幼穗正面　2. 幼穗侧面　3. 植株
a. 小穗原基　b. 苞叶原基

图 1-5b　二棱中期
1. 幼穗侧面　2. 幼穗正面
a. 小穗原基　b. 苞叶原基

图 1-5c　二棱后期
1. 幼穗侧面　2. 幼穗正面
a. 小穗原基　b. 苞叶原基

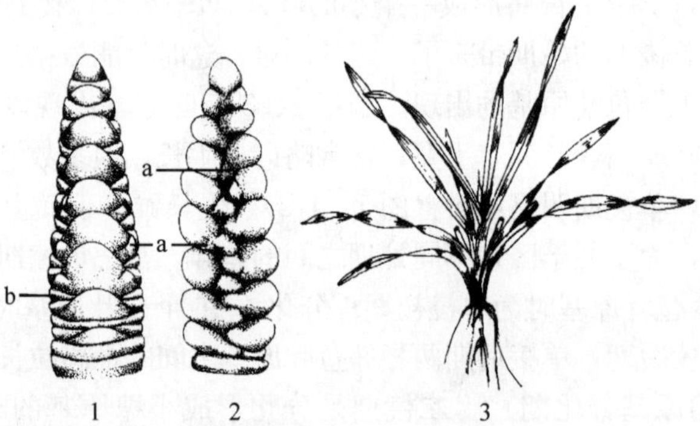

图 1-6　护颖原基分化期
1. 幼穗侧面　2. 幼穗正面　3. 植株
a. 护颖原基　b. 苞叶原基

4. 护颖原基分化期　图 1-6（图版 3-4、图版 3-5）为幼穗护颖原基分化期。该期的主要形态特征是：最先在幼穗中部的 3～4 个小穗基部出现护颖原基突起，称为下位护颖，接着在小穗基部的另一侧分化出现第 2 个护颖原基，即上位护颖原基。随着幼穗的生长，上部小穗和下部小穗基部也逐渐分化出现护颖原基。护颖增大后，从幼穗的侧面观察，呈三角形突起。

5. 小花原基分化期　图 1-7（图版 3-6）为小花分化初期。这一时期的主要形态特征是：在幼穗中部3～4个小穗的下位护颖上方，可以观察到长形小花外颖原基突起，表明幼穗分化进入了小花分化期，很快在上位护颖的上部分化出现第2朵小花的外颖原基。外颖原基出现以后，在其上部分化形成半圆形的小花生长锥，将由此分化雌雄蕊原基。在每个小穗上，自下向上分化互生形的小花，小穗中部形成小穗轴，小花着生在穗轴节片上。当一个小穗上可以明显地观察到第3朵半圆形的小花原基之后，其下部第1朵小花原基已成较大的扁圆形状（图1-7.4），标志着将进入下一分化时期。

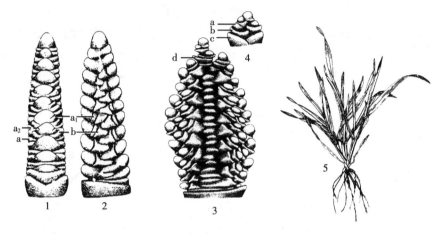

图1-7 小花原基分化期

1. 小花分化初期幼穗的侧面 a. 苞叶原基 a_1、a_2. 第1、2朵小花外颖 b. 护颖原基
2. 小花分化初期幼穗的正面 3. 小花分化后期 d. 顶端小穗的护颖（由苞叶原基发育而成）
4. 分化4朵小花的小穗 a. 小花生长锥 b. 小花外颖 c. 护颖 5. 植株

6. 雌雄蕊原基分化期 图1-8为雌雄蕊分化期的幼穗。该时期的形态特征是：最先在中部3～4个小穗的第1朵小花的原基扁圆体上，观察到两个对应着生的小圆形突起，紧接着在小花的远轴一侧又出现一个圆形突起，这三个圆形突起呈三角形分布在外颖的上方，即三个雄蕊原基。在三个雄蕊中间，形成一个圆形雌蕊原基（图版3-7）。在一个小穗上能观察到第3朵小花分化出现雌雄蕊原基时，下部第1朵小花的雌雄蕊明显增大，雌蕊上部呈扁平状，这是将进入下一个分化时期的标志。

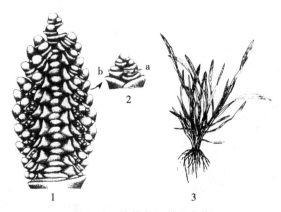

图1-8 雌雄蕊原基分化期
1. 穗正面 2. 小穗正面 a. 雄蕊 b. 雌蕊 3. 植株

7. 药隔形成期 图1-9为药隔分化初期的一个小穗和一朵小花。由于雌雄蕊原基不断进行分化生长，体积不断增大，由圆形逐渐生长为长圆形的雄蕊，很快在雄蕊中部观察到一个自上而下的微型纵沟，纵沟的出现作为药隔始期的标志，此时雌蕊顶部能观察到一个小的凹陷（图1-9b、图版3-8）。

8. 四分体时期 当花药长度达到最大长度的80%左右，花药颜色由深绿色变为淡绿，旗叶与倒二叶间的叶耳距为2～6cm时（图1-10.4a），花粉室内的花粉母细胞经过减数分裂形成小孢子四分体，在花药的纵切面上，可见被胼胝壁包围的4个子细胞排列在同一水平面上，即雄蕊的小孢子四分体（图1-11）。此时雌蕊发育到柱头羽毛伸长期，这时珠心中的胚囊母细胞，即大孢子母细胞，经过减数分裂也形成大孢子四分体，在以后发育过程中，近珠孔的三个大孢子解体，远珠孔的一个大孢子经有丝分裂发育成为成熟胚囊（图1-12）。

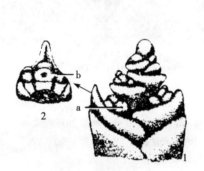

图1-9 药隔形成期
1. 一个小穗 2. 一朵小花
a. 雄蕊 b. 雌蕊

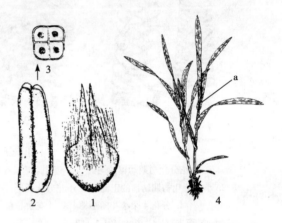

图1-10 四分体时期
1. 雌蕊 2. 一个花药 3. 一个四分体
4. 植株 a. 叶耳间距

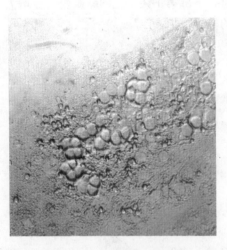

图1-11 四分体时期压片

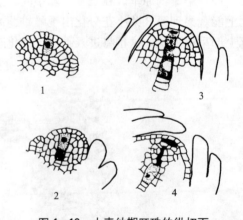

图1-12 小麦幼期胚珠的纵切面
1. 胚囊母细胞 2. 减数分裂的第1次分裂以后
3. 四分体时期 4. 四分体中三个细胞解体，远珠孔的
一个细胞发育（两层珠被的细胞未示出）

三、雌蕊发育的形态变化及时期划分

小麦幼穗发育进入药隔形成期之后，花药在其生长发育过程中，尽管其内部细胞发生一系列的复杂变化，但雄蕊的形态特征除不断增大外没有明显的变化特点，这对从形态特征上研究小花的发育进程及其与生态条件的关系，以及不同品种、不同栽培技术对小花发育的影响带来了一定的困难。为此，著者从1978年开始，对小花的发育进程与生态条件的关系作了系统研究，并根据小花雌蕊发育进程的形态变化特点，首次将雌蕊生长发育过程划分为以下9个时期（表1-2、图1-13），并结合雄蕊压片醋酸洋红染色，观察雄蕊相对的发育时期。

表1-2 雌雄蕊分化过程及各时期的主要形态特征

雌蕊分化时期	雌蕊各时期的主要形态特征	相应的雄蕊发育时期及形态特征
小花原基分化期	外颖原基突起，其上部呈一圆形生长点	
雌蕊原基分化期	雌蕊原基为一圆形突起	雄蕊原基为三个圆形突起
小凹期	雌蕊原基顶部开始出现一个凹陷	药隔形成初期，雄蕊自上而下的微型纵沟
凹期	雌蕊原基顶部形成一个圆形碗状凹陷	药隔形成期，雄蕊逐渐增大，呈长方形
大凹期	雌蕊顶部形成近轴一边低，远轴一边高的簸箕形大凹	药隔形成期，雄蕊继续增大，呈长方形，四室开始出现
柱头突起期	雌蕊顶部高的方面两端突起，开始形成子房柱头	药隔形成期，呈长方形
柱头伸长期	柱头伸长达到明显可见，内颖和雌雄蕊等高	花药已明显形成四室
柱头羽毛突起期	柱头继续伸长，上部有明显羽毛突起，内颖长度超过雌雄蕊	花粉母细胞期至减数分裂前期
柱头羽毛伸长期	柱头羽毛已明显伸长，内颖与外颖颖壳等长	第1次减数分裂前期至四分体时期
柱头羽毛形成期	第1朵小花柱头羽毛继续伸长，基本形成，第2、3朵小花达到羽毛伸长期	四分体至花粉粒形成

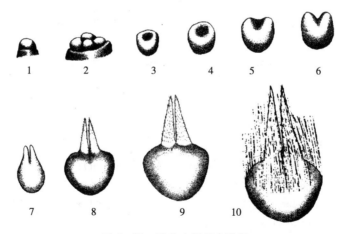

图1-13 雌蕊生长发育进程

1. 小花原基分化期　2. 雌雄蕊原基分化期　3. 雌蕊小凹分化期　4. 雌蕊凹形分化期　5. 雌蕊大凹分化期
6. 柱头开始形成期　7. 柱头伸长期　8. 柱头羽毛突起期　9. 柱头羽毛伸长期　10. 柱头羽毛形成期

注：本节的幼穗发育和雌蕊发育进程图由吉玲芬、崔金梅教授按照镜下实物绘制而成［冬小麦幼穗分化不同时期形态特征图解，植物学通报，1985，3（4）：60～64]。

1. 雌蕊原基分化期 当小花原基顶部出现三个雄蕊时，在其中间形成半圆形雌蕊原基。

2. 小凹期 小凹期即药隔形成期的初期。在雄蕊形成小纵沟的同时，半圆形雌蕊顶部出现小的凹陷。此时，在显微镜下可观察到圆形小凹。内颖分化刚开始，外颖芒开始形成突起。

3. 凹期 随着雌蕊的不断生长发育，体积增大，而凹陷扩大形如碗状。此时可以明显观察到花药的四室，内颖仍在雌雄蕊的基部。

4. 大凹期 由于雌蕊两侧生长快，而近轴一边慢，因此可以观察到雌蕊上部的近轴一边低，远轴一边高的坡形大凹，此时内颖明显可见，外颖芒开始伸长。

5. 柱头突起期 雌蕊大凹高的一边（远轴侧），生长速度也不平衡，两端细胞分裂快，生长迅速，形成两个明显突起，即雌蕊柱头原基，随柱头伸长，呈 V 字形。此时内颖仍尚未能覆盖住雌雄蕊，即使到该期末，内颖仍不能覆盖雌雄蕊，外颖芒明显伸长。

6. 柱头伸长期 发育正常的小花，此期开始时内颖和雌、雄蕊等高，两柱头继续不断伸长，内外颖也迅速生长，子房迅速形成。

7. 柱头羽毛突起期 当柱头伸长达到接近最大长度时，柱头上开始出现小的圆形柱头羽毛突起。子房上部、柱头基部也开始分化出现冠毛突起，冠毛突起生长较迅速，很快覆盖两柱头基部，柱头羽毛向上伸长。

8. 柱头羽毛伸长期 柱头羽毛已明显伸长，内颖与外颖壳等长。

9. 柱头羽毛形成期 雄蕊四分体时期至开花期。第 1 朵小花柱头羽毛继续伸长，第 2、3 朵小花达到羽毛伸长期。

见图版1、图版3。

第三节 小麦幼穗的发育进程

幼穗发育进程与品种特性、生态条件和栽培管理措施等有密切关系。幼穗器官的分化形成，是在一定发育阶段基础上和相应生态条件作用下完成的。穗器官的形成需要一定的温度、光照和营养条件，而且不同基因型品种对上述各种条件的需求也有所不同，如春性品种茎生长锥由分化营养器官转为分化穗器官时对低温条件要求不那么严格。因此，在田间条件下幼穗分化开始得早，冬前进程快。冬性、半冬性品种需要经过一定的低温之后，才能开始分化穗器官。在正常播种的情况下，幼穗分化相应开始得晚，冬前发育慢，越冬之后发育加快，此时，幼穗发育各时期历时天数比春性品种少，有些品种其发育进程甚至超过春性品种。所以，在春季常常出现春性品种未受冻害而半冬性品种却遭受冻害的现象。穗部各器官在形成过程中，由于其所处的位置和发生的早晚不同，有着不同的生长发育优势，常导致相同器官在形成过程中会向着两种不同的方向发展，或是发育成完善的器官，或是发育中途退化。可见幼穗生长发育是一个复杂的生长过程，而穗的发育正常与否又直接影响小麦的籽粒产量。因此，在小麦生产实践中，研究掌握不同品种、不同生态条件下幼穗发育特点与形成规律，对因种因地制宜，采取相应的栽培管理措施，达到高产优质高效生产具有非常重要的意义。为此，著者在河南省中部地区中高产土壤肥力条件下，选用不同时期生产上大面积推广的品种，并以郑引 1 号和百泉 41 分别作为春性和半冬性代表品种，每年设 3～5 个播期（9 月 26 日、10 月 1 日、10 月 8 日、10 月 16 日和 10 月 24 日，表 1-3），连续多年观察其幼穗分化形成过程，分析小麦幼穗的形成规律，以及不同年际间、不同栽培技术对其发育进程的影响。

表 1-3 不同播期播种时的气温状况

播种时间（月/日）	平均日均温（℃）	温度平均范围（月/日）
9/26	19.8	9/24～9/28
10/1	19.0	9/29～10/3
10/8	18.2	10/5～10/9
10/16	15.8	10/14～10/18
10/24	14.2	10/22～10/26

注：上述资料为 1978—1998 年平均值。温度平均范围指播种前后各 2d 和播种当天共 5d 日均温的平均值。

一、幼穗原基分化形成——茎生长锥的转化

一般当春性、半冬性品种叶龄分别达到 3.3、4.3 片左右，冬性品种如山东蚰包叶龄为 5.5 片左右时，茎生长锥开始进入幼穗原基的分化期（图版 1-1）。该时期是从叶原基分化结束到第 1 苞叶分化出现的一个短暂生育过程，在正常播种条件下，一般历时 2～3d，所需积温 30℃左右。茎生长锥转化的主要特点是，经过所必要的低温条件之后，茎生长锥不再分化叶原基、茎节等，而转化为幼穗的原始体，由此开始逐渐分化幼穗的各种器官，分化幼穗原基的形态特征和分化叶原基时的茎生长锥相同。小麦从播种到由茎生长锥转为幼穗原基的历时天数、分化的总叶片数以及叶龄等，取决于品种的基因型和相应的生态条件。在正常播种条件下，春性品种一般从播种到幼穗原基分化期，历时 30d 左右，春性强的品种历时天数还会缩短，此期的积温为 370℃左右（大于 0℃的积温，下同），平均日均温为 13℃左右；半冬性品种和冬性品种分别历时 35d 和 40d 左右，平均日均温为 13℃和 12℃左右，其积温分别为 450℃和 470℃左右。因此，同一品种由于年际间气候条件的差异、播种时间以及植株营养状况的不同，进入幼穗分化时期的时间、历时天数、主茎叶龄等均有所差异。

二、苞叶原基分化形成（单棱期）

苞叶原基实际属于穗轴上着生的叶原基，由其基部叶腋处分化穗的分枝（小穗）。随着穗的分化生长，苞叶原基退化，形成穗轴节片。

当幼穗原基长度达到 0.14～0.15mm 时，与叶原基分化方式相同，在旗叶叶原基上部分化出第 1 苞叶原基，自此幼穗分化进入苞叶原基分化期，即单棱期（图版 1-2）。苞叶原基自下而上，左右两侧互生分化形成。幼穗下部 1～3 个苞叶原基表现出较强的叶性，苞叶原基分化出现以后继续向上生长一段时间，而后逐渐停止生长而退化。在某些情况下，第 1 苞叶原基可以形成小的叶片，随穗一起抽出，其腋处的小穗退化为不孕小穗（图版 1-7）。幼

穗上部的苞叶原基分化优势很弱，几乎和小穗原基同时显现，而且很快退化，被小穗原基覆盖，因此，幼穗上部没有明显的二棱期。单棱期历时的天数，适期播种的春性品种从第1苞叶原基出现到小穗原基开始突起，多数年份历时30～35d，少数年份25d左右则可通过该时期。在这期间的平均日均温为5.0℃左右，积温150～200℃；半冬性品种由于进入单棱期时的气温已经较低，多数年份要历时50～60d，有些年份30d左右便进入下一个分化期；冬性品种历时90d左右，单棱期的平均日均温4.5℃左右，积温160～200℃。在河南省中部地区生态条件下，适期播种的小麦，在11月中下旬进入单棱期。多数品种幼穗分化出8～9个苞叶原基时，在幼穗中部苞叶原基腋处，开始分化出现小穗原基突起，进入下一分化时期，但幼穗上部仍在不断分化苞叶原基。一个幼穗分化苞叶原基多少决定着每穗分化的小穗数。

三、小穗原基分化形成（二棱期）

从小穗原基开始分化到护颖原基开始出现为小穗原基分化期，即二棱期，此期小穗原基分化并未结束。每穗具有20多个小穗的品种，当幼穗分化8～9个苞叶原基时，两相邻苞叶原基之间的距离明显拉长，紧接着在幼穗下中部的3～4个苞叶原基腋处，最先分化出现一长圆形的小穗原基突起，此时进入二棱初期（图版1-3）。在这期间，幼穗上部继续分化苞叶原基，同时自中部向上、向下不断分化出现小穗原基。穗中部小穗具有较强的生长优势，生长发育快，而下部的小穗原基发育慢，常形成不孕小穗。进入二棱初期时，春性品种和半冬性品种的叶龄分别为6.1和7.2片左右，冬性品种9.5片左右。二棱初期历时的天数，多数年份春性品种为15～20d，这期间的平均日均温3.0℃左右，积温40℃左右，在河南省中部地区进入该阶段正处在12月中下旬；半冬性品种一般于越冬初期，即12月底或元月初开始进入二棱初期，历时20d左右，此期间平均日均温2.0～2.5℃，积温在40℃左右；冬性品种多在返青以后进入二棱初期。

当小穗原基生长发育到与苞叶原基等大时，幼穗发育进入二棱中期（图版1-4），此时下部第1～3个小穗原基仍处于二棱初期，穗上部仍继续分化苞叶和小穗原基，已分化小穗数占总小穗数的60%左右。进入二棱中期时的主茎叶龄，春性品种和半冬性品种分别为6.4片和7.6片左右，冬性品种9.7片左右。二棱中期历时天数，多数年份春性品种30d左右，这期间的平均日均温2.0～2.5℃，积温60℃左右，适期播种条件下进入该期的时间正处于元月上旬至元月下旬；半冬性品种历时20～25d，平均日均温3.5～4.0℃，积温50℃左右，此时正处于元月下旬到2月上旬；冬性品种于3月初进入二棱中期，此时日均温已升高，历时只有5～6d。

当从小穗的正面观察到小穗原基发育成半圆形，且明显高出苞叶原基时，标志着幼穗发育开始进入二棱后期（图版1-5），但下部几个小穗仍处于二棱中期。此时植株主茎叶龄，春性品种和半冬性品种分别为6.8片和8.1片左右，冬性品种10片左右。二棱后期历时天数，多数年份春性品种为10～15d，此期间平均日均温5℃左右，积温45℃左右；半冬性品种历时8～13d，其间的平均日均温5.5℃左右，积温50℃左右。河南省中部地区种植的小麦一般于2月中旬进入二棱后期。

幼穗发育进入二棱末期时，从幼穗侧面观察小穗已明显地排列在穗轴两侧，其上部仍在分化小穗原基，一直到幼穗分化进入小花分化期之后，小穗原基分化停止，即当幼穗中部小穗已分化小花时，每穗小穗数不再增加。河南小麦生产应用的大多数品种一般每穗分化 20～25 个小穗，有些品种可达 30 个左右。小穗原基分化全部过程经过了二棱初期、中期、后期三个时期，历经 60d 左右，积温 150℃左右。在河南生态条件下，由于二棱期正值越冬前后，此期幼穗发育缓慢，时而停止，所以是小麦幼穗分化过程中历时最长的一个时期，也是为穗大奠定良好基础的时期。

四、护颖原基分化形成

护颖是小穗原基开始分化的第 1 类器官，将在其上方分化诸多小花。当中部小穗的基部开始出现第 1 个护颖突起时（下位护颖），标志着幼穗分化进入护颖分化期（图版 1-6）。紧接着在小穗的对侧分化出现第 2 个护颖突起（上位护颖），此后护颖不断生长增大。在进入下一个分化期之前，从幼穗侧面观察，可见在小穗基部呈三角体形（图版 3-5）。护颖分化始期植株主茎叶龄，春性品种和半冬性品种分别为 7.5 片和 8.8 片左右，冬性品种 10.8 片左右，此期茎秆也开始伸长，长度为 0.1～0.3cm，但有些年份茎秆伸长是从小花分化期开始。该期的平均日均温 5～6℃，河南省种植的多数小麦品种，护颖原基分化期在 3 月上旬前后，一般历时 6～7d，需积温 40℃左右。

五、小花原基分化形成

小花原基分化也是从发育最早的中部小穗开始的。首先在下位护颖的上方，分化出现第 1 朵小花原基的外颖突起，这标志着幼穗分化进入了小花原基分化期（图版 3-6）。当第 1 个外颖出现之后，很快在上位护颖的上方分化出现第 2 朵小花的外颖突起，这样不断地自下而上互生分化形成小花原基。幼穗下部的 1～2 个小穗，每小穗一般分化 6～8 朵小花原基；中部小穗分化 9～10 朵小花原基（图版 1-6）；顶端小穗分化 6～7 朵小花原基，每穗大约可分化 160～180 朵小花原基，每穗小花原基的分化数量品种间略有差异。当每个小穗分化一定数量的小花之后，小穗生长锥停止生长发育逐渐萎缩，随之其小花也自上而下逐渐退化，一般每小穗最终只有 2～5 朵小花发育成结实小花。在小穗不断分化小花原基的同时，其下部最先分化出的小花外颖原基的上方，形成圆形小花生长锥，而后该生长锥逐渐生长成上部较平的扁圆体，此时幼穗分化将进入下一个分化时期（图版 1-7）。开始进入小花原基分化期时，植株主茎叶龄，一般春性品种和半冬性品种分别为 7.9 片和 9.2 片左右，冬性品种 11.6 片左右。进入该期时，茎秆节间长度多为 0.2～0.4cm，因播期不同而异。小花原基分化期在平均日均温 7～8℃条件下历时 10d 左右，积温 80℃左右。此期正处于 3 月上中旬，也正是决定单株成穗多少的关键时期。

六、雌雄蕊原基分化形成

当一个小穗开始分化第 4 朵小花的外颖原基时，在下部第 1 朵小花的扁圆体原基的两侧，分别出现一个小的圆形雄蕊原基突起，这是进入雌雄蕊原基分化期的标志（图版3-7）。接着在两个小圆形突起中间远轴一侧又分化出现第3个雄蕊原基突起，被三个雄蕊原基包围着的中间部分形成半圆形的雌蕊原基，此时可以明显地观察到每朵小花具有三个雄蕊、一个雌蕊（图版3-8）。在雌雄蕊内侧，近小穗轴处可观察到一长形内颖突起，雄蕊外侧基部外颖内侧，有两鳞片原基开始突起（图版8）。小穗的其他小花原基，以同样的方式自下而上进行雌雄蕊分化。在小穗下部小花分化雌雄蕊的同时，小穗上部仍在继续分化小花原基，但小穗上部2～3朵小花，达不到雌蕊分化期便停止生长而退化。雌雄蕊分化也最先从中部的5～6个小穗开始，逐渐向上向下进行。雌雄蕊分化始期，植株主茎叶龄，春性品种和半冬性品种分别为8.7片和10.1片左右，冬性品种12.3片左右，茎秆节间总长2～4cm，播种早的略大于播种晚的，此时第2节间也开始伸长。该期平均日均温8℃左右，历时5～6d，积温50℃左右。雌雄蕊分化的末期，雄蕊原基由圆形生长为近长方形，雌蕊顶部由圆形生长成为近轴一侧略低、远轴一侧略高的斜形平面。此时，外颖的中间部分生长较快，并开始向上生长，形成中间高、两端低的三角形幼小外颖，雌雄蕊分化期处在3月中下旬。

七、药隔分化形成

药隔是花药的组成部分，它将四个花粉囊分成左右两半，是由雄蕊原基的基本分生组织形成的。从形态上观察，在雄蕊原基逐渐生长增大的过程中，逐渐形成花药原始体，由于此期花药不同部位的细胞分裂速度不同，由圆形发展成长方体，而且四个角的细胞分裂快，使初期的花药自上而下形成了一个微型纵沟，此时花药内部开始分化形成药隔，因此，从形态上能观察到微型纵沟时，就将此时定为药隔形成初期（图版1-9、图版3-8）。药隔形成是从穗中部小穗第1朵小花最先开始，之后依次向穗的上、下部形成。两端小穗小花也逐渐进入药隔形成期。一般穗中部小穗分化第7朵小花时，下部第1小穗第1朵小花开始进入药隔形成期，这表明进入药隔形成期的小穗其上部仍在继续分化小花原基，但一般只有1～5朵小花可以发展到药隔形成期，以上各小花则停留在雌雄蕊分化期和小花原基分化期，而后退化。开始进入药隔形成期时，春性品种和半冬性品种的主茎叶龄分别为9.4片和10.6片左右，冬性品种为12.9片左右，未伸出叶均为2片，即叶龄余数为2片左右，其茎秆总长度为4～6cm，仍处在第1、第2节间伸长阶段。此时外颖的芒已明显突起，但内颖和鳞片生长较慢。药隔形成初期正处在3月下旬。到该期末花药的长度达到最大长度的70%～80%，单茎全部叶片已伸出，茎秆穗下节间开始伸长。药隔形成期一般历时25d左右，是决定每穗粒数多少的关键时期。

八、雌蕊的生长发育

从外部形态观察，在雄蕊原基形成微型纵沟的同时，由于圆形雌蕊周边部位的细胞分裂迅速，使雌蕊顶部开始形成小凹陷，这一时期正是药隔形成初期，因此，该期植株叶龄、茎秆长度等指标均与药隔形成初期相同。小凹期一般历时 3～5d，半冬性、冬性品种略快于春性品种。由于雌蕊继续不均衡生长，凹陷逐渐扩大，边缘变薄而形成碗状，即凹期（图版 1-10）。此时茎秆总长度为 5～7cm，处在第 2 节间伸长期，第 3 节间也开始伸长，其长度为 0.2～0.5cm，但生长缓慢，凹期历时 3～5d。在雌蕊继续生长的过程中，远轴一边生长快，而近轴一边生长稍慢，形成内低外高的坡形大凹（图版 1-11）。有些品种雌蕊圆周生长速度相差不大，形成小的筒状大凹。进入大凹期的植株，茎秆总长度 8～9cm，仍处在第 2 节间伸长，第 3 节间开始迅速伸长期，大凹期历时 3～5d。从小凹期到大凹期属于子房的发育时期，进入大凹期之后，大凹的两侧生长加快，开始形成两个相对的突起，即柱头突起期。此时内颖鳞片仍然生长较慢，在子房上边可以直接清楚地观察到两个柱头突起（图版1-12、图版 3-9）。进入柱头突起时，茎秆处于第 3 节间伸长，第 4 节间开始伸长期，茎秆总长度 15cm 左右，且不同品种间存在一定差异。雌蕊继续生长发育，柱头向上伸长，两柱头基部子房处，向中间生长形成近圆形子房，已不再有凹的显现，子房内开始形成胚珠。此时小穗上部不再分化小花原基。在该期初，从小花的内侧观察，柱头、花药、内颖等高，外颖芒也在伸长，雄蕊花丝正在分化形成，此时作为柱头开始伸长期（图版 1-13、图版 3-10）。从柱头突起到柱头伸长末期一般历时 4～6d。

当柱头的长度接近正常时，首先在柱头下部出现乳状突起，随之自下而上均形成乳状突起。与此同时，子房顶部出现冠毛突起，花器官全部覆盖在内外颖之间，此时为柱头羽毛突起期（图版 1-14、图版 3-11）。进入柱头羽毛突起期，植株主茎叶龄，春性品种和半冬性品种分别达到 11.6 片和 12.5 片左右，处在第 4 节间迅速伸长期，第 5 节间开始伸长，节间的总长度，不同品种间已有明显差异。柱头羽毛突起后，不断向上伸长，在羽毛上有大量的针状突起出现，最后形成羽毛状柱头，到开花时全部展开，以接受花粉。在柱头羽毛伸长过程中，植株主茎叶片逐渐全部伸出。茎秆第 5 节间，即穗下节处在较快的伸长时期，具有 6 个节的品种，第 6 节也开始伸长。此时从外观看，子房已生长发育成具有明显腹沟，呈倒形的小三角体，上部具有伸长的冠毛（图版 1-16、图版 3-12）。

九、四分体时期

在雌蕊生长发育的同时，雄蕊也逐渐长大，形成具有四个花粉囊的花药和花丝。花药内造孢细胞经分裂产生大量的花粉母细胞。一个花粉粒母细胞进行减数分裂，形成小孢子四分体。这时正是雌蕊柱头羽毛开始伸长期。四分体时期植株旗叶叶耳和旗下叶叶耳之间的距离一般为 4～6cm，这是判断四分体时期的重要标志（详见第四章）。

自幼穗原始体开始形成到四分体时期，穗的分化形成历时 160d 左右。小麦穗的形成是一个复杂的生长过程，各时期受气候、营养条件影响极大，而小麦的幼穗分化过程，又处在气候条件变化最大的时期。因此，不同品种、不同年份的植株叶龄、历时天数、所需积温等有一定的变化幅度。

十、顶端小穗的形成

顶端小穗是幼穗分化最后出现的小穗，构成顶端小穗的一些器官不同于其他小穗。从形态上观察，顶端小穗的小穗轴是由穗轴延伸而成，在顶端小穗分化初期表现更为明显。顶端小穗没有护颖的分化，穗上部的两个相对的苞叶原基，分别形成顶端小穗的下位和上位两个护颖。原形成护颖的部位形成的是小花的外颖，而后在外颖上方分化雌雄蕊。在幼穗分化小穗的两侧，变为分化小花原基的部位（图版 4）。因此，在穗轴上，顶端小穗着生的方向与其他小穗着生的方向是垂直的。顶端小穗是当幼穗中部小穗分化第 4 朵小花时，幼穗上部的两个苞叶原基开始转化为顶端小穗的护颖原基。此后一个穗的小穗数不再增加。一般在顶端小穗分化 6～7 朵小花之后，生长点开始萎缩（图版 2）。由于顶端小穗具有较强的生长优势，虽然发生最晚，但多数品种下部第 1、2 朵小花可以结实形成结实小穗，相反，穗下部 1～2 小穗常常为不结实小穗。

第四节　小麦小花的发育

小麦小花的发育，包括内外颖、雌雄蕊、鳞片等几个组成部分的形成过程。多数小麦品种每个小穗能分化 9～10 朵小花，由于这些小花在小穗上所处的位置、出现的早晚，以及分化时所处的生态条件不同，因此，它们有着不完全相同的发育进程和发育特点，其中有 60%～80% 的小花不能发育成完善的小花，中途停止发育而退化。最终每穗能发育成结实小花数的多少，因品种和生态条件的影响而有较大的差异。为了提高小花结实率，前人对小花的发育规律已做了大量的研究工作，国内外对有关小花发育的研究已有不少报道。著者在观察小麦幼穗发育过程中，对小花的发育动态，不同花位小花的发育特点，下部小穗、中部小穗以及顶端小穗小花发育优势的差异，不同基因型品种小花发育特征，不同年际间以及不同生态条件对小花发育进程的影响等做了较为详细的研究。

一、同一小穗不同花位小花发育动态

一个小穗的小花分化，首先是在下位护颖上方，分化出小花的外颖突起及圆形生长点，此时进入小花分化期，而后自下而上互生性在小穗轴上陆续分化小花。一般情况下，不同花位小花分化的进程是，当一个小穗出现第 4 朵小花原基时，同时，其第 1 朵小花进入雌雄蕊分化期（图 1-14、图 1-15）。第 5 朵小花明显出现时，第 1 朵小花达到小凹期（雄蕊药隔形成初期）。当第 1 朵小花达到柱头伸长期，该小穗小花数目不再增加。这时小穗中部的小花（第 3、第 4、第 5 朵）发育速度超过下位小花的发育速度，上部小花的速度也有所减慢，出现了上慢、中快、下慢的生长现象，这是将要出现退化小花的标志。从图 1-14、图 1-15 看出，郑引 1 号和百泉 41 两个代表性小麦品种的小花发育趋势是一致的。

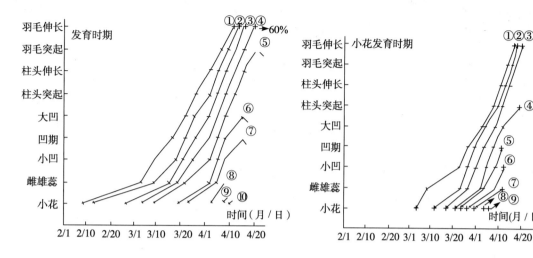

图 1-14　郑引 1 号不同花位小花发育进程

（1979 年 10 月 16 日播种）

图 1-15　百泉 41 不同花位小花发育进程

（1979 年 10 月 8 日播种）

注：1. ①②③……⑩表示从小穗基部小花至上部小花顺序号；2. →表示小花开始萎缩；

3. 60%表示第 4 花有 60% 的植株的小花达到Ⅸ期。

不同花位小花，从小花外颖原基突起到柱头羽毛伸长，发育成为一个完善的小花所历时的天数，不同年际间、不同品种以及不同的播种时间均有较大的差异。就第 1 朵小花而言，常年春性品种历时 61d 左右，半冬性品种 40d 左右。而不同花位之间，则随着花位的升高而缩短，表现出上位小花赶下位小花的发育特点。从表 1-4 可以看出，第 1 朵小花历时 61d，第 2 朵小花历时 56d，而第 4 朵小花历时只有 43d，比第 1 朵小花历时天数缩短 18d。这表明中部（3～5 朵小花）小花加速发育进程，缩小了中、下位小花发育时期的差异，从而促使中位小花向结实方面发展。上位小花（第 5 朵小花以上的小花），在发育初期也有赶下位小花的趋势，但是追赶的时间较短。如第 7 朵小花，从小花分化到雌雄蕊分化，只需 12d 时间，比第 1 朵小花缩短 10d，从雌雄蕊分化到小凹期只需 3d，比第 1 朵小花历时缩短 4d。但以后的各发育时期缓慢下来，从小凹到凹期比与它相邻的下位小花延长 2～3d（表 1-4）。这表明上位小花赶下位小花的发育，是在一定的发育时期内进行的，如果在这个时期赶不上，发育就缓慢下来，一直到停止发育直至萎缩退化。据观察，当第 1 朵小花发育到柱头羽毛突起时，未发育到柱头伸长期的上位小花，发育将会停止下来（图 1-14、图 1-15）。未能发育成完善的小花，从小花原基到停止生长发育所历时天数，花位之间差异更为明显，表现出花位愈高，停止发育的时间愈早。如小穗最上部的 2 朵小花分化外颖原基突起之后很快停止发育，不再分化其他花器官。虽然小麦不同花位小花发育历时的天数，随着花位升高而缩短，上、中部小花赶下位小花的这一基本发育规律是一致的，但不同品种、不同生态条件下表现不同。从表 1-4 可以看出，半冬性品种百泉 41 在同一年份，小花形成历时的天数比春性品种少。第 1 朵小花从小花分化到柱头羽毛伸长历时 40d，第 2 朵小花历时 35d，比郑引 1 号均少 21d。

表1-4 不同花位小花各发育时期历时天数（1979） （单位：d）

品种名称	发育时期 历时天数 花位	I~II	II~III	III~IV	IV~V	V~VI	VI~VII	VII~VIII	VIII~IX	总历时天数	备注
郑引1号	第1朵	22	7	6	5	4	5	7	5	61	10月16日播种，基本苗225×10⁴/hm²
	第2朵	21	7	6	4	4	5	5	4	56	
	第3朵	21	7	5	4	4	3	3	3	50	
	第4朵	14	7	5	3	4	3	4	3	43	
	第5朵	13	7	4	4	3	4			35	
	第6朵	12	3	4	7					26	
	第7朵	12	3	7						22	
	第8朵	7								7	
	第9朵	小花分化期									
百泉41	第1朵	14	4	4	3	3	3	3		40	10月8日播种，基本苗150×10⁴/hm²
	第2朵	11	3	3	3	6	3	3		35	
	第3朵	9	3	3	4	4	3	3		32	
	第4朵	8	3	3	4	7				25	
	第5朵	7	4	4						15	
	第6朵	10	4							14	
	第7朵	10								10	
	第8朵	小花分化期									
	第9朵	小花分化期									

注：I——小花分化期，II——雌雄蕊分化期，III——小凹期，IV——凹期，V——大凹期，VI——柱头突起期，VII——柱头伸长期，VIII——柱头羽毛突起期，IX——柱头羽毛伸长期。

不同年际间小花发育历时天数也有明显的差异。如1978—1979年度，由于冬季和早春气温偏高，小花分化较正常年份提早，适期播种的春性品种郑引1号，于2月8日前后进入小花分化期，致使小花发育期延长，第1朵小花历时61d，各花位小花发育时间较正常年份均有所延长。如第1朵小花原基分化到雌雄蕊原基分化历时22d；从雌雄蕊分化到雌蕊小凹期（药隔形成初期）历时7d；从小凹期到凹期历时6d左右，以后每个发育时期平均5d左右（表1-4）。而1984—1985年度，郑引1号品种于3月15日前后进入小花分化期，比1978—1979年度推迟30多d，但由于在河南中部地区进入3月中旬以后气温回升很快，使小花发育进程加快（图1-16）。第1朵小花从小花原基到雌雄蕊原基开始分化，历时只有10d左右，从雌雄蕊到小凹期历时6d，以后的各发育时期只需2~3d。从小花原基到柱头羽毛开始伸长共历时34d，比1978—1979年度减少26d，其他各花位小花历时天数均相应缩短，第2、第3朵小花分别历时33d和32d。如按第1朵小花历时天数计算，适期播种的春性品种，从小花原基到柱头羽毛开始伸长，历时天数年际间差异的变幅，一般为30~60d，半冬性品种历时25~40d（图1-17）。小花发育进程年际间的差异与小花的结实率以及最终粒重均有一定的关系。因此，生产中应特别注意这种年际间的变化，以便采取针对性的措施提高小花结实率和增加粒重。

据著者多年观察，同一品种不同播种时间，进入小花分化期的时间不同，小花发育历时天数也有所变化，但这种变化同样是春性品种大于半冬性和冬性品种，暖冬年份大于一般年份。图1-18为1978—1979年度春性品种郑引1号不同播期中部小穗第1朵小花的发育进程。从中可以看出，由于该年度冬季较暖，10月8日播种的郑引1号于12月25日

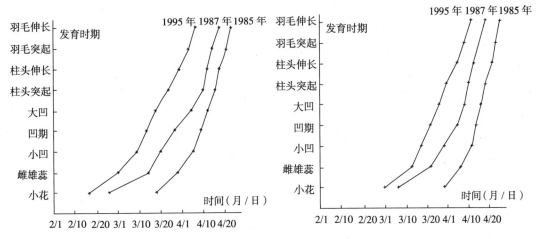

图 1-16　郑引 1 号不同年际间第 1 朵小花发育进程
（播期为 10 月 16 日）

图 1-17　百泉 41 不同年际间第 1 朵小花发育进程
（播期为 10 月 16 日）

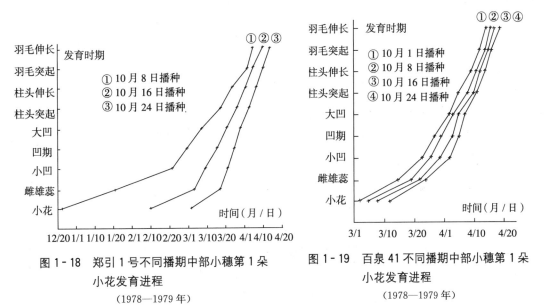

图 1-18　郑引 1 号不同播期中部小穗第 1 朵
小花发育进程
（1978—1979 年）

图 1-19　百泉 41 不同播期中部小穗第 1 朵
小花发育进程
（1978—1979 年）

便进入小花原基分化期（表 1-5），4 月 5 日进入雌蕊柱头羽毛伸长期，历时 103d。10 月 16 日播种的郑引 1 号于 2 月 8 日进入小花原基分化期，历时 61d，与 10 月 8 日播种的相差 42d。10 月 24 日播种的郑引 1 号于 3 月 2 日进入小花原基分化期，历时 42d，比 10 月 8 日和 10 月 16 日播种的分别缩短 61d 和 18d。从不同发育时期看，以小花原基分化到小凹期差异最大。如 10 月 8 日播种的郑引 1 号从小花分化到小凹期历时 57d，10 月 16 日播种的历时 28d，而 10 月 24 日播种历时仅 20d，10 月 16 日播种和 10 月 24 日播种与 10 月 8 日播种的，分别相差 29d 和 37d。以后各发育时期的相差天数逐渐缩短，如雌蕊柱头羽毛突起期，10 月 8 日与 10 月 24 日播期之间仅相差 8d（图 1-18）。半冬性品种百泉 41 不同播期之间相差较少，如 10 月 1 日播种的百泉 41 于 3 月 2 日进入小花原基分化期，4 月 13 日达到柱头羽毛伸长期，历时 42d；而 10 月 8 日播种的百泉 41，历时 40d，两播期仅相差 2d，其余各发育时期相差也相对较少（图1-19）。从1978—1979、1988—1989年度不同播期之间小花发育历时天数的差异表现出相似的趋势（图1-20、图1-21、表1-5）。10月8日和10月16日播种的百泉41，从小花原基分化到柱头羽毛开始伸长相差26d；10月16日和10月24日播种的百泉41仅相差2d。尽管不同年份、不同播期小花发育进程有所不同，但其发育特点是一致的，即不同播期间小花发育历时天数差异最大时期是小花原基到雌蕊小凹期，以后逐渐缩小。这样缩短了早播与晚播之间开花期的差距，同时由于晚播小麦幼穗发育进程快、强度大，每穗粒数相差也不大。另外，由于春性品种播期间的差异远大于冬性、半冬性品种，因此，在小麦生产中，春性品种必须严格掌握播种期，尤其应注意防止早播，半冬性、冬性品种的适宜播期则宽得多。

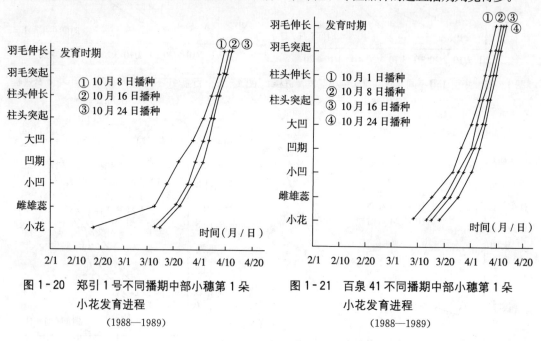

图1-20　郑引1号不同播期中部小穗第1朵
小花发育进程
（1988—1989）

图1-21　百泉41不同播期中部小穗第1朵
小花发育进程
（1988—1989）

表1-5　不同播种期小花各发育时期历时天数（1978—1979）

品种	播期（月/日）	小花分化始期（月/日）	小花各发育时期历时天数（d）									备注
			I～II	II～III	III～IV	IV～V	V～VI	VI～VII	VII～VIII	VIII～IX	I～IX	
郑引1号	10/8	12/25	27	30	9	9	10	7	6	5	103	
	10/16	2/8	22	6	7	4	4	5	7	5	61	郑引1号10月1日播种的主茎冻死，10月8日播种的部分主茎冻死
	10/24	3/2	16	4	4	4	3	4	4	3	42	
百泉41	10/1	3/2	13	6	4	3	4	4	2	2	42	
	10/8	3/5	13	7	3	3	5	4	3	2	40	
	10/16	3/9	11	7	3	3	4	3	2	2	37	
	10/24	3/12	11	7	3	2	4	3	2	3	35	

注：I——小花分化期，II——雌雄蕊分化期，III——小凹期，IV——凹期，V——大凹期，VI——柱头突起期，VII——柱头伸长期，VIII——柱头羽毛突起期，IX——柱头羽毛伸长期。

二、不同小穗位小花发育动态

在小麦穗的分化形成过程中，同一个穗子，不同小穗位的小花有着不同的发育进程。虽然苞叶原基是自下而上逐渐分化出现，但由于顶端优势的作用，同时还由于下部苞叶原基具有较强的叶性，影响其腋处小穗原基的分化形成，因此，穗下部的第1至第3小穗明显分化出现得晚，且发育较慢，尤以基部第1、第2小穗远远落后于中部小穗的发育。但随着小穗位的升高和生长发育时期的推进，这种差异逐渐缩小。如进入小花发育时期后，第4小穗发育进程已基本接近中部小穗。所以在较好的条件下，第3、第4小穗常常形成结实小穗。在生产中争取下部小穗结实，对提高单穗粒重和单位面积小麦产量具有重要的作用。上部的小穗虽然小花分化出现的时间晚，但由于分化强度大、长势强，与中部小穗的发育进程差距较小，所以顶端小穗常常是结实的。据著者多年观察，也有一些品种的中部小穗，具有一直发育很快、长势强的特点，致使上部2～3个小穗成为不孕小穗。

（一）不同小穗位第1朵小花发育的差异

幼穗分化进入小花分化期之后，不同小穗位小花发育仍存在明显差异，这种差异在第1朵花发育中已明显表现出来，其差异大小以及不同小穗位小穗、小花发育速度，是决定其能否形成完善小花的主导因素。从图1-22可以看出，当幼穗中部小穗的第1朵小花分化进入小花原基分化期时，下部第1、第2小穗的第1朵小花比中部小穗的第1朵小花分别晚10d和6d进入同一发育时期，当中部小穗的第1朵小花进入大凹期时，下部第1、第2小穗的第1朵小花达到该发育时期分别比中部小穗第1朵小花仅晚4d和2d。这表明上、下部小穗发育加快，出现了下部小穗赶中部小穗的发育过程，这一过程为减少小花退化、增加穗粒数提供了内在的可能性。如果此时植株生长状况良好，就能有效地减少下部不孕小穗数，增加

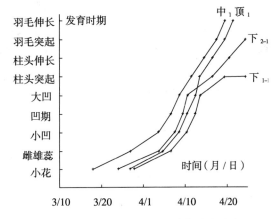

图1-22　郑引1号不同小穗位小花发育
（1984—1985年度，10月16日播种）

注：中₁、顶₁、下₁₋₁、下₂₋₁分别表示中部小穗第1朵小花、顶端小穗第1朵小花、下部第1小穗第1朵小花、下部第2小穗第1朵小花。

结实粒数。但当中部小穗第1朵小花进入大凹期之后，处于弱势地位的下部小穗小花的发育又相对减慢，加大了中部小穗小花与下部小穗小花的发育差距。如中部小穗第1朵小花发育进入柱头突起期，下部第1、第2个小穗的第1朵小花比中部小花分别晚8d和5d，此后第1小穗慢慢停止发育而成为不育小穗。当中部小穗小花达到柱头羽毛突起时，第2个小穗常常也停止发育。由此可以看出，下部第2小穗和中部小穗的差距小于第1小穗，所以比第1小穗较容易争取成为结实小穗。随着小穗位的升高以及和中部小穗发育差距的

缩小，成为结实小穗的可能性增大。顶端小穗是最后分化的小穗，由于分化出现时间晚，顶端小穗进入小花原基分化期时比中部小穗晚 9d。但因顶端小穗具有较强的顶端优势，当中部小穗第 1 朵小花发育到大凹期时，顶端小穗第 1 朵小花比中部小穗第 1 朵小花仅晚 3d 到达此期。因此，多数品种顶端小穗最终成为结实小穗。有些品种中部小穗发育快，顶端优势较弱，因此顶端小穗也常常退化，甚至与其相邻的几个小穗也形成不育小穗。

（二）同步发育小花的变化动态

同步发育小花，是指在一个幼穗上发育时期处于相同的小花。如多数品种幼穗发育进入雌雄蕊分化期时（以中部小穗第 1 朵小花发育为准，下同，如图 1-23），幼穗下部第 1 小穗的第 1 朵小花和中部小穗的第 4 朵小花同时进入小花原基分化期，下部第 2 小穗的第 1 朵小花和中部小穗的第 3 朵小花发育时期相同。它们的第 2 朵小花发育时期仅相当于中部小穗的第 5 朵和第 4 朵小花。即下部第 1 小穗的第 1、第 2 朵小花分别和中部小穗的第 4、第 5 小花为同步小花；下部第 2 小穗的第 1、第 2 朵小花和中部小穗的第 3、第 4 朵小花为同步发育小花。由于这些同步发育小花所处的小穗位、小花位不同，或因品种生态型不同，它们有着不同生长发育趋势，因而在小花的发育过程中产生了差异。如下$_{1-1}$小花和中$_4$小花从小花原基分化到大凹期，一直为同步发育小花，大凹期之后，中$_4$发育较快，最后成为结实小花，而下$_{1-1}$小花此时生长缓慢下来，最后退化为无效小花。又如顶端小穗第 1 朵小花和下$_{2-1}$小花，在雌雄蕊发育时期为同步发育小花，到凹期之后，顶端小穗迅速发育，逐渐赶上中部小穗的第 1 朵花而成为结实小花，而下$_{2-1}$小花因在该阶段发育缓慢并

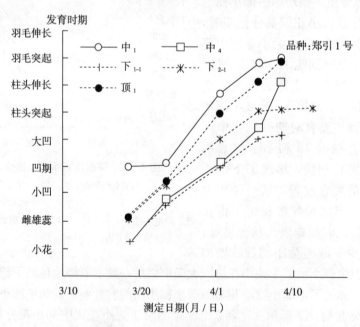

图 1-23　不同小穗位小花发育进程

注：中$_1$、中$_4$分别代表中部小穗第 1、4 小花，下$_{1-1}$代表基部第 1 小穗第 1 朵小花，下$_{2-1}$代表基部第 2 小穗第 1 朵小花，顶$_1$代表顶端小穗第 1 朵小花（下同）。

逐渐停止发育，最终成为无效小花。而在另一些情况下，特别是下$_{2-1}$小花甚至下$_{1-1}$小花也可以成为结实小花。了解掌握同步发育小花的变化动态，在小麦一定的生长发育时段采取相应的栽培管理措施，促进或控制某些小花的发育，对提高穗粒数和籽粒整齐度有重要意义。

三、小花退化

一般每穗结实小花数占分化小花数的 20％左右，大部分小花在发育过程中退化不能结实。为此，探索小花的退化规律，找出小花退化的关键时期，为采取减少小花退化的有效措施提供依据，这对增加穗粒数有重要意义。由于退化的小花在植株将进入抽穗期时才开始逐渐萎缩，所以，我们在探索小花退化规律时，以小花基本停止生长发育作为它的退化期。

（一）小花退化的高峰期

一个穗子从开始出现小花退化到小花退化结束历时比较长。从小花开始退化至胚胎发育初期，都会出现小花的退化，但大量小花的退化还是比较集中的，从而就形成了小花退化的高峰。小花退化的高峰出现在中部小穗第 1 朵小花的柱头羽毛伸长期（雄蕊花粉母细胞第 1 次减数分裂的前期）。在河南生态条件下，主茎为 12 片叶的春性品种（如郑引 1号）小花退化高峰期出现在主茎叶龄为 11.7～11.9 片，叶龄指数为97.7％～99.1％，第 5 节间（穗下节间）开始伸长，其长度为 0.8～1.3cm，总茎高为 26.7～33.5cm。主茎为 14 片叶的半冬性品种（如百泉 41），小花退化高峰期出现在叶龄为 13.6～13.7 片，叶龄指数为 97.0％～97.6％，第 5 节间开始伸长（或第 6 节间），长度 0.6～0.9cm，总茎高 20cm 左右。在这期间，中部小穗的退化小花占全部小花数的 55％～60％，基部退化小穗与结实小穗外部形态已有明显的差异，其小花也全部停止正常的发育。从图 1-14、图 1-15 可以看出，小花退化高峰出现在小穗生长点停止分化小花后的第 4～6d。在小穗生长点分化最后 1～3 朵小花（图 1-14 中的第 8、第 9、第 10 朵小花）时，中上部小花（第 6、第 7 朵小花）已生长缓慢，但第 4、第 5 朵小花则发育加快。一些品种在良好的生长发育条件下，这些小花可以发育成结实小花，尤其是第 4 朵小花。由此可以看出，在第 4、第5 朵小花发育加快的这一发育时期，是减少小花退化、提高结实率的关键时期。

（二）退化小花的发育时期

由于一个小穗上的小花分化是从下位到上位按顺序进行的，因此每个小花退化时的发育时期是不同的。据著者多年观察结果，一般第 9、第 10 两朵小花在外颖突起时退化，第 8 朵小花在雌雄蕊分化期退化，第 5、第 4 朵小花在柱头伸长期到柱头羽毛突起期退化。从不同花位小花发育的进程（图 1-14、图 1-15）可以看出，在中部小穗第 1 朵小花柱头伸长以前的各发育时期，退化小花的数量最多。同时还可以看出，凡是在中部小穗第1 朵小花发育到柱头羽毛伸长期，其上位小花的发育能达到柱头羽毛突起的小花，一般很少退化。

（三）小花退化高峰出现的时间

不同类型品种、不同播种时间小花退化高峰略有不同，一般冬性品种、半冬性品种略晚于春性品种；同一品种，早播比晚播的小花退化高峰略早。在河南省中部生态条件下，多数年份小花退化的高峰期出现在 4 月 5 日前后。从发育时期看，小花退化高峰出现在开花前的 20d 左右。

从上述观察结果来看，在正常播种的情况下，小麦植株从小花开始分化到小穗生长点停止分化小花所经历的时间，一般为 30d 左右。但小花退化的时间比较集中，退化的高峰期只有 5~7d。也就是说，在河南生态条件下，麦穗的小花分化具有时间长、数量多，退化集中、时间短、数量大的特点。因此，要提高小花结实率，必须抓住关键时期，采取适当的促控措施，以减少小花退化。从小花发育的过程还可以看出，在退化高峰前的 15~20d，可将其划分为两个阶段，第 1 阶段为退化高峰前的 7~10d（中部小穗第 1 朵小花大凹期前后），小花数量已达到分化总数的 60%~70%，是小花分化的盛期。这一时期植株第 3 节间开始伸长，营养生长旺盛。第 2 阶段为退化高峰前的 5~7d，这时小花数目还在继续增加，但分化的小花生长缓慢，小穗中部小花（3~5 朵）迅速生长赶下位小花，开始出现两极分化的现象。根据著者的试验观察，在退化高峰前的第 1 阶段，给予小麦良好的生长条件，使第 2 阶段小花发育有充足的养分，对提高结实率是很重要的。

第五节　小麦分蘖穗的幼穗发育

分蘖成穗是小麦的生物学特性之一，生产中分蘖穗是构成产量的重要组成部分。在小麦生长发育过程中，植株生长遇到不良环境条件，主茎甚至大分蘖受到伤害时，通过小分蘖的恢复生长或继续分蘖，使穗数得到补偿。因此，掌握分蘖的生长发育规律，特别是分蘖的幼穗分化特点，对保证单位面积有足够的穗数和提高小麦产量具有重要的理论与实践意义。为此，著者连续多年对不同小麦品种以及不同生态条件下分蘖穗的分化形成做了大量的研究。研究结果证明，小麦分蘖穗分化形成的规律与主茎穗的分化形成是基本一致的。但由于分蘖与主茎以及不同分蘖之间，在发生时间、所处位置和依属关系的不同，各级分蘖的幼穗分化在分化速度、发育进程等方面有其自身的特点。

一、分蘖的基本营养生长期

小麦分蘖从营养生长到开始进入生殖生长，所经历的时间比主茎短得多，而且随着蘖位的升高，其基本营养生长期愈来愈短。从表 1-6 可以看出，春性品种郑引 1 号主茎叶龄为 5.3 片时，分化 5 个苞叶原基；此时第 1 个一级分蘖（Ⅰ）叶龄 2.6 片时，已分化 4 个苞叶原基；第 3 个一级分蘖（Ⅲ）叶龄 0.8 片时，已分化两个苞叶原基，也就是说第 3 个一级分蘖在其第 1 叶片未展开时已进入幼穗分化期。半冬性品种百泉 41 和兰考 906 叶龄 5.6 片左右，苞叶原基数为 4 个，而第 3 个一级分蘖叶龄 1.5 片时，已分化 2 个苞叶原基。由此表明，分蘖的基本营养生长时间是很短的。从这个角度讲，分蘖幼穗分化开始是早的，而且蘖位愈高幼穗分化开始的时间愈早。

表 1 - 6　不同蘖位幼穗发育始期的叶龄

品　种	主　茎		Ⅰ		Ⅱ		Ⅲ		备　注
	叶龄	苞叶原基数	叶龄	苞叶原基数	叶龄	苞叶原基数	叶龄	苞叶原基数	
郑引 1 号	5.3	5.0	2.6	4.0	2.3	3.0	0.8	2.0	1984 年 10 月 16 日播种
百泉 41	5.6	4.0	3.4	3.5	2.5	3.0	1.5	2.0	1984 年 10 月 16 日播种
兰考 906	5.7	4.6	3.4	3.0	2.5	3.0	1.5	2.0	1999 年 10 月 13 日播种

二、分蘖的幼穗发育动态

　　根据著者连续多年的观察结果，当小麦主茎进入幼穗分化之后，各级分蘖依次进入幼穗分化期，所以从发生时间顺序来看，蘖位愈高幼穗分化开始的时间相对愈晚。在幼穗分化形成过程中，早期分蘖穗的发育总是紧赶主茎，直到主茎进入小花分化期之后，分蘖幼穗的发育开始走向两极分化，即不能成穗的分蘖从高位蘖开始，幼穗发育逐渐减慢，最终停止发育；而营养充足蘖位的幼穗继续发育追赶主茎，最终可能发育成为正常的结实穗。

　　在幼穗发育的各时期，分蘖穗与主茎穗以及不同蘖位穗之间，穗发育进程的差异有所不同。在幼穗发育的单棱期，主茎、低位蘖与高位蘖之间，其幼穗发育依次少一个苞叶原基，如图 1 - 24 中的 (2)，主茎分化 2 个苞叶原基时，第 1 个一级分蘖分化 1 个苞叶原基（Ⅰ^1）；主茎分化 4 个苞叶原基时 (3)，第 1 个一级分蘖分化近 3 个苞叶原基（Ⅰ$^{3-}$），此时第 2 个一级分蘖分化 2 个苞叶原基（Ⅱ^2）。据此可以依主茎或高位蘖分化的苞叶原基数，来推断次一级分蘖幼穗分化开始的时间和分化的苞叶原基数。

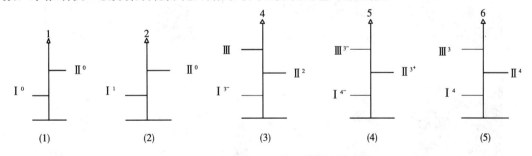

图 1 - 24　单棱期主茎与分蘖的幼穗分化

注：1. 品种为百泉 41，1984—1985 年度，10 月 16 日播种；2. 图顶△、1、2…表示主茎分化的苞叶原基数，Ⅰ、Ⅱ…表示分蘖，Ⅰ^1、Ⅲ^3…表示分蘖分化的苞叶原基数，如Ⅱ^{3}表示第 2 个一级分蘖已分化 3 个苞叶原基。

　　当主茎幼穗分化进入二棱中期，发育最早的分蘖，其幼穗发育进入二棱初期。如表 1 - 7 中，春性品种郑引 1 号的Ⅰ、Ⅱ分蘖，幼穗发育进入二棱初期，半冬性品种百泉 41（表 1 - 7）的Ⅰ、Ⅱ、Ⅲ分蘖为二棱初期，其他分蘖的幼穗发育依次晚于相邻的高一级分蘖，分化的苞叶原基数少 1～2 个。各蘖的叶龄符合分蘖的发生规律，主茎和Ⅰ分蘖相差 2.5～3.0 片叶。图 1 - 25 为豫麦 49 品种主茎穗发育进入二棱初期时各蘖位分蘖的幼穗分化状况图。

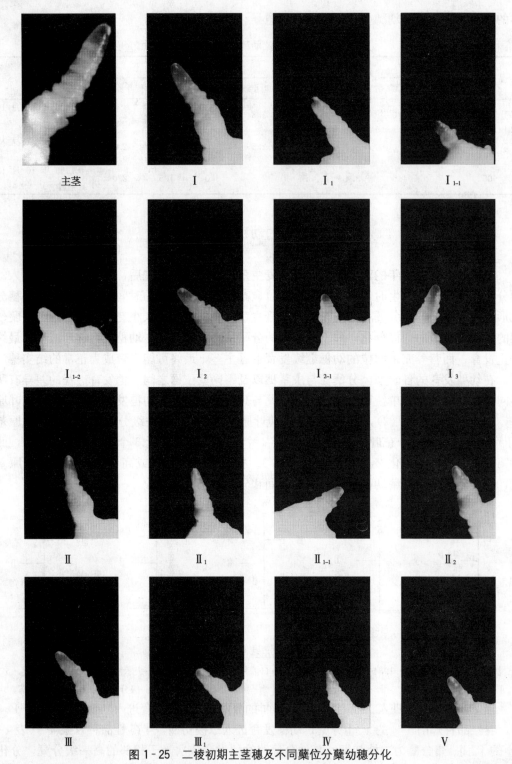

主茎 　 I 　 I₁ 　 I₁₋₁

I₁₋₂ 　 I₂ 　 I₂₋₁ 　 I₃

II 　 II₁ 　 II₁₋₁ 　 II₂

III 　 III₁ 　 IV 　 V

图 1-25　二棱初期主茎穗及不同蘖位分蘖幼穗分化

注：品种为温麦 6 号（豫麦 49），1999—2000 年度，播期为 10 月 8 日，I、II、III、IV、V 表示从主茎的第 1、第 2、第 3、第 4、第 5 个一级分蘖穗，I₁、I₂、I₃、II₁、II₂、III₁ 表示二级分蘖穗，I₁₋₁、I₁₋₂、I₂₋₁、II₁₋₁ 表示三级分蘖穗。

表 1-7　二棱期主茎穗与分蘖穗的发育

品种	发育器官	主茎	Ⅰ	Ⅱ	Ⅲ	Ⅳ	Ⅰ₁	Ⅰ₂	Ⅱ₁	Ⅱ₂	Ⅲ₁	Ⅰ₁₋₁
郑引1号	幼穗苞叶原基数	二棱中	二棱初	二棱初	单棱末	单棱末	单棱末	单棱末	单棱末	单棱	单棱	单棱
	（小穗数）	13	12	11	9	7	9	7	7	4	4	—
	叶龄（片）	6.5	3.8	3.4	2.4	1.3	2.5	1.6	1.8	0.6	0.5	0.5
百泉41	幼穗苞叶原基数	二棱中	二棱初	二棱初	二棱初	单棱末	单棱末	单棱末	单棱	单棱	单棱	单棱
	（小穗数）	13	11	10	9	7	8	7	7	5	4	2
	叶龄（片）	6.8	4.5	3.5	2.5	1.8	2.8	1.9	1.9	1.0	0.7	0.6

　　注：本表为 1988 年 10 月 24 日播种，1989 年 2 月 21 日调查，因为播种较晚春性品种和半冬性品种主茎叶龄相近。

表 1-8　护颖、小花分化期不同蘖位幼穗发育时期（郑引 1 号，1985—1986）

发育时期	发育器官	主茎	Ⅰ	Ⅱ	Ⅲ	Ⅳ	Ⅴ	Ⅰ₁	Ⅰ₂	Ⅱ₁	Ⅱ₂	Ⅲ₁
护颖分化期	幼穗发育时期	护颖	护颖	二棱末	二棱末	二棱中⁺	二棱初	二棱末⁻	二棱中	二棱中⁺	单棱	二棱初
	苞叶原基数（小穗数）	20.0	18.0	17.0	17.0	15.0	10.0	13.0	11.0	13.0	8.0	11.0
	叶龄（片）	7.5	4.8	4.2	3.3	2.4	0.3	3.5	3.3	2.9	0.6	1.5
小花分化期	幼穗发育时期	小花	小花	小花	小花	小花	停止	二棱末	护颖	护颖	护颖	二棱末
	每小穗小花	4	3	3	3⁻	2	—					
	苞叶原基数（小穗数）	21.0	21.0	20.0	20.0	19.0	—	18.0	17.0	18.0	18.0	16.0
	叶龄（片）	9.7	6.4	5.3	4.3	—	—	4.9	4.1	3.9	3.3	2.9

　　从表 1-8 可以看出，当主茎幼穗发育进入护颖分化期时，分蘖Ⅰ和主茎进入同一发育时期，其他分蘖按蘖位高低依次进入二棱末、二棱中、二棱初至单棱期，高位蘖晚于低位蘖。所分化的苞叶原基数（或小穗数）也随着蘖位的升高，依次减少 1~2 个。主茎幼穗发育进入小花分化期，进入到同一发育时期的分蘖数增加。从表 1-8 中还可以看出，主茎为小花分化期，Ⅰ、Ⅱ、Ⅲ、Ⅳ分蘖均已进入小花分化期，但每小穗分化的小花数不同。如主茎每小穗已分化出 4 朵小花，Ⅰ、Ⅱ、Ⅲ分蘖均分化出 3 朵小花，Ⅳ分蘖分化出 2 朵小花。这表明当幼穗分化进入小花分化期后，主茎与处于同发育时期的分蘖间的差异，主要表现在分化小花数的不同。此时，顶端小穗已明显可见，每穗小穗数不再增加。从进入小花分化期的幼穗发育状况看，随着蘖位的升高，小穗数略有减少，如主茎穗分化 21 个小穗，分蘖Ⅳ分化 19 个小穗。此时在一些分蘖之间幼穗发育差距有所加大，如分蘖Ⅴ已停止发育，分蘖Ⅲ₁仅为二棱末期，呈现出分蘖间幼穗发育的两极分化（表 1-8）。单株能够发育成正常穗的分蘖数与品种特性、单株营养面积有关。在大田条件下，单株有 3~6 个分蘖可以完成幼穗发育全过程，直至开花。一些分蘖力强、主茎生长势相对较弱的品种，营养条件充足时，可以有 10 个或更多的分蘖穗。

　　幼穗发育进入雌雄蕊发育时期之后，能继续发育进入同一发育时期的分蘖穗，其差异主要表现在小花发育进程上。如图 1-26 主茎和Ⅰ分蘖，中部小穗的第 1、第 2 朵小花都发育到雌蕊柱头突起期，此时Ⅱ、Ⅲ分蘖只有一朵小花发育到该时期，而Ⅳ分蘖的第 1、第 2 朵小花仅发育到大凹期，比主茎穗晚了一个发育时期，只相当于主茎的第 3 朵小花的发育进程。

在小花的发育过程中，分蘖的小花发育不断地追赶主茎，一些低位蘖开花时基本赶上主茎。能够形成正常穗的分蘖，每小穗分化的小花数与主茎相同，但由于高位蘖的上位小花因与主茎小花发育差距较大而停止发育，因此，高位蘖的穗粒数一般少于主茎和大分蘖的穗粒数。

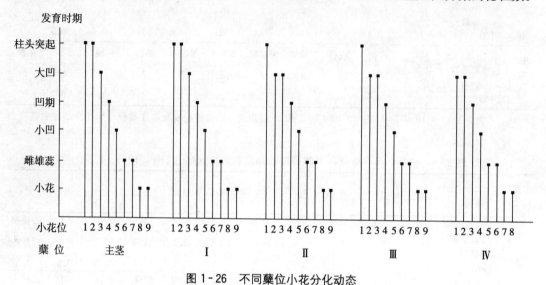

图 1-26 不同蘖位小花分化动态

注：品种为温 2540，1996 年 10 月 8 日播种，1997 年 3 月 26 日观察。

从分蘖幼穗发育动态可以看出，分蘖穗的发育过程是低位蘖赶主茎、高位蘖赶低位蘖的发育过程，而追赶的有利时期是在主茎幼穗发育进入雌雄蕊分化之前。分蘖穗的这一发育特点给人们提供了通过栽培管理充分利用分蘖成穗的可能性。同时根据不同蘖位分蘖追赶的内在潜力、追赶发育时期范围等可作为进行合理密植、群体调控的理论依据。

三、同伸蘖组的幼穗发育变化动态

小麦在分蘖过程中，所形成的许多同伸蘖组，如Ⅲ、Ⅰ$_1$；Ⅳ、Ⅰ$_2$、Ⅱ$_1$ 和Ⅴ、Ⅰ$_{1-1}$、Ⅰ$_3$、Ⅱ$_2$、Ⅲ$_1$ 等同伸蘖组，每同伸蘖组分蘖的幼穗分化发育也常常是同步的。但由于分蘖的发生和生长受环境条件影响很大，同时由于同伸蘖组中的各分蘖发生部位不同，所得到的营养不同，尤其是高位蘖同伸蘖组的各分蘖所处的营养状况差别较大，致使同伸蘖组幼穗发育的同步关系发生变化。在个体营养条件愈充足的情况下，幼穗发育的同步关系表现愈明显。在表 1-9 中，郑引 1 号品种当主茎进入二棱中期时，Ⅲ、Ⅰ$_1$ 同伸蘖组的幼穗发育同时进入单棱期，并均已分化 9 个苞叶原基；Ⅳ、Ⅰ$_2$、Ⅱ$_1$ 蘖组分化 7~8 个苞叶原基；Ⅴ、Ⅰ$_{1-1}$、Ⅰ$_3$、Ⅱ$_2$、Ⅲ$_1$ 蘖组分化 4~5 个苞叶原基，此时各同伸蘖组幼穗发育时期是同步的。当主茎幼穗发育进入护颖分化期之后，分蘖穗的发育将开始两极分化，这时低位蘖同伸蘖组的幼穗发育仍表现出同步发育的势态，如表 1-10 中的Ⅲ蘖组和Ⅳ蘖组均发育到二棱末期。而高位蘖组则表现出发育进程的差异，如第Ⅴ同伸蘖组中的分蘖Ⅴ、Ⅰ$_{1-1}$、Ⅲ$_1$ 的幼穗发育为二棱中期，Ⅰ$_3$ 和Ⅱ$_2$ 分蘖为二棱后期。同伸蘖组中各蘖穗发育差异的大小，不同品种间有所不同，如半冬性品种百泉 41 第Ⅴ同伸蘖组中的Ⅴ、Ⅰ$_{1-1}$、Ⅰ$_3$

分蘖幼穗发育进入单棱末期，Ⅱ$_2$蘖进入二棱中期，Ⅲ$_1$蘖进入二棱后期，各蘖之间差异明显比春性品种郑引1号的大。从全株的幼穗发育进程看，主茎、Ⅰ、Ⅱ蘖3个单茎的幼穗发育相近，在正常情况下Ⅰ、Ⅱ蘖最容易成穗；Ⅲ、Ⅳ同伸蘖组发育常常相近（表1-10），是比较容易成穗的分蘖，也是比较容易调控的蘖组；第Ⅴ同伸蘖组蘖位高，幼穗发育晚，与前几个蘖组差异大，在大田条件下一般为无效分蘖，但当大分蘖受到灾害而损伤时，这些分蘖就会迅速发育成穗，进而起到补偿作用。

表1-9　同伸蘖组幼穗发育

品种	发育器官	主茎	Ⅰ	Ⅱ	Ⅲ		Ⅳ			Ⅴ				
					Ⅲ	Ⅰ$_1$	Ⅳ	Ⅰ$_2$	Ⅱ$_1$	Ⅴ	Ⅰ$_{1-1}$	Ⅰ$_3$	Ⅱ$_2$	Ⅲ$_1$
郑引1号	幼穗发育时期	二棱中$^-$	二棱初	二棱初	单棱末	单棱末	单棱末	单棱末	单棱末	—	单棱	单棱	单棱	单棱
	苞叶原基数（小穗数）	12	10	10	9	9	7	8	8	—	5	4	5	4
	叶龄（片）	6.6	4.2	3.4	2.4	2.5	1.3	1.6	1.9	0	0.5$^+$	0.5	0.5	0.5
百泉41	幼穗发育时期	二棱中	二棱初	二棱初	单棱末	单棱末	单棱	单棱	单棱	—	单棱初		单棱	单棱
	苞叶原基数（小穗数）	—	10	10	9	8	6	7	6	—	2		5	3
	叶龄（片）	6.8	4.5	3.7	2.8	2.9	1.5	1.9	1.9	0	0.5$^\pm$		1.2	0.5$^\pm$

表1-10　同伸蘖组的幼穗发育

品种	器官	主茎	Ⅰ	Ⅱ	Ⅲ		Ⅳ			Ⅴ				
					Ⅲ	Ⅰ$_1$	Ⅳ	Ⅰ$_2$	Ⅱ$_1$	Ⅴ	Ⅰ$_{1-1}$	Ⅰ$_3$	Ⅱ$_2$	Ⅲ$_1$
郑引1号	幼穗	护颖	护颖	护颖	二棱末	二棱末	二棱末	二棱末	二棱末	二棱中$^+$	二棱中$^+$	二棱后	二棱后	二棱中$^-$
	叶龄	8.6	5.7	5.4	4.4	4.6	3.5	3.8	3.9	2.2	2.8	2.5	3.2	2.8
百泉41	幼穗	二棱末	二棱后	二棱后	二棱后	二棱后	二棱后	二棱后	二棱后	单棱末	单棱末	单棱末	二棱中$^-$	二棱后
	叶龄	8.6	5.9	5.4	4.3	4.3	3.2	3.4	3.8	1.9	2.6	2.1	2.9	2.8

注：发育时期中的＋、一符号表示略大或略小于该发育时期，如"二棱中$^+$"表示略大于二棱中期。

四、植株受伤害后分蘖穗的发育

在小麦生长发育过程中，导致穗数减少的伤害，主要有冻害、虫害以及机械损伤等，在河南生态条件下，以冻害对穗数影响较大。当植株受到伤害时，其自身的调节和再生能力很强，这是由于分蘖的发生有一定的顺序性和层次性，而且低位蘖对高位蘖有一定的抑制作用；处在不同发育时期的分蘖对不良环境条件有不同的适应能力，一旦大分蘖受到损伤，次级分蘖就会加快生长发育，使损伤得以补偿；有些时候当植株地上部受到严重伤害时，其分蘖节处的潜伏芽也能迅速生长发育，并可形成穗子，开花结实。另外，冬小麦苗期生长时间长，有比较充足的时间恢复生长。所以尽管小麦植株在生长期间可能受到不同类型、不同程度的伤害，但造成绝收的现象还是很少的。

尽管小麦分蘖有很强的再生补偿能力，但不同蘖位分蘖的补偿效应是不同的。由于第Ⅰ、第Ⅱ分蘖的发育进程、分化的小穗数接近主茎，形成的穗粒数甚至超过主茎。因此，如果只有主茎受到伤害，单株形成的产量不会受到很大影响。第Ⅲ和第Ⅳ同伸蘖组的分蘖，发育时期可以接近主茎，特别在没有大蘖的抑制作用后，能够良好地生长，也具有很好的补偿能力。从幼穗的发育进程看，早播种的小麦在越冬期间受冻害后，其存活分蘖的幼穗发育与适期播种的生长相比，其发育进程并不晚，如表1-11中郑引1号10月8日播种的小麦植株，越冬期受冻，到返青期存活的第Ⅲ分蘖的幼穗发育进入护颖分化末期，而10月16日适期播种的小麦植株主茎仅发育到二棱后期。

表1-11 不同播期幼穗发育状况（2000年2月10日，郑引1号）

播　期	单　茎	幼穗发育	叶　龄（片）	备　注
10月8日	Ⅲ	护颖末	7.5	10月8日播种，主茎、
10月16日	主茎	二棱后	6.7	Ⅰ、Ⅱ蘖均冻死；叶龄
10月24日	主茎	二棱中	6.3	为主茎受冻时的叶龄

1994年因暖冬使播种较早的春性品种生长发育过快，在1995年早春遭受严重冻害。表1-12是1995年3月2日调查结果，从中可以看出，濮阳8441的主茎和所发生的一级分蘖已全部冻死，但仍有6个二级分蘖幼穗进行正常分化。其中3个分蘖幼穗发育已进入小凹期至凹期、2个分蘖进入雌雄蕊分化期，仍然属于发育正常的小麦，只是每穗小穗数比主茎少1～3个。从不同播期试验结果看（表1-13），当小麦分蘖全部受到冻害时，其潜伏芽恢复生长，幼穗分化进程很快。据3月3日调查，10月8日播种的偃展1号地上部全部受冻以后，潜伏芽的幼穗发育比10月16日适期播种的仅晚一个发育时期，即分别为雌雄蕊分化期和大凹期（药隔形成初期），而与较晚播种的（10月24日）幼穗发育进程一致。但由于潜伏芽发育进程快，每穗只分化15个小穗，比适期播种（10月16日）的每穗小穗数少6个。由此表明，潜伏芽对产量的补偿能力有限。另外，高位蘖和潜伏芽对产量的补偿能力，与植株受损伤的时间早晚、受损伤的程度，以及受伤害后的营养条件有密切关系。因此，在生产实践中，适期播种、培育冬前壮苗，保苗安全越冬，避免和减轻冻害对主茎和大分蘖的伤害，对提高小麦产量具有十分重要的意义。

表1-12 冻害植株恢复状况（1995年3月2日，濮阳8441）

发育器官	主茎	Ⅰ	Ⅱ	Ⅲ	Ⅰ₁	Ⅰ₂	Ⅱ₁	Ⅱ₂	Ⅱ₃	Ⅲ₁	Ⅲ₂
幼穗发育	冻	冻	冻	冻	缺位	小凹	雌雄蕊	凹	小花$_3$	雌雄蕊	小凹
小穗数（个）	—	—	—	—	缺位	18	17	18	16	17	18
伸长节位	2	5	5	4	缺位	3	2	3	1	1	2
叶　龄（片）	—	—	—	—	缺位	2.2	2.6	2.4	0.2	1.9	1.7

注：主茎20个小穗左右。

表1-13 不同播期受冻与正常植株的幼穗发育状况（1994年3月3日，偃展1号）

播　期	单茎位置	幼穗发育	叶　龄（片）	小穗数（个）
10月8日	潜伏芽	雌雄蕊	—	15.0
10月16日	主茎	大凹	9.3	21.0
10月24日	主茎	雌雄蕊	8.4	19.0

第六节　不同品种小麦幼穗发育特点

不同小麦品种幼穗分化的基本规律是一致的，但由于不同遗传类型品种在幼穗发育的各时期对环境条件，主要是光温条件的要求和反应不同，其幼穗分化开始的时间、发育速度、各时期历时天数、不同部位小穗小花生长优势等均有所不同。

一、不同品种幼穗分化发育进程的差异

在生产中适期播种条件下，不同类型品种如果不能满足其自身生长发育对低温条件的需求，基本营养生长期则表现出随品种的冬性增强而延长，幼穗分化开始的时间晚、主茎叶片数分化多的特点。在河南生态条件下，小麦从播种到开始分化苞叶原基，春性品种如郑引 1 号、豫麦 18 等，历时 30d 左右，主茎 11～12 片叶；半冬性品种如百泉 41、豫麦 49（温麦 6 号）、郑州 761 等，历时 30～35d，主茎 13～14 片叶；像蚰包这样的冬性品种，历时 40～45d，主茎叶片 14～15 片叶。在生产实践中，可以根据品种分化主茎叶片数不同的特点，来判断品种类型、冬春性的强弱以及幼穗分化开始时间的早晚等。但同一品种在晚播的情况下，主茎叶片数减少。如在河南生态条件下，小麦的播种期推迟到 11 月上旬，春性品种主茎叶片减少 1 片，半冬性品种减少 2～3 片，冬性品种因受温度影响大于半冬性和春性品种，因此，该类品种主茎叶片减少的数目会更多。

由于冬、春性品种对温光条件的要求不同，因此不同品种幼穗发育具有不同的特点。春性品种前期发育快，中后期发育慢；半冬性品种则相反，表现为前期发育慢，中后期发育快。图 1-27 为 1999 年 10 月 8 日同期播种的郑引 1 号和温麦 6 号（豫麦 49）两品种的幼穗发育动态，可以看出，春性品种郑引 1 号幼穗分化比半冬性品种温麦 6 号开始时间早 6d；幼

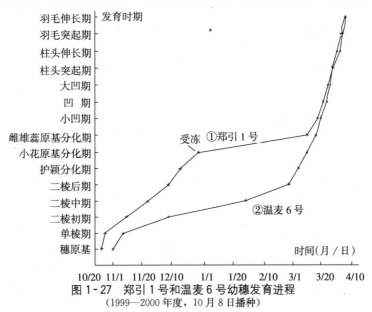

图 1-27　郑引 1 号和温麦 6 号幼穗发育进程
（1999—2000 年度，10 月 8 日播种）

穗分化进入二棱初期时，郑引 1 号比温麦 6 号早 24d，二棱中期早 56d，到小花分化期早75d。由于郑引 1 号发育快，冬前常常进入小花期，越冬期间主茎、大蘖受冻，存活的第Ⅲ分蘖发育进入雌雄蕊分化期，此时仍比温麦 6 号早 6d。此后，温麦 6 号发育加快，两品种发育最快的单茎同时达到柱头突起期，到柱头羽毛突起期，温麦 6 号超过郑引 1 号 2d。当播种期推迟到 10 月 16 日时（图 1-28），由于播种后气温变低，两品种发育差距缩小，进入幼穗分化期时，郑引 1 号比温麦 6 号仅早 3d，到二棱初期早 20d，二棱中期早 56d，到小花分化期郑引 1 号仅比温麦 6 号早 5d，进入柱头羽毛突起期晚 1d。当播期推迟到 10 月 24 日（图 1-29），

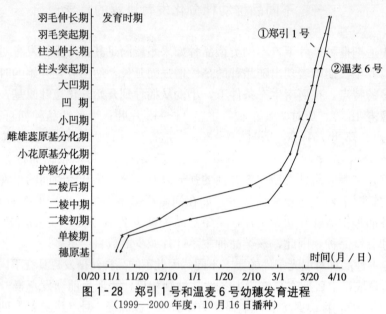

图 1-28　郑引 1 号和温麦 6 号幼穗发育进程
（1999—2000 年度，10 月 16 日播种）

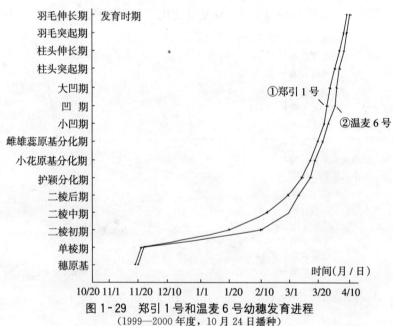

图 1-29　郑引 1 号和温麦 6 号幼穗发育进程
（1999—2000 年度，10 月 24 日播种）

在这样的温度条件下，两品种能同时进入单棱期，但到二棱初期，郑引 1 号比温麦 6 号仍早 20d，二棱中期早 14d，发育到柱头羽毛伸长期，郑引 1 号比温麦 6 号仅早 2d。从以上两品种在不同播期条件下幼穗发育进程变化动态可以看出，不同类型品种幼穗发育的差异主要表现在二棱期，进入小花分化期之后，半冬性品种发育加快，而春性品种相对减慢。相同播期虽然不同品种所处的温光条件是一致的，但由于不同品种对温光条件的要求和反应不同，幼穗分化进程有明显差异。随着播期的推迟、温度降低，冬性、半冬性品种能很快通过春化所需要的低温条件，从而缩小了与春性品种发育的差异。根据著者对不同类型品种连续多年的观察结果，幼穗发育各时期完全相同的小麦品种几乎是不存在的。

二、不同品种分化小穗数的差异

根据著者对黄淮冬麦区小麦生产中推广应用的品种的观察结果，不同小麦品种的小穗数存在着很大的差别，有些品种每穗分化的小穗数不到 20 个，有的品种则达到近 30 个。一个品种每穗分化的小穗数多少主要取决于品种的遗传特性，且不同品种通过不同的分化强度使小穗数产生差异。每穗的小穗数是在单棱期至中部小穗开始分化小花这一阶段形成的，也就是幼穗分化进入小花分化期之后，每穗小穗数不再增加。在分化小穗期间，不同品种有着不同的分化强度。如同期播种（10 月 1 日播种）又同期进入单棱期（分别于 11 月 1 日和 11 月 2 日）的半冬性品种温 2540 和兰考 86-79 两品种，到进入小花期，分别历时 124d 和 123d，其中，二棱期分别为 62d 和 68d，但分化的小穗数，温 2540 平均为 23.5 个，兰考 86-79 平均为 18.8 个。而同期播种的春性品种郑引 1 号，从单棱期到小花分化期历时 69d，二棱期历时 38d，分化 22.8 个小穗（表 1-14）。由此可见，不同品种分化小穗的强度是不一致的。在晚播的情况下（10 月 24 日播种），3 个品种于 12 月 6 日同时进入单棱期，到小花分化期分别历时 101d、101d 和 103d，历时天数基本相同，但每穗所分化的小穗数，温 2540 比兰考 86-79 多 3.7 个。由于春性品种郑引 1 号以二棱期越冬，在分化过程中虽然各分化时期历时天数与前两个品种不同，但分化小穗的总时间是一致的，所分化的小穗数为 21.0 个，仍然少于温 2540，但多于兰考 86-79。以上结果表明，尽管在分化小穗期间温度条件和分化时间有所不同，以及由于分化条件的改变，品种本身所分化的小穗数有所变化，但品种间的小穗数仍然保持着差异，这种差异由品种自身的遗传特性决定的，通过分化强度的不同得以保持。从表 1-14 中看出，10 月 1 日播种和 10 月 24 日播种的同一小麦品种的小穗数，也因播种期的差异发生了一定的变化，这是由于温光条件的改变所致，但不同品种对温光条件反应的敏感性不同，温 2540 对温光反应较兰考 86-79 敏感，早播的温 2540 比晚播的每穗小穗数多 1.4 个，而兰考 86-79 仅多 0.4 个，也进一步表明品种的遗传特性是决定小穗数多少的内在因素。

表1-14　不同品种分化小穗数

播期 （月/日）	品种名称	历　时		单棱期	二棱期	护颖 分化期	历时天 数合计	每穗小 穗数	备注
10/1	温2540	起—止 （月/日～月/日）	11/1～12/26	12/27～2/27	2/28～3/6	124	23.5	半冬性 品种
		历时天数	55	62	7			
	兰考86-79	起—止 （月/日～月/日）	11/2～12/19	12/20～2/26	2/27～3/5	122	18.8	半冬性 品种
		历时天数	47	68	7			
	郑引1号	起—止 （月/日～月/日）	10/28～11/12	11/13～12/20	12/21～1/4	69	22.8	春性 品种
		历时天数	16	38	15			
10/24	温2540	起—止 （月/日～月/日）	12/6～2/12	2/13～3/8	3/9～3/16	101	22.1	半冬性 品种
		历时天数	69	24	8			
	兰考86-79	起—止 （月/日～月/日）	12/6～2/11	2/12～3/9	3/10～3/16	101	18.4	半冬性 品种
		历时天数	68	26	7			
	郑引1号	起—止 （月/日～月/日）	12/6～1/10	1/11～3/6	3/7～3/18	103	21.0	春性 品种
		历时天数	36	55	12			

三、不同品种小花发育的差异

　　不同小麦品种分化小穗数即使相同，但由于不同品种的各小穗位小花，以及小花位间发育优势有差异，所形成的穗粒数不同。如春性品种郑引1号有较强的顶端优势，而中部小穗小花发育较为缓慢，因此，顶端小穗小花常常是结实的，下部小穗小花发育较好，不孕小穗较少。而半冬性品种百泉41和豫麦49，中部小穗有较强的发育优势，而顶端优势和下部小穗的发育优势相对较弱，因此，顶端小穗小花常常不结实，且下部不孕小穗多。一些品种小穗下位的小花发育优势强，上位小花发育弱，下位小花抑制了上位小花的发育，因而每小穗结实粒数少。图1-30和图1-31分别为春性品种郑引1号和半冬性品种百泉41中部小穗、顶端小穗的第1朵小花及下部第2小穗的第1朵小花发育进程。从图1-30中可以看出，在雌雄蕊分化期，郑引1号顶端小穗和下部第2小穗第1朵小花比其中部小穗小花发育分别慢9d和7d，而百泉41分别晚4d和7d，表明此时郑引1号顶端小穗小花和下部小穗小花与中部小穗小花的差距大于百泉41。当中部小花发育到凹期，郑引1号顶端小花、下部小花分别比中部晚2d和4d，百泉41晚3d和5d，表明百泉41小穗小花间的发育差距加大，而郑引1号小穗小花间的发育差距缩小，由此表明郑引1号下部和顶端小花的发育速度大于百泉41。小花发育进入柱头突起期，幼穗小花发育开始两极分化，郑引1号下部小穗发育明显减慢，与中部小穗相差7d，百泉41相差5d，此后两品种下部第2小穗都停止发育，而顶端小穗小花郑引1号仍保持较强的发育优势，比中部小穗小花仅晚2d，最终成为结实小穗。百泉41顶端小穗小花和中部小穗小花的发育相差仍为5d，如果有良好的条件促进顶端小穗小花的发育，其可以成为结实小穗，但由于此时顶端优势已经较弱，对生态条件的变化更为敏感，所以常常是不结实的。在小花的发育过程中，除了品种间小花发育优势的差异外，不同品种在发育期间对环境条件反应的敏感性也不同，如郑引 1 号品种的顶端小穗，在一般的营养条件下可以满足其发育需要，而成为结实小穗，而百泉 41 和温麦 6 号（豫麦 49）对营养条件和温光条件反应敏感，要求严格，因此穗粒数变化较大。通过对多个品种幼穗发育规律的研究证明，每个小麦品种的小穗小花都有各自的发育特点，掌握这些特点为生产上采取针对性措施，争取提高穗粒数提供科学依据。

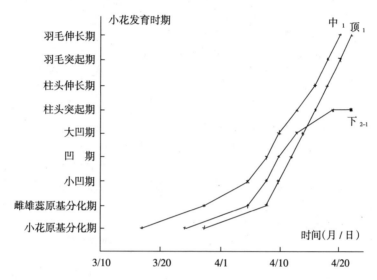

图 1-30　郑引 1 号不同花位小花发育进程

（1984—1985 年度，播期为 10 月 16 日）

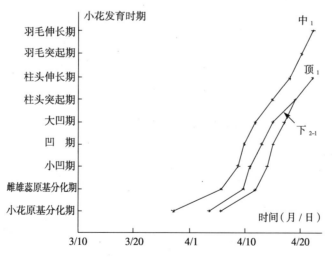

图 1-31　百泉 41 不同花位小花发育进程

（1984—1985 年度，播期为 10 月 16 日）

参 考 文 献

[1] 崔继林. 学习米丘林生物科学过程中对于小麦阶段发育研究工作的进展. 生物学通报，1955，10：10～11

[2] 夏镇澳. 春小麦2419和冬小麦小红芒的茎生长锥分化和发育阶段的关系. 植物学报，1955，4（4）：287～315

[3] 吴兰佩. 小麦小穗小花的形成过程. 农业学报，1959，4（3）：139

[4] 戴云玲. 遮光对冬小麦穗发育的影响. 作物学报，1965，4（2）：135～148

[5] 李扬汉. 禾本科作物形态与解剖. 上海：上海科学技术出版社，1979

[6] 李文雄. 春小麦穗分化的特点及其与高产栽培的关系. 中国农业科学，1979，1：1～9

[7] 胡承霖. 小麦通过春化的形态指标及温光组合效应. 见：金善宝主编，小麦生态研究. 杭州：浙江科学技术出版社，1990，195～201

[8] 苗果园. 小麦营养生长向生殖生长的过渡——结实器官的建成. 山西农业科学，1983

[9] 徐是雄. 小麦形态和解剖结构图谱. 北京：北京大学出版社，1983

[10] 崔金梅. 小麦生殖生长始期形态特征观察. 河南农学院学报，1984，2：21～30

[11] 崔金梅，吉玲芬. 冬小麦幼穗分化不同时期形态特征图解. 植物学通报，1985，3（4）：54～60

[12] 解俊峰. 小麦的穗龄在系统演化和个体发育中形成过程的初步探讨. 武汉植物学研究，1989，7（1）：5～12

[13] 徐汉卿. 植物学. 北京：中国农业出版社，1996

[14] 单玉珊. 蚰包小麦幼穗分化的观察. 见：单玉珊主编，小麦高产栽培研究文集. 北京：中国农业科技出版社，1998

[15] 崔金梅，朱旭彤，高瑞玲. 不同栽培条件下小麦小花分化动态及提高结实率的研究. 小麦生长发育规律与增产途径. 郑州：河南科学技术出版社，1980，79～91

[16] Ewert F. Spikelet and floret initiation on tillers of winter triticale and winter wheat in different years and sowing dates. Field Crops Res.，1996，47：155～166

[17] Kirby E J M. Ear development in spring wheats. J. Agric. Sci.，1974，82：432～447

[18] Whingwiri E E, et al. Floret survival in wheat: significance of the time of floret initiation to terminal spilete formation. J. Agric. Sci.，1982，98：257～268

第二章 冬小麦幼穗发育与营养 器官生长之间的关系

小麦幼穗分化的每一个发育时期都与植株外部营养器官的生长发育存在着一定的相关性，如幼穗发育与叶片伸出形成的关系、与茎秆节间形成的关系等，人们可以利用这种"器官同伸关系"，即以外部形态的表现来判断植株内部幼穗的发育进程，以采取对应的措施，调控幼穗发育进程。因此，探索研究植株外部营养器官与内部幼穗发育时期的相对应关系，具有重要的理论与实践意义。

前人从不同角度对小麦幼穗发育与营养器官之间的关系做了大量的研究工作。李焕章等（1964）首先提出了不同穗分化时期的叶龄指数法，指出叶龄指数及叶龄余数可作为植株内部幼穗发育状况的诊断指标。张锦熙等（1981）在系统研究小麦幼穗分化与主茎叶数对应关系的基础上，提出了小麦"叶龄指标促控法"，并指出北方麦区适时播种的冬性小麦品种在越冬后，春生第1片叶露尖前后是穗分化的单棱期，以后穗分化全过程的各阶段基本上与依次增长的叶龄相互对应。许多学者利用不同类型品种，在不同生态条件下研究了小麦的幼穗分化过程与生育时期、茎的节间伸长和主茎叶龄之间的对应关系。大量研究证明，小麦主茎的叶片数在正常情况下是比较稳定的，因此，在外部形态上，可以主茎叶片的出生为依据或以叶龄为指标来判断幼穗分化的进程。著者在河南省高产条件下系统观察了叶、茎、根和幼穗发育的特点，进一步探索了幼穗发育与其营养器官生长之间的对应关系，以及不同类型品种、不同生态条件下幼穗发育与营养器官生长之间关系的表现差异。本章仅就幼穗发育进程与茎、叶间的生长关系进行分析。

第一节 小麦茎生长锥的生长与叶原基分化

小麦的幼穗分化是在完成了一定营养生长的基础上开始的。由于不同类型的冬小麦品种从茎生长锥分化叶、节到分化幼穗器官，即从营养生长到开始生殖生长这一质的变化所要求的生态条件不同，特别是对温度反应的敏感性不同，其营养生长期的长短、所形成的营养体大小，如分蘖数、单茎的叶片数等也都有所不同。大量研究证明，一个小麦品种分化的主茎叶片数是判断品种特性的重要指标。在生产实践中，即使在适期播种的条件下，不同类型小麦品种的主茎叶片数差异也很大，表现为随着品种的冬性增强，主茎叶片数增多。一些品种，如冬性品种蚰包的主茎叶片数可达15片左右，而春性品种豫麦18（矮早781）的主茎叶片数为11～12片，有些品种甚至更少一些。黄淮冬麦区目前生产中应用的小麦品种，在适期播种条件下，半冬性品种茎生长锥分化的叶片数为13～14片，春性品种多为11～12片。在一定的条件下，主茎叶片分化结束之后，便进入幼穗分化期。

一、茎生长锥的生长

小麦萌动种子胚芽的生长点较小，含有胚芽鞘、幼叶、叶原基、胚茎、胚根鞘和胚根。小麦出苗时已分化出 5 个叶片（包括叶原基和正在形成的幼叶），这时茎生长锥长为 0.04～0.06mm，基部宽为 0.10～0.12mm，为一个光滑的半圆体（图版11）。随着植株的生长，其茎生长锥不断增大，但茎生长锥的大小在分化叶原基的过程中呈周期性的变化，即生长锥每分化一个叶原基后，生长锥的长宽都处于相对最小时期，而后逐渐生长增大；当茎生长锥的长度接近或等于宽度时，又分化出一个新的叶原基。

茎生长锥总是以这样的方式不断地分化叶片数，而生长锥在分化叶原基的过程中不断地增大。据著者对郑引 1 号和百泉 41 两品种的观察，当小麦植株接近进入生殖生长期时，茎生长锥的长度最短时期约为 0.08mm，最长约为 0.17mm，其宽度最窄时期约为 0.12mm，最宽时期为 0.16～0.17mm（表 2-1）。此时茎生长锥的大小和品种特性有关。从表中可以看出，春性品种郑引 1 号的生长锥略小于半冬性品种百泉41。

表 2-1　小麦营养生长期生长锥长、宽变化范围表

品　种	叶　龄	分　化叶片数	生长锥生长长宽变化范围（mm）		生育时期
			短→长	窄→宽	
春性品种郑引 1 号	1.8	7	0.06～0.12	0.10～0.14	营养生长
	2.2	8	0.06～0.12	0.10～0.14	营养生长
	2.6	9	0.08～0.12	0.12～0.14	营养生长
	2.9	10	0.08～0.12	0.12～0.14	营养生长
	3.3	11	0.08～0.14	0.12～0.16	营养生长或幼穗原基
	3.5	12	0.08～0.14	0.12～0.16	幼穗原基
半冬性品种百泉 41	1.9	7	0.06～0.12	0.10～0.14	营养生长
	2.3	8	0.06～0.12	0.10～0.14	营养生长
	2.8	9	0.08～0.12	0.12～0.14	营养生长
	3.2	10	0.08～0.14	0.12～0.16	营养生长
	3.5	11	0.08～0.14	0.12～0.16	营养生长
	3.9	12	0.10～0.14	0.14～0.16	营养生长
	4.4	13	0.10～0.16	0.14～0.17	营养生长或幼穗原基
	4.8	14	0.10～0.16	0.14～0.17	幼穗原基

注：1. "短→长"表示茎生长锥刚分化一个叶原基之后至将要分化新的叶原基之前，茎生长锥的长短变化范围，如0.06～0.12mm即表示生长锥刚分化一个叶原基之后其长度为0.06mm，将要分化新的叶原基时的茎生长锥为0.12mm。

2. "窄→宽"是指生长锥的宽窄变化范围，即茎生长锥刚分化一个叶原基之后的宽至将分化新的叶原基之前的宽。

3. "分化叶片数"含已伸出叶片。

尽管随着植株的生长，茎生长锥不断增大，但其长度值总是小于宽度值。当茎生长锥长度接近宽度时，就有新的叶原基突起形成。此时茎生长锥的宽度又远远大于其长度（图2-1）。

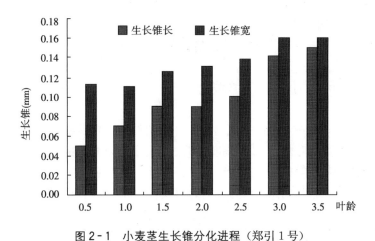

图 2-1　小麦茎生长锥分化进程（郑引 1 号）

二、叶原基分化与主茎叶片数

小麦种子萌动、发芽之后，胚芽不断生长，茎生长锥不断分化新的叶原基，幼叶也不断生长成为可见叶。根据著者对多个品种连续多年的观察，在小麦叶片分化与叶片伸出的过程中，叶原基的分化速度远大于叶片的伸出速度，如叶龄增加 0.4 片时，其茎生长锥便可分化 1 个左右的叶原基。从表 2-1 看出，当植株生长达到 2 片叶（即叶龄 1.8）时，其茎生长锥已经分化出 7 个左右的叶原基（含伸出叶）；当植株伸出 3.5 片叶时，春性品种主茎叶片数已经不再增加，进入幼穗原基分化期；当植株生长到 4.8 片叶时，半冬性品种主茎叶原基达到 14 个，叶片分化已经结束，茎生长锥开始进入穗原基分化期。在相同的叶龄情况下，分化叶原基的数量，半冬性品种略少于春性品种。一般可依据叶龄的大小来判断分化的叶原基数和开始进入生殖生长的时间；亦可根据每生长一片叶所需要的积温和历时的天数来推断小麦进入生殖生长的大体时间，从而为确定品种的适宜播种期提供依据。

小麦茎生长锥分化的叶片数不仅与品种的遗传特性有关，而且与种子萌动后的温度条件也有极为密切的关系，即通过春化阶段的温度条件明显影响分化叶片数的多少。根据著者连续多年对数十个不同性小麦品种的观察结果，从种子萌动到开始幼穗分化，春性品种 10 月 8 日播种的由于此期日均温偏高，一般分化 12 片叶，半冬性品种一般分化 13～14 片叶；10 月 24 日播种的因日均温度已较低，春性品种和半冬性品种分化的叶片数基本相同，主茎分化的叶片数均为 11 个左右。

三、旗叶叶原基与苞叶原基

旗叶叶原基与苞叶原基在分化形成的初期虽然没有明显的差异，但在正常的环境条件下，它们发展成为不同器官，即旗叶叶原基生长成为茎生叶的最后一片叶，而苞叶原基退化，腋处形成小穗。在一些特殊条件下，苞叶原基不退化而形成一个小叶片（图版 7），腋处仍有一个小穗，但往往是不孕小穗。因此，在形态观察过程中，早期很难断定旗叶叶原基与苞叶原基的区别，只能在第 1 苞叶原基停止生长，或明显缓慢生长时，才能确定旗叶叶原基出现的时间和主茎分化的叶片数，即确定进入幼穗分化开始的时间。一般幼穗发育进入二棱后期之后，幼穗基部的苞叶原基和旗叶原基可明显区分开。

第二节　小麦幼穗发育与叶片生长之间的关系

在小麦幼穗发育过程中，始终表现出与其叶片的伸出、生长有密切的对应关系。因此，人们常常用伸出叶片数（叶龄），或伸出叶片数占分化的总叶片数的比例（叶龄指数），或未伸出叶片数（叶龄余数）等指标来判断幼穗发育进程。著者在研究小麦幼穗的分化发育过程中，对其相应的叶片生长状况做了较为详细的记载和分析，并对不同类型品种在相同生态条件下、同一品种不同生态条件对穗、叶生长发育关系的影响，穗发育同一时期叶龄大小与主茎叶片数的关系，以及分蘖穗发育与其相应叶龄的关系等均做了较为系统的研究。

一、主茎幼穗发育与叶片的生长

（一）叶龄

叶龄是指主茎已经伸出的叶片数，是判断幼穗发育进程的重要指标。

叶龄的计算方法是：$Y=(n-1)+(b \div a)$。

式中：Y——叶龄；n——主茎已伸出叶片数；b——正在伸出叶片的长度（cm），即心叶长度；a——心叶下边相邻叶的长度（cm），即倒2叶长度。

穗部各器官的发生、生长都有其对应的叶龄，在一定的条件下，这一对应关系达到极显著的相关关系，其相关系数多在 0.95 以上。不同类型小麦品种在适期播种情况下，幼穗发育各时期相对应的叶龄为：郑引 1 号、冀麦 5418 等春性品种，主茎分化总叶片数为 12 片时，平均叶龄 3.4 片左右，开始进入幼穗分化期；半冬性品种百泉 41、温麦 6 号（豫麦 49）等主茎分化总叶片数为 13 片时，平均叶龄 4.1～4.3 片，开始进入幼穗分化期；冬性品种，如蚰包等主茎分化总叶片数为 15 片时，进入幼穗分化始期的平均叶龄为 5.5 片。随着品种冬性的增强，主茎分化叶片数增加，各时期叶龄增大。幼穗分化进入单棱期时，春性品种的叶龄一般为 3.7～4.1 片，半冬性品种多为 4.5～4.9 片，冬性品种蚰包一般为 6.2 片；二棱中期，春性品种的平均叶龄多为 6.4～6.7 片，半冬性品种为 7.4～7.7 片，冬性品种蚰包为 9.7 片左右；到护颖分化期，春性品种的叶龄为 7.6～7.8 片，半冬性品种为 7.6 片左右，冬性品种蚰包约为 10.8 片；小花分化期，春性品种、半冬性品种和冬性品种蚰包的叶龄分别为 7.9～8.3 片、9.2～9.4 片和 11.6 片左右；雌雄蕊分化期时，春性品种的叶龄为 8.7～8.9 片，半冬性品种为 9.9～10.2 片，冬性品种蚰包为 12.3 片左右；小凹期三种类型品种叶龄分别为 9.4～9.5 片、10.2～10.7 片和 12.9 片左右；雌蕊柱头突起期，春性品种的叶龄为 10.6～10.8 片，半冬性品种为 11.6～11.8 片，冬性品种为 13.7 片左右；到柱头羽毛突起期，各类品种的旗叶均已伸出，其叶龄春性品种为 11.4～11.6 片，半冬性品种为 12.6～12.7 片，冬性品种约为 14.4 片。在柱头羽毛伸长的过程中，旗叶逐渐全部伸出，一直到旗叶和旗下叶（倒二叶）间的叶耳距达到 2～6cm 时进入四分体时期。以后进入花粉粒及胚囊的形成，此时叶鞘和茎秆不断形成，至开花期停止生长（表2-2）。

表 2-2　小麦不同品种适期播种的幼穗发育及叶龄

品种	穗原基	单棱	二棱初	二棱中	二棱后	护颖	小花	雌雄蕊	小凹	凹期	大凹	柱突	柱伸	羽突	羽伸	备注
郑引1号	3.4	4.1	6.1	6.4	6.8	7.6	7.9	8.7	9.4	9.7	10.2	10.6	11.3	11.6	11.8	10月16日播种
百泉41	4.3	4.9	7.2	7.6	8.2	8.9	9.2	10.2	10.7	10.9	11.2	11.6	12.3	12.6	12.8	10月8日播种
温2540	4.1	4.5	7.2	7.6	8.3	8.8	9.3	10.1	10.7	11.1	11.4	11.8	12.3	12.7	12.8	10月8日播种
蚰包	5.5	6.2	9.5	9.7	10.1	10.8	11.6	12.3	12.9	13.1	13.4	13.7	14.1	14.4	14.7	10月8日播种
温麦6号	4.2	4.6	7.2	7.6	8.5	9.1	9.4	9.9	10.2	10.5	10.9	11.6	12.4	12.7	12.9	10月8日播种
徐州21	3.4	3.8	6.2	6.6	7.2	7.6	8.2	8.7	9.4	9.9	10.3	10.6	11.1	11.4	11.7	10月16日播种
冀麦5418	3.3	3.7	6.4	6.7	7.5	7.9	8.3	8.9	9.5	9.9	10.5	10.8	11.1	11.4	11.7	10月16日播种

表 2-3　不同主茎叶片数小麦幼穗发育及叶龄、叶龄指数、叶龄余数

品种	叶片生长	幼穗原基		单棱期		二棱初期		二棱中期		二棱后期		护颖		小花		雌雄蕊	
		叶龄指数	叶龄余数	叶龄指数	叶龄余数	叶龄指数	叶龄余数	叶龄指数	叶龄余数	叶龄指数	叶龄余数	叶龄指数	叶龄余数	叶龄指数	叶龄余数	叶龄指数	叶龄余数
冬性、半冬性品种	14叶	34.3	9.2	39.3	8.5	55.0	6.3	60.0	5.6	65.7	4.8	69.3	4.3	73.6	3.7	77.1	3.2
	13叶	33.8	8.6	39.2	7.9	56.2	5.7	60.0	5.2	63.9	4.7	67.7	4.2	72.3	3.6	76.2	3.1
	12叶	28.3	8.6	35.0	7.8	52.5	5.7	56.7	5.2	61.2	4.6	65.0	4.2	69.2	3.7	74.2	3.1
	11叶	30.0	7.7	32.7	7.4	51.8	5.3	56.4	4.8	59.1	4.5	61.8	4.2	68.2	3.5	71.8	3.1
春性品种	12叶	29.2	8.5	35.0	7.8	53.3	5.6	56.7	5.2	60.8	4.7	65.0	4.2	69.2	3.7	74.3	3.1
	11叶	29.1	7.8	32.7	7.4	51.8	5.3	56.4	4.8	59.1	4.5	62.7	4.1	67.3	3.6	71.8	3.1

品种	叶片生长	小凹		大凹		柱头突起		柱头伸长		柱头羽突		柱头羽伸	
		叶龄指数	叶龄余数	叶龄指数	叶龄余数	叶龄指数	叶龄余数	叶龄指数	叶龄余数	叶龄指数	叶龄余数	叶龄指数	叶龄余数
冬性、半冬性品种	14叶	80.7	2.7	87.9	1.7	92.1	1.1	94.3	0.8	96.4	0.5	98.6	0.2
	13叶	80.0	2.6	86.9	1.7	90.8	1.2	94.6	0.7	96.2	0.5	97.7	0.3
	12叶	80.0	2.4	86.7	1.6	90.0	1.2	93.3	0.8	95.8	0.5	98.3	0.2
	11叶	78.2	2.4	84.5	1.7	90.0	1.1	92.7	0.8	96.4	0.4	98.2	0.2
春性品种	12叶	80.0	2.4	86.7	1.6	90.0	1.2	93.3	0.8	95.8	0.4	98.3	0.2
	11叶	78.2	2.4	84.5	1.6	90.0	1.1	92.6	0.8	96.4	0.4	98.2	0.2

注：半冬性品种主茎13～14叶，11叶是因晚播形成的。

幼穗发育各时期相应叶龄的大小，主要决定于小麦植株主茎分化叶片数的多少。人们也只有掌握了植株分化的主茎叶片数之后，所得到的幼穗分化各时期的相应叶龄才是准确的，即用叶龄判断幼穗发育进程才是可靠的。表2-3为具有不同主茎叶片数植株幼穗发育各时期的相对应叶龄。从表中可以看出，在单棱期主茎分化14片叶的植株叶龄为5.5片；主茎13片叶的植株叶龄为5.1片；主茎12片叶的叶龄为4.2片；主茎11片叶的植株叶龄为3.6片，表现出幼穗在同一发育时期叶龄有较大的差异。一般是随着主茎叶片的增多叶龄增大，但幼穗发育不同时期叶龄的差异有所不同。在二棱期之前，主茎叶片数的差异大于叶龄的差别；二棱期之后，叶龄的差异逐渐接近主茎叶片的差别。如幼穗发育单棱期，半冬性品种主茎14片和由于晚播分化11片叶的，总叶片数相差3片，其叶龄分别为5.5片和3.6片，两者相差1.9片，即叶龄的差异明显小于主茎叶片数的差异。春性品种主茎12片叶和11片叶的，在此期的叶龄分别为4.2片和3.6片，二者相差0.6片，叶龄的差异同样小于主茎叶片数的差异。这表明主茎叶片数多的，在此期出叶速度相对较慢，穗发育相对较快。当幼穗发育进入护颖分化期，主茎14片叶的叶龄为9.7片，主茎11片叶的叶龄为6.8片，两者相差2.9片，叶龄的差异已经接近主茎叶片数的差异（表2-3）。图2-2为不同主茎叶片数植株的幼穗发育各时期相对应的叶龄（多年平均值）。从图中可以看出，在二棱中期以前，不同主茎叶片数的穗分化各时期叶龄差异变化较小，四条曲线间的距离相对较近，表明其叶龄差异小于主茎叶片数的差异。二棱中期之后，叶龄的差异和主茎叶片数的差异基本一致，因此不同主茎叶片数的植株幼穗发育各时期的相应叶龄形成的四条曲线在幼穗发育过程中它们间的距离变化很小。表明随着幼穗的生长发育，相应叶龄增长是一致的。因此，可根据某一品种主茎叶片数，查出幼穗发育各时期的相应叶龄（不同年际间相差0.1～0.2片）。

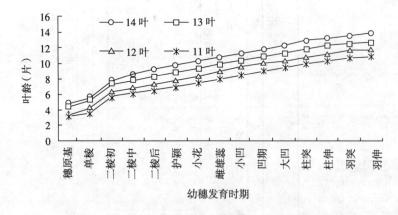

图2-2 不同主茎叶片数的幼穗发育与叶龄的关系

以上研究结果说明，幼穗发育同一时期，叶龄的差异主要是由于主茎叶片数不同而造成的。一个品种分化主茎叶片数的多少，首先取决于品种的遗传特性。不同基因型品种春化阶段对低温的要求不同，因此由营养生长转入生殖生长时间早晚不同。一些品种对低温要求不严格，在大田生产条件下，能较快通过春化阶段，开始生殖器官的分化、生长；如郑引1号、豫麦18（矮早781）等春性小麦品种，主茎一般分化11～12片叶开始进入幼穗分化期。而另一些品种对低温条件要求严格，在没有遇到低温时，一直进行营养器官的分化、形成，因而有较多的主茎叶片数。如百泉41、郑州761、温2540（豫麦25）等半冬性小麦品种，一般主茎分化13～14片叶之后进入穗分化期；蚰包、小偃54等偏冬性品种，一般分化14～15片叶才开始幼穗分化。由此可知，不同基因型品种，主要是因为对温度条件反应不同，分化的主茎叶片数才不同。同一品种不同播种时间，在田间遇到不同的温度条件，同样会形成不同的主茎叶片数。著者曾采用分期播种的方式，即最早播种时平均日均温19.8℃左右，最晚播种时平均日均温14.2℃左右，结果在平均日均温为19.8℃左右播种的春性品种主茎叶片为12片叶，半冬性品种为14片叶；在平均日均温14.2℃播种条件下春性品种和半冬性品种分化的主茎叶片数基本相同，均分化11片左右进入幼穗分化（表2-4）。这与人工春化处理的结果是一致的。即播种晚，播后很快遇到低温，缩短了营养生长阶段，分化主茎叶片减少。

从表2-4可以看出，由于不同播期的主茎叶片数不同，幼穗发育同一时期的叶龄也有较大的变化。如半冬性品种百泉41，10月1日播种的主茎分化14片叶时开始进入幼穗分化期，叶龄为4.6片；10月24日播种，主茎只分化11片叶便开始进入穗原基分化期，此时叶龄仅为3.3片。进入二棱初期，两播期主茎分化的叶龄分别为7.4片和5.9片，护颖分化期叶龄分别为9.5片和7.4片。小花分化期，10月1日播种的叶龄为9.9片，而10月24日播种的叶龄为8.1片；到雌雄蕊分化期两个播期植株的叶龄分别为10.6片和8.4片。小凹期（药隔形成初期），两个播期的植株叶龄分别为11.2片和8.9片；到雌蕊柱头突起期两个播期的叶龄分别为12.7片和9.9片。进入雌蕊柱头羽毛突起期时，其叶龄分别为13.4片和10.4片。在本试验条件下（9月26日、10月1日、10月8日、10月16日和10月24日播种），各播期间植株分化的主茎叶片数最终依次相差1片左右。但春性品种播期间主茎叶片数相差较小，即使早播主茎叶片数也仅有12片，当主茎叶龄达到3.3左右时很快进入幼穗分化期，越冬期间易遭受冻害。如9月26日和10月1日播种的春性品种郑引1号，主茎叶片数均为12片，在越冬前进入小花分化期，越冬期间受到了严重冻害；而10月8日播种的，其主茎叶片数也为12片，但在多数年份不会受冻；10月16日播种的，主茎叶片数有差异，有些年份为12片叶，而有些年份只有11片叶。从幼穗发育各时期的叶龄看，进入二棱期之后也基本相差1片。如二棱中期，10月1日播种的植株叶龄比10月8日播种的多0.8片，到雌蕊柱头羽毛突起期，两播期的叶龄差异为0.9～1.0片。由此也表明，在小麦品种的选育中，只有通过适当早播才能充分表现出品种的固有特性，从而有利于对品种抗寒性的准确选择。由于同一品种在不同年际间其主茎分化叶片数略有变化，所以尽管幼穗分化各时期与相应叶龄相关性很强，但只能是在一定的条件下可以用叶龄作为判断幼穗分化进程的指标。常年只有根据所采用品种正常播种条件下分化的主茎叶片数即叶龄才能较为准确地判断幼穗分化的进程。

表 2 - 4　小麦不同播期幼穗发育与叶龄的关系（1995—1996）

品种	播期 (月/日)	幼穗原基	单棱期	二棱初期	二棱中期	二棱后期	护颖	小花	雌雄蕊	小凹	凹期	大凹	柱头突起	柱头伸长	柱头羽突	柱头羽伸	主茎总叶片数
郑引1号	9/26	3.9	4.3	6.6	7.1	7.5	8.1	8.4	冻	—	—	—	—	—	—	—	12叶
	10/1	3.9	4.3	6.6	7.1	7.5	7.9	8.3	9.3	冻	—	—	—	—	—	—	12叶
	10/8	3.6	4.2	6.2	6.6	7.0	7.7	8.0	9.2	9.6	9.8	10.3	10.7	11.2	11.6	11.9	12叶
	10/16	3.5	4.2	6.1	6.5	6.9	7.6	7.9	8.9	9.4	9.7	10.2	10.6	11.1	11.5	11.8	12叶
	10/24	3.2	3.6	5.8	6.3	6.9	7.3	7.6	8.3	8.8	9.1	9.5	9.8	10.1	10.5	10.8	11叶
百泉41	9/26	4.7	5.4	7.5	8.4	8.8	9.6	10.1	10.7	11.3	11.9	12.4	12.8	13.1	13.4	13.8	14叶
	10/1	4.6	5.3	7.4	8.2	8.5	9.5	9.9	10.6	11.2	11.6	11.9	12.7	13.1	13.4	13.8	14叶
	10/8	4.4	4.9	7.1	7.6	8.3	8.7	9.3	10.3	10.7	10.9	11.3	11.6	12.1	12.4	12.7	13叶
	10/16	3.7	4.2	6.3	6.8	7.4	7.9	8.5	9.1	9.8	10.2	10.6	10.9	11.2	11.5	11.7	12叶
	10/24	3.3	3.6	5.9	6.2	6.7	7.4	8.1	8.4	8.9	9.3	9.5	9.9	10.2	10.4	10.8	11叶
温2540	9/26	4.5	4.9	7.7	8.4	8.8	9.3	9.8	10.7	11.3	11.9	12.3	12.7	13.2	13.5	13.8	14叶
	10/1	4.3	4.6	7.2	7.8	8.3	8.8	9.5	10.2	10.6	11.1	11.4	11.8	12.3	12.6	12.8	13叶
	10/8	4.1	4.5	7.2	7.8	8.3	8.8	9.3	10.1	10.5	10.9	11.3	11.9	12.4	12.6	12.8	13叶
	10/16	3.8	4.2	6.5	7.1	7.6	8.1	8.7	9.5	9.7	9.9	10.4	10.6	11.3	11.6	11.8	12叶
	10/24	3.8	4.2	6.4	6.9	7.5	8.1	8.6	9.4	9.7	9.9	10.3	10.6	11.3	11.6	11.8	12叶

（二）叶龄指数

叶龄指数是指主茎已伸出的叶片数（叶龄）与主茎具有的总叶片数之比。

叶龄指数的计算方法是：$D=Y/C\times100$。

式中：D——叶龄指数；Y——叶龄；C——植株主茎分化的总叶片数。

叶龄指数是判断幼穗发育时期与叶片伸出关系的另一个指标。由于叶龄指数是 Y/C 的比值，所以不同品种、不同播种时间以及不同年际间在幼穗发育的同一时期叶龄指数差异较小。根据著者连续多年对多个小麦品种的观察，在河南生态条件下，一般小麦植株叶龄指数达到 30％左右即进入幼穗原基分化期，35.0％进入单棱期，53.0％进入二棱初期，65.0％进入护颖分化期，70.0％进入小花分化期，76.0％进入雌雄蕊分化期，80.0％进入小凹期（药隔初期），90.0％进入雌蕊柱头突起期，95％进入柱头羽毛突起期，柱头羽毛开始伸长叶龄指数达 98％左右。在柱头羽毛伸长的后期旗叶全部伸出，此后旗叶鞘逐渐伸出。常用叶耳间距的长短判断幼穗发育进程，但应注意到叶鞘的生长与穗发育对气候条件反应的差异，如在温度高时幼穗发育较快，叶鞘伸出较慢，因而测定的叶耳间距较小。

表 2-5 为不同品种、不同播期小麦植株的幼穗发育各时期的叶龄指数。从表 2-5 中可以看出，进入幼穗原基分化期，春性品种郑引 1 号，9 月 26 日播种的叶龄指数为32.5％，10 月 24 日播种的叶龄指数为 29.0％，尽管两播期间相差 28d，但其叶龄指数仅相差 3.5％。半冬性品种百泉 41，9 月 26 日和 10 月 24 日播种的叶龄指数分别为 33.6％和 30.0％，两播期间的叶龄指数相差 3.6％，两品种间仅相差 1.1％～1.0％。但 9 月 26日播种时，两种类型品种的主茎叶片分别为 12 片和 14 片，相差 2 片，即春性品种比半冬性品种少 16.7％。由此表明，不同类型品种间以及同一品种不同播种时间，其主茎叶片的差异远远大于其叶龄指数的差异。以后各发育时期叶龄指数相差都很少。如二棱初期不同播期的叶龄指数，春性品种郑引 1 号播期间的最大差异是 9 月 26 日和 10 月 24 日播种的，其叶龄指数分别为 52.7％和 55.0％，两播期相差 2.3％。半冬性品种百泉 41 不同播期间的叶龄指数的差异在 53.6％～52.5％之间，9 月 26 日和 10 月 24 日两播期均为53.6％。可以看出两品种在此期叶龄指数仅相差 0.9％～1.4％。进入小花分化期，郑引 1号不同播期的叶龄指数在 68.3％～70.0％之间，9 月 26 日和 10 月 24 日播种的叶龄指数分别为 70.0％和 69.0％，两播期相差 1.0％。百泉 41 在此期叶龄指数的差异为 70.7％～73.6％，9 月 26 日播种和 10 月 24 日播种的叶龄指数分别为 72.1％和 73.6％，两播期间相差 1.5％。在此期间，两类型品种相差 2.1％～4.6％。进入雌雄蕊分化期，郑引 1 号不同播期的叶龄指数差异为 74.2％～77.5％，10 月 1 日和 10 月 24 日播种的其叶龄指数分别为 77.5％和 75.4％，两播期相差 2.1％。百泉 41 品种不同播期间差异在 75.7％～76.4％，9 月 26 日和 10 月 24 日播种的均为 76.4％。两品种相差 1.0％～1.6％。小凹期（药隔形成初期）郑引 1 号的叶龄指数为 80.0％～81.7％，此时 9 月 26 日和 10 月 1 日播种的植株均已受冻，10 月 8 日和 10 月 24 日播种的叶龄指数分别为 81.7％和 80.0％，两播期仅相差 1.7％。百泉 41 此期的叶龄指数为 80.0％～82.3％，9 月 26 日播种与 10 月24 日播种的叶龄指数分别为 80.7％和 80.9％，早播与晚播的叶龄指数相差 0.2％。两品种间 10 月 8 日播种的相差 0.6％。雌蕊柱头开始突起期，不同播期间叶龄指数的变幅郑

表2-5 小麦不同播期幼穗发育与叶龄指数的关系(1995—1996)

品种	播期(月/日)	幼穗原基	单棱期	二棱初期	二棱中期	二棱后期	护颖	小花	雌雄蕊	小凹	凹期	大凹	柱头突起	柱头伸长	柱头羽突	柱头羽伸	主茎总叶片数
郑引1号	9/26	32.5	35.8	55.0	59.2	62.5	67.5	70.0	冻	—	—	—	—	—	—	—	12叶
	10/1	32.5	35.8	55.0	59.2	62.5	65.8	69.2	77.5	冻	—	—	—	—	—	—	12叶
	10/8	30.0	35.0	53.3	57.5	60.8	65.5	69.2	75.8	81.7	84.2	85.8	89.2	92.5	96.7	99.1	12叶
	10/16	29.2	35.0	53.3	56.7	60.0	65.0	68.3	74.2	80.0	82.5	85.0	88.3	92.5	95.8	98.3	12叶
	10/24	29.0	32.7	52.7	57.3	62.7	66.4	69.0	75.4	80.0	82.7	86.4	89.1	91.8	95.5	98.2	11叶
百泉41	9/26	33.6	38.6	53.6	60.0	62.9	68.6	72.1	76.4	80.7	85.0	88.6	91.4	93.6	95.7	98.6	14叶
	10/1	32.8	37.9	52.9	58.6	60.7	67.9	70.7	75.7	80.0	82.9	85.0	90.7	93.6	95.7	98.6	14叶
	10/8	33.8	37.7	53.1	56.9	60.8	66.9	71.5	76.2	82.3	83.8	86.9	89.2	93.1	95.3	97.7	13叶
	10/16	30.8	35.0	52.5	56.7	61.7	65.8	70.8	75.8	81.7	85.0	88.3	90.8	93.3	95.8	97.5	12叶
	10/24	30.0	32.7	53.6	56.4	60.9	67.3	73.6	76.4	80.9	84.5	86.4	90.0	92.7	94.5	98.2	11叶
温2540	9/26	32.1	35.0	55.0	60.0	62.9	66.4	70.0	76.4	80.7	85.0	87.8	90.7	94.2	96.4	98.5	14叶
	10/1	33.0	35.4	55.3	60.0	63.8	67.7	73.0	78.4	81.5	85.3	87.6	90.7	94.6	96.9	95.8	13叶
	10/8	31.5	34.6	55.3	60.0	63.8	67.7	71.5	77.7	80.7	83.8	86.9	91.5	95.3	96.9	95.8	13叶
	10/16	31.6	35.0	54.2	57.5	63.3	69.1	72.5	79.1	80.8	82.5	86.6	92.1	94.1	96.6	98.3	12叶
	10/24	31.6	35.0	53.3	57.5	62.5	67.5	71.6	78.3	80.8	82.5	86.6	92.1	94.3	96.6	98.3	12叶

引 1 号为 88.3%～89.2%，10 月 8 日播种的和 10 月 24 日播种的分别为 89.2%和 89.1%，两播期仅相差 0.1%；百泉 41 的叶龄指数为 89.2%～91.4%。9 月 26 日播种的和 10 月 24 日播种的叶龄指数分别为 91.4%和 90.0%，两播期相差 1.4%。到柱头羽毛突起期，郑引 1 号的叶龄指数变幅为 95.5%～96.7%。10 月 8 日与 10 月 24 日播种的叶龄指数分别为 96.7%和 95.5%，两播期相差 1.2%。百泉 41 的叶龄指数变幅为 94.5%～95.8%。9 月 26 日和 10 月 24 日播种的叶龄指数分别为 95.7%和 94.5%，10 月 24 日播种两品种相差 1.0%。从以上观察结果可以看出，不同播期和不同品种在同一发育时期的叶龄指数均相差很少。因此，用叶龄指数来判断幼穗发育进程较叶龄更为确切。

（三）叶龄余数

叶龄余数是指主茎尚未伸出的叶片数，即植株主茎分化的总叶片数（C）减去叶龄（Y）所得的值。在生产实践中也可以通过叶龄余数判断幼穗发育时期，特别是在小麦生育的中后期，用叶龄余数判断穗的发育进程有重要作用。这是因为，在大田种植条件下，冬小麦经过越冬之后，由于叶片的衰老和损伤等，其下部叶片难以准确找到，主茎叶龄难以确切断定，而此时未伸出叶片可以不通过镜检而明显可见，因此，用叶龄余数来判断幼穗的发育时期比较方便。

著者曾连续多年对冬小麦幼穗发育各时期的相应叶龄余数作了详细的观察与分析。结果表明，在大田种植条件下，同一品种、不同播期小麦幼穗发育各时期的相应叶龄余数有一定差异，这种差异也是由于在不同播期条件下，小麦植株进入幼穗分化的时间不同，其分化的主茎叶片数也不同，导致叶龄余数也发生相应的变化所致。如表 2-6 中的春性品种郑引 1 号，10 月 1 日和 10 月 24 日两个播种期主茎分化的叶片数分别达到 12 片和 11 片叶时，进入幼穗原基分化期，此时的叶龄余数分别为 8.1 片和 7.8 片，两播期相差 0.3 片，播期间最大差距为 0.7 片。半冬性品种百泉 41，9 月 26 日和 10 月 24 日两个播期分别在主茎分化 14 片叶和 11 片叶时进入幼穗原基分化期，此时的叶龄余数分别为 9.3 片和 7.7 片。9 月 26 日播种的比 10 月 24 日播种的多 1.6 片。二棱初期，10 月 1 日和 10 月 24 日播种的郑引 1 号的叶龄余数分别为 5.4 片和 5.2 片，两播期相差 0.2 片，播期间最大差距为 0.4 片；此期百泉 41 品种 9 月 26 日和 10 月 24 日两个播期的叶龄余数分别为 6.5 片和 5.1 片，二者相差 1.4 片，播期间最大差距为 1.5 片。进入小花分化期，郑引 1 号品种 10 月 1 日和 10 月 24 日播种的叶龄余数分别为 3.7 片和 3.4 片，两播期相差 0.3 片，播期间最大差距为 0.4 片；此时，百泉 41 品种 9 月 26 日和 10 月 24 日两个播期的叶龄余数分别为 3.9 片和 2.9 片，两播期相差 1.0 片，播期间最大差距为 1.2 片。进入雌雄蕊分化期，10 月 1 日播种的郑引 1 号在当年气候条件下已受冻害，此时，10 月 8 日和 10 月 24 日播种的郑引 1 号，其叶龄余数分别为 2.9 片和 2.7 片，两播期相差 0.2 片；百泉 41 品种 9 月 26 日和 10 月 24 日播种此时的叶龄余数分别为 3.3 片和 2.6 片，两播期相差 0.7 片。到小凹期（药隔形成初期），郑引 1 号品种 10 月 8 日播种与 10 月 24 日播种的叶龄余数均为 2.2 片，10 月 16 日播种的为 2.4 片，播期间仅相差 0.2 片；此期百泉 41 品种 9 月 26 日和 10 月 24 日播种的叶龄余数分别为 2.7 片和 2.1 片，两播期相差 0.6 片。以后各播期叶龄余数相差较少，仅为 0.1～0.2 片。如到柱头突起期叶龄余数为 1.2～1.4 片，柱头羽毛突起期叶龄余数在 0.4～0.6 片之间，柱头羽毛伸长期的叶

表 2-6 不同小麦品种不同播期幼穗发育与叶龄余数的关系(1995—1996)

品种	播期(月/日)	幼穗发育时期															主茎总叶片数
		幼穗原基	单棱期	二棱初期	二棱中期	二棱后期	护颖	小花	雌雄蕊	小凹	凹期	大凹	柱头突起	柱头伸长	柱头羽突	柱头羽伸	
郑引1号	10/01	8.1	7.7	5.4	4.9	4.5	4.1	3.7	冻	—	—	—	—	—	—	—	12叶
	10/08	8.4	7.8	5.6	5.1	4.7	4.1	3.7	2.9	2.2	1.9	1.7	1.3	0.9	0.4	0.1	12叶
	10/16	8.5	7.8	5.6	5.2	4.8	4.2	3.8	2.9	2.4	2.1	1.8	1.4	0.9	0.5	0.2	12叶
	10/24	7.8	7.4	5.2	4.7	4.1	3.7	3.4	2.7	2.2	1.9	1.5	1.2	0.9	0.5	0.2	11叶
百泉41	9/26	9.3	8.6	6.5	5.6	5.2	4.4	3.9	3.3	2.7	2.1	1.6	1.2	0.9	0.6	0.2	14叶
	10/01	9.4	8.7	6.6	5.8	5.5	4.5	4.1	3.4	2.8	2.4	2.1	1.3	0.9	0.6	0.2	14叶
	10/08	8.6	8.1	6.1	5.6	4.7	4.3	3.8	2.7	2.3	2.1	1.7	1.4	0.9	0.6	0.3	13叶
	10/16	8.3	7.8	5.7	5.2	4.6	4.1	3.5	2.9	2.2	1.8	1.4	1.1	0.8	0.5	0.3	12叶
	10/24	7.7	7.4	5.1	4.8	4.3	3.6	2.9	2.6	2.1	1.7	1.5	1.1	0.8	0.6	0.2	11叶
温2540	9/26	9.5	9.1	6.3	5.6	5.2	4.7	4.2	3.3	2.7	2.1	1.7	1.3	0.8	0.5	0.2	14叶
	10/01	8.7	8.4	5.8	5.2	4.7	4.2	3.5	2.8	2.4	1.9	1.6	1.2	0.7	0.4	0.2	13叶
	10/08	8.7	8.5	5.8	5.2	4.7	4.2	3.7	2.9	2.5	2.1	1.7	1.1	0.6	0.4	0.2	13叶
	10/16	8.2	7.8	5.5	4.9	4.4	3.9	3.3	2.5	2.3	2.1	1.6	1.4	0.7	0.4	0.2	12叶
	10/24	8.2	7.8	5.6	5.1	4.5	3.9	3.4	2.6	2.3	2.1	1.7	1.4	0.7	0.4	0.2	12叶

龄余数为 0.2 片左右。表 2-6 中温 2540 品种的叶龄余数与上述两品种基本一致。从上述观察可以看出，随着幼穗发育进程的推进，特别是到二棱后期之后，不同播期间的叶龄余数差距愈来愈小，这同样是由于播种晚的小麦，播后较早地遇到低温条件，植株由营养生长很快进入生殖生长，营养生长期短，分化主茎叶片少，因此，叶龄余数也少。尽管如此，同一品种早播和晚播的主茎叶龄余数的差别仍小于主茎分化叶片数的差别，而且在幼穗发育的后期，不同播期间的叶龄余数基本一致。由此表明，晚播小麦的幼穗发育进程快于早播小麦，这也为小麦生育后期用叶龄余数来判断幼穗发育进程带来了方便。

不同品种在同一播期间叶龄余数的差异，同样与主茎分化的叶片数有关。如表 2-6 中，同在 10 月 8 日播种时，进入幼穗原基分化期时，春性品种郑引 1 号主茎分化 12 片叶，叶龄余数为 8.4 片，半冬性品种百泉 41 和温 2540 的主茎叶片为 13 叶，其叶龄余数分别为 8.6 片和 8.7 片，两类不同品种的叶龄余数分别相差 0.3 片和 0.2 片。二棱初期，郑引 1 号的叶龄余数为 5.6 片，而百泉 41 和温 2540 分别为 6.1 片和 5.8 片，两类型品种分别相差 0.5 片和 0.2 片。到小花分化期，郑引 1 号的叶龄余数为 3.7 片，此时百泉 41 和温 2540 分别为 3.8 片和 3.7 片，两类型品种基本相同，以后各期也基本一致。以上研究结果表明，尽管不同品种间叶龄余数有差异，但这种差异远远小于主茎叶片数的差异，到幼穗发育中后期，品种间的叶龄余数基本没有差异。因此，在小麦生长的中后期，不同品种用叶龄余数作为判断幼穗发育进程的指标也较为准确。

从以上幼穗发育和叶片生长的关系可以看出，小麦植株的幼穗发育各时期均与一定叶位叶片的生长相对应，在一定范围内（品种特性、生态条件等相同），二者之间有显著的相关性。但如果品种类型不同，以及在不同生态环境条件下种植，小麦植株在营养生长期分化的主茎叶片数不同，叶龄、叶龄余数会有一定差异。而叶龄指数由于包含了主茎叶片数的变化，因此不同品种、不同生态条件下，在幼穗发育的同一时期，叶龄指数变化不大。所以，在生产实践中用叶龄指数判断幼穗发育进程比较确切，在小麦生育中后期也可以用叶龄余数来判断幼穗发育进程。但必须强调指出的是，尽管幼穗发育与叶片生长有很强的对应关系，但由于同一品种不同个体之间存在差异，以及植株营养生长与生殖生长对环境条件反应并不完全一致，特别是受播期、温度、营养、水分和管理等多种因素的影响，因此，用叶片生长判断其幼穗发育进程应灵活掌握。

二、分蘖幼穗发育与其叶片生长的关系

小麦分蘖的幼穗发育与其叶片的伸出也有一定的对应关系，但由于分蘖的叶龄在分蘖的生长过程中，因蘖位不同、发育时期不同，其幼穗发育时期和所对应的叶龄也有较大变化，二者之间的相关性没有主茎穗与其所对应的叶龄之间的相关性强。因此，小麦分蘖的叶龄只可作为分蘖穗发育进程的参考指标。根据著者连续多年对不同品种的观察分析，分蘖幼穗发育与其相应叶龄关系归纳起来具有以下几个特点。

（一）幼穗发育处在同一发育时期的相对叶龄随叶位升高而减小

在小麦分蘖幼穗的发育早期，不同蘖位幼穗在同一发育时期时，随着蘖位的升高，幼

穗发育进程快、叶龄小，叶龄指数下降。如表 2-7 为郑引 1 号不同蘖位的分蘖都处在二棱初期时的叶片伸出状况。从表中可以看出，主茎叶龄为 6.3 片，叶龄指数为 52.5%，而同时处在二棱初期的第 1 个一级分蘖（Ⅰ），叶龄为 3.8 片，叶龄指数为 42.2%；第 2 个一级分蘖（Ⅱ）的叶龄为 3.3 片，叶龄指数为 41.2%；第 3 个一级分蘖的叶龄为 2.5 片，叶龄指数为 35.7%，而Ⅳ分蘖和 Ⅰ₁分蘖的叶龄仅为 1.5 片和 2.5 片，叶龄指数分别为 25.0% 和 35.7%。从上述观察结果可以看出，同是二棱初期，Ⅳ分蘖的叶龄比主茎和Ⅰ分蘖分别少 4.8 片和 2.3 片，比Ⅱ分蘖少 1.8 片，而它们的叶龄余数差异较小或基本相同。如主茎和Ⅰ分蘖的叶龄余数分别为 5.7 片和 5.2 片，Ⅱ分蘖为 4.7 片，其他蘖均为 4.5 片。这是小麦固有的生物学特性所致，只有这样，高位蘖才能逐渐接近或赶上低位蘖，使主茎与成穗分蘖成熟基本一致。随着植株的生长发育，不同蘖位分蘖的幼穗发育与叶龄之间的关系，常因生长中心的转移和营养条件的差别而表现出生长发育同步与否的现象；营养条件好的分蘖穗的发育时期愈来愈接近主茎，表现出与主茎相似的叶蘖同伸关系；而在生长发育晚、营养条件差的情况下，分蘖叶龄首先明显变小，幼穗发育相对较快，出现穗发育相对较快、叶龄小的失调现象，最终导致幼穗成为不孕穗。

表 2-7　郑引 1 号各蘖位二棱初期与叶片生长的关系

项　目	叶　位						备　注
	主茎	Ⅰ	Ⅱ	Ⅲ	Ⅳ	Ⅰ₁	
叶龄（片）	6.3	3.8	3.3	2.5	1.5	2.5	表中数值为多年多株进入
叶龄余数（片）	5.7	5.2	4.7	4.5	4.5	4.5	二棱初期的蘖生长的平均值
叶龄指数（%）	52.5	42.2	41.2	35.7	25.0	35.7	

（二）幼穗发育时期与对应叶龄的不稳定性

不同蘖位的分蘖在生长发育进程中，由于分化进程、营养状况、外界条件等的变化，不同蘖位的分蘖长势不同，其幼穗发育各时期对应叶龄大小表现出不稳定性。幼穗发育早期，也是分蘖发生、生长发育的旺盛时期，分蘖长势强，处在分蘖赶主茎、高位蘖赶低位蘖的生长时期，因而叶龄大小表现为：主茎和Ⅰ、Ⅱ分蘖的叶龄差距小于按照同伸关系计算出来的叶龄。如表 2-8 中所示，主茎进入二棱初期后，叶龄为 6.3 片，Ⅰ分蘖也为二棱初期，叶龄为 3.7 片，比主茎少 2.6 片。Ⅱ分蘖虽为单棱期，但分化的苞叶原基数仅比Ⅰ分蘖少一个，也将进入二棱初期，其叶龄为 3.3 片，比Ⅰ分蘖少 0.4 片，比主茎少 3.0 片。如按照同伸关系计算，Ⅰ分蘖和Ⅱ分蘖叶龄应比主茎分别少 3 片和 4 片。由此可以看出，就一个单株而言，若分蘖的生长发育速度较快，其他蘖位分蘖也紧跟主茎的生长发育进行生长，叶龄依次相差 1 片左右。当主茎幼穗发育进入护颖分化期，高位蘖生长发育开始缓慢，但相对而言穗发育快于叶片生长，因而出现了叶龄小于穗发育进程的现象。如表 2-8 中，Ⅴ蘖二棱初期相对叶龄只有 0.8 片。当主茎幼穗发育进入柱头突起期时，Ⅰ蘖和Ⅱ蘖幼穗发育均进入柱头突起期，赶上了主茎。而Ⅰ蘖与主茎的叶龄差距符合同伸关系，主茎为 9.9 片，Ⅰ蘖为 6.9 片。Ⅱ蘖叶龄为 6.2 片，比Ⅰ蘖仅小 0.7 片，表明Ⅱ蘖生长发育加快。主茎发育到柱头羽毛突起期，此时Ⅰ分蘖幼穗发育时期和主茎相同，Ⅱ分蘖和Ⅲ分蘖为柱头伸长期，比主茎慢了一个时期，可以看出由于Ⅲ分蘖生长较快赶上了Ⅱ分蘖。Ⅳ分蘖生长发育开始减慢，进入柱头突起期，它们的叶龄差距基本符合同伸关系。Ⅴ分蘖生长很慢，幼穗发育只为大凹期，叶龄仅为 3.2 片。综上所述，幼穗发育早期，分蘖幼穗发育快，叶片与其对应增长；幼穗发育进入护颖分化期之后，低位蘖依次发育加快，高位蘖生长势减弱直至停止生长发育。而且在整个发育过程中，分蘖幼穗发育快于其叶龄的生长，遇到不良的环境条件，首先是叶龄增长受到影响，因此导致分蘖幼穗发育与相应叶龄关系的不稳定性。

表 2-8 幼穗发育时期相应叶龄变化动态

蘖 位	主茎	Ⅰ	Ⅱ	Ⅲ	Ⅳ	Ⅴ	Ⅰ₁	Ⅱ₁	Ⅲ₁
发育时期	二棱初	二棱初	单棱末	单棱末	单棱末	—	单棱末	单棱期	单棱期
叶 龄（片）	6.3	3.7	3.3	2.3	1.2	—	2.4	1.5	0.8
叶龄余数（片）	4.7	4.3	3.7	3.7	3.8	—	3.6	3.5	3.2
叶龄指数（%）	57.3	46.3	47.1	38.3	24.0	—	40.0	30.0	20.0
分化苞叶（个）	12	11	10	9	7	—	9	—	4
发育时期	护颖	护颖	二棱末	二棱末	二棱中	二棱初	二棱中	二棱中	二棱初
叶 龄（片）	7.5	5.3	4.2	3.3	2.4	0.8	3.5	2.9	1.5
叶龄余数（片）	3.5	3.7	3.8	3.7	3.6	4.2	3.5	3.1	3.5
叶龄指数（%）	68.2	58.9	52.5	47.1	40.0	16.0	50.0	48.3	—
小穗数（个）	20.0	18.0	17.0	17.0	14.0	10.0	13.0	14.0	10.0
发育时期	小花₃	小花₂	小花₂	小花₂	护颖	二棱后	二棱后	—	—
叶 龄（片）	8.4	5.4	4.5	3.5	2.6	1.6	3.6		
叶龄余数（片）	2.6	2.6	3.5	3.5	3.4	3.4	3.4		
叶龄指数（%）	76.4	67.5	56.3	50.0	40.0	32.0	51.4	—	—
小穗数（个）	21.2	21.0	21.0	20.0	17.0	12.0	—		
发育时期	柱突₂	柱突₂	柱突₂	大凹₂	大凹	雌雄蕊	大凹	雌雄蕊₂	二棱中
叶 龄（片）	9.9	6.9	6.2	5.2	4.2	2.5	4.9	3.9	2.3
叶龄余数（片）	1.1	1.1	0.8	0.8	0.8	1.5	2.1	2.1	2.7
叶龄指数（%）	90.0	86.2	88.6	86.7	84.0	62.5	70.0	65.0	57.5
小穗数（个）	22.0	21.0	21.0	20.0	21.0	21.0	19.0	19.0	13.0
发育时期	羽突₂	羽突₂	柱伸₃	柱伸₃	柱突₂	大凹	柱突₂	柱突₂	小花₂
叶 龄（片）	11.8	8.6	7.6	6.7	5.5	3.2	6.2	4.9	3.2
叶龄余数（片）	0.2	0.4	0.4	0.3	0.5	1.8	0.8	1.1	1.8
叶龄指数（%）	98.3	95.5	95.0	95.7	91.7	64.0	88.6	81.7	64.0

注：下角码表示在同一小穗上达同期发育的小花数，如：小花₃即在一个小穗上有三朵小花进入小花发育期。

（三）分蘖幼穗同一发育时期叶龄随主茎叶龄而变化

由于小麦茎生长锥通过春化阶段之后，再分化的器官也均已通过春化阶段。因此，分蘖穗发育各时期相对叶龄的大小，随主茎叶龄的变化而变化，也就是说，分蘖叶龄同样取决于品种的遗传特性和生态条件的共同影响。表 2-9 为不同品种主茎幼穗发育进入二棱初期的叶龄，其中，春性品种郑引 1 号主茎叶片为 12 片叶，半冬性品种兰考 906 为 13 片叶，此时主茎的叶龄分别为 6.2 片和 7.6 片。郑引 1 号 Ⅰ 分蘖和 Ⅱ 分蘖叶龄分别为 3.7 片和 3.3 片，而兰考 906 品种 Ⅰ 分蘖和Ⅱ分蘖的叶龄分别为 4.7 片和 3.8 片，比郑引 1 号分别多 1 片和 0.5 片，Ⅲ 分蘖和 Ⅳ 分蘖的叶龄比郑引 1 号分别多 0.8 片和 1.1 片。进入小花分化期的郑引 1 号和同是 10 月 8 日播种，并同时进入二棱末期的百泉 41，其主茎叶龄分别为 8.6 片和 8.5 片，两品种主茎叶龄基本相同，但幼穗发育百泉 41 比郑引 1 号晚（护颖分化）。此时，郑引 1 号 Ⅰ 分蘖和 Ⅱ 分蘖的幼穗发育分别为小花和护颖分化期，其叶龄分别为 5.9 片和 5.4 片，而百泉 41 的 Ⅰ 分蘖和Ⅱ分蘖的幼穗发育分别为二棱末和二棱后，其叶龄分别为

5.7片和5.3片，仅分别相差0.2片和0.1片叶，可见如果百泉41和郑引1号达到同一发育时期时，百泉41各蘖位的叶龄大于郑引1号。这是因为百泉41比郑引1号主茎叶片多的原因。因此，分蘖幼穗同一发育时期的叶龄大小，随主茎叶片数变化而变化。如果同一品种不同播期主茎叶片发生变化时，各蘖位分蘖幼穗发育各时期的叶龄也相应发生变化（表2-9）。

表2-9 不同品种分蘖幼穗发育与叶龄的关系

品种	项目	蘖　　位									主茎叶片数
		主茎	I	II	III	IV	V	I₁	II₁	III₁	
郑引1号	时期	二棱初	二棱初	单棱末	单棱	单棱	—	单棱	单棱	茎生长锥	12
	叶龄	6.2	3.7	3.3	2.3	0.8	—	2.5	1.7	0.3	
百泉41	时期	二棱初	二棱初	二棱初	单棱末	单棱	—	单棱末	单棱	单棱	13
	叶龄	7.8	5.7	5.5	3.4	2.9	—	3.7	2.8	2.5	
温麦6号	时期	二棱初	二棱初	二棱初	二棱初	单棱末	—	单棱末	单棱	单棱	13
	叶龄	7.3	4.4	3.8	2.9	1.9	—	2.9	2.7	1.8	
兰考906	时期	二棱初	单棱末	单棱末	单棱	单棱	—	—	—	—	13
	叶龄	7.6	4.7	3.8	3.1	1.9	—	—	—	—	
郑引1号	时期	小花	小花	护颖	二棱末	二棱末	二棱中	二棱末	二棱末	二棱中	12
	叶龄	8.6	5.9	5.4	4.4	3.5	2.2	4.6	3.9	2.8	
百泉41	时期	二棱末	二棱末	二棱后	二棱后	二棱后	单棱末	二棱后	二棱后	二棱初	13
	叶龄	8.5	5.7	5.3	4.3	3.1	1.7	4.1	3.6	2.6	

综上所述，幼穗发育时期和叶龄的关系常因品种、播种时间以及生态条件的不同，导致主茎叶片数和分蘖的叶片数发生变化，其幼穗各发育时期相应叶龄大小也不同，只有当主茎叶片数确定之后，用叶龄判断穗的发育时期才是准确的。而分蘖的幼穗发育与其叶龄的对应关系除了受主茎叶片变化的影响外，还因蘖位的长势以及营养条件的不同而发生较大变化。

第三节　小麦幼穗发育与茎秆伸长的关系

小麦茎秆的节数在幼穗分化开始之前已经全部分化结束，但节间伸长较晚，在河南生态条件下，一般在穗发育进入护颖分化或小花分化期，节间才开始伸长。幼穗发育与茎秆伸长节位有一定的对应关系，但节间伸长的速度和长度，受生态条件和栽培管理措施的影响变化较大。著者系统观察了幼穗分化与节间伸长的对应关系，以期从另一角度判断幼穗发育进程，为生产上采取管理措施提供参考。

一、幼穗发育时期与其相应的伸长节位

经连续多年对多个小麦品种的观察结果表明，幼穗发育各时期与茎秆伸长节位有明显的对应关系。生长正常的小麦植株，一般情况下，幼穗发育进入护颖或小花分化期时（多为小花分化期），茎秆第1节间开始伸长，长度为0.4~0.8cm，即小麦进入生物拔节期；当幼穗发育进入雌雄蕊分化期时，第1节间长度为1.5~2.0cm，第2节间开始伸长，其长度为0.5cm以上，此时小麦进入拔节期；当幼穗发育进入小凹期（药隔形成初期）之后，第1节间长度基本定长，其长度很少再增加，第2节间长度一般达到2.0cm左右，并开始进入迅速伸长时期，此时第3节间已出现，其长度为0.2~0.4cm；幼穗发育进入凹期，第2节间仍处在迅速伸长时期，第3节间开始伸长；幼穗发育进入大凹期，第2节

间已转为缓慢伸长期，第 3 节间开始迅速伸长，此时第 4 节间出现；幼穗发育进入雌蕊柱头突起期，第 3 节间仍在继续迅速伸长，第 4 节间开始伸长；幼穗发育进入柱头伸长期，第 4 节间进入迅速伸长期，第 5 节间出现；幼穗发育进入柱头羽毛突起期，第 4 节间仍处在迅速伸长期，第 5 节间开始伸长；幼穗发育进入柱头羽毛伸长期，第 4 节间继续伸长，第 5 节间开始迅速伸长，直到开花期第 5 节间停止伸长，株高不再增加。不同类型品种、不同生态条件下各节间长度虽有所变化，但茎秆伸长节位与幼穗发育时期的对应关系基本一致（图 2 - 3）。因此，茎秆伸长节位也可以作为判断穗发育进程的指标之一。

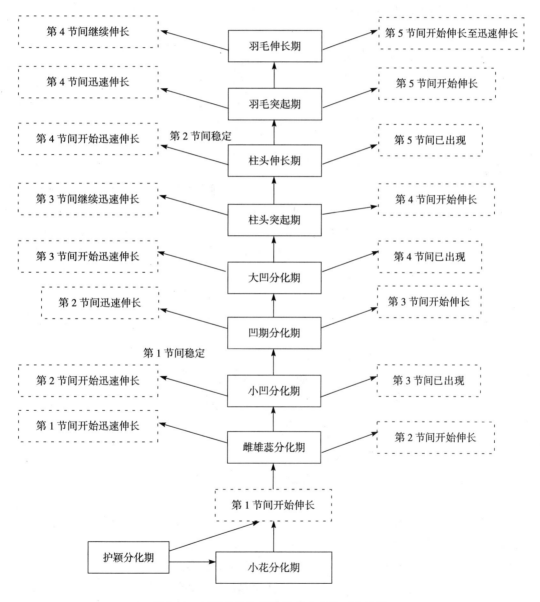

图 2 - 3 幼穗发育与茎秆伸长节位的对应关系

注：节间长度在 0.5cm 以下为出现，大于 0.5cm 称开始伸长。

二、幼穗发育与茎秆长度的关系

幼穗发育各时期的茎秆总长度（各节间长度之和），不同品种、不同年际间以及不同栽培管理条件下都有很大的差异。从进入小花分化到小凹期，这个阶段茎秆长度变化最大，变异系数达 30％～70％左右，以后幼穗发育各时期相对应的茎秆长度变化减小，变异系数一般为 20％～30％。

（一）不同品种幼穗发育各时期茎秆长度

著者曾选择几个有代表性的小麦品种，在幼穗发育不同时期对其茎秆长度进行了统计分析（表 2-10），结果表明，当幼穗发育进入小花分化期时，茎秆长度多为 0.4～0.8cm。如春性品种郑引 1 号在正常播期条件下，此时的茎秆长度为 0.4cm 左右，半冬性品种百泉 41 和温 2540 的茎秆长度多为 0.8cm 左右，徐州 21 和兰考 86-79 为 0.6cm 左右，但其变异系数很大，达到 40％～60％。进入雌雄蕊分化期，茎秆长度一般为 2～3cm。如郑引 1 号此时的茎秆长度平均为 2.1cm，徐州 21 为 2.5cm，百泉 41、温 2540、兰考 86-79 均在 3cm 左右，变异系数除郑引 1 号和兰考 86-79 分别为 60.7％和 73.2％外，其他都在 40％左右。小凹期茎秆长度多在 4～6cm，其中郑引 1 号和徐州 21 两品种此时的茎秆平均长度分别为 4.2cm 和 4.3cm，百泉 41 和冀麦 5418 分别为 5.7cm 和 5.1cm，而温 2540 达到 6.9cm。各品种在这一发育时期茎秆长度的变异系数已减小。其中，郑引 1 号和徐州 21 分别为 43.7％和 41.1％，百泉 41、温 2540、冀麦 5418 分别为 32.4％、33.6％和 35.5％。由此可以看出，幼穗发育到小凹期之前正处在第 1、第 2 节间伸长期，其变异系数大，可控性强，表明其节间长度受环境条件、栽培措施的影响较大，因此，生产上应在此期前采取针对性措施，控制节间的过度伸长以防止茎倒伏。幼穗发育进入柱头突起期，茎秆长度多在 13～15cm，其中郑引 1 号、徐州 21 的平均长度分别为 14.5cm 和 14.8cm，百泉 41 和冀麦 5418 均为 13.0cm，温 2540 和兰考 86-79 分别为 15.4cm 和 12.2cm。此时茎秆长度的变异系数减少到 17％～26％之间。此时已进入小花退化的高峰期，从外部形态看，茎秆长度达到 13～15cm，多数品种已进入小花退化的关键时期。在生产实践中，施用拔节肥的实际肥效刚好在此期发挥作用。因而在此期之前采取适当的肥水调控措施可以减少小花退化，争取大穗多粒，而且对下部茎秆长度影响较小。当幼穗发育进入柱头羽毛突起期，茎秆长度除郑引 1 号品种为 24.9cm 外，其他品种均在 19～20cm 之间，变异系数郑引 1 号为 25.3％，兰考 86-79 为 23.4％，其他品种为 10％～18％。当幼穗发育进入柱头羽毛伸长期，已明显表现出植株高度的差异。郑引 1 号茎秆长度达到 33.4cm，百泉 41 为 23.9cm，温 2540 为 29.6cm，其他三个品种茎秆长度均为 25cm 左右。此时郑引 1 号、百泉 41 两品种的变异系数分别为 33.5％和 35.3％。由此说明，这两个品种在第 4 节间伸长时，生态条件对茎秆长度的影响还是明显的，而其他四个品种受到的影响则相对较小，其变异系数都在 10％～20％之间。从幼穗发育各时期对应茎秆长度的平均变异系数看，郑引 1 号的变异系数最大，为 39.8％，也就是说，该品种幼穗发育各时期的茎秆长度受外界环境条件影响较大。因此，在生产实践中，像这类茎秆长度变异系数大的品种，在麦田栽培管理方面要特别注意采取适宜的技术措施进行调控，以防止因茎秆过长而引起倒伏。

表 2-10 幼穗发育不同时期茎秆总长度的变异

发育时期	郑引1号			百泉41			温2540			徐州21			冀麦5418			兰考86-79		
	$\bar{X}$	S	CV(%)	$\bar{X}$	S	CV(%)	$\bar{X}$	S	CV(%)	$\bar{X}$	S	CV(%)	$\bar{X}$	S	CV(%)	$\bar{X}$	S	CV(%)
小花	0.379	0.218	57.7	0.828	0.336	40.6	0.825	0.566	68.7	0.617	0.253	41.0	0.82	0.507	61.8	0.578	0.352	60.9
雌雄蕊	2.078	1.261	60.7	3.028	1.453	48.0	2.983	1.390	46.6	2.500	0.982	39.3	3.213	0.962	29.9	3.044	2.23	73.2
小凹	4.239	1.854	43.7	5.733	1.858	32.4	6.900	2.317	33.6	4.367	1.797	41.1	5.143	1.824	35.5	—	—	—
凹期	6.509	2.356	36.2	8.041	3.046	37.9	7.68	1.483	19.3	9.231	1.592	17.2	6.68	2.276	34.1	7.522	1.626	21.6
大凹	9.405	3.712	39.5	9.452	2.72	28.8	10.364	2.787	26.9	10.83	2.834	26.2	8.583	3.544	41.3	11.2	3.096	27.6
柱头突起	14.5	3.838	26.5	13.0	2.486	19.1	15.4	2.634	17.1	14.8	2.555	17.3	13.0	2.78	21.4	12.24	2.172	17.7
柱头伸长	20.2	4.304	21.3	15.9	4.557	28.7	15.6	4.069	26.1	19.04	4.261	22.4	15.3	4.91	32.1	16.38	1.51	9.2
羽毛突起	24.9	6.289	25.3	20.4	3.824	18.7	21.1	3.714	17.6	—	—	—	18.96	1.896	10.0	18.48	4.424	23.4
羽毛伸长	33.4	11.2	33.5	23.9	8.432	35.3	29.6	4.91	16.6	24.4	4.767	19.5	25.2	4.330	17.2	25.60	2.812	11.0
CV平均			39.8			32.2			29.9			28.0			31.5			30.3

注：$\bar{X}$：平均长度；S：标准差；CV：变异系数。

表 2-11 郑引1号不同播期幼穗发育与茎秆长度

(单位：cm)

发育时期	播期（月/日）																					
	10/08							10/16							10/24							
	一	二	三	四	五	总长	CV(%)	一	二	三	四	五	总长	CV(%)	一	二	三	四	五	总长	CV(%)
小花	0.4					0.4	54.4	0.3					0.3	41.9	0.33					0.33	74.3
雌雄蕊	1.6	0.5				2.1	62.6	1.8	0.4				2.2	73.4	1.1	0.2				1.3	40.5
小凹	2.3	2.3	0.2			4.8	20.6	2.5	1.9	0.2			4.6	41.0	2.1	0.7	0.2			3.0	38.9
凹期	3.1	2.6	0.3			6.0	15.3	3.1	2.5	0.4			6.0	25.7	3.1	1.2	0.2			4.5	35.0
大凹	3.0	4.3	1.2	0.2		8.7	29.7	3.3	3.1	1.4	0.5		8.3	24.2	3.2	3.8	0.7	0.2		7.9	35.1
柱头突起	3.1	5.0	4.7	0.6		13.4	30.4	3.3	8.2	4.1	0.7		16.5	22.6	3.3	6.3	1.2	0.3		11.1	25.5
柱头伸长	3.0	7.4	7.1	1.1		18.8	26.3	3.3	10.3	8.7	1.2		23.8	13.1	3.3	8.4	2.4	0.5		14.6	14.6
羽毛突起	2.9	7.8	9.3	3.9	0.2	24.2	20.3	3.3	—	13.2	5.0	0.3	—	24.7	3.3	9.4	7.6	0.9	0.2	21.4	25.3
羽毛伸长	3.0	7.8	14.4	8.0	1.0	34.2	22.0	3.3	10.4	13.0	13.0	0.4	32.5	35.5	3.3	9.6	12.4	1.9	0.4	27.6	25.6
平均							31.3							33.6							35.0

表2-12　百泉41不同播期幼穗发育与茎秆长度

（单位：cm）

发育时期	播期（月/日） 10/01							10/08							10/16							10/24						
	一	二	三	四	五	总长	CV(%)	一	二	三	四	五	总长	CV(%)	一	二	三	四	五	总长	CV(%)	一	二	三	四	五	总长	CV(%)
小花	0.7					0.7	—					0.5	0.5	—					0.3	0.3	—					0.3	0.3	—
雌雄蕊	1.9		1.5	0.2		3.6	57.2	2.6		0.7	0.2		3.5	45.8	1.4		0.6	0.2		2.2	31.8	1.8			0.5		2.3	41.7
小凹	2.8	2.6		0.4		5.8	31.4	3.1	2.0		0.3		5.4	19.1	3.5	1.4		0.3		5.2	41.5	3.1	1.1		0.3		4.5	33.8
凹期	3.0	4.8	1.6	0.4		9.8	28.8	3.1	3.1	1.0	0.3		7.5	23.1	3.5	2.0		0.4		5.9	11.8	3.2	1.8		0.4		5.4	24.9
大凹	3.0	5.1	2.6	0.6		11.3	21.4	3.1	4.3	1.3	0.5		9.2	18.5	3.6	3.2	0.8	0.2		7.8	14.8	3.3	2.1		0.4		5.8	31.7
柱头突起	3.0	6.1	4.3	0.7	0.2	14.3	16.8	3.0	6.1	2.7	0.6	0.2	12.6	23.0	3.7	4.8	1.9	0.4		10.8	14.5	3.3	3.1	1.4	0.5		8.3	13.6
柱头伸长	3.0	6.9	5.8	2.4	0.3	18.4	18.7	3.0	6.1	5.0	0.8	0.4	15.3	17.7	3.7	5.5	4.3	1.1	0.2	14.8	35.5	3.4	4.7	3.3	0.7	0.3	12.3	35.0
羽毛突起	3.0	6.8	7.0	2.8	0.5	20.1	—	3.1	6.0	7.2	2.5	0.7	19.5	—	3.7	6.4	5.5	1.3	0.4	17.3	—	3.3	6.1	4.0	0.9	0.3	14.6	—
羽毛伸长	3.0	7.1	7.1	5.5	1.7	24.4	21.8	3.1	6.1	7.3	3.2	0.9	20.6	34.4	3.7	6.5	6.6	3.2	0.7	20.7	18.1	3.3	6.6	5.0	2.0	0.2	17.1	27.2
平均							28.0							25.9							24.0							29.7

（二）年际间幼穗发育各时期茎秆长度的变化

由于不同年际间气候条件差别较大，因而其幼穗发育和相应茎秆伸长所处的光温条件也不同。许多研究表明，幼穗发育各时期所要求的温光条件比较严格，而茎秆发育对温光的要求则不同，常随温度的升高迅速伸长，从而造成年际间茎秆长度变化较大。如郑引1号，当幼穗发育进入小花分化期之后的茎秆长度，1979、1987和1997年分别为0.4cm、0.88cm和0.4cm，年际间相差0.48cm；幼穗发育进入大凹期时，三年的茎秆长度分别为6.4cm、10.8cm和9.3cm；幼穗发育进入柱头突起期，茎秆长度分别为8.1cm、17.4cm和15.7cm。由此可以看出，1979年各时期茎秆均较短，而1987年各时期的茎秆长度均高于其他两个年份。在幼穗发育后期，由于气候条件的影响，使幼穗发育和茎秆伸长不一致，导致有些年份抽穗后3～4d开花，有些年份抽穗后5～6d才开花。如2003年春季温度偏低，幼穗发育慢，茎秆伸长相对较快，抽穗以后5～6d才开花。由此表明，即使同一品种在同样的肥力水平下，不同年际间茎秆长度也不同，因此，在生产实践中，须根据小麦生长状况采取相应的技术措施，培育壮秆大穗，才能获得高产稳产。

（三）不同播种时间幼穗发育与茎秆长度的关系

由于不同播种时间幼穗、茎秆的生长发育所处的温光条件不同，而幼穗的发育和茎秆的生长也存在着差异，因而幼穗发育各时期所对应的茎秆长度就会出现一定的变化。表2-11为郑引1号品种多年不同播种时间幼穗发育各时期的相应茎秆长度的平均值。从表中可以看出，幼穗发育进入小花分化期时，10月8日、10月16日和10月24日三个播种期，其茎秆长度分别为0.4cm、0.3cm和0.33cm。当幼穗发育进入雌雄蕊分化期，三个播期的茎秆长度分别为2.1cm、2.2cm和1.3cm。其中10月16日播种的比10月8日播种的茎秆长0.1cm，仅高4.8%；比10月24日播种的茎秆长0.9cm，高出69.2%。这是因为10月8日播种的郑引1号幼穗发育开始早，此时温度较低影响茎秆的伸长；10月16日播种的进入雌雄蕊分化期较晚，由于气温的回升，茎秆生长也加快，略高于10月8日播种的茎秆长度。而10月24日播种的进入雌雄蕊分化期更晚一些，由于气温进一步回升，幼穗发育也进一步加快，分化强度大，历时天数少，茎秆伸长时间短。所以幼穗的同一发育时期茎秆长度也比10月16日播种的短。据1988年调查，郑引1号10月8日播种的分别于2月17日和3月15日进入小花分化期和雌雄蕊分化期，茎秆总长为0.4cm、2.1cm；10月16日播种的分别于3月10日和3月24日进入小花分化期和雌雄蕊分化期，明显晚于10月8日播种的，茎秆总长为0.3cm、2.2cm；而10月24日播种的分别于3月15日和3月26日进入小花和雌雄蕊分化期，与10月8日播种的相比分别晚了26d和11d，比10月16日播种的推迟5d和2d，茎秆总长为0.33cm、1.3cm，比10月8日播种的分别短0.07cm和0.8cm，表明幼穗发育比茎秆伸长对温度更敏感。因此，晚播由于温度升高，幼穗发育相对快于茎秆的伸长，所以晚播的茎秆在幼穗发育同一时期常常短于早播。到柱头羽毛伸长期，三个播期的茎秆长度分别为34.2cm、32.5cm和27.6cm，仍以10月24日播种的茎秆最短。

半冬性品种由于穗分化开始的晚，但穗分化快、强度大，各发育时期历时天数随着播期的推迟而减少，因而时间成为茎秆伸长的限制因素。随着播期的推迟，幼穗发育各时期的相应茎秆长度，因伸长时间少，依次低于早播的茎秆长度。如表 2-12 百泉 41 品种，幼穗发育到柱头羽毛伸长期时各播期茎秆长度 10 月 1 日播种的为 24.4cm，10 月 8 日播种的为 20.6cm，而 10 月 16 日和 10 月 24 日播种的分别为 20.7cm 和 17.1cm。10 月 1 日播种的比 10 月 24 日播种的茎秆长度多 7.3cm，增长 42.7%。

从上述研究结果可以看出，在小麦幼穗形成过程中，各发育时期相对应的伸长节位比较稳定，而茎秆长度受气候、肥水条件的影响较大，因此，在实践中可用伸长节位来判断幼穗发育的时期。

参 考 文 献

[1] 金善宝. 中国小麦栽培学. 北京：农业出版社，1960

[2] 夏镇澳. 春小麦 2419 及冬小麦小红芒茎生长锥分化和发育阶段的关系. 植物学报，1955，4（4）：287~315

[3] 张述祖. 关于光照发育阶段的几个问题. 生物学通报，1963，2

[4] 简令成. 小麦生长锥分化过程中淀粉积累和动态及其与小穗发育的关系. 植物学报，1964，12（4）

[5] 崔金梅. 对高肥水条件下郑引 1 号小麦品种的初步观察. 河南农学院科技通讯，1974（1）：30~35

[6] 田奇卓. 小麦穗重的研究. 山东农学院学报，1983

[7] 崔金梅，朱旭彤，高瑞玲. 不同栽培条件下小麦小花分化动态及提高结实率的研究. 小麦生长发育规律与增产途径. 郑州：河南科学技术出版社，1980：69~73

[8] 苗果园等. 小麦品种温光效应与主茎叶数的关系. 作物学报，1993，19（6）：489~495

[9] 马元喜，王晨阳，朱云集. 协调小麦幼穗发育三个两极分化过程增加穗粒数. 卢良恕主编：中国小麦栽培研究新进展. 北京：农业出版社，1993：119~126

[10] 崔金梅. 小麦幼穗发育进程及温度对其影响的研究. 河南农学院学报，1982（2）：1~12

[11] 张国泰. 小麦顶小穗的形成特点及其与大穗的关系. 作物学报，1989，15（4）：349~354

[12] 张锦熙，刘锡山，阎润涛. 小麦冬春品种类型及各生育阶段主茎叶数与穗分化进程变异规律的研究. 中国农业科学，1986（2）：27~35

[13] 李存东，曹卫星，刘月晨等. 不同播期下小麦冬春性品种小花结实性及其植株生长性状的关系. 麦类作物学报，2000，20（1）：59~62

[14] Kirby E J M. Ear development in spring wheat. J. Agric. Sci.，1974，82：4 327~4 447

[15] Frank A B, et al. Effect of temperature and fertilizer N on apex development in spring wheat. Agron. J.，1982，74（3）：504~509

[16] Miglietta F. Simulation of wheat ontogenesis. Ⅱ. Predicting dates of ear emergence and main stem final leaf number. Clim Res.，1991，13（1）：151~160

[17] McMaster G S, Wilheim W W, Morgan J A. Simulation winter wheat shoot apex phenology. J. Agric. Sci.，1992，119：1~12

[18] Robertson M J, Brooking I R, Rutchie J T. Temperature response of vernalization in wheat：modeling the effect on the final number of main stem leaves. Ann. Bot.，1996，78：371~381

第三章　冬小麦幼穗发育与生态条件的关系

气候条件和栽培措施均影响小麦幼穗发育进程，其中温光条件是影响小麦幼穗发育的主导因素。小麦幼穗分化的下限温度与生长起点温度相一致，日均温为 2~3℃，而幼穗分化的上限温度则随品种冬、春性的不同而有差异。在冬小麦春化阶段，一定的低温是其幼穗分化发育的必要条件，无此低温条件则春化阶段不能顺利通过，茎生长锥便不能开始幼穗分化。早期研究认为，春化阶段结束于伸长期以前，即生长锥伸长可作为小麦春化阶段完成、光照阶段开始的标志（夏镇澳，1955）。但后来的一些研究打破了这种认识，认为小穗原基的出现与春化完成有密切关系，是小麦通过春化阶段的形态标志（何立人，1983；张锦熙等，1986；黄敬芳等，1986）。一些研究指出，生长锥进入穗原基分化是积温效应（郝照等，1983），幼穗发育的单棱期至二棱期间是冬小麦品种通过春化阶段对低温反应最敏感的时期，较低的温度有利于缩短单棱期的持续天数，使小穗原基提早出现。但也有研究认为，小麦二棱之前的低温不促进幼穗分化，高温也不能使发育加快，二棱期之前的发育主要是"度过"一定的时间（郝照等，1983）。由此可见，有关小麦通过春化阶段的认识还很不一致，得出不同的结论、观点与试验的生态条件（主要是温度和光照）和小麦品种类型等有密切关系。

河南省是我国小麦优势主产区，种植的小麦品种有春性、半冬性不同类型，播种期因南北地域差异和耕作制度、种植习惯的不同而有较广的范围（从 9 月底至 11 月中旬）。因采用品种不当、播种时期不合理而导致小麦幼穗发育过快、低温冻害每年均有发生，严重影响小麦产量和品质性状。为此，著者连续 20 多年以春性和半冬性两类小麦品种为试验材料（春性品种以郑引 1 号为代表，半冬性品种以百泉 41 为代表），在大田条件下系统观察研究了幼穗发育进程、穗粒形成及与主要气象条件的关系。不同年际间所涉及的品种还包括郑州 761、兰考 86 - 79、豫麦 25、豫麦 49 及江苏的徐州 21、河北的冀麦 5418、山东的蚰包等 16 个品种。通过对这些品种进行分期播种（9 月 26 日、10 月 1 日、10 月 8 日、10 月 16 日和 10 月 24 日），使其幼穗分化各阶段处在不同的光、温、水（降雨）等生态条件下，以研究幼穗发育进程与气象条件的关系。

第一节　小麦营养生长与气象条件的关系

小麦从播种到穗原基开始分化为小麦幼苗营养生长阶段，这一时期历时天数受温度影响极为显著，无论是春性或半冬性小麦品种，均在日均温 16~16.9℃范围内进入幼穗分化期最早，温度降低则显著延长幼苗期时间。相关分析表明，该阶段的历时天数与日均温呈极显著的负相关关系，与日照长短的负相关则不明显。表明温度条件是影响幼苗从营养生长向生殖生长转化的主导因素，且不同类型的品种间存在着明显的差异。

一、营养生长历时天数与温度条件的关系

（一）与日均温的关系

从播种至幼穗开始分化期间的温度条件决定幼穗开始分化的早晚。表 3 - 1 是不同品种在不同年际和不同播种时间下营养生长阶段日均温与历时天数的变化。从表中可以看出，春性品种郑引 1 号在日均温 17.5～18.5℃之间（平均为 18℃）时历时 24.2d，当日均温下降至 16.0～16.9℃（平均 16.6℃）时历时 21.5d，日均温下降到 15.0～15.9℃（平均 15.3℃）时历时 24.5d，日均温降到 7.4℃时历时 45.3d。由此说明，在日均温 18.5～16.9℃范围内，日均温下降有促进幼穗发育的作用，而 16.9℃以下的温度条件，随日均温下降幼苗营养生长期延长（图 3-2），这是由于温度降低影响了幼苗生长的缘故。进一步对日均温与历时天数进行了相关分析，表明二者存在着显著的负相关关系（$r=-0.927^{**}$，$n=13$）。半冬性品种百泉 41 在日均温 17.5～18.5℃时（平均为 17.7℃，下同），幼苗开始幼穗分化需历时 29.3d；当日均温下降至 17.0～17.4℃（平均 17.1℃）时历时 30.0d；下降到 15.0～15.9℃（15.5℃）范围内，历时 30.2d；下降到 13.0～13.9℃（13.5℃），历时 31.6d 进入穗分化期。即在 13.0～18.5℃的温度范围内历时天数差异不大，未表现出随温度升高而明显加快趋势；但在日均温低于 13.5℃时，进入幼穗分化的时间明显延长（图 3-1），二者呈显著的线性关系（$r=-0.963^{**}$，$n=14$）。同样地，其他品种亦表现出一致的趋势，即该阶段历时天数与日均温呈极显著的负相关关系。其中，徐州 21、兰考 86 - 79、郑州 761 和温 2540 的相关系数分别为 -0.878^{**}，-0.882^{**}，-0.895^{**} 和 -0.934^{**}。

表 3 - 1　播种至穗原基分化日均温与历时天数的关系

日均温（℃）	百泉 41（半冬性）		郑引 1 号（春性）		徐州 21（春性）		兰考 86 - 79（半冬性）		郑州 761（半冬性）		温 2540（半冬性）	
	日均温（℃）	历时天数（d）	日均温（℃）	历时天数（d）	日均温（℃）	历时天数（d）	日均温（℃）	历时天数（d）	日均温（℃）	历时天数（d）	日均温（℃）	历时天数（d）
17.5～18.5	17.7	29.3	18.0	24.2	18.1	28.0	—	—	—	—	17.5	29.0
17.0～17.4	17.1	30.0	17.2	22.4	17.5	24.0	17.3	31.0	—	—	17.3	30.5
16.0～16.9	16.5	29.0	16.6	21.5	16.6	25.0	16.9	30.0	16.1	35.0	16.5	27.0
15.0～15.9	15.5	30.2	15.3	24.5	15.4	25.0	15.5	29.0	15.3	32.0	15.8	30.0
14.0～14.9	14.5	31.2	14.6	25.1	14.9	27.0	14.6	31.0	—	—	14.5	32.5
13.0～13.9	13.5	31.6	13.5	26.1	13.5	32.0	13.5	32.0	13.4	35.5	13.7	37.0
12.0～12.9	12.6	32.1	12.4	29.7	12.8	28.3	12.5	33.0	12.4	41.0	12.1	34.0
11.0～11.9	11.3	35.8	11.5	30.6	11.3	32.0	11.5	34.5	11.3	40.0	—	—
10.0～10.9	10.3	38.5	10.4	36.1	10.5	32.0	10.5	44.0	10.5	49.0	10.9	45.0
9.0～9.9	9.4	45.0	9.4	38.0	—	—	—	—	9.9	43.0	9.6	43.5
8.0～8.9	8.3	47.1	8.6	40.0	—	—	—	—	8.4	44.0	—	—
7.0～7.9	7.6	50.3	7.4	45.3	7.7	46.0	7.5	45.0	7.4	51.0	—	—
6.0～6.9	—	—	6.6	49.0	—	—	—	—	—	—	6.8	47.0
5.0～5.9	5.5	62.0	5.6	53.0	—	—	—	—	—	—	—	—

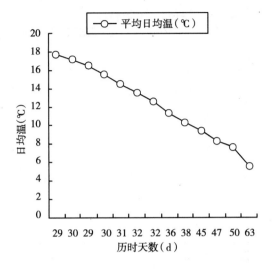

图 3-1 半冬性品种百泉 41 播种至穗原基分化的
历时天数（d）与日均温（℃）关系

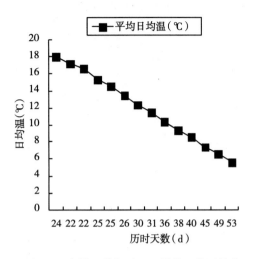

图 3-2 春性品种郑引 1 号播种至穗原基分
化的历时天数（d）与日均温（℃）关系

表 3-2　郑引 1 号部分年份播种至穗原基分化历时天数、日均温、积温和降雨量的变化（播期平均）

年份	历时天数（d）		日均温（℃）		积温（℃）		降雨量（mm）	
	平均	CV(%)	平均	CV(%)	平均	CV(%)	平均	CV(%)
1981	32.6	35.8	11.2	33.1	334.2	10.4	25.4	49.5
1986	29.8	33.4	12.7	28.9	350.2	8.0	45.8	49.5
1988	24.4	9.9	15.1	14.1	374.1	8.8	27.9	62.1
1989	28.2	30.4	14.7	21.4	391.9	6.4	15.1	87.1
1990	22.3	5.2	17.6	4.5	360.0	16.8	6.8	86.6
1993	28.4	34.6	14.0	31.5	365.1	13.1	47.8	35.1
1994	28.5	24.1	15.0	23.3	410.6	6.6	62.1	35.4
1995	25.6	15.5	15.7	15.5	394.1	8.7	45.8	77.4
年度间平均及 CV(%)	27.5	28.0	14.5	23.7	372.5	10.8	34.6	70.3

注：同一年内历时天数、日均温等的变异系数反映了播期间的差异，最后一行变异为年际间差异，下同。

表 3-2 和表 3-3 分别是郑引 1 号和百泉 41 在一些典型年份幼苗期历时天数与日均温、积温的对应关系。从中可以看出，不同年份间幼苗营养生长期历时天数有明显差异，两品种的变异系数分别为 28.0% 和 27.0%，而日均温度的变异分别为 23.7% 和 26.2%。可见，不同年份历时天数的差异主要是温度条件造成的，在同一年份，幼苗期历时天数和日均温因播种时间的不同而存在有较大的变异（表 3-2、表 3-3）。如郑引 1 号品种在 1981、1986 和 1993 年度历时天数的变异系数分别为 35.8%、33.4% 和 34.6%；日平均温度变异系数分别为 33.1%、28.9% 和 31.5%。同一年度的这些变异主要是由于播种时间不同造成的。另外，日均温变异大的年份，历时天数差异也较大，进一步反映了历时天数与日均温存在着密切关系。

表3-3 百泉41不同播期下播种至穗原基分化历时天数、日均温、积温和降雨量的变化

年份	历时天数（d）		日均温（℃）		积温（℃）		降雨量（mm）	
	平均	CV(%)	平均	CV(%)	平均	CV(%)	平均	CV(%)
1981	44.2	25.5	10.0	34.9	412.6	18.6	26.7	47.7
1986	35.4	18.6	12.0	25.7	407.3	16.0	53.6	41.2
1988	31.2	6.2	14.5	16.6	448.4	13.3	31.3	63.6
1989	33.6	22.7	14.1	23.1	452.7	9.5	21.0	65.5
1990	27.0	15.7	17.7	5.2	474.8	10.5	10.2	46.5
1993	40.0	37.9	12.7	39.3	448.4	14.9	51.8	37.7
1994	31.3	14.6	14.6	21.2	447.2	9.3	62.1	35.4
1995	27.8	9.3	15.3	14.1	425.1	15.6	48.4	79.4
年度间平均及 CV(%)	33.8	27.0	13.9	26.2	439.6	13.4	38.1	63.9

以上分析表明，在大田条件下，无论是春性或半冬性小麦品种，均在日均温 16～16.9℃范围内进入幼穗分化期最快，高于此温度范围或随着温度降低幼苗营养生长期延长。由此可见，温度条件是影响幼苗从营养生长向生殖生长转化的主导因素。

（二）与日最低温度的关系

日最低温度是影响小麦进入幼穗分化期的重要因素。著者分析了不同年份或试验播期范围内（9月26日至10月24日）日最低气温变化与历时天数的关系（表3-4），从中可以看出，郑引1号在日最低温度11.4℃时进入幼穗分化期最快，历时22d；超过12℃时不随温度升高而加快，低于11℃后则随温度降低幼苗期延长。百泉41同样以日最低温度11.4℃时进入幼穗分化期最快，历时28d；温度升高则推迟进入幼穗分化期的时间，当温度低于11℃则随温度降低历时天数增加。两品种日最低温度与幼苗营养生长期的历时天数间均存在显著的负相关关系（相关系数分别为−0.946** 和−0.951**）。以上结果表明，无论是春性品种或半冬性品种，日最低温度在11～11.9℃内有利于小麦通过春化阶段，但半冬性品种历时天数多、要求低温的时间较长。

表3-4 播种至穗原基分化历时天数与日最低温度的对应关系

温度范围（℃）	百泉41（半冬性）		郑引1号（春性）	
	平均日最低温（℃）	历时天数（d）	平均日最低温（℃）	历时天数（d）
13.0～13.9	—	—	13.2	23.0
12.0～12.9	12.6	29.2	12.6	23.0
11.0～11.9	11.4	28.0	11.4	22.0
10.0～10.9	10.3	30.7	10.4	24.0
9.0～9.9	9.3	32.0	9.5	26.3
8.0～8.9	—	—	8.2	29.8
7.0～7.9	7.6	37.5	7.4	30.7
6.0～6.9	6.3	37.0	6.4	31.0
5.0～5.9	5.5	37.7	5.5	35.3
历时天数与日最低温度相关系数	$r_1 = -0.946^{**}$		$r_2 = -0.951^{**}$	

（三）与日最高温度的关系

小麦幼穗分化开始的早晚，与日最高温度亦有密切的关系。当日最高温度超过 22℃ 时，历时天数未表现出随温度升高而减少。郑引 1 号以 21.6℃ 时幼穗分化开始最早，幼苗营养生长期为 21.4d，此后随温度的下降，营养生长期的时间延长，即随温度下降进入幼穗分化期推迟（表 3-5）。百泉 41 日最高温度与历时天数的负相关系数不显著，而郑引 1 号的负相关系数达到 5% 显著水平。在不同日均温情况下，日最高温度对幼穗分化开始早晚的影响不同：当日均温在 16℃ 以上时，最低温度又超过 11℃，日最高温度升高对幼穗分化的促进效应不明显；当日均温低于 16℃ 时，日最高温度升高则明显加快了幼苗进入幼穗分化期的进程。

表 3-5 播种至穗原基分化历时天数与日最高温度的关系

温度范围（℃）	百泉 41（半冬性）		郑引 1 号（春性）	
	平均日最高温（℃）	历时天数（d）	平均日最高温（℃）	历时天数（d）
24.0~24.9	—	—	24.0	23.7
23.0~23.9	23.4	28.6	23.5	22.3
22.0~22.9	22.4	29.8	22.5	23.8
21.0~21.9	21.4	28.0	21.6	21.4
20.0~20.9	20.6	32.0	20.4	27.0
19.0~19.9	19.3	31.3	19.5	31.0
18.0~18.9	18.4	32.3	18.4	31.3
历时天数与日最低温度相关系数	$r_1=-0.782$		$r_1=-0.857^*$	

著者还注意到在日均温相近的年份，日最高温度与最低温度的差值较大时，进入幼穗分化期较快。以郑引 1 号为例，1988 年和 1993 年日均温相近，分别为 15.5℃ 和 15.6℃，日最低温度分别为 10.7℃ 和 10.2℃，日最高温度分别为 20.4℃ 和 21.4℃，两年进入幼穗分化期的时间分别为 26d 和 21d，即 1988 年比 1993 年晚 5d。这主要是由于 1993 年每日温差大于 1988 年（两年分别为 11.2℃ 和 9.7℃）的缘故。表明日最低温度在小麦植株由营养生长进入生殖生长中起着重要作用，而日最高温度促进了小麦的生长。

（四）与积温的关系

积温的多少影响该时段的历时天数。不同播期由于出苗后遇到的温度条件差异，致使小麦从播种到幼穗开始分化所需积温也不同，在试验的播期范围内变幅在 350~530℃ 之间（0℃ 以上的积温，下同）。其中，半冬性品种百泉 41 所需积温在 380~530℃ 之间，春性品种郑引 1 号该阶段积温为 350~420℃（以播种时高温年份或早播的积温为上限，播种时低温年份或晚播时为下限）。日均温决定 0℃ 以上积温进而影响幼苗发育，如在日均温 16.7~17.3℃ 之间时，郑引 1 号和百泉 41 积温分别为 412.2℃ 和 490.9℃，相差 78.7℃；表明该温度条件有利于春性品种的发育，缩短了其幼苗营养生长的天数。当日均温下降到 8.9~9.3℃ 时，两品种从播种到幼穗开始分化所需积温分别为 354.2℃ 和 371.2℃，积温差仅 17.0℃。表明低温在一定程度上促进了半冬性品种的发育，使其较快地通过春化阶段，而该温度却明显抑制了春性品种的生长，使两类品种从播种到幼穗开始分化的历时天数接近（表3-6）。

对其他品种观察表明，郑州761的冬性略强于百泉41，该阶段所需积温变幅在330～560℃之间；徐州21的春性比郑引1号略强，其积温变幅在330～500℃之间。

表3-6 不同播期处理下播种至穗原基分化历时天数与温度条件的关系（1978—1998）

| 播种时间 (月/日) | 百泉41（半冬性） | | | | 郑引1号（春性） | | | |
	日均温 (℃)	积温 (℃)	温度范围 (℃)	历时天数 (d)	日均温 (℃)	积温 (℃)	温度范围 (℃)	历时天数 (d)
09/26	16.7 aA	490.9	22.6～11.2	29.6 cB	17.3 aA	412.2	22.6～11.7	23.9 cBC
10/01	15.8 aA	470.8	21.5～10.2	30.4 bcB	16.6 aA	365.4	21.5～11.3	21.9 cC
10/08	14.0 bB	438.9	20.3～8.5	31.7 bcB	15.0 bB	363.2	20.4～9.7	25.3 bcBC
10/16	11.1 cC	391.1	17.5～3.4	36.7 bB	12.3 cC	360.9	17.1～5.9	29.5 bB
10/24	8.9 dD	371.2	16.7～−1.2	45.4 aA	9.3dD	354.2	16.7～0.6	40.1 aA

二、营养生长历时天数与光照条件的关系

为了探讨小麦播种至幼穗分化开始历时天数与日照的关系，分析了不同年份该阶段的总日照时数、日照天数以及8h和6h以上日照天数所占比例。结果表明在河南条件下，尽管播种时间不同，幼苗营养生长期的平均日照时数均在5.1～5.2h之间；有日照的天数占历时天数的75%左右，其中，6h以上的日照天数占历时的50%～60%，8h以上的日照天数占历时的35%～40%。虽然不同年际间日照时数存在差异，但对幼苗营养生长期的影响不明显。

（一）与日照时数的关系

不同年际间幼苗营养生长期平均日照时数变异较大（表3-7）。如9月26日播种的郑引1号，1986和1988年平均日照时数分别为6.5h和4.3h，历时天数1986年为24d，1988年为23d，相差仅1d。1993和1994年平均日照时数分别为6.1h和4.5h，但幼苗营养生长期历时均为24d。10月1日播种的，1989年平均日照为6.4h，1988年仅为3.2h，相差3.2h，但两年历时天数均为21d。10月8日播种的，1986年幼苗营养生长期历时28.0d，1987年27.0d，但两年日照时数分别为6.9h和4.5h，相差2.4h。由此可见，营养生长期历时天数并不因日照时数的增减而明显变化。但在播种晚、温度低的情况下有随日照时数增加而缩短的趋势。如10月24日播种的，在日均温相同的1988年和1995年（均为12.2℃），平均日照时数分别为8.1h和7.3h（相差0.8h），幼苗营养生长期历时分别为27d和31d，相差4d，这可能是日照影响的结果。

表3-7 不同年份播种至穗原基分化历时天数与日照的变化（品种：郑引1号）

| 年份 | 历时天数 (d) | | 日照时数 (h) | | 总日照时数 (h) | | 有日照天数 (d) | | 有日照天数比 (%) | | 8h以上日照比例 (%) | | 6h以上日照比例 (%) | |
	均值	CV(%)	均值	CV(%)	均值	CV(%)	均值	CV(%)	均值	CV(%)	均值	CV(%)	均值	CV(%)
1981	32.6	35.8	4.8	18.3	161.1	48.8	22.4	49.5	66.1	15.5	35.1	19.6	49.5	28.2
1986	29.8	33.4	6.2	10.7	181.2	22.7	23.0	33.3	77.1	3.9	53.4	24.3	63.7	12.9

（续）

年份	历时天数 (d)		日照时数 (h)		总日照时数 (h)		有日照天数 (d)		有日照天数比 (%)		8h以上日照比例（%）		6h以上日照比例（%）	
	均值	CV(%)	均值	CV(%)	均值	CV(%)	均值	CV(%)	均值	CV(%)	均值	CV(%)	均值	CV(%)
1988	24.4	9.9	5.3	35.7	131.8	44.1	19.2	22.8	77.3	13.1	43.0	49.6	48.3	54.8
1989	28.2	30.4	5.6	15.2	153.8	23.8	22.0	25.7	79.2	10.6	38.7	24.9	55.5	15.0
1990	22.3	5.2	5.3	1.1	117.8	6.9	16.7	9.2	74.5	4.7	35.7	8.4	55.2	4.7
1993	28.4	34.6	5.5	15.8	148.7	15.9	20.4	23.7	73.8	10.0	46.6	34.2	58.8	19.8
1994	28.5	24.1	4.7	7.5	133.5	24.7	19.5	26.0	68.2	4.6	25.2	43.7	55.1	4.9
1995	25.6	15.5	5.4	24.2	140.0	39.5	19.8	29.8	76.1	14.2	31.4	39.6	58.0	32.1
平均*	27.7	28.0	5.4	19.6	147.9	31.9	20.6	29.9	74.2	11.4	39.2	37.2	55.5	25.0

* 同一年度内各均值后面的变异系数是播期不同造成的。

表3-8 播种至穗原基分化历时天数与平均日照时数、总日照、有日照天数等的相关性分析（1978—1998）

品种	播种时间（月/日）	日均温	积温	平均日照时数	总日照时数	有日照天数	有日照占比例	8h以上天数	6h以上天数	降雨	样本数
郑引1号	综合	−0.912**	−0.220	−0.057	0.804**	0.917**	−0.025	−0.209	0.033	−0.005	38
	09/26	−0.410	0.088	−0.321	−0.171	−0.497	−0.685	−0.174	−0.097	0.645	8
	10/01	−0.608	0.269	−0.546	−0.303	−0.238	−0.674	−0.497	−0.416	0.007	8
	10/08	−0.845**	0.492	0.107	0.725*	0.888**	−0.246	0.119	0.030	0.427	7
	10/16	−0.560	0.111	−0.611	0.102	0.308	−0.545	−0.524	−0.451	0.690	7
	10/24	−0.953**	−0.315	−0.711	0.441	0.807*	−0.645	−0.730	−0.736	0.495	7
百泉41	综合	−0.878**	−0.444**	−0.232	0.802**	0.919**	−0.243	−0.346*	−0.150	0.004	39
	09/26	−0.823**	0.671*	−0.208	0.499	0.720*	−0.442	0.154	−0.251	0.350	9
	10/01	−0.922**	0.293	−0.106	0.540	0.654	−0.535	0.138	−0.105	−0.410	9
	10/08	−0.667	0.189	−0.254	0.423	0.665	−0.587	−0.292	−0.578	−0.404	8
	10/16	−0.918**	0.528	−0.578	0.893*	0.972**	−0.664	−0.398	−0.578	0.540	6
	10/24	−0.983**	−0.675	−0.578	0.686	0.889**	−0.542	−0.668	−0.602	0.777*	7

为了进一步了解日照与幼苗营养生长期的关系，著者按播期分析了历时天数与平均日照时数、总日照时数、有日照天数的相关性（表3-8）。从表中可以看出，各播期下幼苗营养生长期平均日照时数与历时天数间均呈不显著的负相关，其相关系数随播期的推迟呈逐渐增大趋势，表明在晚播低温条件下长日照有利于幼苗通过营养生长阶段。从总日照时数与历时天数关系看，二者呈显著的正相关，即历时愈长总日照时数愈多。从不同播期处理看，郑引1号在9月26日和10月1日播种的，历时天数与总日照时数间呈不显著的负相关，10月8日以后播种的均表现出正相关，其中10月8日的正相关系数达显著水平（$P<0.05$）；百泉41二者均表现为正相关，尤其10月16日播期达显著水平（$P<0.05$）。

（二）与日照天数的关系

进一步分析了小麦幼苗营养生长期日照天数及其占总历时天数的比例，表明不同年份间存在明显的差异。如郑引1号在9月26日播种的，幼苗营养生长期有日照天数最多为19d（1989），最少为13d（1981）；10月16日播种的1994年有日照天数为26d，1988年仅20d。百泉41在9月26日播种的有日照天数最多为26d（1986），最少为18d（1990）；10月16日播种的最多为33d（1981），最少为18d（1995）。相关分析表明，随播期推迟，有日照的天数与历时天数之间的正相关逐渐明显，其中郑引1号10月8日和10月24日分别达到了显著或极显著水平，百泉41在10月16日和10月24日均达到了极显著水平（$P<0.01$）。与此不同，当有日照天数占总天数比例增大时，幼苗营养生长期历时天数呈缩短的趋势，特别在日照天数所占比例小于70%时表现较为明显。例如，郑引1号在日照天数相同的1990和1995年（均为15d），日照天数的比例分别为71.4%和65.2%，幼苗期历时天数分别为21d和23d。百泉41，10月8日播种的，1994和1989年有日照天数分别为22d和24d，日照天数比例分别为73.3%和66.7%，其历时天数分别为30d和36d。这就是说，在日均温相近的情况下，日照天数比例增大有促进幼苗发育的作用。相关分析表明，日照天数比例与历时天数间呈负相关关系，这在品种和播期间表现一致，但相关系数均未达显著水平。从不同播期处理对日照天数、日照天数占历时天数比例的影响来看，随播期推迟，二者均呈增加的趋势。郑引1号10月16日播种的日照天数比9月26日和10月1日增加且达1%显著水平，10月24日又比10月16日增加达1%显著水平；但日照天数所占比例在不同播期间差异均不显著（表3-9）。百泉41播期间的趋势与郑引1号一致（表3-10）。

表3-9　郑引1号各年份不同播期播种至穗原基分化历时天数与光照条件的关系

播种时间（月/日）	历时天数(d)		日照时数(h)		总日照时数(h)		日照天数(d)		日照天数占历时天数比例（%）		8h以上日照天数(d)		6h以上日照天数(d)	
	平均	CV(%)	平均	CV(%)	平均	CV(%)	平均	CV(%)	平均	CV(%)	平均	CV(%)	平均	CV(%)
09/26	23.9 cBC	3.5	5.1 aA	19.7	121.9 cdC	19.2	17.3 cC	11.5	72.5 aA	13.2	37.3 aA	40.7	50.8 aA	28.7
10/01	21.9 cC	7.5	5.1 aA	25.4	109.7dC	21.7	15.6 cC	10.2	71.9 aA	13.9	36.6 aA	47.3	51.9 aA	30.0
10/08	25.3bcBC	14.0	5.5 aA	13.5	138.9bcBC	20.6	18.9bcBC	14.3	74.6 aA	6.9	43.4 aA	28.7	56.9 aA	18.6
10/16	29.5 bB	8.8	5.5 aA	11.9	160.1 bB	9.5	21.8 bB	6.1	74.3 aA	7.0	40.7 aA	24.6	56.2 aA	14.1
10/24	40.1 aA	22.3	5.7 aA	25.5	220.8 aA	17.9	31.0 aA	17.7	78.2 aA	14.3	38.2 aA	48.9	63.1 aA	28.8
平均	28.1	11.2	5.4	19.2	150.3	17.8	20.9	12.0	74.3	11.1	39.2	38.0	55.8	24.0

注：同一播期内的变异系数为年际间的差异引起，下同。

表3-10　百泉41各年份不同播期播种至穗原基分化历时天数与光照条件的关系

播种时间（月/日）	历时天数(d)		日照时数(h)		总日照时数(h)		日照天数(d)		日照天数占历时天数比例（%）		8h以上日照天数(d)		6h以上日照天数(d)	
	平均	CV(%)	平均	CV(%)	平均	CV(%)	平均	CV(%)	平均	CV(%)	平均	CV(%)	平均	CV(%)
09/26	29.6 cB	13.5	5.4 aA	16.6	158.4 cB	19.7	22.1 cB	12.7	75.1 aA	9.2	39.4 aA	33.9	54.0 aA	23.4
10/01	30.4 bcB	14.1	5.5 aA	18.5	166.6 bcB	21.3	23.1 cB	11.2	76.7 aA	10.2	41.3 aA	33.3	56.6 aA	24.7
10/08	31.7 bcB	10.6	5.7 aA	12.8	179.8 bcB	13.8	24.1 bcB	8.8	76.4 aA	7.7	44.9 aA	28.7	60.0 aA	17.3
10/16	36.7 bB	24.3	5.4 aA	11.7	194.7 bB	19.1	27.5 bB	20.1	75.7 aA	6.6	37.7 aA	30.3	55.7 aA	11.4
10/24	45.4 aA	29.4	5.8 aA	24.9	252.5 aA	23.2	36.9 aA	23.2	80.1 aA	13.8	36.7 aA	49.4	64.6 aA	27.3
平均	34.8	18.4	5.5	16.9	190.4	19.4	26.8	15.2	76.8	9.5	40.0	35.1	58.2	20.8

著者进一步统计了有日照天数中日照时间分别超过8h和6h的天数，以明确日照长短对幼苗期的影响。结果表明，日照8h以上的天数占幼苗历时的比例，年际间也有很大的差异。如郑引1号10月1日播种的，8h以上的日照天数占历时天数最多的为65.0%（1986），最少的为17.4%（1995）；10月24日播种的日照8h以上的天数，1988年占74.1%，最少的1993年只有20.5%。百泉41品种，10月1日播种幼苗期日照8h以上的天数最多为61.3%（1986），最少的为22.2%（1995），10月24日播种的最多为70.6%

（1988），最少的只有 18.8％（1993）。从对历时天数的影响看，当该阶段 8h 以上日照天数的比例较低情况下，增加日照天数比例有明显促进幼穗发育、缩短幼苗营养生长期历时天数的作用。例如，1994 和 1995 年，10 月 1 日播种的每天 8h 以上日照天数分别占 21.7％和 17.4％，历时天数均为 23d，而 1989 和 1993 年，8h 以上的日照天数分别占 47.6％和 52.4％，历时天数均降为 21d。相关分析表明，8h 和 6h 日照天数的比例与该阶段历时天数间存在负相关关系，且相关系数随播期推迟逐渐增大，但多未达到显著水平。只有百泉 41 在将所有播期资料进行综合分析时，其负相关达到显著水平（r＝－0.346），表明增加 8h 以上日照的比例有缩短幼苗期进程的作用。

不同播期对 8h 和 6h 以上日照天数的比例有一定的影响，但差异均未达到显著水平（表 3-9、表 3-10）。

从以上可以看出，小麦幼苗营养生长期历时长短与该阶段的有日照天数和日照长短有关，尽管相关分析多数不显著，但日照的增加促进了幼苗的生长发育。也就是说在河南生态条件下，日照还不能完全满足小麦幼苗期生长发育的需求。

三、营养生长历时天数与降雨的关系

小麦幼苗营养生长期，不同年际和不同播期处理间的降雨量变化较大。由于试验条件均为足墒下种，所以表现出降雨量对幼苗营养生长的进程影响不明显，但降雨过多时有延长营养生长期天数的趋势。如 9 月 26 日播种的郑引 1 号，1994 和 1995 年降雨量分别为 73.1mm 和 74.9mm，其幼苗期分别为 24d 和 25d，多于其他年份；同样地，1993 年 10 月 24 日播种的降雨量为 73.1mm，历时为 44d。百泉 41 品种也有类似的效应，这可能与降雨导致温度降低及日照时数减少有关。方差分析结果表明，各播期处理间降雨量的差异未达到显著水平（表 3-11）。

表 3-11 不同年份不同播期播种至穗原基分化历时天数与日均温、积温及降雨量的关系

品种	播种时间（月/日）	历时天数（d）		日均温（℃）		积温（℃）		降雨量（mm）	
		平均	CV(%)	平均	CV(%)	平均	CV(%)	平均	CV(%)
郑引1号	09/26	23.9 cBC	3.5	17.3 aA	6.8	412.2 aA	6.4	39.2 aA	63.8
	10/01	21.9 cC	7.5	16.6 aA	6.9	365.4 bB	7.6	38.9 aA	82.6
	10/08	25.3 bcBC	14.0	15.0 bB	12.5	363.2 bB	10.8	36.5 aA	68.3
	10/16	29.5 bB	8.8	12.3 cC	13.9	360.9 bB	11.8	36.5 aA	46.8
	10/24	40.1 aA	22.3	9.3 dD	27.7	354.2 bB	12.6	24.6 aA	102.2
	平均	28.1	11.2	14.1	13.6	371.2	9.8	35.1	72.7
百泉41	09/26	29.6 cB	13.5	16.7 aA	8.6	490.9 aA	7.9	46.1 aA	64.9
	10/01	30.4 bcB	14.1	15.8 aA	11.2	470.8 abA	5.1	40.5 aA	79.2
	10/08	31.7 bcB	10.6	14.0 bB	12.1	438.9 bAB	10.9	46.0 aA	32.9
	10/16	36.7 bB	24.3	11.1 cC	20.8	391.1 cBC	11.5	39.6 aA	54.3
	10/24	45.4 aA	29.4	8.9 dD	31.4	371.2 cC	8.1	25.9 aA	93.9
	平均	34.8	18.4	13.3	16.8	432.6	8.7	39.6 aA	65.0

四、播期处理间幼苗营养生长期与气象条件的关系

播种时间不同，幼苗营养生长阶段遇到的气象条件也不相同，致使小麦从播种到开始

幼穗分化所经历的天数有明显差异。从表 3-11 可以看出，郑引 1 号 9 月 26 日播种的（播种日均温为 19.8℃，播种当天及播前 2d、播后 2d 共 5d 历年平均值，下同），平均 23.9d 进入幼穗分化期，其间日均温度为 17.3℃；10 月 1 日播种的（播种时日均温 19.0℃）郑引 1 号，在播后 21.9d 进入幼穗分化期，其间日均温为 16.6℃，比 9 月 26 日播种的低 0.7℃，进入幼穗分化期快 2.0d；10 月 8 日播种（日均温 18.2℃），播后 25.3d 进入幼穗分化期，此阶段日均温为 15.0℃，比 10 月 1 日播种的低 1.6℃，进入幼穗分化期慢 3.4d，此后随着播期的推迟历时天数明显增加。这表明春性品种郑引 1 号 10 月 1 日以前播种的，由于气温偏高、低温不足，致使幼苗营养生长时间稍有延长；10 月 8 日以后播种的，温度降低又影响了幼苗生长发育，即表现出随播期增加，营养生长时间明显延长。半冬性品种百泉 41 于 10 月 1 日播种的进入幼穗分化期需 30.4d，日均温 15.8℃，比 9 月 26 日播种的晚 0.8d，生长期的温度低 0.9℃，此后随着温度的降低历时天数明显增加。如 10 月 24 日播种的（播种时日均温 14.2℃）幼苗生长期的平均温度下降至 8.9℃，历时 45.4d。上述分析表明，随播期推迟，幼苗营养生长期温度降低，历时天数增加。在相同条件下，百泉 41 除了历时天数增加外，其幼苗期对温度范围的要求不同。10 月 1 日播种的，郑引 1 号和百泉 41 幼苗期遇到的最高日均温都是 21.5℃，而低温天气郑引 1 号遇到的为 11.3℃，百泉 41 为 10.2℃。也就是说，郑引 1 号播种后在日均温 21.5～11.3℃时历时 22.0d；百泉 41 则在 21.5～10.2℃的温度范围内历时 30.2d，为其最快进入幼穗分化期的温度条件。其他品种对温度的反应也各不相同，温 2540 与百泉 41 相近，郑州 761 和兰考 86-79 对低温反应强于百泉 41，而徐州 21 与郑引 1 号相近。

对两品种不同播期处理间幼苗营养生长历时天数及日均温等进行方差分析（表 3-11），结果表明，郑引 1 号 9 月 26 日、10 月 1 日和 10 月 8 日处理间历时天数差异不显著；10 月 16 日播种的其历时天数比 9 月 26 日播种的显著增加（$P<0.05$）；推迟至 10 月 24 日播种的，其历时天数与其他播期间的差异均达极显著水平（$P<0.01$）。百泉 41 表现出相似的趋势：即 10 月 16 日播种的历时天数比 9 月 26 日增加达 5% 显著水平，10 月 24 日增加达 1% 极显著水平。播期间日均温、积温的差异呈现出与历时天数相反趋势，而降雨量在不同播期间的差异不明显。

日均温随播期推迟逐渐下降，9 月 26 日与 10 月 1 日差异不显著，但 10 月 8 日及以后播种的下降达 1% 显著水平。从积温看，随播期推迟亦呈逐渐下降趋势，其中郑引 1 号在 10 月 1 日、10 月 8 日、10 月 16 日和 10 月 24 日各播期间差异不显著，与 9 月 26 日差异极显著；百泉 41 在 9 月 26 日与 10 月 1 日间差异不显著，但与 10 月 8 日间差异达 5% 显著水平，与 10 月 16 日和 10 月 24 日间的差异达 1% 显著水平。各播期间降雨量无显著差异。不同播期间，日最低气温（表 3-12）和日最高气温（表 3-13）亦随播期推迟而下降，两品种表现一致。

著者还注意到，晚播由于低温的影响，延长了幼苗营养生长时间，但由于满足了春化过程对低温的要求，使发育提前，主茎叶片数减少。如春性品种 9 月 26 日播种的主茎叶片数为 12 片，而 10 月 24 日播种的只有 11 片叶；半冬性品种 9 月 26 日播种的主茎叶数 13～14 片，而 10 月 24 日播种的只有 11 片，相差 2～3 片。由此可见，高温条件加快了营养生长，而低温促进了发育。

表 3 - 12 不同播种时间日最低温度与历时天数

播种时间 （月/日）	百泉 41（半冬性）			郑引 1 号（春性）		
	日最低温（℃）	积温（℃）	历时天数（d）	日最低温（℃）	积温（℃）	历时天数（d）
09/26	11.9	347.0	29.6	12.5	299.2	23.9
10/01	11.4	323.4	30.4	11.9	248.4	21.9
10/08	9.3	288.2	31.7	10.1	247.8	25.3
10/16	6.8	221.8	36.7	7.8	224.4	29.5
10/24	4.0	152.1	45.4	4.5	162.1	40.1

表 3 - 13 不同播种时间日最高温度与历时天数

播种时间 （月/日）	百泉 41（半冬性）			郑引 1 号（春性）		
	日最高温（℃）	积温（℃）	历时天数（d）	日最高温（℃）	积温（℃）	历时天数（d）
09/26	23.3	653.7	29.6	23.3	559.5	23.9
10/01	22.4	643.9	30.4	22.8	493.2	21.9
10/08	21.0	644.7	31.7	21.6	521.1	25.3
10/16	18.1	614.9	36.7	19.6	566.5	29.5
10/24	15.2	644.6	45.4	15.3	590.3	40.1

第二节 小麦幼穗发育进程与气象条件的关系

一、穗原基分化期与气象条件的关系

茎生长锥进入幼穗原基分化期后，叶原基停止发生，主茎叶片数确定。在河南生态条件下，穗原基分化期历时天数较少，一般 3～5d，但其间的温度和光照等条件对该阶段历时天数仍有显著的影响。

（一）历时天数与温度的关系

1. 与日均温的关系 分析了不同年份日均温与穗原基分化期历时天数的变化情况（表 3-14、表 3-15），可以看出，温度条件是影响穗原基分化的主导因素。如春性品种郑引 1 号，在该阶段温度相对较高的 1980、1988、1989、1990 和 1995 年度，日均温分别为 11.0℃、12.2℃、12.0℃、12.3℃ 和 12.7℃，历时天数分别只有 2.7d、3.0d、2.5d、3.3d 和 3.0d；而在温度相对较低的 1981、1997 年度，日均温分别为 5.0℃ 和 6.6℃，历时分别为 5.7d 和 4.3d。半冬性品种百泉 41 表现出同样趋势，在温度相对较高的 1993 和 1997 年度，日均温分别为 10.7℃ 和 13.0℃，穗原基分化期历时天数分别只有 3.3d 和 2.7d；而在温度相对较低的 1996 和 1998 年度，日均温分别为 4.5℃ 和 7.3℃，穗原基分化期历时天数分别为 6.7d 和 5.7d。表明低温延长幼穗通过穗原基分化期的时间，而相对较高的温度可促进该阶段的通过。

两品种比较，春性品种郑引 1 号通过该阶段的天数为 2.5～6.0d，平均为 3.5d，年际间变异系数为 36.0%；日平均气温在 5.0～12.2℃ 之间，平均为 9.7℃，年际间变异系数为 43.4%。半冬性品种百泉 41 通过该阶段需 2.5～7.0d，平均为 4.2d，年际间变异系数为 48.8%；日平均温度在 4.0~13.0℃之间，平均为 8.8℃，年际间变异系数为 46.4%。由此可见，在河南生态条件下，不同类型品种通过穗原基分化期的天数及日均温的差异并不明显。

表 3-14　郑引 1 号不同年份穗原基分化期历时天数、日均温、积温、日照及降雨量的变化

| 年份 | 历时天数 (d) | | 日均温 (℃) | | 积温 (℃) | | 总日照时数 (h) | | 日照长短 (h) | | 降雨量 (mm) |
	平均	CV(%)	平均	CV(%)	平均	CV(%)	平均	CV(%)	平均	CV(%)	平均
1979	4.0	43.3	10.1	70.2	32.6	28.1	23.6	25.6	5.9	26.9	0.0
1980	2.7	21.7	11.0	6.4	29.7	26.4	17.6	74.6	6.5	15.6	2.9
1981	5.7	10.2	5.0	42.8	25.0	58.4	40.1	9.7	7.0	33.7	0.0
1984	3.5	20.2	8.7	43.3	29.0	23.7	4.6	69.9	1.3	53.5	7.8
1985	3.8	40.0	9.0	42.1	30.8	26.3	10.4	87.0	2.7	72.3	10.4
1986	3.3	15.4	9.0	26.9	28.7	21.6	13.5	52.1	4.1	42.4	0.2
1988	3.0	27.2	12.2	21.1	35.2	14.1	23.2	55.0	7.7	46.2	1.7
1989	2.5	28.3	12.0	66.0	27.2	41.9	14.1	5.0	5.6	23.4	0.0
1990	3.3	38.7	12.3	36.4	36.1	17.2	21.1	63.6	6.4	62.7	0.0
1991	3.5	16.5	9.7	25.0	33.0	14.6	24.5	8.5	7.0	10.2	0.5
1992	4.3	44.5	8.9	39.1	32.8	8.5	24.5	61.0	5.7	46.4	2.3
1993	3.5	28.6	7.4	98.1	22.9	93.4	19.3	42.4	5.5	53.2	0.6
1994	2.5	23.1	10.8	47.3	24.9	26.7	17.3	16.8	6.9	18.7	0.0
1995	3.0	27.2	12.7	23.0	36.8	19.8	20.5	20.1	6.8	23.1	0.0
1996	3.3	17.3	8.2	30.6	26.6	19.8	12.7	82.5	3.8	91.7	1.6
1997	4.3	58.1	6.6	57.6	22.6	49.8	24.0	38.1	5.6	48.8	11.2
1998	3.5	60.6	10.7	74.0	29.1	17.3	19.1	24.4	5.5	39.1	0.0
平均	3.5	36.0	9.7	43.4	29.9	30.4	19.8	52.6	5.7	46.8	2.2

表 3-15　百泉 41 不同年份穗原基分化期历时天数、日均温、积温、日照及降雨量的变化

| 年份 | 历时天数 (d) | | 日均温 (℃) | | 积温 (℃) | | 总日照时数 (h) | | 日照长短 (h) | | 降雨量 (mm) | |
	平均	CV(%)	平均	CV(%)	平均	CV(%)	平均	CV(%)	平均	CV(%)	平均	CV(%)
1979	7.3	55.1	7.2	52.3	42.4	18.9	31.7	54.4	4.4	26.2	6.6	159.1
1980	4.8	36.0	11.2	12.0	51.9	24.9	28.0	38.6	6.0	35.5	0.6	200.0
1981	4.0	66.1	3.9	45.6	13.4	49.3	28.8	52.1	7.6	12.8	0.0	—
1983	3.5	16.5	9.6	32.2	32.0	16.8	16.9	92.1	4.4	86.1	1.0	116.2
1984	4.0	0.0	7.7	44.1	30.8	43.6	20.1	13.8	5.0	13.8	3.3	141.4
1985	3.8	25.5	8.1	19.2	29.4	9.7	16.5	124.8	2.2	124.8	14.5	72.4
1986	3.5	16.5	8.0	27.0	26.9	12.0	17.4	60.5	5.4	69.8	3.0	117.0
1987	3.5	36.9	9.0	32.3	28.6	8.3	26.4	36.0	7.5	12.5	0.0	—
1988	4.0	40.8	9.4	57.4	31.4	7.7	22.6	33.4	5.8	10.1	0.0	—
1989	4.0	44.5	9.0	47.8	36.0	29.3	25.4	62.4	5.8	43.6	7.6	200.0
1990	4.0	35.0	8.7	63.2	29.3	47.8	22.1	13.7	6.1	40.5	0.1	200.0
1991	4.0	35.4	9.2	39.2	33.0	13.2	24.5	41.9	6.1	28.7	2.3	200.0
1992	5.0	58.9	8.0	70.0	27.4	19.7	23.7	81.3	4.9	75.0	2.7	200.0
1993	3.3	38.7	10.7	49.6	30.9	27.1	16.7	69.9	5.2	60.2	3.9	200.0
1994	3.3	38.7	12.7	26.1	38.1	11.4	20.4	43.7	6.2	35.1	0.0	—
1995	4.7	32.7	5.4	77.1	20.4	48.0	27.6	51.6	5.6	25.6	0.1	114.6
1996	6.7	52.7	4.5	31.5	29.6	57.8	35.2	22.7	7.3	86.3	0.3	94.4
1997	2.7	43.3	13.0	48.0	29.9	19.2	17.8	22.7	7.0	17.7	0.0	—
1998	5.7	81.5	7.3	49.9	36.4	61.0	39.8	93.3	6.6	25.5	0.2	132.3
平均	4.2	48.8	8.8	46.4	31.8	34.9	23.3	59.3	5.7	46.1	2.5	247.9

分析穗原基分化期历时天数与日均温的相关关系，表明两者存在极显著的负相关（表3-16）。将各播期资料汇总进行分析，表明春性品种郑引1号和半冬性品种百泉41该期历时天数与日均温的相关系数分别为-0.708**和-0.638**，即日均温下降，历时天数增加。不同播期下，尽管这种负相关关系一直存在，但r值大小及其显著性存在有差异，其中，郑引1号在10月8日和10月24日两播期下，历时天数与日均温的负相关系数分别达显著或极显著水平，而在10月1日和10月16日两播期的相关系数均不显著。这可能与不同播期下穗原基分化所处的气候条件变化较大有关。

表3-16 穗原基分化期历时天数与气象因子的相关关系

品　种	播种时间（月/日）	日均温	积温	总日照	日照长短	降雨量	样本数（n）
郑引1号	播期汇总	-0.708**	-0.115	0.599**	-0.082	-0.032	71
	10/01	-0.483	0.691**	0.477	0.132	0.106	15
	10/08	-0.559*	0.292	0.731**	0.088	-0.012	17
	10/16	-0.335	0.314	0.412	-0.082	0.122	19
	10/24	-0.681**	-0.001	0.608**	-0.081	0.282	20
百泉41	播期汇总	-0.638**	0.188	0.683**	-0.160	0.027	76
	10/01	-0.327	0.596*	0.607*	-0.017	-0.029	16
	10/08	-0.392	0.178	0.364	-0.098	-0.060	19
	10/16	-0.672**	0.170	0.690**	-0.041	-0.221	21
	10/24	-0.416	0.446*	0.682**	-0.084	0.189	20

2. 历时天数与积温的关系　受日均温的影响，积温与穗原基分化期历时天数之间亦存在一定的相关关系，但这种关系比较复杂。因为，较低的日均温度一方面使0℃以上积温减少，但另一方面使该期的历时天数增加，这在一定程度上又抵消了低温对积温的负面作用（表3-14、表3-15）。将所有播期的试验资料进行综合分析，发现两品种历时天数与积温的相关性均不明显。分播期进行分析时，只有早播情况下（10月1日）的历时天数与积温呈显著正相关（郑引1号相关系数为0.691**，百泉41为0.596*），即随历时天数增加积温增加；但在随后的播期试验中这种相关性并不明显（10月16日播种的百泉41除外），两品种表现趋于一致。

（二）历时天数与光照的关系

分析了不同年份、不同品种穗原基分化期的日照长短、总日照时数的变化（表3-14、表3-15）。可以看出，此期每天日照时数，郑引1号在1.3～7.7h之间，平均为5.7h，变异系数为46.8%；百泉41在2.2～7.6h之间，平均为5.7h，变异系数为46.1%。表明两品种该阶段的日照长短无明显差异。从总日照时数看，郑引1号在10.4～40.1h之间，变异系数为52.6%；百泉41在16.5～39.8h之间，年度间变异系数为59.3%。不同年际间日照时数的差异决定于历时天数的变化。如百泉41在1998和1999年度，平均日均温分别为7.3℃和4.5℃，历时天数分别为5.7d和6.7d，其日照时数相对较多，分别为39.8h和35.2h；而在温度相对较高的1993和1994年度，平均日均温分别是10.7℃和12.7℃，历时天数均是3.3d，日照时数较少，分别为16.7h

和 20.4h。

相关分析表明，穗原基分化期日照长短与历时天数间存在一定的负相关关系，但未达到显著水平（表 3-16），而总日照时数与历时天数间存在着正相关关系，且其相关关系在不同播期间存在有差异：郑引 1 号在 10 月 8 日和 10 月 24 日两播期下，历时天数与总日照时数间的相关系数均达极显著水平（$r=0.731^{**}$ 和 0.608^{**}）；而在 10 月 1 日和 10 月 16 日播种的其相关系数均不显著（$r=0.477$ 和 0.412）。百泉 41 除 10 月 8 日两者的相关性不显著（$r=0.364$）外，其他三播期下两者的相关性均达极显著水平（$r=0.607^{**}$，0.690^{**} 和 0.682^{**}）。

（三）历时天数与降雨的关系

穗原基分化期由于历时天数少、年际间降雨变异大，如从不同年份看，降雨量在 0～11.2mm（郑引 1 号）和 0～15mm（百泉 41）之间，该期历时天数与降雨量之间无明显相关关系，不同播期间差异亦未达显著水平。表明降雨多少除对气温有一定的影响外，对该阶段幼穗发育进程影响不大。

（四）不同播种处理穗原基分化历时天数及主要气象因子的差异

播种时间不同使幼穗发育所处的温度等气候条件不同，导致穗原基分化期历时天数的明显差异。将不同年份各播期历时天数进行方差分析（表 3-17）可以看出，随播期推迟该期历时天数增加。如春性品种郑引 1 号 10 月 1 日播种的历时 2.5d，10 月 16 日播种的需 3.4d，差异达显著水平（$P<0.05$）；10 月 24 日播种的需 4.7d，与各期的差异均达极显著水平（$P<0.01$）。半冬性品种百泉 41 有相同的趋势，其 10 月 16 日播种的与 10 月 1 日和 10 月 8 日播种处理间的差异达极显著水平（$P<0.01$），而 10 月 24 日播种的与其他三个播期间的差异均达 1% 显著水平。

表 3-17 不同播期穗原基分化期历时天数及日均温、积温等气象因子的差异

品种	播种时间（月/日）	历时天数（d）		日均温（℃）		积温（℃）		总日照时数（h）		日照长短（h）		降雨量（mm）	
		平均	CV(%)	平均	CV(%)	平均	CV(%)	平均	CV(%)	平均	CV(%)	平均	CV(%)
郑引 1号	10/01	2.5 cB	20.5	13.9 aA	15.0	34.7 aA	16.0	15.9 bA	56.3	5.9 aA	49.4	2.2 aA	239.1
	10/08	3.0 bcB	34.6	11.9 aA	29.8	33.4 aA	23.2	18.5 abA	58.2	6.0 aA	47.0	1.5 aA	218.8
	10/16	3.4 bB	23.9	8.9 bB	41.3	29.0 abAB	34.9	18.3 abA	57.7	5.5 aA	53.5	4.4 aA	207.5
	10/24	4.7 aA	27.8	5.8 cC	36.7	24.4 bB	34.7	24.9 aA	39.1	5.1 aA	38.5	0.6 aA	323.6
百泉 41	10/01	2.9 cC	27.0	12.7 aA	24.0	35.5 aA	30.5	18.9 bA	38.8	6.6 aA	31.2	0.3 aA	250.4
	10/08	3.1 cC	29.4	10.4 bB	37.6	30.6 aA	32.7	17.9 bA	65.9	6.0 aA	61.2	4.2 aA	199.6
	10/16	4.7 bB	39.7	7.4 cC	46.7	30.4 aA	32.1	24.7 abA	56.9	5.3 aA	48.3	2.4 aA	218.6
	10/24	5.9 aA	40.2	5.6 dC	31.5	31.4 aA	43.4	30.4 aA	54.4	5.2 aA	35.0	2.8 aA	256.8

日均温随播期推迟呈显著降低趋势。从表 3-17 可以看出，郑引 1 号 10 月 1 日、10 月 8 日、10 月 16 日和 10 月 24 日的日均温分别为 13.9℃，11.9℃，8.9℃ 和 5.8℃，早播与晚播处理相差 8.1℃，达极显著水平（$P<0.01$）；百泉 41 早播和晚播处理日均温相差 7.1℃，差异亦达 1% 显著水平。积温随播期推迟亦呈下降趋势，但百泉 41 表现不明显，

郑引 1 号只在 10 月 24 日播种下表现出显著的下降。

不同播期穗原基分化期所处的日照条件不同。从表 3 - 17 可以看出，随播期推迟，每天日照时数呈逐渐减少趋势，但播期间差异未达到显著水平。由于晚播条件下穗原基分化期温度下降，历时天数增加，从而导致总日照时数增加。播种时间从 10 月 1 日推迟至 10 月 24 日，郑引 1 号该阶段总日照时数由 15.9h 增加到 24.9h，百泉 41 由 18.9h 增加到 30.4h，其差异在两品种中均达显著水平（$P<0.05$）。

不同播期处理间降雨量的差异不明显。

二、单棱期与气象条件的关系

单棱期分化时间长短与分化小穗数多少及穗子大小有一定关系。在河南生态条件下，单棱期历时天数较长且变化幅度较大，从 30d 到 80d 不等，这与播种时间、品种类型及温光等气象条件有密切关系。

（一）历时天数与日均温度的关系

著者对 1979—1998 年间穗分化资料进行了分析，结果表明，单棱期历时天数与日均温存在密切关系（表 3 - 18、表 3 - 19）。从表中可以看出，春性品种郑引 1 号在 1980、1990、1994 和 1995 年，单棱期日均温相对较高，分别为 9.3℃、9.1℃、8.2℃和 8.4℃（平均为 8.8℃），历时天数分别为 26.5d、31.5d、24.3d 和 32.3d（平均为 28.7d）；而在日均温相对较低的 1981、1984、1987 和 1997 年，该阶段日均温分别只有 3.7℃、4.6℃、4.3℃和 4.8℃（平均为 4.4℃），历时天数分别为 44.3d、62.5d、50.5d 和 43.0d（平均为 50.0d）。可以看出，该阶段温度较高年份比低温年份的温度高出一倍，历时天数则为低温年份的一半。半冬性品种百泉 41 也有相同的趋势，如在日均温相对较高的 1980、1990 和 1994 年（日均温分别为 7.6℃、5.7℃和 6.1℃），历时天数分别为 39.8d、40.8d 和 42.3d；而在日均温相对较低的 1981、1984、1987 和 1997 年（日均温分别只有 3.5℃、3.6℃、3.6℃和 3.1℃），历时天数分别为 56.3d、85.0d、56.0d 和 61.7d。以上表现出单棱期历时天数随温度下降而延长。相关分析结果表明，单棱期日均温与历时天数间存在着显著的负相关关系，其中郑引 1 号的相关系数 $r=-0.785**$（$n=71$），百泉 41 相关系数 $r=-0.705**$（$n=76$）。同时，对多年观察数据，分别建立了郑引 1 号和百泉 41 该期历时天数（Y）与日均温（X）的回归方程（图 3 - 3），该方程经 F 检验均达 1% 极显著水平。

表 3 - 18　郑引 1 号穗原基分化期不同年份历时天数及气象因素的变异

年代	历时天数（d）		日均温（℃）		积温（℃）		总日照时数（h）		日照长短（h）		降雨量（mm）	
	平均	CV（%）	平均	CV（%）	平均	CV（%）	平均	CV（%）	平均	CV（%）	平均	CV（%）
1979	35.8	71.2	8.3	66.6	188.0	10.4	171.3	55.8	5.4	26.0	21.2	96.6
1980	26.5	32.2	9.3	34.3	217.3	20.0	163.6	31.8	6.2	8.8	2.4	180.7
1981	44.3	36.0	3.7	30.7	116.9	15.3	226.7	31.9	5.5	10.7	8.9	132.2
1982	43.3	63.4	6.6	54.2	206.8	28.2	179.1	72.1	4.0	9.3	9.3	21.0

（续）

年代	历时天数（d）		日均温（℃）		积温（℃）		总日照时数（h）		日照长短（h）		降雨量（mm）	
	平均	CV（%）	平均	CV（%）	平均	CV（%）	平均	CV（%）	平均	CV（%）	平均	CV（%）
1984	62.5	60.0	4.6	20.2	170.0	3.2	204.1	80.4	3.0	27.0	55.0	8.1
1985	48.3	51.0	6.0	66.8	177.3	37.1	197.7	75.3	3.8	35.2	55.6	78.2
1986	32.5	43.6	6.2	58.0	149.1	40.1	138.9	41.4	4.5	47.8	9.4	78.8
1987	50.5	1.4	4.3	21.6	183.6	16.5	71.6	107.2	1.4	106.6	5.7	141.4
1988	36.0	55.6	8.0	46.7	228.7	28.0	230.0	20.2	7.1	24.5	15.2	200.0
1989	39.5	98.5	9.0	105.3	135.7	54.5	114.7	75.8	3.5	36.1	34.7	118.2
1990	31.5	66.7	9.1	51.1	213.1	27.8	167.9	45.6	5.8	16.9	31.7	61.7
1991	42.5	47.9	6.6	62.3	199.4	38.3	222.6	30.3	5.7	25.5	9.7	86.3
1992	30.8	34.6	6.6	55.7	163.5	51.1	157.5	11.6	5.4	21.9	7.9	133.6
1993	42.3	39.0	6.5	54.1	212.2	19.7	201.0	58.7	4.5	23.6	32.4	110.2
1994	24.3	40.6	8.2	54.7	160.2	17.8	87.8	36.9	4.0	50.6	12.6	101.7
1995	32.3	27.0	8.4	50.9	237.7	30.9	183.9	13.9	6.0	25.5	2.1	89.1
1996	42.3	46.2	4.9	36.8	166.2	15.8	233.9	49.5	5.4	21.5	9.6	108.3
1997	43.0	38.4	4.8	50.7	168.6	18.5	221.6	8.7	5.6	31.9	18.9	83.1
1998	46.0	30.7	5.4	30.4	195.7	4.5	218.5	24.6	4.8	6.4	4.4	—
平均	38.2	47.4	6.8	54.5	185.0	30.4	178.4	46.4	5.0	33.4	18.0	128.0

表3-19　百泉41不同年份穗原基分化期历时天数与气象因子的关系

年代	历时天数（d）		日均温（℃）		积温（℃）		总日照时数（h）		日照长短（h）		降雨量（mm）	
	平均	CV（%）	平均	CV（%）	平均	CV（%）	平均	CV（%）	平均	CV（%）	平均	CV（%）
1978	47.0	12.0	4.6	9.2	147.3	29.0	170.7	36.4	3.6	24.9	35.2	2.8
1979	58.0	3.4	3.7	24.8	182.3	40.3	261.4	8.5	4.5	7.5	37.2	26.4
1980	39.8	61.5	7.6	38.9	225.3	13.7	220.3	53.6	5.7	6.3	6.0	181.2
1981	56.3	16.8	3.5	20.0	147.5	14.3	287.6	12.8	5.1	4.5	8.9	132.2
1983	63.0	31.5	5.3	27.8	236.8	27.8	351.9	22.4	5.7	9.3	1.2	102.1
1984	85.0	5.0	3.6	13.9	152.3	20.1	280.2	2.5	3.3	2.4	45.3	12.7
1985	74.0	13.3	4.0	40.9	215.0	34.2	302.4	34.9	4.0	24.8	80.7	61.1
1986	53.0	26.9	5.0	30.8	206.6	26.6	220.6	28.5	4.2	11.5	14.3	37.3
1987	56.0	12.6	3.6	3.9	169.3	8.1	142.3	97.0	2.4	89.9	6.7	84.4
1988	62.0	22.4	5.2	52.5	261.0	35.6	326.3	2.4	5.5	27.8	45.4	66.7
1989	65.3	27.9	4.7	56.4	213.0	46.2	215.0	9.2	3.5	31.8	61.5	64.2
1990	48.0	30.5	5.7	50.3	213.1	36.5	232.8	14.2	5.1	23.1	27.2	81.9
1991	54.8	16.4	4.6	57.8	198.1	50.7	269.6	12.2	5.0	13.7	12.0	48.1
1992	49.5	24.4	4.9	47.3	193.4	54.5	216.5	21.5	4.4	13.2	16.0	46.0
1993	61.8	18.9	4.2	19.2	224.7	26.3	284.3	20.7	4.6	9.3	34.2	105.6
1994	42.3	18.1	6.1	40.8	222.7	30.6	147.3	30.8	3.5	18.0	24.4	34.6
1995	60.8	10.5	5.7	31.1	312.3	30.3	309.1	6.3	5.1	11.3	3.6	40.1
1996	59.3	7.0	3.7	31.3	179.3	38.3	309.6	5.2	5.2	2.4	7.5	11.5
1997	61.7	24.4	3.1	12.1	157.0	22.2	249.8	26.3	4.0	6.1	24.0	35.6
1998	49.0	36.9	6.7	38.7	269.3	6.2	244.2	29.7	5.1	9.5	4.4	1.3
1999	78.7	24.9	4.1	35.3	274.0	22.9	378.3	13.9	5.0	22.5	34.6	38.9
平均	57.8	27.2	4.9	41.9	214.6	34.4	260.6	30.2	4.6	23.3	25.4	108.7

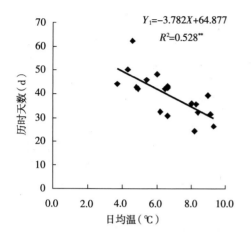

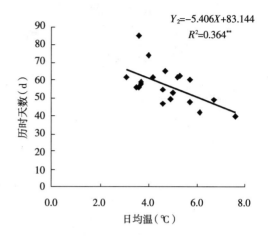

图3-3 郑引1号（左）和百泉41（右）单棱期日均温与历时天数的关系

不同类型品种通过单棱期的天数有明显差异。以10月8日播种为例，1981年郑引1号和百泉41单棱期的历时天数分别为26d（日均温4.9℃）和49d（日均温3.2℃），相差23d；1985年两品种的历时天数分别为37d（8.1℃）和77d（4.4℃），相差近40d；1997年郑引1号27d（7.6℃），百泉41为65d（3.3℃），相差38d。由此表明，在同期播种条件下，春性品种由于进入单棱期早、温度高，分化进程快，这样其单棱期历时天数比半冬性品种少得多，在越冬期就常常发生冻害。

从多年不同品种不同播期的平均值看，春性品种郑引1号、徐州21、偃师9号和豫麦18单棱期日均温分别为6.8℃、5.8℃、6.8℃和5.9℃（平均为6.3℃），其历时天数分别为38.2d、45.3d、31.0d和30.3d（平均为36.5d）；半冬性品种百泉41、郑州761、百农3217、豫麦49单棱期日均温分别为4.9℃、4.2℃、6.3℃和5.6℃（平均为5.3℃），历时天数分别为57.8d、59.2d、40.5d和60.6d（平均为54.5d）。由此可见，在河南生态条件下，半冬性品种单棱期所处的温度略低于春性品种，但历时天数明显多于春性品种（两类品种平均相差18d）。这样春性品种冬前进入二棱期，而半冬性品种一般以单棱期进入越冬。

表3-20 不同播期下穗原基分化期历时天数与主要气象因子的相关分析

品种	播期 （月/日）	日均温	积温	总日照时数	日照长短	降雨量	样本数 （n）
郑引1号	综合分析	−0.785**	−0.304**	0.771**	−0.375**	0.226	71
	10/01	−0.522*	0.778**	0.735**	0.227	0.239	15
	10/08	−0.377	0.463*	−0.006	−0.343	0.628**	19
	10/16	−0.838**	−0.223	0.500*	−0.253	0.182	19
	10/24	−0.318	0.351	0.738**	0.033	0.471*	20
百泉41	综合分析	−0.705**	−0.182	0.709**	−0.293**	0.377**	76
	10/01	−0.591*	0.426	0.599*	−0.292	0.504*	16
	10/08	−0.741**	0.255	0.720**	−0.336	0.604**	19
	10/16	−0.717**	−0.034	0.690**	0.055	0.387	21
	10/24	−0.009	0.543*	0.766**	−0.053	0.390	20

（二）历时天数与积温的关系

由于积温受日均温的影响，在日均温较低的情况下通过延长历时天数才能达到该阶段对积温要求，在日均温较高的情况下单棱期历时天数缩短，同样也达到一定的积温要求。以郑引1号为例，在日均温度相对较高的1980和1990年（日均温分别为9.3℃和9.1℃），单棱期历时天数缩短为26.5d和31.5d，其间0℃以上积温分别为217.3℃和213.1℃。在日均温相对较低的1984和1987年（日均温分别只有4.6℃和4.3℃），历时天数却延长为62.5d和50.5d，0℃以上积温分别为170.0℃和183.6℃；分别比1980年少47.3℃和33.7℃，比1987年少43.1℃和29.5℃。可见，温度（日均温）尽管对历时天数有较大的影响，但不同历时天数下积温的变化并不很大，反映了单棱期对积温要求的相对稳定。著者将所有播期的试验资料进行综合分析（表3-20），结果表明，春性品种郑引1号尽管积温与历时天数相关性小于日均温，但其负相关系数仍达到了显著水平（$r = -0.304^{**}$），半冬性品种百泉41这种负相关性则不明显（$r = -0.182$）。

（三）历时天数与日照的关系

著者分析了不同年份、不同品种单棱期平均日照时数、总日照时数的变化（表3-18、表3-19）。可以看出，年际间日照长短的变化与历时天数有一定关系。以郑引1号为例子，在平均日照时数相对较短的1984和1987年（分别为3.0h和1.4h），单棱期分别历时62.5d和50.5d，而在日照相对较长的1980和1985年（分别为6.2h和6.0h），历时天数分别为26.5d和32.3d。表明长日照有促进单棱期幼穗发育、缩短其通过时间的作用。当然这里不能排除气温的影响，因为在日照相对较长的年份，晴天较多，气温也较高。

从总日照时数看，郑引1号不同年份间变化在71.6～233.9h之间，平均为178.4h，变异系数为46.4%；百泉41在142.3～378.3h之间，平均为260.6h，年度间变异系数为30.2%。可见半冬性小麦品种，因其单棱期历时天数较多，总日照时数明显多于春性小麦品种。相关分析表明，单棱期总日照时数与历时天数间存在着显著的正相关关系（表3-20），其相关系数郑引1号为0.771^{**}，百泉41为0.709^{**}，这在不同播期间表现一致（$P < 0.01$）。每天日照时数则与历时天数呈显著的负相关关系，其中郑引1号的负相关系数为-0.375^*，百泉41为-0.293^*，表明该阶段长日照加快了幼穗发育进程。但这种负相关性随播期推迟而逐渐减弱，两品种表现一致。

（四）历时天数与降雨的关系

从表3-20的相关分析可以看出，单棱期历时天数与降雨量之间存在一定的正相关关系，即该阶段降雨量愈多历时天数愈多。但这种相关关系在两品种间表现有所不同，春性品种郑引1号因单棱期历时天数明显少于半冬性品种百泉41，其与降雨量的正相关关系未达显著水平（各播期综合分析），分播期分析表明，10月8日播种的相关关系达到了极显著水平（$P < 0.01$），10月24日播种的达到5%显著水平，其他两播期相关不显著；百

泉41在10月1日和10月8日播期条件下达到了显著或极显著的相关关系。

（五）不同播期处理历时天数及主要气象因子的差异

不同播期影响单棱期历时天数。多年播期试验结果表明，单棱期历时天数随播期推迟而增加（表3-21）。如春性品种郑引1号，10月1日、10月8日、10月16日和10月24日播种的历时天数分别为20.2d、25.5d、38.4d和58.4d。可以看出，前2个播期（10月1日和10月8日）间差异不显著，但与后2个播期的差异均达极显著水平（$P<0.01$），10月16日和10月24日播期间的差异亦达极显著水平。半冬性品种百泉41表现出相似的趋势，其4个播期的历时天数分别为44.4d、53.1d、62.4d和66.3d。其中第1和第2播期差异达5%显著水平，而与第3和第4播期的差异均达1%极显著水平。

表3-21 穗原基分化期不同播种时间历时天数及气象因子的差异性分析

品种	播种时间（月/日）	历时天数（d）平均	CV（%）	日均温（℃）平均	CV（%）	积温（℃）平均	CV（%）	总日照时数（h）平均	CV（%）	日照长短（h）平均	CV（%）	降雨量（mm）平均	CV（%）
郑引1号	10/01	20.2cC	24.0	12.6aA	14.2	247.6aA	18.3	131.1cB	38.2	6.3aA	23.4	14.6aA	129.2
	10/08	25.5cC	18.9	8.7bB	23.7	210.9bB	23.9	130.1cB	37.0	5.2bAB	37.0	24.1aA	142.8
	10/16	38.4bB	31.0	5.3cC	28.8	170.4cC	15.2	169.6bB	43.4	4.5bcB	36.3	12.4aA	127.1
	10/24	58.4aA	23.4	3.3dD	22.5	141.3dC	29.8	251.8aA	30.9	4.3cB	22.5	20.3aA	98.8
百泉41	10/01	44.4cB	25.9	7.5aA	24.0	304.9aA	19.9	234.9bA	30.5	5.4aA	22.4	28.8aA	128.6
	10/08	53.1bB	26.2	5.5bB	31.6	243.6bB	19.7	243.5bA	27.4	4.7bB	21.2	26.0aA	114.8
	10/16	62.4aA	21.0	4.0cC	25.8	183.9cC	24.7	265.8abA	31.5	4.2bB	26.3	22.0aA	88.6
	10/24	66.3aA	23.3	3.3dC	21.2	159.1cC	32.8	287.6aA	29.0	4.3bB	15.9	26.1aA	104.2

日均温的变化表现出与历时天数相反的趋势，即随播期推迟日均温显著下降，从10月1日至10月24日的播期试验中，郑引1号单棱期日均温由12.6℃下降到3.3℃，下降了9.3℃；百泉41由7.5℃下降到3.3℃，下降了4.2℃。方差分析表明，郑引1号不同播期间的日均温差异均达1%显著水平，百泉41除第3与第4播期间的差异达5%显著水平外，其他播期间差异均达1%显著水平（表3-21）。

积温随播期推迟亦呈显著下降趋势。如与10月1日相比，10月8日、10月16日和10月24日播种的，郑引1号日积温分别减少了36.7℃、77.2℃和106.3℃，达1%显著水平；百泉41分别减少61.3℃、121.0℃和145.8℃，差异亦达1%显著水平。

随播期推迟，平均日照时数呈下降趋势（表3-21）。其中10月8日播种的比10月1日播种的下降达5%显著（郑引1号）或1%极显著水平（百泉41）。从总日照时数看，由于随播期推迟单棱期历时天数增加，从而使总日照时数也增加。方差分析结果表明，郑引1号10月1日和10月8日播种的总日照时数差异不显著，但与10月16日播种的差异均达显著水平（$P<0.05$），与10月24日播种的差异亦达极显著水平（$P<0.01$）。百泉41表现出同样趋势，以10月24日和10月16日播种的总日照时数最大，与10月1日和10月8日播种的差异均达到显著水平（$P<0.05$）。

不同播期下单棱期降雨量无明显规律变化，且其差异均不显著。

从单棱期与气象条件的关系可以看出，与幼苗营养生长期不同，单棱期随着温度的升高生长发育加快，随着日照时数增加，历时天数明显缩短，特别是日照不足的条件下该现象更为明显。如在平均日照时数只有 3h 的 1984 年历时天数为 62.5d，而在日照时数为 6h 的 1985 年历时天数只有 32.5d，缩短了 30.2d。

三、二棱期与气象条件的关系

二棱期是从小穗原基开始出现至分化出护颖原基之前。在河南生态条件下，此期持续时间较长，气候条件变化大，又是决定小穗数的关键时期，澄清气象条件与幼穗发育的关系对争取大穗具有重要意义。

（一）历时天数与温度条件的关系

1. 与日均温的关系 表 3‑22 和表 3‑23 显示历年二棱期历时天数与日均温、积温的对应关系（各播期平均），从中可以看出，二棱期历时天数与日均温存在密切关系。春性品种郑引 1 号二棱期平均日均温为 4.0℃，历时天数为 45.3d（多年各播期平均）。在 1989 和 1990 年，其间日均温相对较高，分别为 6.5℃ 和 5.0℃，历时天数分别为 23.0d 和 34.3d，即比平均值减少 21.3d 和 10.0d；而在日均温相对较低的 1984、1987 和 1988 年，该阶段日均温分别只有 2.7℃、2.7℃ 和 3.2℃，历时天数分别为 54d、49.5d 和 52.3d，分别比平均值增加 9.7d、5.2d 和 8.0d。半冬性品种百泉 41 也表现出相同的趋势，多年平均日均温为 3.8℃，历时天数为 46.1d；在日均温相对较高的 1984 和 1997 年，日均温分别为 4.7℃ 和 6.1℃，历时天数分别为 33.5d 和 22.3d；而在日均温相对较低的 1983 和 1988 年，日均温分别为 2.3℃ 和 2.9℃，历时天数分别为 78.5d 和 51.5d。由此可见，二棱期温度越低，历时天数越长。对二棱期日均温与历时天数间的相关关系进行了分析，结果表明，二者之间存在极显著的负相关关系（郑引 1 号 $r=-0.469^{**}$，$n=69$；百泉 41 $r=-0.315^{**}$，$n=76$）。从二棱期的三个阶段（二棱初期、中期和后期）看，郑引 1 号二棱初期和中期的历时间天数与其日均温间呈极显著的负相关（前期 $r=-0.448^{**}$，中期 $r=-0.330^{**}$），而二棱后期的相关性不明显（$r=-0.058$）。同样，百泉 41 在二棱初期和中期历时天数与日均温呈显著负相关（前期 $r=-0.363^{**}$，中期 $r=-0.293^{*}$），后期无明显的相关性（$r=-0.094$）。这表明在河南生态条件下，进入二棱后期时气温开始回升，温度条件可能已不是决定幼穗通过该阶段的最主要因素。

根据多年观察数据，分别建立了郑引 1 号和百泉 41 二棱期历时天数（Y）与日均温（X）的回归方程（图 3‑4）。二者呈指数曲线关系，方程经 F 检验均达 1% 极显著水平。表明日均温决定二棱期的发育进程，这与多数研究结果相一致。

从表 3‑22、表 3‑23 还可以看出，总体分析（多年份各播期平均）春性品种和半冬性品种通过二棱期的历时天数和日均温差异不大，如春性品种郑引 1 号通过二棱期的天数为 45.3d（平均日均温 4.0℃），半冬性品种百泉 41 天数为 46.1d（日均温为 3.8℃）。但不同播种时间下两类品种表现迥然不同：根据多年资料平均（表 3‑24），10 月 1 日同期播种的，郑引 1 号和百泉 41 通过二棱期的历时天数分别为 32.2d（日均温 5.5℃）和 64.3d（日均温 2.3℃），半冬性品种较春性品种历时天数增加 32.1d；10 月 8 日同期播种

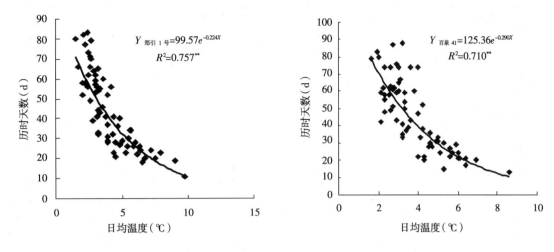

图 3-4 郑引 1 号（左）和百泉 41（右）二棱期日均温与历时天数的关系

的，郑引 1 号和百泉 41 通过二棱期的历时天数分别为 49.4d（日均温 3.5℃）和 55.2d（日均温 2.9℃），相差仅 5.8d；而在 10 月 16 日播种的，郑引 1 号和百泉 41 通过二棱期的历时天数分别为 61.1d（日均温 2.6℃）和 35.8d（日均温 3.9℃），春性品种通过时间反而延长了 35.3d；10 月 24 日播种的，郑引 1 号和百泉 41 通过二棱期的历时天数分别为 39.1d（日均温 4.6℃）和 24.3d（日均温 5.5℃），春性品种较半冬性品种增加了 14.8d。这种现象反映两类品种通过不同发育阶段（幼苗营养生长、幼穗原基分化期和单棱期）所要求的日均温有差别。晚播条件下，春性品种二棱期处在越冬期间，历时天数较多，而半冬性品种二棱期已处在气温开始回升的早春，因此历时天数缩短；这也反映了两类品种的适宜播种期不同：对春性小麦品种来说，早播（10 月 1 日和 10 月 8 日）可能导致其在冬前即进入二棱期或小花分化期，容易遭受冻害；而 10 月 16 日播种的二棱期历时天数最长（61.1d），有利于形成大穗。而对半冬性品种来说，晚播（10 月 16 日和 10 月 24 日）时则使该期较快地通过了二棱期，因此不利于形成大穗，而在适期早播下（10 月 8 日）历时天数明显延长。

2. 与积温的关系 不同年份间二棱期积温有较大变异（表 3-22、表 3-23）。郑引 1 号积温的最小值为 116.5℃（1984），最大值为 215.3℃（1998），年度间变异系数为 21.9%；百泉 41 积温的最小值为 103.9℃（1989），最大值为 214.2℃（1980），变异系数为 44.6%。从历时天数与积温的关系看，郑引 1 号在积温相对较多的 1992 年（183.2℃）和 1998 年（215.3℃），历时天数分别为 49.3d 和 45.0d，而在积温相对较少的 1981 年（120.7℃）和 1984 年（116.5℃），历时天数分别为 41.0d 和 54.0d；即高积温与低积温年份的积温差为 80.7℃（2 年平均），而历时天数仅相差 0.4d。由此可见，对郑引 1 号而言，积温与历时天数之间的关系不明显。百泉 41 积温相对较多的 1980 年（214.2℃）和 1998 年（223.5℃），历时天数分别为 68.8d 和 51.0d，而在积温相对较少的 1989 年（103.9℃）和 1996 年（104.95℃），历时天数分别为 47.7d 和 29.0d；即高积温比低积温年份积温增加 114.5℃（2 年平均），而历时天数多 21.6d，表明随二棱期历时天数增加，其间积温亦明显增加。

表3-22　郑引1号二棱期不同年份历时天数及气象因子的变化

年份	二棱期历时（d）		日均温（℃）		积温（℃）		总日照时数（h）		日照长短（h）		降雨量（mm）	
	平均	CV（%）	平均	CV（%）	平均	CV（%）	平均	CV（%）	平均	CV（%）	平均	CV（%）
1978	48.0	35.4	4.2	18.7	193.3	16.5	145.4	18.0	3.3	51.8	46.4	2.6
1979	45.7	44.4	3.9	35.9	158.8	25.2	213.9	48.5	4.6	6.1	21.7	55.9
1980	45.0	58.9	5.2	58.5	174.9	5.5	214.9	50.9	5.0	15.2	16.0	111.9
1981	41.0	40.3	3.6	62.1	120.7	14.2	193.1	47.6	4.6	12.6	10.6	134.2
1982	81.0	3.5	2.6	8.3	208.2	3.8	296.9	56.2	3.7	22.4	6.6	98.5
1984	54.0	68.1	2.7	62.9	116.5	8.8	187.4	73.4	3.4	7.1	15.6	60.7
1985	43.8	46.7	3.2	36.1	123.7	32.7	223.0	37.1	5.6	30.4	33.2	117.3
1986	44.0	43.5	3.9	30.2	155.4	14.2	188.2	48.4	4.2	11.2	16.2	43.4
1987	49.5	24.3	2.7	24.0	127.5	2.3	256.2	20.1	4.0	53.1	6.3	0.0
1988	52.3	44.0	3.2	49.7	143.6	19.5	234.1	25.0	4.9	36.5	45.8	73.0
1989	23.0	18.4	6.5	23.0	144.9	5.2	90.4	3.2	4.0	15.3	40.4	58.0
1990	34.3	55.6	5.0	65.5	127.9	17.2	154.3	55.9	4.7	23.1	12.4	83.9
1991	47.5	45.1	4.0	38.9	166.2	7.0	260.5	43.5	5.6	22.8	9.4	83.0
1992	49.3	43.5	4.3	41.5	183.3	5.8	220.3	40.3	4.5	5.2	14.9	91.3
1993	44.5	35.5	3.4	19.4	144.4	22.6	214.5	46.4	4.7	14.6	7.0	91.1
1994	39.0	37.9	4.2	61.1	139.4	22.9	169.3	61.2	4.0	32.5	14.1	85.4
1995	50.8	30.2	3.6	25.6	174.8	12.7	248.4	34.9	4.8	5.3	9.1	86.8
1996	34.7	60.0	4.3	52.0	119.5	4.0	197.8	50.2	5.9	10.1	7.1	94.3
1997	41.3	54.7	4.2	50.7	150.8	34.6	168.1	58.0	4.1	8.8	20.9	72.2
1998	45.0	34.6	5.0	21.4	215.8	14.2	254.9	22.6	5.8	12.4	0.0	—
平均	45.3	41.5	4.0	44.6	153.3	22.2	205.8	42.5	4.6	24.2	17.3	108.1

表3-23　百泉41二棱期不同年份历时天数及气象因子的变化

年份	二棱期历时（d）		日均温（℃）		积温（℃）		总日照（h）		日照长短（h）		降雨（mm）	
	平均	CV（%）	平均	CV（%）	平均	CV（%）	平均	CV（%）	平均	CV（%）	平均	CV（%）
1978	46.0	54.9	4.9	31.3	197.5	30.3	187.1	40.6	4.4	19.5	48.3	47.9
1979	48.5	33.5	3.2	8.8	153.1	23.6	226.2	37.0	4.6	3.7	16.9	76.8
1980	68.8	44.1	3.5	31.7	214.2	30.9	328.4	43.6	4.8	3.1	26.3	41.9
1981	42.7	45.2	3.6	56.6	129.2	4.5	184.6	48.5	4.3	4.8	19.3	65.1
1983	78.5	8.1	2.3	22.0	174.5	12.4	386.3	8.9	4.9	0.8	9.7	0.0
1984	33.5	40.1	4.7	31.9	145.8	8.0	122.3	34.9	3.7	5.6	17.7	16.6
1985	37.3	47.0	4.2	38.0	138.4	16.7	240.6	45.6	6.5	3.6	14.3	21.5
1986	44.5	51.2	4.0	33.8	157.0	23.6	198.2	45.6	4.6	7.4	22.2	22.1
1987	49.3	44.2	2.9	33.1	117.9	23.0	213.4	43.8	4.6	13.1	4.5	34.6
1988	51.5	42.7	2.9	38.1	135.0	13.0	207.4	38.3	4.1	8.5	53.0	31.4
1989	47.7	60.7	2.7	53.9	103.3	19.5	126.3	48.7	2.8	13.5	83.1	38.4
1990	51.8	37.7	3.5	20.6	174.0	21.0	189.0	36.2	3.7	7.0	24.3	37.8
1991	44.0	50.4	4.3	36.3	164.6	11.8	275.1	40.3	6.5	11.0	7.1	126.1
1992	42.0	33.8	4.0	40.7	151.7	12.9	210.4	28.5	5.1	6.3	12.4	56.8
1993	32.0	56.1	4.1	22.2	120.6	39.2	140.9	55.5	4.4	9.5	4.0	36.8
1994	52.8	29.0	3.4	26.3	166.3	13.8	263.7	22.8	5.1	12.1	9.5	71.1
1995	50.8	25.3	3.4	33.3	159.3	6.8	261.5	17.6	5.3	11.6	15.4	3.0
1996	29.0	57.4	4.3	47.3	104.9	9.0	171.2	52.1	6.0	7.5	8.3	58.5
1997	22.3	45.1	6.1	44.8	117.2	12.6	105.9	41.8	4.8	4.5	16.0	86.6
1998	51.0	46.1	4.6	19.0	223.5	33.1	288.3	40.1	5.8	7.0	0.0	173.2
平均	46.1	44.9	3.8	37.4	153.7	44.6	216.9	44.5	4.8	20.4	21.0	103.2

相关分析结果表明，郑引1号二棱期历时天数与二棱初期（$r=-0.007$、$n=69$，下同）、中期（$r=0.215$）无明显相关性，但与后期积温呈极显著的正相关，相关系数 $r=0.342^{**}$（表3-26）；百泉41二棱期历时天数与该期间的积温呈极显著的正相关（$r=0.693^{**}$、$n=69$，下同），与二棱初期、中期和后期的积温亦呈显著正相关，相关系数分别为 0.399^{**}、0.309^{*} 和 0.483^{**}（表3-27）。

郑引1号不同年份间只有积温差异极显著，百泉41不同年份间日均温、积温、日照长短、总日照时数、历时天数及降雨量的差异均达极显著水平（表3-25）。

表3-24 不同播种条件下两品种二棱期历时天数及日均温的比较

品 种	10月1日		10月8日		10月16日		10月24日	
	历时天数（d）	日均温（℃）	历时天数（d）	日均温（℃）	历时天数（d）	日均温（℃）	历时天数（d）	日均温（℃）
郑引1号（1）	32.2	5.5	49.4	3.5	61.1	2.6	39.1	4.6
百泉41（2）	64.3	2.3	55.2	2.9	35.8	3.9	24.3	5.5
差值（1-2）	-32.1	3.2	-5.8	0.6	+25.3	-1.3	+14.8	-0.9

表3-25 不同年份、不同播期下两品种二棱期历时天数、气象因子的差异性分析

品 种	项 目	播 期		年 份	
		df	F	df	F
郑引1号	历时天数（d）	3	14.26**	19	0.91
	日均温（℃）	3	15.11**	19	0.95
	积温（℃）	3	4.16*	19	3.77**
	总日照（h）	3	10.65**	19	0.84
	每天日照（h）	3	0.27	19	1.31
	降雨量（mm）	3	0.55	19	1.76
百泉41	历时天数（d）	3	74.01**	19	4.54**
	日均温（℃）	3	55.28**	19	3.37**
	积温（℃）	3	9.64**	19	4.39**
	总日照（h）	3	57.44**	19	8.09**
	每天日照（h）	3	7.72**	19	19.17**
	降雨量（mm）	3	4.40**	19	11.31**

（二）历时天数与光照的关系

分析了2品种不同年份二棱期总日照时数的变化（表3-22、表3-23），可以看出，郑引1号二棱期平均日照时数在90.4～336.6h之间，变异系数为42.0%，平均为208.2h；百泉41在105.9～386.3h之间，年度间变异系数为44.5%，平均为216.9h。

不同年际间日照时数的变化与该阶段历时天数有密切关系。春性品种郑引1号在1980和1990年，二棱期历时天数只有23.0d和34.4d，其总日照时数分别只有90.4h和154.3h；而在1982和1995年，历时天数分别达到了79.0d和50.8d，其间总日照时数则达到了336.6h和248.4h，表明随历时天数增加总日照时数增多。百泉41在历时天数相对较少的1984（33.5d）和1993（32.0d）年，二棱期总日照时数分别为122.3h和140.9h；而在历时天数相对较多的1980（68.8d）和1983年（78.5d），总日照时数分别为

表 3 - 26 郑引 1 号不同播期二棱期各阶段历时天数与气候条件的相关性

播种时间(月/日)	阶段	初期 日均温	初期 积温	初期 日照长短	初期 降雨量	中期 日均温	中期 积温	中期 日照长短	中期 降雨量	后期 日均温	后期 积温	后期 日照长短	后期 降雨量	二棱期 日均温	二棱期 积温	二棱期 日照长短	二棱期 降雨量	样本数(n)
汇总分析	初期	-0.448**	0.390**	-0.099	0.355**	-0.160	-0.018	-0.028	-0.008	-0.125	-0.098	-0.174	0.029	-0.422**	0.243*	-0.192	0.237	
	中期	-0.330**	-0.264*	-0.132	-0.115	-0.525**	0.616**	-0.030	0.256*	-0.130	0.082	-0.100	0.078	-0.575**	0.307*	-0.094	0.085	
	后期	-0.058	-0.086	0.034	-0.119	-0.482**	-0.194	0.103	-0.098	-0.576**	0.661**	-0.271**	0.497**	0.476**	0.243*	-0.130	0.143	
	二棱期	-0.469**	-0.007	-0.109	0.078	-0.632**	0.215	0.026	0.079	-0.452**	0.342**	0.300*	0.325*	0.808**	0.435**	-0.235	0.260*	69
10/01	初期	-0.798**	0.132	-0.207	0.274	-0.461	0.338	0.395	-0.336	-0.044	-0.198	0.030	-0.085	-0.532	0.246	0.028	-0.060	
	中期	-0.693**	-0.337	-0.435	0.312	-0.623**	0.707**	0.327	0.099	-0.359	-0.383	-0.192	0.430	-0.814**	0.088	-0.213	0.276	
	后期	-0.062	0.184	-0.137	0.232	-0.184	0.216	-0.057	0.330	-0.724**	0.436	-0.405	0.681**	-0.512	0.608**	-0.131	0.401	
	二棱期	-0.634*	-0.026	-0.369	0.391	-0.593*	0.615*	0.264	0.131	-0.623*	-0.020	-0.319	0.593*	-0.907**	0.479	-0.175	0.359	13
10/08	初期	-0.474	0.449	0.035	0.538*	-0.402	-0.085	-0.089	0.112	-0.404	0.043	0.173	-0.116	-0.419	0.308	0.059	0.068	
	中期	-0.161	0.168	-0.357	0.233	-0.491*	0.332	-0.562*	0.463	-0.132	0.154	0.105	-0.275	-0.462	0.462	-0.190	-0.028	
	后期	-0.166	-0.126	0.017	0.443	-0.529*	-0.336	0.251	-0.066	-0.288	0.725**	-0.274	0.538*	-0.667**	0.231	-0.227	0.594*	
	二棱期	-0.360	0.176	-0.133	0.584*	-0.689**	-0.099	-0.136	0.200	-0.393	0.521*	-0.044	0.164	-0.767**	0.458	-0.196	0.376	17
10/16	初期	-0.269	0.657**	-0.133	0.547*	0.329	-0.256	-0.081	-0.144	-0.199	-0.287	-0.373	-0.034	-0.291	0.167	-0.387	0.338	
	中期	0.140	-0.317	-0.181	-0.282	-0.086	0.672**	-0.460	0.522**	0.188	-0.085	0.046	0.045	0.126	0.203	-0.019	0.021	
	后期	0.247	-0.085	0.261	-0.206	-0.527*	-0.502*	-0.029	-0.251	-0.557*	0.707**	-0.122	0.611**	-0.350	0.031	-0.107	0.041	
	二棱期	0.004	0.438	-0.076	0.238	-0.122	-0.169	-0.497*	0.048	-0.540*	0.181	-0.447	0.501*	-0.527*	0.384	-0.555*	0.445	19
10/24	初期	-0.279	0.540**	-0.197	0.250	-0.447*	0.598**	0.181	0.334	-0.280	-0.129	0.051	-0.014	-0.529*	0.516*	-0.219	0.345	
	中期	-0.309	-0.308	0.185	-0.195	-0.214	-0.271	0.056	0.378	0.194	-0.061	0.362	-0.094	-0.592*	0.114	-0.109	-0.024	
	后期	0.120	0.192	0.199	-0.252	-0.214	-0.271	-0.146	-0.294	-0.505**	0.662***	-0.342	0.081	-0.101	0.397	0.120	-0.299	
	二棱期	-0.345	0.300	-0.006	0.018	-0.403	0.350	-0.139	0.377	-0.248	0.049	0.156	-0.039	-0.747**	0.562***	-0.080	0.169	20

表 3 - 27　百泉 41 不同播期二棱期各阶段历时天数与气候条件的相关性

播种时间(月/日)	时期	初期 日均温	初期 积温	初期 日照长短	初期 降雨量	中期 日均温	中期 积温	中期 日照长短	中期 降雨量	后期 日均温	后期 积温	后期 日照长短	后期 降雨量	二棱期 日均温	二棱期 积温	二棱期 日照长短	二棱期 降雨量	样本数(n)
汇总分析	初期	−0.363**	0.525**	−0.062	0.248*	−0.324**	0.254*	−0.153	0.103	−0.301*	0.193	−0.147	0.147	−0.593**	0.613**	−0.206	0.217	
	中期	−0.293*	0.107	−0.191	0.080	−0.528**	0.483**	−0.184	0.264*	−0.380**	0.255*	−0.158	0.356*	−0.627**	0.481**	−0.249**	0.342**	69
	后期	−0.094	0.230	−0.026	−0.151	−0.555**	−0.156	−0.129	0.084	−0.564**	0.718**	0.026	0.237	−0.525**	0.437**	−0.111	0.095	
	二棱期	−0.315**	0.399**	0.107	0.089	−0.572**	0.309*	−0.195	0.208	−0.537**	0.483**	−0.137	0.327**	−0.784**	0.693**	−0.260*	0.302*	
10/01	初期	−0.198	0.569*	0.072	0.297	0.269	0.002	−0.143	−0.011	0.515*	−0.068	0.004	0.032	0.159	0.407	−0.024	0.088	
	中期	−0.137	−0.419	−0.300	0.282	0.081	0.399	0.150	0.380	−0.040	−0.306	−0.574*	0.564	−0.453	−0.250	−0.432	0.555*	16
	后期	0.488	0.193	0.399	−0.347	−0.317	−0.438	0.058	−0.161	0.058	0.721**	0.187	0.018	0.058	0.267	0.207	−0.167	
	二棱期	0.126	0.355	0.125	0.279	0.045	−0.026	0.048	0.217	−0.213	0.330	−0.356	0.577**	−0.213	0.420	−0.231	0.448	
10/08	初期	0.529*	0.641**	0.179	0.174	0.264	0.238	−0.246	0.145	0.187	−0.019	−0.258	−0.040	−0.061	0.507*	−0.203	0.141	
	中期	0.348	0.216	−0.182	−0.420	−0.026	0.852**	0.060	0.018	0.049	0.134	−0.034	0.053	0.144	0.683**	−0.050	−0.133	19
	后期	−0.156	0.051	−0.361	−0.350	−0.517*	−0.147	0.056	−0.096	−0.397	0.556*	0.094	0.066	−0.240	0.182	−0.014	−0.169	
	二棱期	0.472*	0.550*	−0.129	−0.260	−0.048	0.572*	−0.102	0.065	−0.008	0.280	−0.147	0.030	−0.052	0.778**	−0.163	−0.050	
10/16	初期	−0.308	0.455*	0.109	0.092	−0.062	0.377	0.081	−0.013	−0.352	0.345	−0.082	0.033	−0.656**	0.777**	0.003	0.077	
	中期	−0.490*	0.013	−0.010	0.084	−0.233	0.703**	0.136	−0.175	−0.027	−0.158	−0.045	−0.010	−0.507*	0.440	0.168	−0.024	20
	后期	−0.098	0.315	0.117	−0.159	−0.279	−0.286	0.169	−0.087	−0.333	0.785**	0.027	0.334	−0.413	0.460*	0.017	0.027	
	二棱期	−0.371	0.482*	0.123	0.065	−0.203	0.399	0.135	−0.108	−0.336	0.392	−0.031	0.112	−0.731**	0.801**	0.066	0.050	
10/24	初期	−0.252	0.716**	0.332	0.332	−0.102	−0.085	0.085	−0.048	−0.421	−0.488	−0.063	0.275	−0.553*	0.427	0.349	0.309	
	中期	−0.015	−0.028	0.192	−0.086	−0.342	0.526*	−0.510*	0.533*	0.085	0.562*	0.369	−0.266	−0.299	0.422	0.242	0.046	20
	后期	−0.261	−0.119	0.194	−0.386	−0.111	0.061	−0.007	0.440	−0.405	0.726**	0.252	0.167	−0.173	0.453	0.336	0.103	
	二棱期	−0.381	0.503*	−0.092	0.052	−0.143	0.178	0.022	0.309	−0.482	0.088	0.140	0.192	−0.659**	0.709**	−0.071	0.322	

328.4h 和 386.3h，即总日照时数随历时天数的延长而增加。相关分析结果表明，二棱期历时天数与总日照时数之间呈极显著的正相关关系（$P<0.01$，表 3-26 和表 3-27），郑引 1 号和百泉 41 相关系数分别为 0.840**（$n=69$，下同）和 0.887**。从二棱期的 3 个不同阶段看，郑引 1 号在二棱初期、中期和后期二者的相关系数分别为 0.513**、0.596** 和 0.532**，百泉 41 的相关系数分别为 0.650**、0.653** 和 0.509**。尽管不同播种时间下该相关系数大小有差异，但大多达到极显著水平（$P<0.01$）。与总日照时数不同，每天日照长短与二棱期历时天数多呈负相关关系，其中郑引 1 号二棱后期、百泉 41 二棱期的日照长短与二棱期历时天数的相关性均达 5% 显著水平。表明二棱期光照条件与幼穗发育进程有密切的关系，长日照加快了二棱期幼穗分化进程，同时也反映在河南生态条件下该期间的光照条件还不太充足。

（三）历时天数与降雨的关系

从表 3-26 和表 3-27 的相关分析可以看出，二棱期历时天数与降雨量之间存在一定的正相关关系，即随历时天数增加降雨量呈增加趋势。两品种表现趋于一致，郑引 1 号和百泉 41 的相关系数均达到了 5% 的显著水平（$r_1=0.260^*$、$r_2=0.302^*$）。分时段进行分析，表明二棱初期和中期二者的相关性均不明显（郑引 1 号分别为 0.078 和 0.079，百泉 41 分别为 0.089 和 0.208），而在二棱后期各种相关关系才明显表现出来（郑引 1 号为 0.325**，百泉 41 为 0.327**）。二棱后期降雨对历时天数的影响可能是由于导致温度降低的缘故。

（四）不同播种时间与历时天数及气象条件的关系

依据 20 年的播期试验资料，分析了不同播种时间下小麦二棱期历时天数、日均温、积温、日照及降雨量的变化（表 3-28、表 3-29）。结果表明，春性品种郑引 1 号二棱期历时天数随播期后移而增加，但在晚播条件下又减少。如 10 月 1 日、10 月 8 日、10 月 16 日播种的历时天数分别为 32.3d，52.2d 和 59.2d，10 月 24 日播种的又减少至 31.7d；差异显著性检验结果表明，10 月 1 日和 10 月 24 日间差异不显著，10 月 8 日和 10 月 16 日间差异亦不显著，但 10 月 1 日、10 月 24 日与 10 月 8 日、10 月 16 日间的差异均达到了极显著水平（$P<0.01$）；可以看出春性品种以 10 月 16 日播种的二棱期历时天数最长（表 3-28），有利于小穗分化及形成大穗。从二棱期 3 个阶段看，二棱初期以 10 月 1 日播种的历时天数最少（8.5d），10 月 16 日播种的最多（19.1d），差异极显著；中期以 10 月 24 日播种的最少（9.5d），10 月 16 日播种的最多（24.6d），差异达极显著水平；后期以 10 月 24 日播种的最少（6.8d），10 月 8 最多（22.3d），差异极显著。半冬性品种百泉 41 历时天数随播期的变化有所不同：以 10 月 1 日播种的历时天数最长，达 69.6d，随播种时间的推迟而明显下降，10 月 24 日播种的二棱期历时天数只有 23.9d，比上述 3 个播期分别减少了 45.7d，31.3d 和 13.5d；经差异显著性检验，4 个处理间的差异均达到了 1% 的显著水平。从不同阶段看，二棱初期以 10 月 24 日播种的历时天数最少（10.6d），10 月 8 日播种的最多（24.9d），差异极显著；中期和后期均以 10 月 1 日历时天数最多（26.6d 和 18.6d），10 月 24 日播种的最少（7.4d 和 5.9d），差异均达到了 1% 显著水平。

不同播期间日均温的变化表现出与历时天数相反的趋势。郑引 1 号 10 月 1 日播种的日均温度为 6.0℃，而 10 月 8 日和 10 月 16 日播种的分别为 3.2℃和 2.7℃，但在晚播条件下（10 月 24 日）又升高至 4.7℃；其中 10 月 8 日和 10 月 16 日播种间差异不显著，但与另两处理间差异达极显著水平（$P<0.01$）。百泉 41 日均温则随播期推迟而逐渐升高，其中 10 月 1 日（2.6℃）和 10 月 8 日（2.9℃）两播期间差异不显著，但与 10 月 16 日（4.2℃）和 10 月 24 日（5.6℃）两播期的差异均达 1%显著水平。从不同阶段看，春性品种郑引 1 号二棱初期、中期均以 10 月 1 日播种的日均温最高（8.9℃和 6.1℃），以 10 月 16 日播种的最低（3.0℃和 3.5℃）；二棱后期以 10 月 24 日播种的日均温最高（6.7℃），10 月 8 日播种的最低（3.3℃）。对半冬性品种百泉 41 而言，二棱初期、中期和后期均以 10 月 24 日播种的日均温最高，分别为 4.8℃、6.2℃和 7.8℃，日均温最低值初期在 10 月 8 日（2.8℃），中期和后期均在 10 月 1 日播种的（分别为 2.7℃和 4.7℃）。以上分析表明，日均温与历时天数存在有极密切的对应关系。

受日均温度和历时天数的共同影响，二棱期积温在不同播期间亦存在一定的差异。从表 3-28 中可以看出，两品种二棱期积温均随播期的推迟呈下降趋势，其中郑引 1 号前 3 个播期间的积温差异未达到 1%显著水平，10 月 24 日播种的较前 3 个播期下降均达 1%显著水平；百泉 41 在 10 月 16 日播种的即较 10 月 1 日有显著下降。不同播期间平均日照长短有一定的差异，一般地，随播期推迟，每天日照时数增加。但郑引 1 号播期间差异不明显。在二棱中期，百泉 41 在 10 月 1 日播种的与 10 月 24 日播种间差异达 5%显著水平；整个二棱期比较，10 月 1 日播种与 10 月 8 日播种间的差异达极显著水平（$P<0.01$），10 月 8 日与 10 月 24 日播种的差异亦达 1%极显著水平。由于不同播期下二棱期历时天数的明显变化，必然引起总日照时数的差异（表 3-28、表 3-29）。从表中可以看出，二棱期郑引 1 号以 10 月 16 日播种的总日照时数最大（276.2h），其次为 10 月 8 日（249.3h），两期差异不显著，但均与 10 月 1 日（145.3h）和 10 月 24 日（151.3h）播种的差异达极显著水平（$P<0.01$）。播期间的这一变化趋势在二棱初期和中期表现基本一致，但在二棱后期，则表现为以 10 月 8 日播种的总日照时数最大，10 月 24 日播种的最小。半冬性品种百泉 41 则表现为随播期推迟，总日照时数呈明显下降趋势，10 月 1 日、10 月 8 日、10 月 16 日、10 月 24 日播种的依此为 304.5h、262.6h、185.6h 和 123.2h，4 个处理间的差异均达 1%显著水平。这一变化趋势在初期、中期和后期表现趋于一致。

表 3-28 不同播种时间对郑引 1 号二棱期历时天数、日均温、积温、光照及降雨量的影响

二棱期时段	播种时间（月/日）	历时天数（d） 平均	CV（%）	日均温（℃） 平均	CV（%）	积温（℃） 平均	CV（%）	总日照时数（h） 平均	CV（%）	日照长短（h） 平均	CV（%）	降雨量（mm） 平均	CV（%）
二棱初	10/01	8.5bB	52.9	8.9aA	32.6	64.7aA	23.1	36.3bB	69.9	4.5aA	61.2	9.0aA	140.7
	10/08	13.2abAB	58.1	4.7bB	41.4	50.6abAB	51.8	60.3abAB	65.3	4.5aA	31.1	2.3aA	178.3
	10/16	19.1aA	66.4	3.0cB	44.4	39.1bB	68.5	85.1aA	60.6	4.6aA	25.8	7.4aA	202.5
	10/24	15.4abAB	59.1	4.3bcB	36.4	53.0abAB	49.5	67.9abAB	61.7	4.6aA	43.5	7.6aA	178.2
二棱中	10/01	12.0bcB	60.4	6.1aA	31.5	59.1abA	34.9	52.1bcB	81.9	4.0aA	43.7	7.9aA	176.4
	10/08	16.7bB	46.8	3.6bB	45.6	44.6bA	48.8	80.4bB	41.3	5.2aA	33	3.6aA	167.5
	10/16	24.6aA	41.3	3.5bB	42.7	63.4aA	46.8	123.3aA	42	5.1aA	16.8	4.9aA	123.3
	10/24	9.5cB	67.5	5.7aA	33.6	44.2bA	45.4	45.1cB	83.5	4.6aA	61.1	5.9aA	130.6

（续）

二棱期时段	播种时间（月/日）	历时天数（d）		日均温（℃）		积温（℃）		总日照时数（h）		日照长短（h）		降雨量（mm）	
		平均	CV（%）	平均	CV（%）	平均	CV（%）	平均	CV（%）	平均	CV（%）	平均	CV（%）
二棱后	10/01	11.7bcB	67.7	4.9aAB	38.8	42.1aA	41.5	56.8bB	68.5	5.3aA	36.4	2.0aA	207.6
	10/08	22.3aA	48	3.3cB	31.7	56.0aA	48.4	108.6aA	48.5	5.0aA	28.2	7.4aA	208.4
	10/16	15.5bB	73.9	4.9aAB	34.3	54.5aA	52.4	67.7bAB	74.4	4.6aA	57.9	7.8aA	118.7
	10/24	6.8cB	39.5	6.7aA	34.1	40.4aA	35.3	38.3bB	43.9	5.8aA	26.3	3.8aA	194
二棱期	10/01	32.3bB	43.4	6.0aA	37.5	165.9aA	15.2	145.3bB	47.4	4.6aA	27.9	18.9aA	138.6
	10/08	52.2aA	33.8	3.2cB	37.1	151.2bAB	24	249.3aA	34.1	4.6aA	25.6	13.3aA	121.8
	10/16	59.2aA	21.6	2.7cB	24.1	156.9aAB	23	276.2aA	17.9	4.5aA	24.6	20.1aA	92.3
	10/24	31.7bB	38.1	4.7bA	27.3	137.7bB	21.1	151.3bB	40.9	4.8aA	22.0	17.2aA	96.7

表 3-29 不同播种时间对百泉 41 二棱期历时天数、日均温、积温、光照及降雨量的影响

二棱期时段	播种（月/日）	历时天数（d）		日均温（℃）		积温（℃）		总日照时数（h）		日照长短（h）		降雨量（mm）	
		平均	CV（%）	平均	CV（%）	平均	CV（%）	平均	CV（%）	平均	CV（%）	平均	CV（%）
二棱初	10/01	24.3aAB	41.1	3.4bcB	32.3	58.8aA	53.6	101.5abA	52.0	4.2aA	35.0	8.0aA	125.7
	10/08	24.9aA	36.7	2.8cB	31.7	45.9aA	68.6	114.3aA	46.7	4.5aA	26.0	7.6aA	112.8
	10/16	17.3bBC	58.3	3.6bB	37.4	46.7aA	50.1	81.3bAB	63.1	4.6aA	38.9	6.3aA	164.0
	10/24	10.6cC	48.1	4.8aA	34.8	44.6aA	58.1	49.5cB	55.3	4.9aA	43.6	5.0aA	161.4
二棱中	10/01	26.6aA	35.4	2.7dC	39.2	49.4abA	58.1	109.3aA	39.4	4.1bB	29.7	12.2aA	116.4
	10/08	18.3bB	43.9	3.9cBC	28.3	61.0aA	51.5	90.3aAB	53.1	4.9abAB	34.1	6.3bA	209.0
	10/16	11.8cC	45.5	4.9bB	34.1	51.4abA	48.0	57.3bBC	68.5	4.8abAB	46.2	5.7bA	133.8
	10/24	7.4dC	32.4	6.2aA	32.7	41.3bA	37.2	41.0cC	42.6	5.7aA	38.7	4.4bA	166.8
二棱后	10/01	18.6aA	47.0	4.7cC	28.4	70.4aA	37.3	93.7aA	56.5	4.9aA	38.5	12.4aA	124.4
	10/08	12.1bB	46.3	5.5bcBC	35.2	55.3bAB	41.5	58.0bB	63.0	4.7aA	45.3	8.4abA	122.9
	10/16	8.4cBC	50.4	6.7abAB	30.2	49.2bA	43.0	46.9bcB	56.9	5.6aA	32.6	5.4abA	150.1
	10/24	5.9cC	38.6	7.8aA	24.1	43.4bB	42.1	32.6cB	65.8	5.3aA	51.1	4.3bA	169.4
二棱期	10/01	69.6aA	15.1	2.6cC	22.1	178.6aA	25.8	304.5aA	24.4	4.4cC	21.5	32.7aA	100.1
	10/08	55.2bB	25.9	2.9cC	20.1	162.2abAB	33.1	262.6bB	29.0	4.8bB	19.2	22.2bB	94.9
	10/16	37.4cC	40.4	4.2bB	24.4	147.3bcBC	25.0	185.6cC	44.2	4.9abAB	21.7	17.3bcB	87.3
	10/24	23.9dD	24.9	5.6aA	20.4	129.3cC	19.0	123.2dD	31.0	5.2aA	18.1	13.7cB	92.5

二棱期间不同播期处理降雨量的变化在两品种间的表现也不相同。郑引 1 号各播期间差异不大（表 3-28），而百泉 41 随播期推迟和历时天数减少，降雨量呈明显下降趋势（表 3-29），10 月 8 日播种的较 10 月 1 日播种的减少 10.5mm，差异达 1％显著水平；而 10 月 24 日播种的又较 10 月 8 日播种的减少 8.5mm，差异亦达 1％显著水平。播期间的这一差异主要是在二棱中期和后期造成的，在初期降雨量差异不大。

四、护颖分化期与气象条件的关系

护颖分化是指进入二棱后期不久，在穗中部最先形成的小穗原基基部两侧，各分化出一线裂片突起，即护颖原基，将来发育成护颖。在河南生态条件下，适期播种小麦（半冬性 10 月 8 日，春性 10 月 16 日）的护颖分化期历时天数在 4～12d 之间，平均为 7d。

（一）历时天数与温度的关系

1. 与日均温度的关系 表 3-30 和表 3-31 分别是两品种护颖分化期历时天数与日均温、积温的对应关系（各播期平均），从中可以看出，护颖分化期历时天数与日均温存在密切关系。春性品种郑引 1 号护颖分化期平均日均温为 6.0℃，历时天数为 9.6d；适期播种条件下历时天数平均为 6.8d（日均温 6.3℃）。在日均温相对较高的 1989 年（9.5℃），历时天数为 5.5d；而在日均温相对较低的 1979、1993 和 1997 年，该阶段日均温分别为 4.7℃、4.0℃和 5.9℃，历时天数分别为 11.7d、8.3d 和 15.0d，分别比 1989 年的历时天数多 6.2d、2.8d 和 9.5d。百泉 41 表现出相同的趋势，多年平均日均温为 7.2℃，历时天数为 6.5d（10 月 8 日播种的平均历时 6.9d）；在日均温相对较高的 1980 和 1994 年，日均温分别为 9.3℃和 8.8℃，历时天数分别仅为 5.3d 和 3.5d；而在日均温相对较低的 1979 和 1990 年，日均温分别为 4.3℃和 4.5℃，历时天数分别为 9.5d 和 9.3d。即两品种均表现为随日均温的降低历时天数增加。进一步分析了日均温与历时天数的相关关系，结果表明（表 3-32），二者之间的负相关系数在两品种中均达到了极显著水平（郑引 1 号 $r=-0.469^{**}$、$n=68$；百泉 41 $r=-0.315^{**}$、$n=68$）。

表 3-30 郑引 1 号不同年份护颖分化期历时天数、日均温、积温、日照及降雨量的变化

年份	历时天数（d）		日均温（℃）		积温（℃）		总日照时数（h）		日照长短（h）		降雨量（mm）	
	平均	CV（%）	平均	CV（%）	平均	CV（%）	平均	CV（%）	平均	CV（%）	平均	CV（%）
1979	11.7	55.1	4.7	37.2	42.7	10.6	35.1	127.1	2.4	90.6	12.1	51.4
1980	6.7	8.7	4.2	38.0	25.0	37.3	37.5	24.6	6.5	33.9	0.0	173.2
1981	7.7	65.7	6.8	69.0	34.4	47.0	32.1	28.2	5.1	41.9	7.5	169.8
1984	6.0	47.1	6.8	59.7	35.1	13.9	26.2	79.8	4.0	40.2	4.9	68.5
1985	8.5	56.4	5.8	55.3	36.8	10.5	50.2	59.5	5.8	7.0	4.0	118.0
1986	6.8	7.4	7.6	23.3	45.5	42.4	48.0	23.1	7.0	17.2	6.1	103.1
1988	11.5	50.5	4.7	80.3	40.7	42.5	51.5	55.5	5.0	50.2	9.6	135.1
1989	5.5	64.3	9.5	32.2	46.5	35.2	39.4	72.1	6.9	10.1	0.0	—
1990	9.3	41.8	5.1	43.2	34.1	61.3	35.3	24.8	4.4	41.5	6.8	171.0
1991	12.8	95.5	7.7	47.2	58.9	11.7	79.3	91.8	6.4	33.3	4.4	191.0
1992	8.0	59.5	5.4	57.1	31.7	32.2	39.8	31.5	5.6	36.0	2.5	200.0
1993	8.3	48.9	4.0	21.7	29.8	50.0	27.1	71.9	3.2	46.7	3.1	123.5
1994	9.5	46.7	6.0	29.4	51.9	10.0	55.6	50.7	5.9	19.7	0.2	200.0
1995	11.8	104.6	5.6	51.5	35.8	6.5	57.4	64.7	6.2	28.3	0.2	200.0
1996	13.3	128.2	6.8	68.4	31.7	24.6	55.5	136.6	4.5	63.4	4.2	92.8
1997	15.0	109.7	5.9	58.4	45.1	22.8	60.9	129.0	3.3	67.9	14.0	117.3
1998	7.5	28.3	7.4	24.8	53.5	2.9	43.0	36.7	5.7	8.9	0.0	—
平均	9.6	75.8	6.0	47.6	39.7	34.6	46.6	75.8	5.2	38.8	4.7	162.4

表 3-31 百泉 41 不同年份下护颖分化期历时天数、日均温、积温、日照及降雨量的变化

年份	历时天数（d）		日均温（℃）		积温（℃）		总日照时数（h）		日照长短（h）		降雨量（mm）	
	平均	CV（%）	平均	CV（%）	平均	CV（%）	平均	CV（%）	平均	CV（%）	平均	CV（%）
1978	6.3	24.0	6.8	26.0	40.8	9.2	31.2	37.8	5.0	24.9	0.4	200.0
1979	9.5	7.4	4.3	1.7	40.7	9.6	—	—	—	—	12.0	—
1980	5.3	61.0	9.3	41.0	38.2	9.7	35.0	42.0	7.1	18.8	0.5	119.6
1981	6.7	45.8	8.5	22.0	53.9	33.4	39.3	34.9	6.2	20.4	0.4	118.4
1983	4.0	0.0	7.7	23.9	30.9	24.1	28.2	25.1	7.1	25.1	0.0	—
1984	3.5	20.2	8.8	2.4	30.6	18.0	14.5	31.8	4.4	50.4	3.6	141.4
1985	5.0	0.0	7.0	14.7	34.9	15.1	23.1	15.9	4.6	15.9	11.5	46.0

（续）

年份	历时天数（d）		日均温（℃）		积温（℃）		总日照时数（h）		日照长短（h）		降雨量（mm）	
	平均	CV（%）	平均	CV（%）	平均	CV（%）	平均	CV（%）	平均	CV（%）	平均	CV（%）
1986	9.3	28.4	7.2	36.2	56.2	21.4	43.2	45.3	5.1	59.8	15.5	135.4
1987	8.5	56.4	6.7	62.8	38.8	17.8	39.2	74.8	4.4	41.1	9.1	75.7
1988	5.0	28.3	8.7	43.8	39.4	30.5	30.8	21.8	6.3	19.8	6.8	200.0
1989	6.0	23.6	6.4	34.5	36.6	11.8	32.8	14.9	5.7	37.8	0.0	—
1990	9.3	29.8	4.5	58.1	34.0	19.8	42.8	40.0	4.6	28.4	3.2	14.0
1991	5.8	26.1	6.4	56.8	36.5	86.0	24.8	76.7	4.1	67.2	10.6	82.3
1992	7.8	19.4	6.4	32.5	47.8	21.3	41.1	28.1	5.6	38.5	1.9	200.0
1993	5.0	23.1	6.6	18.7	32.1	13.6	21.3	46.5	4.8	64.5	4.0	115.5
1994	7.5	31.7	7.0	13.2	50.7	20.9	48.0	16.6	6.6	16.1	0.0	—
1995	5.8	8.7	8.0	16.3	45.6	7.1	37.8	21.4	6.5	14.6	0.0	—
1996	5.0	20.0	8.5	31.0	41.0	13.4	22.5	59.7	5.0	72.3	7.7	89.7
1997	4.7	12.4	7.7	25.4	36.2	30.3	15.5	70.0	3.6	83.4	10.7	173.2
1998	8.7	35.3	8.1	27.5	66.2	9.5	51.6	32.3	6.0	4.8	0.0	—
平均	6.5	39.4	7.2	34.2	41.9	31.1	32.6	50.2	5.2	40.8	5.0	171.2

表 3-32 护颖分化期历时天数与气象因子的关系

品种	播种时间（月/日）	日均温	积温	总日照时数	日照长短	降雨量	样本数（n）
郑引 1 号	汇总分析	−0.622**	0.113	0.883**	−0.200	0.102	68
	10/01	−0.679*	0.165	0.873**	−0.208	0.041	13
	10/08	−0.502*	0.260	0.914**	−0.401	0.302	17
	10/16	−0.485*	0.329	0.610**	−0.215	0.082	19
	10/24	−0.496*	0.575**	0.272	−0.335	0.361	20
百泉 41	汇总分析	−0.632**	0.308*	0.546**	−0.263	0.080	68
	10/01	−0.567*	0.191	0.746**	−0.638*	0.071	15
	10/08	−0.739**	0.494*	0.549*	−0.316	0.063	19
	10/16	−0.547*	0.226	0.209	−0.232	0.016	18
	10/24	−0.639**	0.352	0.143	−0.445	0.511*	16

不同类型品种通过护颖分化期的历时天数和日均温存在一定的差异（表 3-33）。其中，春性品种郑引 1 号、徐州 21、偃师 9 号、豫麦 18 通过护颖分化期的天数分别为 9.6d、8.4d、11.5d 和 10.3d（平均为 10.0d）；日均温分别为 6.0℃、5.3℃、4.9℃ 和 3.6℃（平均为 5.0℃）。半冬性品种百泉 41、郑州 761、百农 3217 和豫麦 49 通过护颖分化期的历时天数分别为 6.5d、5.8d、5.7d 和 9.1d（平均为 5.8d），日均温分别为 7.2℃、7.2℃、5.2℃ 和 9.1℃（平均 7.2℃）。可见，在河南生态条件下春性品种通过护颖分化期的日均温略低于半冬性品种，因此历时天数多于半冬性品种。这主要是由于春性品种发育快、春季较早进入护颖分化期的缘故。

2. 与积温的关系 护颖分化期积温在不同年份间有较大差异。郑引 1 号积温在 25.0（1980）～53.5℃（1998），平均为 39.7℃，变异系数为 34.6%；百泉 41 积温变化在 30.6（1984）～66.2℃（1998）之间，平均为 41.9℃，变异系数为 31.1%。从历时天数与积温的关系看，郑引 1 号在积温出现极值的 1998 年（53.5℃）和 1980 年（25.0℃），历时天数分别为 7.5d 和 6.7d，相差仅 0.8d。相关分析亦表明，历时天数与积温间无明显的相关性（$r=0.113$、$n=68$）。但该品种在晚播条件下（10 月 24 日），历时天数与积温表现出极显著的正相关（$r=0.575^{**}$、$n=20$），这与该阶段（河南生态条件下在 3 月上、中旬）气温已明显升高有关。

表 3-33 不同类型品种护颖分化期历时、日均温、日照等的差异

品种类型	播期 （月/日）	品 种	历时天数 （d）	日均温 （℃）	积温 （℃）	总日照时数 （h）	日照长短 （h）	降雨量 （mm）
春性	适期播种 （10/16）	郑引 1 号	6.8	6.3	38.4	32.9	4.9	4.2
		徐州 21	5.3	8.1	41.4	33.5	6.3	10.7
		冀麦 5418	6.0	6.9	32.8	34.5	6.1	3.7
		偃师 9 号	6.0	7.6	45.4	61.0	10.2	0.0
		豫麦 18	10.0	5.6	55.9	19.6	2.0	7.4
	4 期平均	郑引 1 号	9.6	6.0	38.7	45.0	5.1	4.6
		徐州 21	8.4	5.3	32.0	35.0	4.3	7.9
		冀麦 5418	6.4	5.6	27.6	24.8	4.1	5.2
		偃师 9 号	11.5	4.9	35.4	60.8	6.0	8.6
		豫麦 18	10.3	3.6	35.8	32.0	3.1	8.0
半冬性	适期播种 （10/08）	百泉 41	6.9	6.7	41.8	37.3	5.7	3.2
		郑州 761	7.3	6.8	48.3	33.7	3.9	2.1
		百农 3217	7.0	6.2	43.4	35.5	5.1	0.0
		豫麦 49	6.5	8.0	48.5	32.1	4.9	38.9
	4 期平均	百泉 41	6.5	7.2	41.9	32.6	5.2	5.0
		郑州 761	5.8	7.2	39.6	27.4	4.6	1.2
		百农 3217	5.7	5.2	30.3	25.6	4.5	2.3
		豫麦 49	5.2	9.1	44.3	28.7	5.8	16.1
		宝丰 7228	2.5	10.5	25.4	10.0	4.0	0.3

百泉 41 积温相对较高的 1981 年（53.8℃）和 1998 年（66.2℃），历时天数分别为 6.7d 和 8.7d，而在积温相对较低的 1984 年（30.6℃）和 1997 年（36.2℃），历时天数分别为 3.5d 和 4.7d，即随历时天数增加积温呈增加趋势。相关分析结果亦表明，该品种护颖分化期历时天数与该期间的积温呈显著的正相关关系（$r=0.308^{*}$、$n=68$），且主要以适期播种（10 月 8 日）条件下表现突出（表 3-32）。

（二）历时天数与日照的关系

分析了不同年份护颖分化期总日照时数的变化（表 3-30、表 3-31）。可以看出，该阶段郑引 1 号总日照时数在 26.2～79.3h 之间，平均为 46.6，年际间变异系数为 75.8%；百泉 41 在 14.5～51.6h 之间，平均为 32.6h，年度间变异系数为 50.2%。可见该阶段不同年份间总日照时数变化较大。

护颖分化期总日照时数与历时天数存在密切关系。春性品种郑引 1 号在 1984 和 1993 年，护颖分化期历时天数分别为 6.0d 和 8.3d，其间总日照时数为 26.2h 和 27.1h；而在 1991 和 1997 年，历时天数分别为 12.7d 和 15.0d，其间总日照时数则达到了 79.3h 和 60.9h，表明随历时天数增加总日照时数呈明显增多趋势。百泉 41 在 1984 年和 1993 年，历时天数分别为 3.5d 和 5.0d，其间总日照时数为 14.5h 和

21.3h，而在历时天数较多的 1986 年（9.3d）和 1998 年（8.7d），总日照时数分别为 43.2h 和 51.6h，同样表现为总日照时数随历时天数增加而增加。相关分析结果表明（表 3-32），护颖分化期历时天数与总日照时数之间呈极显著的正相关关系（$P<0.01$），郑引 1 号和百泉 41 相关系数分别为 0.883**（$n=68$，下同）和 0.546**。从不同播期看，郑引 1 号在 10 月 1 日、10 月 8 日和 10 月 16 日这种正相关关系均达到了显著水平（$r_1=0.873$**、$r_2=0.914$**、$r_3=0.610$**），而 10 月 24 日播种的相关系数未达显著水平（$r=0.272$）。百泉 41 在 10 月 1 日和 10 月 8 日播期下分别达到了显著水平（$r_1=0.746$**、$r_2=0.549$*），而在后两个播期中这种正相关关系均不显著。表明晚播条件下护颖分化期的历时天数与日照的关系不密切，这可能是因为在晚播条件下，护颖分化期温度已明显回升，历时天数少且年际间变化不大的缘故。进一步分析了平均日照时数（日照长短）与护颖分化期历时天数的相关性，结果表明二者呈负相关，不同播期间表现一致，即每天平均日照时数的增加有缩短护颖期历时进程的趋势，但这种相关关系在各播期间均未达到显著水平（表 3-32）。

（三）历时天数与降雨的关系

由于护颖分化期历时较短，降雨量在不同年份间存在较大的变异（表 3-30、表 3-31）。郑引 1 号降雨量在 0～14.0mm，平均 4.7mm，变异系数达到 162.4%。百泉 41 降雨量在 0～15.5mm 之间，平均为 5.0mm，变异系数 171.2%。历时天数与降雨量关系分析表明，二者不存在明显的相关关系（表 3-32）。

（四）不同播期处理历时天数及气象条件的变化

分析了不同播期处理护颖分化期历时天数、日均温、积温、日照及降雨量的变化（表 3-34）。结果表明，护颖分化期历时天数，郑引 1 号以 10 月 8 日播种的最多，其次是 10 月 1 日，以 10 月 24 日为最少；其中 10 月 8 日与 10 月 1 日间差异达 5% 显著水平，但与 10 月 16 日和 10 月 24 日的差异均达到 1% 显著水平。百泉 41 护颖分化期的历时天数随播期推迟而逐渐缩短，除了 10 月 16 日和 10 月 24 日两播期间差异不显著外，其他播期间差异均达 5% 显著水平。

不同播期处理间日均温的变化表现出与历时天数相反的趋势。如郑引 1 号历时天数以 10 月 8 日为最多（16.3d），但其间日均温最低（4.0℃）；10 月 24 日播种的日均温最高（8.5℃），历时天数最少（5.4d）。差异显著性检验表明，10 月 24 日播种日均温与其他三播期处理间差异均达 1% 显著水平。百泉 41 日均温随播期推迟而逐渐升高，10 月 24 日播期处理与其他播期间差异达 5% 显著水平。

播期不同影响护颖分化期历时天数，必然引起总日照时数的差异。从表 3-34 中可以看出，郑引 1 号以 10 月 8 日播种的总日照时数最大（74.7h），其次为 10 月 1 日（59.1h），两播期间差异不显著，但与 10 月 16 日（33.0h）和 10 月 24 日（27.2h）播种的差异达 5% 或 1% 显著水平。半冬性品种百泉 41 则表现为随播期推迟，总日照时数呈明显下降趋势。其中 10 月 1 日（41.2h）与 10 月 8 日（37.3h）间差异不显著，但均与 10 月 16 日（26.3h）和 10 月 24 日（26.0h）差异达 1% 显著水平（表 3-34）。

积温和降雨量在不同播期间虽然存在一定的差异，但处理间均未达显著水平。

表 3-34　不同播种时间下护颖分化期历时天数与日均温等气象因子的差异

品种	播期 （月/日）	历时天数（d）		日均温（℃）		积温（℃）		总日照时数（h）		日照长短（h）		降雨量（mm）	
		平均	CV（%）	平均	CV（%）	平均	CV（%）	平均	CV（%）	平均	CV（%）	平均	CV(%)
郑引 1号	10/1	11.1bAB	67.2	4.6bcB	47.6	37.3aA	36.1	59.1aAB	78.0	5.6aA	38.4	3.6aA	151.7
	10/8	16.3aA	59.9	4.0cB	67.6	39.6aA	42.0	74.7aA	53.6	5.0aA	34.3	4.3aA	172.9
	10/16	6.9bcB	25.4	6.1bB	31.7	39.1aA	34.8	33.0bB	36.0	4.9aA	29.0	4.7aA	161.2
	10/24	5.4cB	36.5	8.5aA	25.7	42.2aA	28.9	27.2bB	61.0	5.4aA	49.4	5.9aA	163.1
百泉 41	10/1	8.2aA	37.8	6.1cA	36.3	43.9aA	37.8	41.2aA	28.8	5.3aA	20.8	4.3aA	171.6
	10/8	6.9bA	39.4	6.7bcA	28.0	41.8aA	29.5	39.3aAB	47.1	6.0aA	36.4	3.2aA	167.8
	10/16	5.7cA	30.9	7.7bcA	36.5	40.7aA	33.9	27.5bB	52.8	5.1aA	42.6	5.3aA	121.9
	10/24	5.3cA	28.9	8.3aA	29.8	41.4aA	23.9	26.0bB	44.9	5.2aA	43.5	7.6aA	179.5

五、小花、雌雄蕊分化至四分体形成阶段与气象条件的关系

小花至四分体分化期包括时期多、气候条件变化大。该阶段包括小花原基分化期、雌雄蕊原基分化期、凹期（又分为小凹期、凹期和大凹期）、柱期（包括柱头突起期和柱头伸长期）、羽期（包括柱头羽毛突起期、柱头羽毛伸长期和柱头羽毛形成期）。小花分化至柱头伸长期是争取小花数的关键时期，药隔柱头突起期至四分体时期是防止小花退化、提高结实率的关键时期。

在河南生态条件下，正常播种的春性品种（10 月 16 日）以郑引 1 号为例，小花分化期历时天数平均 10.1d（7~17d），变异系数达 34.6%；雌雄蕊分化期历时 6.6d（5~14d），变异系数 45.4%；凹期历时 14.9d（9~27d），变异系数 34.3%；柱期历时天数为 6.6d（5~11d），变异系数为 29.9%；羽期历时 18.3d（13~25d），变异系数为 18.4%。半冬性品种（以百泉 41 为例）正常播种条件下（10 月 8 日），小花分化期历时天数平均为 10.0d（7~16d），变异系数达 34.3%；雌雄蕊分化期历时 6.2d（5~12d），变异系数 33.5%；凹期历时 12.5d（7~18d），变异系数 28.4%；柱期历时天数为 5.9d（5~8d），变异系数为 28.7%；羽期历时 18.3d（12~24d），变异系数为 23.4%。可见从小花分化至羽期，两品种历时天数相差仅 3.7d。

（一）历时天数与温度的关系

1. 与日均温的关系　自小花原基分化至柱头羽毛伸长期，温度是影响历时天数的主导因子。如在小花分化期（10 月 8 日播种的百泉 41），当日均温为 6.1℃和 6.8℃的年份，历时天数分别为 16d 和 15d；而当日均温为 10.1℃和 10.9℃时历时天数则分别为 6d 和 8d。

对不同阶段历时天数与日均温进行方差分析（表 3-35），表明不同年际间历时天数和日均温存在有差异。其中郑引 1 号小花分化期、凹期和羽期，年际间历时天数的差异达显著或极显著水平，而雌雄蕊分化和柱期的历时天数在年际间差异不显著。凹期和羽期日均

温在不同年际间差异达极显著，而在小花分化、雌雄蕊分化和柱期，年际间日均温差异不显著。对半冬性品种百泉41而言，小花分化、雌雄蕊分化、凹期、柱期和羽期的历时天数和日均温度在年际间均存在有极显著的差异。

表3-35 郑引1号和百泉41不同年份和播期幼穗分化历期与气象因子的方差分析

品种	变异来源	项目	小花分化 df	小花分化 F	雌雄蕊分化 df	雌雄蕊分化 F	凹期 df	凹期 F	柱期 df	柱期 F	羽期 df	羽期 F
郑引1号	播期	历时天数	3	50.05**	3	8.87**	3	9.75**	3	7.95	3	6.50**
		日均温	3	21.45**	3	4.70**	3	27.38**	3	7.09	3	12.80**
		积温	3	9.73**	3	0.31	3	1.11	3	1.38	3	2.70
		总日照	3	34.08**	3	9.75**	3	4.38*	3	1.97	3	4.82*
		日照长短	3	0.32	3	0.35	3	8.45**	3	1.00	3	0.52
		降雨量	3	0.42	3	0.69	3	0.70	3	3.09	3	0.27
	年份	历时天数	18	1.88*	17	1.88	14	4.06**	13	2.56	13	6.63**
		日均温	18	1.69	17	0.79	14	6.56**	13	3.88	13	13.24**
		积温	18	2.47**	17	2.16*	14	2.51*	13	1.89	13	4.53**
		总日照	18	1.29	17	1.46	14	4.31**	13	1.92	13	5.77**
		日照长短	18	0.79	17	1.01	14	7.89**	13	3.32	13	5.57**
		降雨量	18	1.48	17	1.63	14	3.11**	13	2.45	13	15.45**
百泉41	播期	历时天数	3	6.49**	3	0.40	3	9.08**	3	1.97	3	0.40
		日均温	3	1.05	3	0.42	3	11.56**	3	0.11	3	15.23**
		积温	3	2.59	3	0.20	3	1.04	3	2.03	3	0.75
		总日照	3	11.54**	3	1.16	3	2.55	3	0.60	3	0.79
		日照长短	3	1.73	3	1.95	3	3.74*	3	0.49	3	0.54
		降雨量	3	0.12	3	1.42	3	0.58	3	0.50	3	0.21
	年份	历时天数	17	4.52**	16	5.03**	12	15.41**	11	7.76**	11	29.79**
		日均温	17	2.04*	16	4.99**	12	16.20**	11	7.76**	11	79.82**
		积温	17	3.81**	16	3.99**	12	4.68**	11	7.76**	11	18.31**
		总日照	17	4.27**	16	3.61**	12	5.93**	11	12.51**	11	24.02**
		日照长短	17	2.03*	16	4.82**	12	17.74**	11	11.34**	11	25.63**
		降雨量	17	2.29*	16	3.44**	12	7.37**	11	1.57	11	79.82**

分析了日均温与历时天数的相关关系，结果表明，二者之间呈极显著的负相关关系。其中，郑引1号在小花分化、雌雄蕊分化、凹期、柱期和羽期二者的相关系数分别为－0.689**、－0.514**、－0.697**、－0.679**和－0.529**（表3-36）；百泉41分别为－0.586**、－0.190、－0.771**、－0.684**和－0.600**（表3-37）。表明随温度升高历时天数呈明显缩短趋势。

2. 与积温的关系 半冬性品种百泉41在正常播种条件下（10月8日），小花分化、雌雄蕊分化、凹期、柱期和羽期年际间平均积温分别为76.3℃、53.9℃、131.5℃、80.9℃和295.8℃，其变异系数分别为27.7%、37.7%、20.1%、18.8%和19.5%。春性品种郑引1号在正常播种条件下（10月16日），不同年份各阶段平均积温分别为71.7℃、54.1℃、140.6℃、89.5℃和295.0℃，其变异系数分别为35.4%、34.4%、21.9%、27.9%和12.4%。方差分析结果表明，自小花分化至羽期，积温在不同年际间的差异均达显著或极显著水平，两品种表现一致（表3-35）。

表 3-36　郑引 1 号幼穗小花至羽毛期间不同播期处理历时天数与气象因子的相关性

幼穗发育时期	播种时间（月/日）	日均温	积温	总日照	日照长短	降雨量	df
小花分化	播期合并	−0.689**	0.706**	0.941**	−0.110	0.300*	65
	10/01	−0.599*	0.771**	0.716*	−0.359	0.436	12
	10/08	−0.282	0.661**	0.919**	0.173	0.241	17
	10/16	−0.322	0.734**	0.761**	−0.171	0.428	18
	10/24	−0.641**	0.789**	0.280	−0.476	0.379	18
雌雄蕊分化	播期合并	−0.514**	0.415**	0.849**	−0.161	0.349**	63
	10/01	−0.527	0.157	0.817**	−0.375	0.351	12
	10/08	−0.445	0.690**	0.814**	−0.442	0.444	16
	10/16	−0.556*	0.817**	0.691**	−0.018	0.171	17
	10/24	0.117	0.810**	0.570*	−0.153	0.299	18
凹期	播期合并	−0.697**	0.764**	0.773**	−0.363*	0.544**	47
	10/01	−0.645*	0.802**	0.835**	−0.396	0.734*	10
	10/08	−0.564	0.887**	0.798**	0.059	0.403	11
	10/16	−0.713**	0.653*	0.537	−0.455	0.841**	13
	10/24	−0.793**	0.607*	0.305	−0.753**	0.679*	13
柱期	播期合并	−0.679**	0.646**	0.546**	−0.326*	0.470**	42
	10/01	−0.757*	0.685*	0.610	−0.281	0.657	9
	10/08	−0.890**	0.608	0.523	−0.680	0.520	8
	10/16	−0.475	0.624*	0.493	−0.485	0.179	13
	10/24	−0.333	0.749**	0.523	0.069	−0.312	12
羽期	播期合并	−0.829**	0.906**	0.843**	−0.428**	0.325*	38
	10/01	−0.924**	0.937**	0.880**	−0.475	0.651	8
	10/08	−0.815*	0.913**	0.808**	−0.342	0.518	7
	10/16	−0.740**	0.833**	0.635*	−0.471	0.435	13
	10/24	−0.802**	0.931**	0.809**	−0.646*	0.483	10

注：凹期为雌蕊小凹—大凹，柱期为柱头突起—柱头伸长，羽期为柱头羽毛突起—羽毛形成期，下同。

相关分析结果表明，小花分化、雌雄蕊分化、凹期、柱期和羽期的积温与历时天数均呈极显著的正相关，其中郑引 1 号 5 期的相关系数分别为 0.706**、0.415**、0.764**、0.646** 和 0.906**（表 3-36）；百泉 41 的相关系数分别为 0.719**、0.709**、0.748**、0.668** 和 0.877**（表 3-37）。

表 3-37　百泉 41 幼穗小花至羽毛期间不同播期处理历时天数与气象因子的相关性

幼穗发育时期	播种时间（月/日）	日均温	积温	总日照	日照长短	降雨量	df
小花分化	播期合并	−0.586**	0.719**	0.645**	−0.284*	0.173	61
	10/01	−0.661*	0.842**	0.853**	−0.666**	0.489	14
	10/08	−0.625**	0.644**	0.523*	−0.315	0.308	16
	10/16	−0.279	0.656**	0.482	−0.056	−0.131	16
	10/24	−0.799**	0.552*	−0.042	−0.607*	0.233	15

（续）

幼穗发育时期	播种时间（月/日）	日均温	积温	总日照	日照长短	降雨量	df
雌雄蕊分化	播期合并	−0.190	0.709**	0.384**	−0.051	0.393**	58
	10/01	−0.101	0.801**	0.416	−0.154	0.515	12
	10/08	−0.053	0.692**	0.170	−0.264	0.381	15
	10/16	−0.175	0.708**	0.437	0.061	0.382	16
	10/24	−0.416	0.668**	0.587*	0.167	0.260	15
凹期	播期合并	−0.771**	0.748**	0.502**	−0.655**	0.722**	43
	10/01	−0.619	0.454	0.048	−0.531	0.791*	8
	10/08	−0.678*	0.749**	0.522	−0.458	0.583	11
	10/16	−0.769**	0.770**	0.625*	−0.782**	0.879**	12
	10/24	−0.836**	0.840**	0.615*	−0.705*	0.767**	12
柱期	播期合并	−0.684**	0.668**	0.305	−0.409*	0.297	35
	10/01	−0.753	0.528	0.214	−0.767	0.686	6
	10/08	−0.786*	0.524	−0.125	−0.878**	0.399	9
	10/16	−0.688*	0.775**	0.361	−0.328	0.021	11
	10/24	−0.459	0.844**	0.661	0.185	0.265	9
羽期	播期合并	−0.600**	0.877**	0.786**	−0.229	0.079	31
	10/01	−0.351	0.973**	0.927**	0.223	−0.351	6
	10/08	−0.582	0.925**	0.855**	−0.325	−0.582	8
	10/16	−0.715*	0.829**	0.581	−0.412	−0.715	10
	10/24	−0.714	0.799*	0.724	−0.114	−0.714	7

（二）历时天数与日照条件的关系

分析了小花分化至羽毛形成期间日照长短与总日照时数在不同年际间的变化。结果表明，郑引1号小花分化期平均日照时数为5.3h（2.2～7.6h之间），变异系数31.6%；雌雄蕊分化期日照长度为4.5h（1.8～8.1h），变异系数为40.5%；凹期平均日照长度为5.0h（2.8～8.5h），变异系数为34.7%；柱期平均日照长度为6.2h（2.7～8.7h），变异系数为28.8%；羽期平均日照长度为6.5h（4.6～8.8h），变异系数为16.7%。百泉41在上述5个阶段的平均日照长短分别为5.2h、3.9h、5.6h、5.9h和6.3h，变异系数分别为37.4%、57.8%、30.0%、33.3%和15.0%。可以看出，随幼穗发育时期的推进，平均日照时数呈逐渐增加的趋势。

总日照时数随历时天数增加而增加。5个阶段郑引1号的总日照时数分别为52.6h、30.3h、70.8h、39.1h和117.3h，变异系数分别为41.5%、55.1%、34.5%、30.3%和17.0%。百泉41在5个阶段的总日照时数分别为49.6h、23.2h、67.2h、32.1h和114.4h；其变异系数分别为41.5%、57.9%、30.9%、24.4%和23.9%。

相关分析结果表明，5个阶段郑引1号平均日照时数与历时天数的相关系数分别为−0.110、−0.161、−0.363*、−0.326*和−0.428**，可见随幼穗发育推进，二者的负相关关系逐渐明显，即增加日照长度有加快幼穗发育的作用（表3-36）。同样地，百泉41在5个阶段的相关系数分别为-0.284*、-0.051、-0.655**、-0.409*和-0.229，即在凹期和柱期负相关性最为明显（表3-37）。总日照时数与历时天数呈显著的正相关关系，两品种表现一致。

（三）历时天数与降雨的关系

不同年际间穗分化不同时期降雨量，郑引1号在小花分化期、雌雄蕊分化期和柱期差异不显著，而在凹期和羽期存在显著差异；百泉41除柱期差异不显著外，其他4个时期年际间降雨量均有显著差异（表3-35）。

相关分析表明，小花分化至羽期降雨量与历时天数呈正相关关系。其中郑引1号各时段的相关性均达极显著水平（除小花分化期为5%显著水平），百泉41小花分化期、柱期和羽期二者相关性不显著，但雌雄蕊分化期、凹期的相关性均达到极显著水平（r分别为0.393**和0.722**）。表明在幼穗发育的后期阶段，随降雨量增加，历时天数亦呈明显增加趋势。

（四）不同播种处理历时天数及气象条件的变化

在小花分化至羽毛形成期间，不同播期影响幼穗发育进程（表3-38、表3-39）。从表3-38中可以看出，各阶段幼穗发育时间随播期推迟而缩短。小花分化期，郑引1号10月8日播种的较10月1日播种的历时天数减少达1%显著水平（分别为40.1d和25.3d），而10月16日播种的又较10月8日减少达1%显著水平，与10月24日差异不显著。雌雄蕊分化期，10月8日、10月16日和10月24日三播期间历时天数差异不显著，但均与10月1日差异极显著。凹期10月24日播种的较10月1日和10月8日历时天数减少达1%显著水平。柱期10月24日播种的与10月16日播种的差异不显著，但与10月8日、10月1日播种的差异分别达显著（P<0.05）和极显著（P<0.01）水平。羽期10月8日播种的历时天数较10月1日播种减少达5%显著水平，10月16日播种减少达1%显著水平。对半冬性品种百泉41来说，除雌雄蕊分化期和柱期不同播期间无显著差异外，其他三时期的历时天数均存在显著的差异。

不同阶段日均温在不同播期间亦存在显著的差异。随播期推迟，日均温有明显的升高趋势。春性品种郑引1号在小花分化期，10月1日和10月8日播种的日均温分别为3.5℃和4.7℃，二者差异不显著，10月16日和10月24日播期处理的分别为7.4℃和8.5℃，与前两播期的差异均达1%显著水平。其他阶段表现有相似的趋势。对百泉41而言，小花分化期、雌雄蕊分化期和柱期各播期间差异不显著，而在凹期和羽期，10月1日与10月8日差异不显著，但与10月24日差异均达1%显著水平。

分析认为，各阶段积温与历时天数有密切关系，即表现出随播期推迟、历时天数缩短，积温减少的趋势。其中，郑引1号不同播期间的差异在雌雄蕊分化期、凹期和柱期差异未达显著水平，而百泉41在小花分化期、雌雄蕊分化期、凹期和羽期差异均不显著

（仅在柱期 10 月 1 日与 10 月 24 日的差异达显著水平）。

各阶段日照长短随播期推迟而呈增大趋势，但两品种在多数阶段播期间差异并不明显，仅在凹期表现出播期间的显著差异。总日照时数则随播期推迟而逐渐下降，不同阶段播期间的差异在两个品种间表现有所不同，郑引 1 号播期间的差异明显大于百泉 41，尤其是在凹期以前这种现象表现的更明显（表 3 - 38、表 3 - 39）。

表 3 - 38　郑引 1 号幼穗小花至羽毛期间不同播期历时天数、气象因子的差异显著性检验结果

幼穗发育时期	播期（月/日）	历时天数（d）	日均温（℃）	积温（℃）	总日照（h）	日照长短（h）	降雨量（mm）
小花分化	10/01	40.1aA	3.5bB	106.5aA	183.4aA	4.7aA	14.7aA
	10/08	25.3bB	4.7bB	95.4aA	119.6bB	4.6aA	13.5aA
	10/16	10.2cC	7.4aA	71.2bB	52.6cC	5.3aA	10.0aA
	10/24	8.2cC	8.5aA	66.5bB	36.1cC	4.7aA	8.9aA
雌雄蕊分化	10/01	16.2aA	4.9bB	55.7aA	72.7aA	4.8aA	10.3aA
	10/08	9.3bB	7.3aAB	59.4aA	40.9bB	5.0aA	7.0aA
	10/16	6.7bB	8.6aA	54.3aA	30.3bB	4.5aA	4.5aA
	10/24	5.8bB	8.8aA	48.1aA	24.1bB	4.3aA	8.2aA
凹期	10/01	22.0aA	7.1dC	149.8aA	102.7aA	4.9bcAB	17.5aA
	10/08	17.8bAB	8.4cC	142.4aA	74.7bB	4.2cB	21.5aA
	10/16	14.9bcBC	9.9bB	140.6aA	70.8bB	5.0bAB	17.3aA
	10/24	11.2cC	11.8aA	125.9aA	62.6bB	5.9aA	14.4aA
柱期	10/01	9.7aA	10.6bB	96.9aA	45.1aA	4.8aA	17.7aA
	10/08	7.5bAB	12.8aAB	91.8aA	47.8aA	6.3aA	2.4bB
	10/16	6.6bcB	14.0aA	89.5aA	39.1aA	6.2aA	7.1bAB
	10/24	5.8cB	14.2aA	80.5aA	35.6aA	6.1aA	4.0bB
羽期	10/01	23.8aA	15.0cC	346.6aA	153.5aA	6.5aA	14.4bA
	10/08	20.9bAB	15.7bBC	321.7abAB	132.4bB	6.4aA	15.2bA
	10/16	18.3cB	16.3bAB	307.1abAB	117.3bB	6.5aA	26.0aA
	10/24	18.1cB	17.3aA	295.0bB	117.9bB	6.7aA	21.3abA

各播期间的降雨量在不同阶段的表现并不完全一致，且在多数阶段差异不显著。

历时天数与主要气象因子间的相关分析结果显示，不同播期间亦存在一定的差异。如郑引 1 号在羽毛形成期，日均温与历时天数的负相关系数（绝对值）随播期推迟而逐渐增大，并于 10 月 16 日播种的达显著水平。总体看来，日均温与历时天数在各播期间均表现出一致的负相关，积温与历时天数表现出一致的正相关，而日照长短与历时天数的负相关仅在个别播期中达到显著水平（一般晚播条件下表现明显）。降雨量的表现在不同发育阶段、不同播期间不完全一致。如郑引 1 号表现出一致的正相关（尽管系数大小在不同播期间有差异），而百泉 41 在羽毛形成期却表现出负相关关系（与其他阶段不同），表现出较多的降雨量加快了发育进程。

表 3 - 39　百泉 41 幼穗小花至羽毛期间不同播期历时、气象因子的差异显著性检验结果

幼穗发育时期	播期（月/日）	历时天数（d）	日均温度（℃）	积温（℃）	总日照（h）	日照长短（h）	降雨量（mm）
小花分化	10/01	10.9aA	7.5aA	73.9aA	56.2aA	5.7aA	6.8aA
	10/08	10.0abAB	8.2aA	76.3aA	49.6aAB	5.2abA	10.0aA
	10/16	8.4bcB	8.4aA	69.9aA	38.7bBC	4.6abA	10.7aA
	10/24	7.9cB	8.9aA	67.0aA	31.0bC	4.2bA	9.9aA
雌雄蕊分化	10/01	5.8aA	9.0aA	51.2aA	26.0aA	4.6aA	6.7aA
	10/08	6.2aA	8.7aA	53.9aA	23.2aA	3.9aA	8.0aA
	10/16	6.0aA	8.3aA	48.9aA	23.5aA	3.9aA	7.1aA
	10/24	5.7aA	8.9aA	48.9aA	28.1aA	4.8aa	2.9aa
凹期	10/01	12.5aA	10.5cB	127.0aA	62.6abA	5.2cB	9.7aA
	10/08	12.5aA	10.8bcB	131.5aA	67.2aA	5.6bcAB	9.1aA
	10/16	10.7bAB	11.6bB	117.0aA	60.3abA	6.1abAB	9.8aA
	10/24	9.5bB	13.0aA	115.9aA	54.9aA	6.3aA	8.7aA
柱期	10/01	6.2aA	14.8aA	85.8aA	35.3aA	6.3aA	2.3aA
	10/08	5.9aA	14.4aA	80.9abA	32.1aA	5.9aA	6.5aA
	10/16	5.4aA	14.9aA	77.6abA	32.1aA	6.2aA	2.0aA
	10/24	5.2aA	14.6aA	75.0bA	32.7aA	6.2aA	3.9aA
羽毛期	10/01	19.5aA	16.0dC	310.1aA	123.9aA	6.3aA	20.9aA
	10/08	18.3bAB	16.4cC	295.8aA	114.4aA	6.3aA	21.8aA
	10/16	17.5bB	17.2bB	298.2aA	114.7aA	6.6aA	20.8aA
	10/24	17.1bB	18.2aA	307.3aA	114.2aA	6.7aA	31.4aA

六、不同类型品种幼穗发育的差异性表现

小麦不同类型品种因对温、光的敏感性不同，幼穗发育各阶段表现出明显的差异。除了以上两个典型小麦品种（春性品种郑引 1 号和半冬性品种百泉 41）为例进行重点分析外，著者将其他品种进行单独或汇总分析，以明确品种间幼穗分化的差异。

（一）不同类型品种的综合分析

连续 21 年观察了 11 个小麦品种（包括半冬性和春性类型）、4 个不同播期（10 月 1 日、10 月 8 日、10 月 16 日和 10 月 24 日）的幼穗发育进程，结果表明，小麦播种至穗原基分化及单棱期的历期随播期推迟而延长（表 3 - 40），其中 10 月 1 日与 10 月 8 日两播期间差异不显著（单棱期除外），但均与 10 月 16 日、10 月 24 日两播期间差异达极显著水平；10 月 16 日与 24 日两播期间历期的差异亦达到极显著的水平。

根据对二棱初期、二棱中期和二棱后期历时天数的分析结果，可以看出在二棱初期，10 月 8 日播种（半冬性品种在河南属于正常播种期）小麦所经历的时间最长，为 20.3d；早播（10 月 1 日播种）使二棱初期的历时天数缩短，为 16.2d，差异达 5% 显著水平；而晚播也使该阶段的历时天数缩短，其中 10 月 16 日播种缩短 0.4d，差异不显著，而 10 月 24 日播种的缩短了 8.7d，差异达 1% 极显著水平。随播种期的推迟，二棱中期和二棱后期历期呈逐渐缩短的趋势，10 月 24 日播种的历期与其他各期的差异均

达 1% 极显著水平。

自护颖分化期以后，各期历时天数均随播期的推迟而逐渐缩短，差异达 5% 或 1% 的极显著水平，表明延迟播种使春季幼穗发育进程明显加快。

表 3 - 40　不同播期处理 11 个小麦品种幼穗发育历期的差异　（单位：d）

幼穗发育阶段	播期（月/日）			
	10/01	10/08	10/16	10/24
播种至穗原基分化	27.1cC	29.5cC	33.4bB	40.6aA
穗原基分化期	2.8cC	3.1cC	4.0bB	5.8aA
单棱期	31.7dD	38.8cC	53.3bB	63.1aA
二棱分化期	50.7aA	52.8aA	48.7aA	26.3bB
二棱初期	16.2bAB	20.3aA	19.9abA	11.6cB
二棱中期	18.9aA	17.3aA	15.9aA	8.2bB
二棱后期	16.1aA	15.2aA	13.0aA	6.3bB
护颖分化期	9.4aA	10.4aA	6.0bB	5.1bB
小花分化期	24.2aA	15.6bB	8.7cC	7.4cC
雌雄蕊分化期	11.4aA	8.1bB	6.1cBC	5.6cC
雌蕊凹期	18.5aA	15.2bB	12.6bcBC	10.5cC
小凹	7.2aA	5.1bB	4.5bcB	3.7cB
中凹	5.7aA	5.4aA	3.8bB	3.5bB
大凹	5.6aA	4.8abAB	4.3bcAB	3.4cB
雌蕊柱头期	8.1aA	7.1bAB	6.1cBC	5.5cC
柱头突起	4.2aA	4.1aA	3.3bAB	2.9bB
柱头伸长	3.9aA	3.0bB	2.8bB	2.7bB
羽毛期	22.4aA	19.5bAB	17.6bB	17.2bB
羽毛突起	3.2aA	2.7abA	2.7abA	2.5bA
羽毛伸长	19.2aA	16.8bAB	14.9bB	14.7bB

注：同一行内具有相同小写或大写字母的，分别表示差异未达到显著 5% 或 1% 显著水平。

（二）不同品种间幼穗分化的差异性

不同品种幼穗发育各阶段存在着明显的差异（表 3 - 41）。从中可以看出，11 个品种自播种到穗原基分化所经历天数的变幅在 22.0～33.0d，变异系数为 15.2%；穗原基分化期所经历天数的变幅为 2.0～6.8d，变异系数为 28.5%；单棱期所经历天数的变幅为 18.0～57.0d，变异系数为 37.7%；二棱期所经历天数的变幅为 25.0～96.0d，变异系数为 31.2%；护颖分化期所经历天数的变幅为 3.0～11.5d，变异系数为 76.1%；小花原基分化期所经历天数的变幅为 4.0～15.5d，变异系数为 42.3%；雌雄蕊分化期所经历天数的变幅为 3.0～13.0d，变异系数为 43.2%；凹期所经历天数的变幅为 8.0～20.0d，变异系数为 27.0%；柱头伸长期所经历天数的变幅为 3.0～10.0d，变异系数为 26.8%；羽毛突起期所经历天数的变幅为 15.0～21.5d，变异系数为 14.1%。可见以护颖分化期、小花分化期、雌雄蕊分化、单棱期和二棱期各品种间的差异较为明显。

表 3 - 41　不同品种幼穗分化各期历时天数的变化　　　　　　　（单位：d）

品　种	播种至穗原基	穗原基	单棱期	二棱期	护颖分化期	小花分化期	雌雄分化期	凹期	柱期	羽期	备　注
郑引 1 号	29.31	3.08	36.46	59.38	6.69	11.23	6.46	14.92	6.62	18.31	
百泉 41	30.50	2.75	57.00	50.13	6.50	9.50	5.88	12.88	6.13	18.25	半冬性品
徐州 21	33.00	3.00	53.50	49.50	5.50	10.00	7.00	10.00	5.50	15.50	种百泉 41、
兰考 86 - 79	32.00	3.50	34.50	64.50	7.50	10.00	7.00	13.50	6.00	21.50	郑州 761、
冀麦 5418	28.50	3.00	28.50	51.50	10.50	9.50	13.00	20.00	10.00	20.50	百农 3217、
郑州 761	44.20	3.00	36.00	56.00	8.00	8.00	6.00				豫麦 2 号、
百农 3217	31.00	3.00	18.00	96.00	7.00	4.00	8.00	12.00	7.00	16.00	豫麦 49 播
豫麦 2 号	27.00	3.00	99.00	25.00	3.00	8.00	3.00	8.00	3.00	15.00	期为 10 月 8
偃师 9 号	26.75	5.00	31.00	51.00	11.50	12.50	12.00	13.75	5.25		日，其他春
豫麦 18	31.75	6.75	29.50	33.30	10.33	15.50	7.00	20.00			性品种为 10
豫麦 49	22.00	2.00	53.50	63.50	6.50	7.00	5.00	11.00	7.50	18.00	月 16 日
CV%	15.2%	28.5%	37.7%	31.2%	76.1%	42.3%	43.2%	27.0%	26.8%	14.1%	

表 3 - 42　不同品种聚类分析结果及幼穗发育各时段的历时天数　　　　　　　（单位：d）

类型	播种至穗原基历期	穗原基历期	单棱期历期	二棱期历期	护颖期历期	小花期历期	雌雄蕊历期	凹期历期	柱头期历期	羽毛期历期	品　种
1 类	29.7	4.8	34.6	44.0	11.5	16.1	9.1	15.8	6.1	18.6	郑引 1 号、徐州 21、偃师 9 号、豫麦 18
2 类	32.8	3.0	40.5	67.8	5.7	6.7	3.5	13.0	7.0	16.0	百农 3217
3 类	36.5	4.4	55.1	37.8	6.4	10.2	6.5	14.1	7.1	20.0	百泉 41、兰考 86 - 79、冀麦 5418、郑州 761
4 类	29.2	3.3	63.8	65.0	5.2	6.3	5.3	11.2	6.3	18.0	豫麦 49
5 类	29.0	3.0	97.0	22.5	2.5	7.5	3.0	8.0	3.0	15.0	宝丰 7228

以播种—穗原基分化、穗原基分化期及二棱期所历时天数为参数，对 11 个参试品种进行聚类分析，共分 5 类（表 3 - 42）。从表中可以看出，从第 1 类到第 5 类，幼穗发育三阶段所经历的总天数依次增加，反映了品种的冬性依次加强。由于穗原基分化期持续时间很短，品种间的差异主要反映在播种至穗原基分化和单棱期两个时期。其中第 1 类品种播种至穗原基分化历期 29.7d，单棱期历时仅 34.6d，包括郑引 1 号、徐州 21、偃师 9 号和豫麦 18，均属于弱春性品种；第 2 类只有百农 3217，为半冬性品种，其播种至穗原基分化历时 32.8d，单棱期历时 40.5d；第 3 类品种播种至穗原基分化历时 36.5d，单棱期历时 55.1d，这类品种包括了百泉 41、兰考 86 - 79、冀麦 5418 和郑州 761，属于半冬性品种；第 4 类和第 5 类分别只有豫麦 49 和宝丰 7228，单棱期所经历天数分别为 63.8d 和 97.0d。另从表中数据还可看出，半冬性与弱春性品种间比较，小麦幼穗发育前期（播种至单棱期）弱春性品种历时明显较短，而后期（小花分化至四分体）则表现出相反的趋势。

第三节 气象因子对小麦幼穗发育各时段
历时的贡献及其温光指标

何立人（1983）研究认为，小麦品种间对温度和光照反应虽然不尽相同，但穗原基分化伸长都与播种至生长锥伸长期的日均温呈极显著的负相关，即温度愈高，生长锥出现愈早，而与日长的相关不显著；单棱至二棱对低温敏感，而日长也有促进作用（张文，1987）；二棱至雌雄蕊分化是光照反应最敏感的时期，高温、长日照加速这一阶段穗分化的进程（郝明等，1983）。随品种冬性的增强，长日照的促进效应显著（夏镇澳，1955）。曲曼丽等、Cooper 研究指出，在小麦幼穗分化过程中，有两个时期对温度要求较严格，一是小穗原基分化形成期，二是花粉母细胞到花粉粒形成期，前者对低温敏感，后者则要求一定的高温条件。李光正等（1993）为确定幼穗分化各时段与温度的关系，以日平均气温（Y）为依变量，以持续时间（X）的倒数（$X' = 1/X$）为自变量，拟合了非线性回归方程，结果表明温度与幼穗分化各时段的长短关系密切。对生物学起点温度（b）而言，不同类型品种均以药隔至四分体最高，小花至雌雄蕊次之。为明确河南生态条件下各气象因子与小麦幼穗发育进程的关系，著者采用逐步回归的方式，建立了幼穗发育各阶段历时天数与气象因子的回归方程，讨论了各阶段的温、光指标。

一、幼穗发育各阶段历时天数与主要气象因子的回归分析

为进一步分析小麦幼穗发育各时期气象因子的相对重要性，采取逐步回归的方法，以各阶段历时天数为依变量（Y），以主要气象因子为自变量（X），分别建立了幼穗发育各时期的逐步回归方程。气象因子包括日均温、积温、平均日照时数和降雨量，分别表示为 X_1、X_2、X_3 和 X_4。

（一）播种至穗原基开始分化

分别建立了郑引 1 号和百泉 41 不同播期的逐步回归方程，方程回归系数均达 1‰显著水平（表 3-43）。从表中可以看出，多数方程中剔除了平均日照时数（X_3）和降雨量（X_4）（其中郑引 1 号 10 月 8 日和 10 月 16 日播种的仅剔除了平均日照时数），保留了日均温（X_1）和积温（X_2），两品种表现基本一致。表明该阶段温度是决定历时天数的主导因素，而日照条件及降雨多少对历时天数的贡献不大。这一点从平均日照时数（X_3）与历时天数（Y）的偏相关系数也可以看出：郑引 1 号不同播期间变化在 $-0.181 \sim 0.338$ 之间，百泉 41 在 $0.026 \sim 0.197$ 之间，绝对值均较小。从方程中还可以看出，日均温（X_1）对历时天数（Y）的贡献最大，且均为负效应，表明相对较高的日均温加快了该阶段的进程，使其历时天数减少；其次是积温，而每天日照时数和降雨量贡献最小。

表 3-43　播种至穗原基开始分化期间历时天数（Y）与主要气象因子（X）间逐步回归方程及其参数

品　种	播期（月/日）	回归方程	决定系数及其剔除因子与 Y 偏相关系数
郑引 1 号	10/01	$Y_1=23.225-1.400X_1+0.060X_2$	$R^2=0.997^{**}$、$r_3=-0.181$、$r_4=-0.371$
	10/08	$Y_2=28.272-1.721X_1+0.061X_2-0.006X_4$	$R^2=0.996^{**}$、$r_3=0.033$
	10/16	$Y_3=26.783-2.095X_1+0.079X_2+0.013X_4$	$R^2=0.988^{**}$、$r_3=0.099$
	10/24	$Y_4=58.330-4.197X_1+0.060X_2$	$R^2=0.976^{**}$、$r_3=0.338$、$r_4=-0.200$
百泉 41	10/01	$Y_1=36.152-2.128X_1+0.059X_2$	$R^2=0.979^{**}$、$r_3=0.143$、$r_4=-0.435$
	10/08	$Y_2=33.001-2.285X_1+0.070X_2$	$R^2=0.975^{**}$、$r_3=0.071$、$r_4=-0.313$
	10/16	$Y_3=43.144-3.090X_1+0.071X_2$	$R^2=0.919^{**}$、$r_3=-0.197$、$r_4=-0.036$
	10/24	$Y_4=60.095-5.406X_1+0.090X_2$	$R^2=0.933^{**}$、$r_3=0.026$、$r_4=0.058$

（二）穗原基分化期

与播种至幼穗开始分化阶段相似，穗原基分化期两品种各播期的回归方程（表 3-44）均含有日均温（X_1）和积温（X_2）项，而剔除了平均日照时数（X_3）和降雨量（X_4），方程决定系数达 1‰显著水平（表 3-44）。表明温度条件是决定历时天数的主导因子，而日照及降雨的影响很小。方程中的常数项随播期推迟而增大。

表 3-44　穗原基分化期历时天数（Y）与主要气象因子（X）间的逐步回归方程及其参数

品　种	播期（月/日）	回归方程	决定系数及其剔除因子与 Y 偏相关系数
郑引 1 号	10/01	$Y_1=2.711-0.182X_1+0.068X_2$	$R^2=0.987^{**}$、$r_3=-0.141$、$r_4=-0.117$
	10/08	$Y_2=3.279-0.309X_1+0.102X_2$	$R^2=0.825^{**}$、$r_3=0.200$、$r_4=-0.227$
	10/16	$Y_3=2.945-0.311X_1+0.110X_2$	$R^2=0.927^{**}$、$r_3=0.088$、$r_4=-0.173$
	10/24	$Y_4=6.081-0.773X_1+0.126X_2$	$R^2=0.846^{**}$、$r_3=0.237$、$r_4=-0.111$
百泉 41	10/01	$Y_1=2.851-0.212X_1+0.076X_2$	$R^2=0.986^{**}$、$r_3=-0.246$、$r_4=0.401$
	10/08	$Y_2=2.719-0.292X_1+0.110X_2$	$R^2=0.763^{**}$、$r_3=0.048$、$r_4=-0.141$
	10/16	$Y_3=4.815-0.519X_1+0.122X_2$	$R^2=0.777^{**}$、$r_3=0.205$、$r_4=-0.367$
	10/24	$Y_4=6.882-1.217X_1+0.187X_2$	$R^2=0.949^{**}$、$r_3=-0.311$、$r_4=0.185$

（三）单棱期

从单棱期历时天数和主要气象因子间的回归方程可以看出（表 3-45），所有播期中除日均温、积温对历时天数有显著影响外，降雨亦有较大的作用。其中，在郑引 1 号四个播期的回归方程中，有两个播期（10 月 8 日和 10 月 24 日）的降雨项（X_4）显著；百泉 41 的 4 个播期中有 3 个（10 月 1 日、10 月 8 日和 10 月 24 日）的回归方程也保留了降雨量（X_4）因子。表明在河南生态条件下，该阶段年际间降雨量变异较大（变异系数郑引 1 号为 128.0%，百泉 41 为 108.7%），且对幼穗发育进程有较为明显的影响。从其作用看，降雨量对历时天数的贡献为正效应，即随降雨量增多历时天数增加，这可能与降雨导致气温下降有关（相关分析显示平均日均温与降雨量呈负相关，资料未列出）。综合以上分析，该阶段日均温对历时天数起决定作用，其次为积温和降雨量，而日照条件对历时天数作用相对较小。日均温对历时天数的负效应表明低温延长了通过该阶段的时间。播期试验也证明了这一点，即随播期推迟日均温下降，单棱期历时天数增加。

表 3 - 45　单棱期及二棱期历时天数（Y）与主要气象因子（X）的逐步回归方程及其参数

时期	品种	播期	回归方程	决定系数及剔除因子与 Y 的偏相关系数
单棱期	郑引1号	10/01	$Y_1=22.189-1.531X_1+0.070X_2$	$R^2=0.988^{**}$、$r_3=0.143$、$r_4=-0.143$
		10/08	$Y_2=23.188+0.097X_4$	$R^2=0.482^{**}$、$r_1=-0.411$ $r_2=0.116$、$r_3=0.065$
		10/16	$Y_3=50.469-8.567X_1+0.194X_2$	$R^2=0.793^{**}$、$r_3=-0.021$、$r_4=0.168$
		10/24	$Y_4=56.995-13.846X_1+0.295X_2+0.288X_4$	$R^2=0.763^{**}$、$r_3=0.091$
	百泉41	10/01	$Y_1=55.726-5.887X_1+0.101X_2+0.078X_4$	$R^2=0.941^{**}$、$r_3=0.023$
		10/08	$Y_2=58.303-7.382X_1+0.134X_2+0.120X_4$	$R^2=0.903^{**}$、$r_3=0.144$
		10/16	$Y_3=85.353-12.805X_1+0.152X_2$	$R^2=0.707^{**}$、$r_3=0.120$、$r_4=0.323$
		10/24	$Y_4=56.442-11.168X_1+0.264X_2+0.185X_4$	$R^2=0.616^{**}$、$r_3=0.103$
二棱期	郑引1号	10/01	$Y_1=67.653-5.924X_1$	$R^2=0.897^{**}$、$r_2=0.370$ $r_3=-0.206$、$r_4=0.538$
		10/08	$Y_2=44.855-12.452X_1+0.308X_2$	$R^2=0.919^{**}$、$r_3=0.438$、$r_4=0.021$
		10/16	$Y_3=64.149-21.969X_1+0.350X_2$	$R^2=0.960^{**}$、$r_3=0.008$、$r_4=0.269$
		10/24	$Y_4=31.360-7.498X_1+0.258X_2$	$R^2=0.942^{**}$、$r_3=-0.014$、$r_4=0.092$
	百泉41	10/01	$Y_1=73.726-26.386X_1+0.357X_2$	$R^2=0.962^{**}$、$r_3=-0.380$、$r_4=0.216$
		10/08	$Y_2=55.877-17.820X_1+0.319X_2$	$R^2=0.969^{**}$、$r_3=0.289$、$r_4=-0.304$
		10/16	$Y_3=32.719-8.425X_1+0.274X_2$	$R^2=0.952^{**}$、$r_3=-0.222$、$r_4=0.180$
		10/24	$Y_4=20.836-3.051X_1+0.175X_2$	$R^2=0.953^{**}$、$r_3=-0.291$、$r_4=0.195$

（四）二棱期

分别建立了二棱期历时天数与主要气象因子间的多元回归方程（表 3 - 45），从中可以看出，该阶段温度条件（日均温和积温）仍是决定幼穗发育进程的主导因子（两品种各播期的回归方程中均保留了日均温变量），其中日均温的贡献为负效应。除 10 月 16 日和 10 月 24 日播种的郑引 1 号外，平均日照时数（X_3）与历时天数（Y）的偏相关系数较单棱期有明显增大，表明二棱期日照条件对幼穗分化进程的影响作用加大，但这种影响未达显著水平。说明在河南大田条件下，二棱期的日照条件可基本满足小麦幼穗发育进程的需要。

（五）护颖分化、小花分化与雌雄蕊分化阶段

表 3 - 46 显示小麦幼穗护颖分化期、小花分化期和雌雄蕊分化期的历时天数与主要气象因子间多元回归方程。从中可以看出：

①在这三个时期中温度条件（日均温和积温）仍然是决定幼穗发育进程的主导因子（所有方程保留了 X_1 变量，多数方程中含有 X_2 变量）。

②在部分播期中，日照条件的作用明显增大。如以护颖分化期为例，郑引 1 号 10 月 8 日播种的和百泉 41 在 10 月 1 日、10 月 16 日播种的，其历时天数与平均日照时数间的偏相关系数较大且均为负相关（分别为 -0.307、-0.472 和 -0.338），表明在其他气象因子不变的情况下，增加日照时数可加快幼穗发育进程，缩短历时天数。其他播期的偏相关系数不大，反映了河南大田条件下该阶段的日照条件不是制约幼穗发育进程的主导因子。

③降雨的作用在不同品种和不同播期间有差异，如郑引 1 号在护颖分化期和雌

雄蕊分化期，降雨量（X_4）与历时天数（Y）的偏相关系数均较小，而在小花分化期则变化在 $0.242 \sim 0.590$ 之间，反映了该期间降雨量多少对幼穗发育的明显影响。

表 3-46　护颖分化、小花分化与雌雄蕊分化阶段历时天数（Y）与主要气象因子（X）的逐步回归方程及其参数

时期	品种	播期（月/日）	回归方程	决定系数及剔除因子与Y的偏相关系数
护颖分化期	郑引1号	10/01	$Y_1 = 11.959 - 3.407 X_1 + 0.396 X_2$	$R^2 = 0.840^{**}$、$r_3 = 0.247$、$r_4 = 0.191$
		10/08	$Y_2 = 14.420 - 3.538 X_1 + 0.393 X_2$	$R^2 = 0.640^{**}$、$r_3 = -0.307$、$r_4 = 0.188$
		10/16	$Y_3 = 7.205 - 0.912 X_1 + 0.137 X_2$	$R^2 = 0.895^{**}$、$r_3 = 0.095$、$r_4 = 0.115$
		10/24	$Y_4 = 6.092 - 0.636 X_1 + 0.109 X_2$	$R^2 = 0.837^{**}$、$r_3 = -0149$、$r_4 = 0.357$
	百泉41	10/01	$Y_1 = 10.463 - 1.591 X_1 + 0.168 X_2$	$R^2 = 0.812^{*}$、$r_3 = -0.472$、$r_4 = -0.160$
		10/08	$Y_2 = 9.341 - 1.232 X_1 + 0.141 X_2$	$R^2 = 0.937^{**}$、$r_3 = 0.167$、$r_4 = 0.106$
		10/16	$Y_3 = 6.230 - 0.739 X_1 + 0.126 X_2$	$R^2 = 0.877^{**}$、$r_3 = -0.338$、$r_4 = -0.042$
		10/24	$Y_4 = 4.411 - 0.500 X_1 + 0.117 X_2 + 0.028 X_4$	$R^2 = 0.907^{**}$、$r_3 = 0.104$，
小花分化期	郑引1号	10/01	$Y_1 = 26.430 - 8.880 X_1 + 0.423 X_2$	$R^2 = 0.758^{**}$、$r_3 = -0.395$、$r_4 = 0.590$
		10/08	$Y_2 = 25.508 - 5.910 X_1 + 0.289 X_2$	$R^2 = 0.793^{**}$、$r_3 = 0.035$、$r_4 = 0.376$
		10/16	$Y_3 = 10.071 - 1.287 X_1 + 0.135 X_2$	$R^2 = 0.937^{**}$、$r_3 = 0.175$、$r_4 = 0.378$
		10/24	$Y_4 = 7.657 - 0.826 X_1 + 0.114 X_2$	$R^2 = 0.948^{**}$、$r_3 = -0.056$、$r_4 = 0.242$
	百泉41	10/01	$Y_1 = 7.056 - 0.910 X_1 + 0.133 X_2 + 0.129 X_4$	$R^2 = 0.942^{**}$、$r_3 = 0.468$
		10/08	$Y_2 = 11.650 - 1.308 X_1 + 0.118 X_2$	$R^2 = 0.917^{**}$、$r_3 = 0.015$、$r_4 = 0.069$
		10/16	$Y_3 = 7.959 - 0.982 X_1 + 0.125 X_2$	$R^2 = 0.973^{**}$、$r_3 = 0.050$、$r_4 = -0.189$
		10/24	$Y_4 = 9.014 - 0.917 X_1 + 0.105 X_2$	$R^2 = 0.977^{**}$、$r_3 = -0.096$、$r_4 = -0.306$
雌雄蕊分化期	郑引1号	10/01	$Y_1 = 25.791 - 1.943 X_1$	$R^2 = 0.305$、$r_2 = 0.517$、$r_3 = 0.218$ $r_4 = 0.277$，该方程不显著
		10/08	$Y_2 = 10.755 - 1.493 X_1 + 0.160 X_2$	$R^2 = 0.810^{**}$、$r_3 = 0.122$、$r_4 = 0.093$
		10/16	$Y_3 = 7.010 - 0.865 X_1 + 0.131 X_2$	$R^2 = 0.965^{**}$、$r_3 = 0.007$、$r_4 = -0.005$
		10/24	$Y_4 = 6.379 - 0.635 X_1 + 0.102 X_2$	$R^2 = 0.962^{**}$、$r_3 = -0.240$、$r_4 = 0.232$
	百泉41	10/01	$Y_1 = 5.214 - 0.612 X_1 + 0.117 X_2$	$R^2 = 0.975^{**}$、$r_3 = -0.398$、$r_4 = -0.327$
		10/08	$Y_2 = 5.490 - 0.741 X_1 + 0.113 X_2$	$R^2 = 0.952^{**}$、$r_3 = 0.081$、$r_4 = 0.232$
		10/16	$Y_3 = 5.773 - 0.746 X_1 + 0.131 X_2$	$R^2 = 0.965^{**}$、$r_3 = -0.437$、$r_4 = 0.260$
		10/24	$Y_4 = 5.883 - 0.588 X_1 + 0.103 X_2$	$R^2 = 0.959^{**}$、$r_3 = 0.072$、$r_4 = 0.186$

（六）凹期、柱头分化和羽毛伸长期

小麦凹期、柱期和羽期历时天数与主要气象因子间多元回归方程见表 3-47。从中可以看出：

①温度条件（日均温和积温）依然是决定幼穗发育进程的主导因子。

②光照条件对幼穗分化进程有明显影响，尤其是在羽期，百泉 41 各期回归方程中平均日照时数均显著。

③羽期平均日照时数与历时天数的偏相关系数均为正值，表明改善光照条件，可延缓幼穗发育进程，有利于增加穗粒数。这可能与该阶段随植株群体发展，光照条件变劣有关。

④不同品种对光照反应存在有差异，百泉 41 对光照的敏感性大于郑引 1 号。

表 3 - 47　凹期、柱头分化及羽毛分化期历时天数（Y）与
主要气象因子（X）的逐步回归方程及其参数

时期	品种	播期（月/日）	回归方程	决定系数及剔除因子与 Y 的偏相关系数
凹期	郑引 1 号	10/01	$Y_1=29.012-4.005X_1+0.143X_2$	$R^2=0.962^{**}$、$r_3=0.686$、$r_4=-0.224$
		10/08	$Y_2=13.341-1.942X_1+0.145X_2$	$R^2=0.990^{**}$、$r_3=0.167$、$r_4=-0.621$
		10/16	$Y_3=11.983-1.097X_1+0.087X_2+0.090X_4$	$R^2=0.958^{**}$、$r_3=0.387$
		10/24	$Y_4=10.879-0.878X_1+0.084X_2$	$R^2=0.975^{**}$、$r_3=0.059$、$r_4=0.311$
	百泉 41	10/01	$Y_1=11.773-0.935X_1+0.095X_2-0.301X_3$	$R^2=0.980^{**}$、$r_4=0.215$
		10/08	$Y_2=10.522-0.974X_1+0.096X_2$	$R^2=0.961^{**}$、$r_3=-0.193$、$r_4=0.462$
		10/16	$Y_3=8.209+0.251X_4$	$R^2=0.772^{**}$、$r_1=-0.501$ $r_2=0.545$、$r_3=-0.447$
		10/24	$Y_4=9.306-0.801X_1+0.092X_2$	$R^2=0.959^{**}$、$r_4=0.253$、$r_3=0.176$
柱期	郑引 1 号	10/01	$Y_1=2.689-0.403X_1+0.104X_2+0.068X_4$	$r^2=0.960^{**}$、$r_3=0.448$
		10/08	$Y_2=8.478-0.572X_1+0.069X_2$	$r^2=0.970^{**}$、$r_3=-0.470$、$r_4=0.205$
		10/16	$Y_3=6.840-0.493X_1+0.074X_2$	$r^2=0.980^{**}$、$r_3=-0.067$、$r_4=-0.141$
		10/24	$Y_4=6.061-0.458X_1+0.077X_2$	$r^2=0.983^{**}$、$r_3=0.138$、$r_4=-0.486$
	百泉 41	10/01	$Y_1=7.860-0.540X_1+0.074X_2$	$R^2=0.984^{**}$、$r_4=0.794$、$r_3=0.826$
		10/01	$Y_1=7.336-0.645X_1+0.082X_2+0.211X_3$	$R^2=0.995^{**}$、$r_4=0.001$
		10/08	$Y_2=6.292-0.412X_1+0.069X_2$	$R^2=0.991^{**}$、$r_3=-0.463$、$r_4=0.571$
		10/16	$Y_3=6.432-0.415X_1+0.066X_2$	$R^2=0.992^{**}$、$r_3=0.035$、$r_4=-0.516$
		10/24	$Y_4=5.721-0.387X_1+0.068X_2$	$R^2=0.985^{**}$、$r_3=0.499$、$r_4=-0.546$
羽期	郑引 1 号	10/01	$Y_1=24.790-1.582X_1+0.065X_2$	$r^2=0.998^{**}$、$r_3=0.572$、$r_4=-0.081$
		10/08	$Y_2=13.070-0.712X_1+0.055X_2-0.007X_4$	$r^2=0.9998^{**}$、$r_3=0.163$
		10/16	$Y_3=17.627-1.104X_1+0.063X_2$	$r^2=0.990^{**}$、$r_3=0.369$、$r_4=0.293$
		10/24	$Y_4=18.744-1.035X_1+0.056X_2$	$r^2=0.995^{**}$、$r_3=0.240$、$r_4=0.486$
	百泉 41	10/01	$Y_1=18.324+0.060X_2-1.100X_4$	$R^2=0.9998^{**}$、$r_3=0.624$
		10/08	$Y_2=17.662+0.061X_2+0.460X_3-1.240X_4$	$R^2=0.999^{**}$
		10/16	$Y_3=16.877+0.060X_2+0.167X_3-1.070X_4$	$R^2=0.998^{**}$
		10/24	$Y_4=19.318+0.052X_2+0.372X_3-1.143X_4$	$R^2=0997^{**}$

通过以上分析可以看出：

①主要气象因子对历时天数的贡献大小，幼穗发育各阶段均以温度条件（日均温度和积温）的影响最大，而降雨量和日照条件影响相对较小。

②日均温对各阶段历时天数的贡献均为负值，表明较高的日平均温度加快各阶段幼穗发育进程，而低温则延长了幼穗发育时间。

③有研究认为，小麦播种—穗原基分化为小麦春化阶段，对温度较为敏感；而从穗原基分化到雌雄蕊分化结束为光照阶段，穗分化进程受光照条件的影响较为明显。著者在河南大田生态条件下的研究证明，生产中适期播种的小麦在其幼穗发育的各阶段日照条件均能满足，因此表现出受日照影响较小的现象。而在幼穗发育后期（尤其是羽毛伸长期），改善光照条件延迟了幼穗发育进程，促进小花发育成粒。

④不同类型品种、不同播期下气象因子对幼穗发育进程的影响存在有一定的差异。如在幼穗发育后期（羽毛伸长期），百泉 41 对光照的敏感性大于郑引 1 号。

二、小麦幼穗发育各阶段的温光指标

小麦幼穗分化不同阶段对温、光的要求与敏感性不同。在一定的温度和光照范围内，小麦幼穗发育进行最快，该范围就属于其生长的适宜温光范围；而使其形成大穗多粒的温度和光照条件，则是实现小麦高产的温光指标。不同类型小麦品种，因遗传特性存在着广泛差异，幼穗分化各时期对温光的要求也明显不同。著者根据 20 多年对不同类型品种（半冬性和春性）幼穗分化的系统观察及分析结果，提出了河南生态条件下小麦品种幼穗发育各阶段的温光指标。

1. 幼苗营养生长期　此阶段是指从播种到第 1 苞叶原基出现之前的叶原基分化时期。在大田生长条件下，春性品种以平均日均温 17℃ 左右时通过该阶段最快，历时 20d 左右，主茎分化叶片数 11～12 个，积温 420℃ 左右；若该阶段日均温下降到 12.0℃ 左右时，历时 30～35d；下降至 9.0℃ 以下，历时 45d 左右。半冬性品种以日均温 13.5～17.0℃ 时幼穗分化较快，历时 30～35d，主茎分化叶片数 13～14 个，积温 500℃ 左右；若温度下降至 9℃，历时 46d 左右，下降至 7℃ 以下则历时达到 55～70d。在河南生态条件下，适期播种的春性品种（10 月 16 日前后，下同）幼苗营养生长期历时 25～30d，日均温在 12.0～15.5℃ 之间（平均为 12.8℃），积温 380℃ 左右，总日照时数 150h 左右，平均每天日照时数在 5.8h 左右；而适期播种的半冬性品种（10 月 8 日前后，下同）历时 28～31d，日均温 14.0～15.0℃，积温 450℃ 左右，总日照时数 160h 左右，平均日照时数在 5.6h 之间。上述温光条件不致使小麦冬前幼穗发育过快而遭受低温冻害。

2. 穗原基分化期　在日均温 10℃ 以上时，穗原基分化期历时 2～3d、7～10℃ 时历时 4～5d，而日均温在 4～6℃ 时需 6～8d。在河南生态条件下，大田适期播种的春性品种穗原基分化期一般历时 2～3d，日均温 9.4～12.5℃，积温在 25～40℃ 之间，日照时数为 10～20h；半冬性小麦品种该阶段历时 3d 左右，日均温 10.2～12.5℃，积温 25～35℃，日照时数 15～20h（平均 18h），每天日照时数平均在 6.0h 左右。

3. 单棱期　该时期穗分化的特点是生长锥开始分化苞叶原基，进入该时期标志着穗部器官开始分化。系统观察表明，在大田条件下春性品种以 10～13℃ 时分化最快，历时 20～25d 进入下一分化阶段，积温 250℃ 左右；当日均温达到 14℃ 以上时历时仅 18d 左右，而日均温低于 3℃ 时历时可达 50d 以上，即随着温度下降幼穗分化的单棱期历时天数增加。半冬性品种以日均温 9～10℃ 分化较快，历时 28～35d，积温约 300℃ 左右；而日均温低于 3℃ 时历时天数可达 50d 以上。

在河南生态条件下，适期播种的春性品种通过单棱期一般历时 26～35d，日均温度 6～9℃，积温为 170～230℃，日照时数 150～190h；半冬性小麦品种历时 48～55d，日均温 5.5～7.5℃，积温 260～330℃，日照时数 230～260h。

4. 二棱期　该期在日均温 8℃ 左右时幼穗分化最快，在此温度条件下，历时 22.d 左右可通过该阶段，积温 170℃；随日均温下降历时天数增加，当温度下降至 2.5℃ 左右时，历时天数达到 60d 左右。

在河南生态条件下，适期播种的春性品种二棱期历时 50d 左右，日均温平均 2.7～3.2℃，积温 130～160℃，日照时数 210～270h；半冬性小麦品种历时 55～62d，日均温平均为 2.7～3.1℃，积温 160～180℃，日照时数 280～300h。

5. 护颖分化期　日均温在 6℃ 左右时需 5～7d 可进入下一分化阶段，日均温在 10℃ 以上时只需 4d 左右，而当日均温度 2℃ 左右时约需 13 天。

在河南生态条件下，适期播种的春性品种历时 6～14d 通过护颖分化期，日均温 3.0～7.0℃，积温 34～42℃，日照时数 30～70h；半冬性小麦品种一般历时 7～8d，日均温 5.0～7.0℃，积温 35～40℃，日照时数 36～50h。

6. 小花分化和雌雄蕊分化期　该阶段在日均温 14℃ 以下，随温度升高穗分化加快。在 14℃ 左右时，小花分化期历时 6～7d，雌雄蕊分化期历时 7～8d。

在河南生态条件下，适期播种的春性品种小花分化期历时 10～12d，日均温平均 5.5～7.5℃，积温 80～110℃，日照时数 60～140h；雌雄蕊分化期历时 3～6d，日均温 8～9℃，积温 50～60℃，日照时数 30～45h。半冬性品种小花分化期历时 8～12d，日均温平均为 7～9℃，积温 70～90℃，日照时数 45～65h；雌雄蕊分化期历时 5～7d，日均温 8.5～9.2℃，积温 45～60℃，日照时数 20～30h。

7. 小凹至柱头羽毛突起期（药隔形成期）　该时期以日均温 15℃ 左右时分化最快，历时 20d 左右进入下一分化阶段。

在河南生态条件下，适期播种的春性品种，药隔形成期一般历时 22～26d，日均温 10～12℃，积温 250～280℃，日照时数 120～130h；半冬性品种历时 20～23d，日均温 12℃ 左右，积温 230～250℃，日照时数 100～130h。

8. 柱头羽毛突起至伸长期（四分体前后）　在河南生态条件下，适期播种的春性小麦品种一般历时 15～18d，日均温 15～17℃，积温 240～290℃，日照时数 90～120h；半冬性品种历时 20～23d，日均温 12℃ 左右，积温 230～250℃，日照时数 95～130h。

第四节　小麦穗部性状与气象因子的关系

多数研究证明，在一定条件下，某一品种所分化的总小穗数和小花数相对较稳定，但不育小穗数和小花结实率受外界条件影响而变化较大。因此，小麦穗粒数的多少主要取决于小穗、小花的退化程度。单棱期至小花分化期是争取小穗数的关键，小花分化至柱头伸长期是争取小花数的关键时期，柱头伸长至四分体时期是防止小花退化，提高结实率的关键时期。由于气象因子是决定小麦幼穗发育进程的重要因素，必然影响穗部发育与结实状况。不同地区、同一地区不同年份因气象条件的变化往往导致穗部性状的明显差异。杜军（1998）研究了西藏地区气候因素对冬小麦穗粒数的影响，认为该地区拔节至抽穗期间的总降雨量与穗粒数呈显著的对数关系，较多的降雨有利于穗粒数的增加；抽穗至乳熟期的平均气温与穗粒数显著负相关，即较高的气温不利于穗粒数的形成。还有研究结果表明，短日照可延迟光照阶段的通过，从而延长穗分化时间，增加小穗数目。若幼穗开始分化的早，穗原基分化到护颖原基分化、护颖原基分化到盛花期的持续时间就较长，则利于保证小穗和小花的分化时间，形成较多的小穗数和小花数。不同品种间穗分化的差异将导致穗部性状的明显区别（王兆龙等，2001），大穗型品种的小花分化速率最快，分化持续时间最短，穗粒数对小麦产量的贡献最大，且与千粒重之间不存在负相关。

王晨阳等利用多年的试验观察资料，对小麦幼穗发育各期历时天数、主要气象因子对穗部性状的影响进行了系统分析，以明确穗部性状与幼穗发育及气象条件的关系。

一、幼穗发育各阶段温度条件与穗部性状的关系

较高日均温加速幼穗分化进程，缩短历时天数，不利于小穗和小花分化、发育。相关分析结果表明，二棱期以后各期日均温与小穗数均呈负相关关系，其中百泉41护颖分化期、凹期和羽期的这种负向关系达到了显著水平；雌雄蕊分化期和凹期日均温与穗粒数也呈显著的负相关；但与粒重的关系不明显。郑引1号小花分化期日均温与小穗数呈显著负相关，与穗粒数多呈负相关关系，与粒重则多呈正相关关系，但多数时期的相关性未达到显著水平（表3-48）。

各期积温与小穗数、穗粒数多呈正相关关系，与粒重呈负相关，但相关性未达到显著水平。其中郑引1号播种至穗原基分化期积温与穗粒数的相关性达到显著水平。百泉41四分体期积温与穗粒数的正相关关系达到显著水平，而护颖分化期、雌雄蕊分化期积温与粒重呈显著的负相关（表3-49）。

表 3-48 幼穗分化各阶段日均温与穗部性状的关系

品 种	时 期	小穗数	不孕小穗	穗粒数	粒 重	败育花
百泉41	播种至穗原基分化	0.065	0.304	−0.063	−0.038	0.181
	穗原基分化期	0.103	0.273	0.048	−0.055	0.208
	单棱期	0.225	0.324*	0.039	−0.059	0.113
	二棱期	−0.023	−0.518**	0.101	0.110	0.051
	护颖分化期	−0.315*	−0.228	−0.145	−0.131	0.098
	小花分化期	−0.167	−0.236	0.278	0.258	0.085
	雌雄蕊分化期	−0.196	0.143	−0.372*	−0.127	−0.420**
	凹期	—	0.082	−0.419*	0.328	−0.345
	柱期	—	−0.202	0.083	−0.281	−0.339
	羽期	—	−0.126	−0.191	0.088	0.183
郑引1号	播种至穗原基分化	0.112	0.145	0.163	−0.133	−0.145
	穗原基分化期	0.132	0.141	0.114	−0.069	0.144
	单棱期	0.289	0.154	0.158	−0.093	−0.058
	二棱期	0.208	−0.038	0.036	−0.014	0.462**
	护颖分化期	0.021	−0.196	0.005	0.215	0.302
	小花分化期	−0.355*	−0.302	−0.115	0.030	0.246
	雌雄蕊分化期	−0.176	0.113	−0.189	0.045	−0.190
	凹期	—	0.057	−0.308	0.266	−0.193
	柱期	—	0.222	−0.169	0.109	−0.282
	羽期	—	0.005	−0.258	−0.245	−0.251

表 3-49　幼穗发育各阶段积温与穗部性状的相关性

品　种	时　期	小穗数	不孕小穗	穗粒数	粒　重	败育花
	播种至穗原基分化	0.111	0.243	−0.100	0.302*	−0.095
	穗原基分化期	−0.058	0.112	0.009	−0.057	0.095
	单棱期	0.128	0.408**	−0.116	−0.040	0.231
	二棱期	0.237	−0.050	0.253	−0.125	0.235
百泉 41	护颖分化期	0.077	−0.137	0.125	−0.424**	0.185
	小花分化期	0.137	0.098	0.077	0.242	0.337*
	雌雄蕊分化期	0.177	0.242	−0.063	−0.419**	−0.337*
	凹期	—	0.135	−0.095	0.041	0.216
	柱期	—	−0.202	0.316	0.047	0.223
	羽期	—	−0.150	0.408*	−0.242	−0.339
	播种至穗原基分化	0.085	−0.268	0.311*	0.141	0.057
	穗原基分化期	0.073	0.063	0.277	−0.081	0.148
	单棱期	0.227	0.379*	−0.051	0.038	−0.142
	二棱期	0.224	−0.191	0.299	−0.248	0.130
	护颖分化期	0.102	−0.016	0.091	0.028	−0.043
郑引 1 号	小花分化期	0.095	0.188	−0.072	−0.098	−0.003
	雌雄蕊分化期	0.018	0.095	0.074	−0.010	−0.071
	凹期	—	0.059	0.000	−0.067	0.118
	柱期	—	−0.240	0.249	−0.255	−0.015
	羽期	—	−0.065	0.090	0.136	0.143

二、幼穗发育各阶段日照条件与穗部性状的关系

　　日照条件影响小穗、小花的分化与发育。就百泉 41 而言，护颖分化期总日照时数与小穗数呈显著正相关，护颖分化期、柱期日照时数与穗粒数呈显著正相关，雌雄蕊分化期日照时数与败育小花呈极显著负相关。郑引 1 号柱期总日照时数与不孕小穗数呈极显著负相关（表 3-50）。

表 3-50　幼穗发育各阶段总日照时数与穗部性状的相关性

品　种	时　期	小穗数	不孕小穗	穗粒数	粒　重	败育花
	播种至穗原基	0.009	−0.285	0.060	0.071	−0.140
	穗原基分化期	−0.032	−0.025	−0.118	0.069	−0.009
	单棱期	−0.148	−0.004	−0.082	0.282	0.148
	二棱期	0.274	0.195	0.228	−0.041	0.254
	护颖分化期	0.353*	0.157	0.336*	−0.246	0.265
百泉 41	小花分化期	0.122	0.123	−0.079	0.141	0.089
	雌雄蕊分化期	0.136	0.110	−0.204	−0.255	−0.477**
	凹期	—	−0.112	0.024	0.042	−0.369*
	柱期	—	−0.318	0.475*	0.306	−0.271
	羽期	—	−0.057	0.120	−0.028	−0.282

（续）

品 种	时 期	小穗数	不孕小穗	穗粒数	粒 重	败育花
	播种至穗原基	−0.203	−0.225	0.009	−0.087	0.008
	穗原基分化期	0.183	0.116	−0.095	0.012	0.049
	单棱期	−0.012	0.243	−0.280	0.270	0.195
	二棱期	−0.040	−0.172	0.220	0.033	−0.159
郑引1号	护颖分化期	0.090	0.238	0.019	0.040	−0.030
	小花分化期	0.273	0.186	0.071	−0.032	−0.029
	雌雄蕊分化期	0.106	0.022	0.136	−0.124	0.006
	凹期	—	−0.012	0.138	−0.030	0.106
	柱期	—	−0.510**	0.232	0.158	0.154
	羽期	—	−0.067	0.205	0.133	0.081

从平均日照时数对穗部性状的影响看（表3-51），两品种表现有差异：百泉41在单棱期，平均日照时数与分化小穗数显著负相关，而在二棱期的日照时数与小穗数呈显著正相关，即长日照有利于小穗的形成。从败育小花看，百泉41在小花期以前，日照时数与败育小花呈正相关关系，尤其是二棱期和护颖分化期达到了5％显著水平。而进入小花分化期以后，败育小花数与日照时数呈明显的负相关关系，其中雌雄蕊分化、凹期的这种负相关达到了极显著水平，柱期达到5％显著水平，表明相对长日照可减少小花退化，提高结实率。但对郑引1号来说，日照时数对小花败育的影响不明显。日照时数与粒重的关系未表现出一致的规律性。

表3-51　幼穗发育各阶段日照长短与穗部性状的相关性

品 种	时 期	小穗数 ($df=31$)	不孕 小穗	败育花 ($df=38$)	花后11d 粒重($df=24$)	花后17d 粒重($df=24$)	最终粒重 ($df=40$)
	播种至穗原基分化	−0.209	−0.222	0.147	−0.513*	−0.634**	0.031
	穗原基分化期	−0.060	−0.028	0.305	−0.093	0.008	−0.250
	单棱期	−0.388*	−0.385*	0.194	0.471*	0.221	0.053
	二棱期	0.388*	0.200	0.352*	0.361	0.211	0.296
百泉41	护颖分化期	−0.254	−0.329	0.332*	−0.023	0.240	0.103
	小花分化期	−0.033	0.046	−0.046	0.205	0.078	−0.003
	雌雄蕊分化期	−0.166	−0.237	−0.432**	−0.259	0.002	−0.308
	凹期	—	−0.058	−0.682**	0.115	0.403	−0.213
	柱期	—	0.101	−0.458*	0.084	0.282	0.228
	羽期	—	0.417*	0.052	−0.327	−0.557*	−0.323
	播种至穗原基分化	−0.258	−0.094	−0.217	−0.561**	−0.417*	0.091
	穗原基分化期	0.268	0.256	0.061	0.086	0.102	−0.227
	单棱期	0.303	0.259	0.084	0.287	0.186	0.074
	二棱期	0.194	−0.086	0.310	0.051	0.220	0.091
郑引1号	护颖分化期	0.043	−0.141	0.393*	0.214	0.271	0.145
	小花分化期	0.100	−0.243	0.143	0.094	0.147	0.218
	雌雄蕊分化期	−0.076	0.098	−0.180	−0.008	0.035	−0.076
	凹期	—	0.033	−0.122	0.147	0.290	−0.137
	柱期	—	−0.304	0.132	0.544**	0.553**	−0.113
	羽期	—	−0.075	−0.255	−0.327	−0.521*	−0.037

三、幼穗发育各阶段降雨量与穗部性状的关系

郑引 1 号穗原基分化期、单棱期的降雨量与分化出的小穗数呈显著负相关，雌雄蕊期降雨量与小花败育呈极显著正相关，凹期降雨量与粒重呈显著负相关。百泉 41 单棱期和二棱期降雨量与穗粒数呈显著负相关，与不孕小穗数呈显著正相关，羽期降雨量与小花败育数呈显著负相关（表 3-52）。总之，在小花分化期以前各期，两类品种的穗部性状（如小穗数、穗粒数）与降雨量多呈负相关。这主要是因为该时段多处于越冬前或越冬期，降雨伴随着降温，对幼穗分化不利，影响小穗数的增加。同样地，小花分化以后各时期，降雨与粒重多呈负相关，这主要是由于较多降雨时影响气温回升，进而影响早期粒重的缘故，而低的早期粒重对最终粒重不利（见第五章）。

表 3-52　幼穗发育各阶段降雨量与穗部性状的相关性

品　种	降雨量	小穗数	不孕小穗	穗粒数	粒　重	败育花
	播种伸长	−0.049	0.105	−0.036	0.106	−0.212
	伸长期	0.036	−0.079	0.078	−0.196	−0.255
	单棱期	−0.186	0.228	−0.282	0.187	−0.360*
	二棱期	−0.199	0.455**	−0.438**	0.059	0.009
百泉 41	护颖分化期	−0.039	0.062	0.002	0.055	−0.261
	小花分化期	0.178	0.054	0.109	−0.189	−0.027
	雌雄蕊分化期	−0.075	0.053	0.062	−0.185	0.069
	凹期		−0.179	0.292	−0.226	0.353
	柱期	—	0.040	−0.159	−0.068	−0.012
	羽期	—	−0.420*	0.338	0.050	−0.439*
	播种伸长	0.105	0.228	−0.298	0.295*	−0.036
	伸长期	−0.390*	−0.140	−0.043	−0.074	−0.144
	单棱期	−0.342*	−0.048	−0.093	0.057	−0.157
	二棱期	−0.092	0.194	−0.101	0.038	−0.105
郑引 1 号	护颖分化期	−0.072	0.288	−0.236	−0.011	−0.243
	小花分化期	0.131	0.196	−0.037	−0.073	−0.062
	雌雄蕊分化期	0.011	−0.044	0.061	0.005	0.406**
	凹期	—	−0.095	0.151	−0.446**	−0.007
	柱期	—	0.198	−0.222	−0.192	−0.063
	羽期	—	−0.061	−0.105	−0.074	−0.003

四、幼穗发育各阶段历时天数与穗部性状的关系

对幼穗发育各阶段历时天数与穗部性状的相关性进行了分析，结果表明（表 3-53），在护颖分化期以前，各期历时天数与小穗数呈不显著的负相关，即历时天数愈长分化的小穗数愈少。这可能是由于温度条件造成的，因为就同一品种来说，其历时天数决定于日均温，日均温越低历时天数就越长，而较低的日均温又导致分化的小穗数减少。进入护颖分化期以后，历时天数与小穗数呈正相关，并于部分时期达到显著或极显著水平，两品种表现基本一致。如半冬性品种百泉 41，其护颖分化期，历时天数与小穗数呈极显著的正相

关。即该时期的历时天数越多，小穗数就越多。

穗粒数与历时天数的相关分析表明，在小花分化期以前，二者相关性不明显，进入雌雄蕊分化期以后，历时天数与穗粒数均呈正相关关系，尤其是百泉 41 羽期历时天数与穗粒数呈显著的正相关，表明在进入雌雄蕊以后，幼穗分化时间越长穗粒数就越多。

从粒重看，郑引 1 号各期历时天数与粒重的相关性不明显，百泉 41 在护颖分化期和雌雄蕊分化期二者呈显著的负相关（表 3 - 53）。

表 3 - 53 幼穗发育各阶段历时天数与穗部性状的相关性

品 种	历时天数	小穗数	不孕小穗	穗粒数	粒 重	败育花
	播种至穗原基分化	0.014	−0.231	−0.014	0.161	−0.331*
	穗原基分化期	−0.045	−0.278	0.008	0.046	−0.300
	单棱期	−0.492**	−0.249	−0.201	0.191	−0.010
	二棱期	0.191	0.365*	0.087	−0.074	0.089
百泉 41	护颖分化期	0.458**	0.247	0.307	−0.302*	−0.043
	小花分化期	0.234	0.252	−0.094	0.032	0.167
	雌雄蕊分化期	0.355*	0.211	0.284	−0.362*	−0.030
	凹期	—	−0.063	0.243	−0.189	0.333
	柱期	—	0.037	0.118	0.247	0.339
	羽期	—	−0.047	0.409*	−0.217	−0.356
	播种至穗原基分化	−0.093	−0.177	−0.143	0.165	0.196
	穗原基分化期	−0.085	−0.136	0.065	−0.167	−0.047
	单棱期	−0.222	0.041	−0.283	0.204	0.130
	二棱期	−0.226	−0.145	0.146	−0.066	−0.315*
郑引 1 号	护颖分化期	0.086	0.262	−0.002	−0.004	−0.128
	小花分化期	0.266	0.208	0.055	−0.086	−0.054
	雌雄蕊分化期	0.182	−0.029	0.208	−0.185	0.067
	凹期	—	0.025	0.204	−0.220	0.186
	柱期	—	−0.298	0.292	−0.198	0.133
	羽期	—	−0.085	0.226	0.180	0.218

第五节 小麦营养条件及农艺措施对小麦幼穗发育的影响

马元喜等（1992）研究指出，小麦幼穗发育从苞叶原基开始到籽粒形成，经过小穗的形成与两极分化、小花的形成与两极分化和子房的形成与两极分化三个过程。其中小穗的继续发育受土壤水肥条件的影响较大，小花的继续发育与水分条件和有机营养关系密切，而子房的继续发育受开花授粉期间外界条件的明显影响。为有效增加小麦穗粒数，必须针对不同条件下的具体问题，采取相应措施，系统协调三个两极分化过程中的各种矛盾，才能有效地促进小穗、小花和子房继续发育，使其成粒数增加，退化数减少。

一、土壤肥力对幼穗发育状况的影响

土壤肥力状况是影响小麦植株生长和幼穗发育的主要因素。据观察在瘦薄地，因营养条件较差，发育完全的小花数显著减少（表3-54），为一般麦田的51.1%；虽然其退化小花数较少，小花退化率较低，但最终结实粒数显著减少，分别只有一般麦田的57.8%。地力较肥的麦田，每穗保持完好的小花数多，结实粒数也较多。

表3-54　土壤肥力对幼穗发育的影响

地 力	发育完全小花数 （个）	结实粒数 （个）	退化小花数 （个）	退化率 （%）
瘦薄地	30.8	28.5	2.3	7.4
丰产田	60.3	49.3	11.0	18.2

据观察（表3-55），在其他条件一致的情况下，中肥田（有机质0.6%～0.8%）比高肥田（有机质1.1%以上）的幼苗进入单棱期较迟，且分化强度明显减弱，特别是在晚播情况下，中肥田冬前不能进入二棱期，常常以单棱期越冬，返青后才进入二棱期。而高肥田的幼苗由于穗分化强度大，在越冬期间即可进入二棱期。但中肥田由于肥力不足，后期发育较快，在这种情况下，穗分化经历的总天数则基本一致，但高肥田的每穗粒数较中肥田多4～6粒。

表3-55　土壤肥力水平对幼穗发育的影响（品种：百农3217）　　　　（单位：d）

播期 （月/日）		穗原基 分化期		单棱期		二棱期		护颖 分化期		小花 分化期		雌雄蕊 分化期		药隔 形成期		四分体 时期	
		开始 时间	经历 天数	开始 时间	经历 天数	开始 时间	经历 天数	开始 时间	经历 天数	开始 时间	经历 天数	开始 时间	经历 天数	开始 时间	经历 天数	开始 时间	经历 天数
9/30	中肥	10/28	4	11/01	66	01/06	64	03/11	3	03/14	7	03/21	7	03/28	18	04/15	7
	高肥	10/28	3	12/01	52	12/22	78	03/10	6	03/16	7	03/23	5	03/28	18	04/15	7
10/10	中肥	11/10	4	11/14	106	02/28	14	03/14	4	03/18	6	03/24	9	04/02	16	04/18	5
	高肥	11/09	4	11/13	64	01/16	7			03/20	6	03/27	6	04/02	16	04/18	7

为探索高产、超高产（每667m² 600kg以上）麦田小麦幼穗发育进程、小花发育及退化情况，著者于1996—1998年两年在河南省偃师超高产试验基点，结合小麦超高产攻关（豫麦49）进行幼穗发育观察，同时在1997—1998年度对郑州点（河南农业大学农场）的幼穗发育进行了对比（图3-5）。结果表明：

1. 不同年份、不同产量水平间幼穗发育存在差异　但这种差异性主要表现在单棱期—二棱期间，后期（小花至四分体）差异较小（一般仅2～4d）。如1997—1998年度，偃师超高产（10月7日播种）和郑州中高产（10月8日播种）条件下幼穗进入单棱期均在播种的26d，但进入二棱期初期偃师超高产小麦在播种后的74d，郑州中高产小麦在播后100d进入二棱初期，相差达26d，至二棱中期，相差仅7d，进入护颖分化期以后相差仅2～4d。

2. 不同年份间的差异大于不同肥力间的差异　尽管土壤肥力在一定程度上影响幼穗发育进程，但在小麦中高产以上地力水平下，基本可保证幼穗发育，不同肥力条件下的差异相对较小。而不同年份间往往因气候条件有较大的变化，因此幼穗分化表现出年际间变异大于地力间差异。

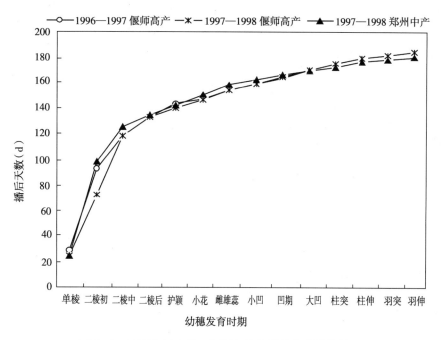

图 3-5 不同产量水平、不同年份幼穗发育进程的差异

（偃师高产每 667m² 600kg 以上，郑州中产为 450kg 左右）

二、追肥、灌水时期对小花发育动态的影响

从不同时期肥水条件下小花发育进程看，在小花发育的某一时期追肥，都能延长小花该期的发育时间。图 3-6 是在每 667m² 400kg 产量条件下不同时期追肥对小花发育的影响情况。可以看出，冬前追肥灌水处理（12 月 24 日）于 2 月 18 日进入雌雄蕊分化期，未追肥灌水处理的于 2 月 10 日进入雌雄蕊分化期，比追肥灌水的早 8 天。从进入小凹期（雄蕊药隔形成）的时间看，未追肥灌水的在 2 月 25 日，追肥灌水处理在 3 月 4 日，即未追肥灌水的提前 7d。图 3-7 是冬前追肥和凹期（3 月 1 日）追肥的小花发育动态图，从中可以看出，在 3 月 10 日以前，凹期追肥处理早于冬前追肥的；3 月 10 日以后，由于追肥灌水处理的小花发育缓慢下来，逐渐接近冬前（12 月 24 日）追肥灌水的。从中部小穗第 5 朵小花发育情况看，凹期追肥的在第 1 朵小花发育缓慢下来以后，第 5 朵小花发育较快，早于冬前追肥的。这表明，凹期追肥以后促进了上位小花的发育，缩短了上位小花与第 1 朵小花发育时期的差异，使其向结实方向发展。图 3-7 是不同追肥处理基部第 1、2 小穗发育的进程情况，可以看出追肥对基部第 1、2 小穗的作用，同对中部小穗的第 5 朵小花的影响是一致的。如 3 月 10 日以后追肥的第 1 小穗第 1 小花的发育较快，达到大凹期的时间较冬前追肥的早 10d 左右，退化期晚约 10d。第 2 小穗第 1 朵小花追肥的达到大凹期，比冬前追肥的早了 5d，退化期晚 5d 左右。对弱苗追肥的结果也是一样，追肥同样延缓了第 1 朵小花的发育，加速了上位小花的发育进程，使上、下位小花发育差异缩小，有利于提高上位小花的结实率。

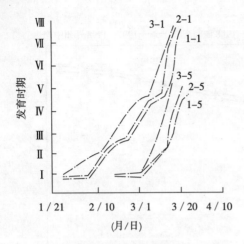

图 3-6 不同追肥时期对小花发育的影响

注：品种为郑引 1 号，1979 年；1-1、2-1、3-1 分别代表 1 月 26 日、12 月 24 日和 3 月 1 日追肥中部第 1 朵小花发育进程。1-5、2-5、3-5 分别代表第 5 朵小花发育的进程。

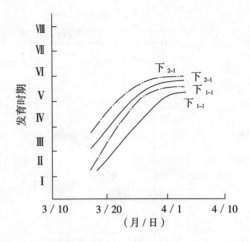

图 3-7 追肥时期对基部第 1、2 小穗发育影响

注：品种为郑引 1 号，1979 年；下$_{1-1}$，下$_{2-1}$ 分别为基部第 1、2 小穗第 1 朵小花。虚线为 12 月 24 日追肥；实线为 3 月 1 日追肥。

三、氮肥施用量及追施时期对幼穗发育的影响

1996—1998 年间在高产试验条件下，以豫麦 49 为供试材料，设置返青期、起身期、拔节期、孕穗期和抽穗期等不同时期的等氮量追施试验（在基施纯氮 120kg/hm² 前提下追施纯氮 120kg/hm²，开沟施肥，追肥后浇水），以观察不同施肥条件下小花的发育状况。在各追肥时期，小麦植株发育状况见表 3-56，每小穗的小花数见表 3-57。从表中可以看出，在每 667m² 产量 600kg 左右的高产条件下，虽然土壤肥力较高、底氮充足，追施氮肥对增加每小穗的小花数仍有一定的影响。其中早期追肥（N₁）下部第 3 小穗的小花比晚追肥的（N₄ 和 N₅）多 0.5～0.7 个，中期追肥的（N₃）中部小穗比早追肥和晚追肥处理的每小穗增加小花数 0.5～1.0 个。以上结果表明，二棱后期追肥对增加下部小穗小花数的效应较为明显，雌雄蕊分化末期追肥对增加中部小穗的小花数效应较为明显，这与追肥后延长了小花分化时间有密切关系。

在小花分化与发育过程中，部分小花可能发育迟缓或停止发育，只有发育到后期的小花才能成为可能结实的小花。从表 3-58 可以看出，适期追肥可延长小麦小花发育的时间。如 4 月 10 日观察，返青期和起身期追肥处理下部第 3 小穗平均分别有 2.5 和 2.0 朵小花进入第 7 个发育时期（柱头伸长期），而尚未施氮的处理同部位小穗的小花已停止发育。4 月 16 日观察，起身期追肥、拔节期追肥处理下部第 3 小穗平均有 0.5 朵小花进入第 8 个发育时期（羽毛突起期），但其余 2 个处理第 3 小穗小花已停止发育。施氮对中部小穗的影响表现为，施氮早的处理，促进作用也早，如 4 月 10 日观察，返青期处理达到第 8 个发育时期（羽毛突起期）的小花为 3 朵，高于其他处理，但 4 月 16 日观察，达到第 9 个发育时期的小花数低于其他处理，以拔节期追肥处理小花发育最快，达到第 9 发育时期即发育较完全的小花为 3 朵。统计结果表明，不同时期施氮对顶部小穗小花的发育影响不大，而对中部小穗的小花

发育影响较大，其中 4 月 16 日观察达到柱头羽毛伸长期的小花数目拔节期追肥、孕穗期追肥处理与其余处理差异达显著水平。由此可见，小麦幼穗分化从二棱后期至柱头突起期施氮时期不同，对小花发育的影响不同，在雌雄蕊分化末期至雌蕊柱头突起期施氮，可延长小花发育时间，增加发育成熟的小花数目，为减少小花退化奠定了基础。

表 3 - 56　不同追肥处理植株生长发育状况

处　理	追肥时期（月/日）	叶龄	节位	伸长节间长度（cm）	总节间长（cm）	幼穗发育时期
返青期追肥（N_1）	2/17	8.3	—	—	—	二棱后期
起身期追肥（N_2）	2/28	9.3	1	1.5	1.5	小花分化期
拔节期追肥（N_3）	3/14	10.2	2 (3)	3.6 (0.6)	8.2	雌雄蕊末期
孕穗期追肥（N_4）	4/4	11.3	4 (5)	1.5 (0.2)	20.4	雌蕊柱头突起
抽穗期追肥（N_5）	4/20	13.0	—	—	—	

注：括号内数字表示上一节位及长度。

表 3 - 57　不同追肥时期每小穗的小花数

处　理	追肥时期（月/日）	穗下第 2 小穗	穗下第 3 小穗	中部第 10 小穗	顶小穗
返青期追肥（N_1）	2/17	8.5	9.0	9.0	6.0
起身期追肥（N_2）	2/28	8.5	8.7	9.5	6.0
拔节期追肥（N_3）	3/14	8.5	8.8	10.0	6.0
孕穗期追肥（N_4）	4/4	8.0	8.3	9.0	6.0
抽穗期追肥（N_5）	4/20	—	8.5	9.0	5.5

表 3 - 58　不同追肥处理不同发育时期的小花数

	小　穗　位								
	下部第 3 小穗			中部小穗			顶部小穗		
观察时间（月/日）	4/7	4/10	4/16	4/7	4/10	4/16	4/7	4/10	4/16
发育时期	VI	VII	VIII	VII	VIII	IX	VI	VII	VIII
返青期追肥（N_1）	2.5 a	0 c	0a	3.0 b	2.5 b	2.0 c	1.0 a	0.0 a	1.0 a
起身期追肥（N_2）	2.0 b	2.5 a	0a	2.3 a	3.0 a	2.0 c	1.0 a	0.5 a	1.0 a
拔节期追肥（N_3）	2.0 b	2.0 a	0.5 a	2.6 b	2.5 a	3.0 a	0.6 a	0.5 a	1.0 a
孕穗期追肥（N_4）	2.0 b	0.5 b	0.5 a	2.0 b	2.5 a	3.0 a	1.0 a	1.0 a	1.0 a
抽穗期追肥（N_5）	—	0.5 b	0a	1.9 c	2.0 c	2.5 b	1.0 a	0.0a	1.0 a

注：采用 Duncan's 新复极差多重比较，不同字母表示差异达 5% 显著水平。

进一步调查不同追肥处理结实小穗和发育完全小花的退化，可以看出，在高产条件下，各处理结实小穗差异不明显，但完好小花的退化数相差较大，中、后期施氮与早期施氮相比差异达显著水平，最终导致了穗粒数的明显差异（表 3 - 59）。

表 3 - 59　氮肥不同施用时期对小麦穗部性状的影响

项　目	结实小穗（个）	发育完好小花退化（个）	粒数（粒/穗）
返青期追肥（N_1）	16.3 a	3.1 a	34.0 bc
起身期追肥（N_2）	16.0 a	3.1a	33.1 c
拔节期追肥（N_3）	16.7 a	2.8 b	34.8 ab
孕穗期追肥（N_4）	18.0 a	2.7 b	35.0 a
抽穗期追肥（N_5）	17.2 a	2.8 b	33.3 c

注：采用 Duncan's 新复极差多重比较，不同字母表示差异达 5% 显著水平。

1986—1991 年间，在中上等肥力条件下采用多个品种（郑引 1 号、豫麦 13、豫麦 18、冀麦 5418 和偃大 7916）进行不同时期的追肥试验，研究结果见表 3-60。从中可以看出，冬前追肥能增加单株分蘖数和成穗数，起身期追肥提高分蘖成穗率和小穗数，拔节期追肥有利于小花的发育，减少小穗退化。

表 3-60　中上等肥力条件下不同追肥对小麦穗部性状的影响

追肥时期	成穗数 （个/hm²）	每穗小穗数 （个）	结实小穗数 （个）	不孕小穗数 （个）	挑旗期小花数（个）	抽穗前小花数 （个）	穗粒数 （粒）
冬前	553.5×10^4	20.1	17.3	2.1	147	58.3	36.3
返青期	483.0×10^4	20.8	18.8	2.0	146	52.8	36.2
起身期	507.0×10^4	20.4	18.5	1.9	160	65.2	37.9
拔节期	507.0×10^4	20.5	19.4	1.1	165	63.8	36.5
CK（不追肥）	520.5×10^4	19.5	16.4	3.1	131	48.5	32.5

表 3-61　不同施肥量对小麦穗部性状的影响

处理（N/P） （每 667m² kg）	结实小穗数（个）		不孕小穗数（个）		总小穗数（个）		每小穗粒数（粒）		穗粒数（粒）	
	1991—1992	1992—1993	1991—1992	1992—1993	1991—1992	1992—1993	1991—1992	1992—1993	1991—1992	1992—1993
3/2	10.8	12.9	3.8	2.9	14.6	15.8	1.9	—	20.4	24.0
6/4	13.4	13.4	3.3	2.4	16.7	15.8	2.0	—	26.3	28.3
9/6	17.6	13.5	2.4	2.7	20	16.2	2.0	—	36.1	30.0
12/8	14.1	13.4	2.5	2.6	16.6	16	2.2	—	30.6	31.6
15/10	14.2	14.2	2.6	3.0	16.8	17.2	2.2	—	31.7	27.5
CK	11.7	13.1	3.3	3.7	15	16.8	2.0	—	23.7	27.3

在砂质潮土进行不同追肥试验，试验地为无黏土底层，大于 0.01mm 的砂粒占 87.1%，土壤肥力较低。其中 0~20cm 土层有机质含量为 5.93mg/kg，含氮 0.1mg/kg，磷（P_2O_5）为 0.7mg/kg，钾（K_2O）为 27.7mg/kg。结果见表 3-61，从中可以看出，施肥量在纯 N12kg、P_2O_5 8kg（N/P 为 12/8，下同）以下条件下，结实小穗数和结实小花数明显减少。而 15/10 处理，每穗小穗数和结实小花数并未因营养条件的改善而明显增多。

四、种植密度对幼穗发育的影响

由于种植密度不同，个体营养条件也不同，因此影响到幼穗的发育进程和最后的结实状况。种植密度对幼穗发育的影响在不同时期表现不同。稀植的情况下，植株在单棱期以前一般生长较快，幼穗发育也快，分化的苞叶原基数较多（表 3-62）。从表中可以看出，11 月 16 日调查郑引 1 号品种 75×10^4/hm² 基本苗单株分蘖 5.3 个，其叶龄为 5.6，分化苞叶原基数为 6.6 个；而 225×10^4/hm² 基本苗的此时单株分蘖 3.0 个，其叶龄为 4.8，分化苞叶原基数为 6.0 个，分别比前者减少 2.3 个分蘖、0.8 片叶和 0.6 个苞叶原基。据 11 月 30 日调查，半冬性品种百泉 41 基本苗 75×10^4/hm² 的单株分蘖数为 11.5 个，叶龄为 6.4 片，分化苞叶原基数为 5.5 个；而基本苗为 150×10^4/hm² 基本苗的此时单株分蘖

7.0个，叶龄为5.7，分化苞叶原基数为3.3个，分别比$75 \times 10^4/hm^2$基本苗的减少4.5个分蘖、0.7片叶和2.2个苞叶原基。郑州761品种具有相同的趋势，即$150 \times 10^4/hm^2$基本苗的比$75 \times 10^4/hm^2$基本苗的分蘖数减少4.3个，叶龄减少0.5片，分化苞叶原基数减少2.1个。进入二棱期以后，不同种植密度间幼穗发育表现为：稀植的进程较慢，密度大的进程较快。如郑引1号品种，当$75 \times 10^4/hm^2$基本苗处理进入护颖分化期时，$225 \times 10^4/hm^2$基本苗的已进入小花分化期；百泉41品种当$75 \times 10^4/hm^2$基本苗处理为二棱中期时，$150 \times 10^4/hm^2$基本苗处理的已进入二棱后期。由于$75 \times 10^4/hm^2$基本苗处理发育较晚，分化的苞叶原基亦有所差异。

表 3 - 62　不同种植密度对幼穗发育进程及穗部性状的影响

品种	每667m²基本苗(×10⁴)	单棱期			二棱至小花分化			成熟期			
		单株分蘖(个)	叶龄	苞叶原基(个)	单株分蘖(个)	发育时期	叶龄	结实小穗(个)	不孕小穗(个)	合计	穗粒数(粒)
郑引1号	5	5.3	5.6	6.6	16.4	护颖	7.3	17.8	2.2	20.0	41.7
	15	3.0	4.8	6.0	4.0	小花	7.2	16.4	3.1	19.5	38.0
百泉41	5	11.5	6.4	5.5	15.5	二棱中	8.2	17.2	4.4	21.6	39.5
	10	7.0	5.7	3.3	13.0	二棱后	8.1	15.1	4.7	19.7	33.0
郑州761	5	17.3	8.0	7.3	24.0	二棱末	9.9	15.8	2.6	18.4	33.4
	10	13.0	7.5	5.2	16.0	护颖	9.5	15.0	2.6	17.6	32.8

不同种植密度下穗发育的差异，必然造成小花发育状况的差异（表3-63）。表中显示，到开花授粉期，发育完全小花退化的数目随群体增大、生长条件变劣而呈增大趋势。不同品种间，79（16）发育完好小花的退化率为4.3%～7.3%，豫麦18为4.3%～7.2%，而豫麦13为10.6%～14.6%。成熟期穗部性状调查表明，随密度增加，每穗分化的小穗数、结实小穗数、穗粒数均随种植密度增大而减少。其中郑引1号品种$225 \times 10^4/hm^2$基本苗处理的小穗数、结实小穗数和穗粒数分别比$75 \times 10^4/hm^2$基本苗的减少0.5个、1.4个和3.7粒；百泉41品种$150 \times 10^4/hm^2$基本苗处理的小穗数、结实小穗数和穗粒数分别比$75 \times 10^4/hm^2$基本苗的减少1.9个、1.4个和6.5粒。

表 3 - 63　不同种植密度对发育完全小花（子房）退化的影响

品　种	种植密度（×10⁴/hm²）	完全花（个）	退化数（个）	退化率（%）
豫麦13	60	43.7	4.6	10.6
	120	44.4	4.5	14.6
	180	41.8	5.8	14.0
	240	39.5	4.9	12.4
豫麦18	60	50.3	2.2	4.3
	120	44.6	3.2	7.2
	180	41.5	2.9	7.1
	240	38.9	3.4	8.7
79（16）	60	55.9	2.4	4.3
	120	51.0	3.6	7.1
	180	45.1	3.3	7.3
	240	47.5	3.0	6.3

五、砂土地对幼穗发育及穗部性状的影响

表 3 - 64   砂土地小麦幼穗分化进程（1991—1992）

品　种	分蘖期（11/22）			越冬期（1/18）			起身期（2/27）		拔节后期（3/26）	
	叶龄	分化叶片	时期	叶龄	苞叶原基	时期	叶龄	时期	叶龄余数	时期
郑州 891	3.6	12.3	穗原基	5.7	5.5	单棱期	7.9	护颖	9.4	雌雄蕊分化
内乡 182	3.5	11.0	穗原基	5.4	7.4	单棱期	7.6	小花	8.8	药隔形成（凹期）
豫麦 18	3.5	11.0	穗原基	5.5	4.8	单棱期	7.5	小花	8.7	药隔形成（小凹）
农大 85 - 39	3.5	10.7	叶原基	5.5	5.2	单棱期	7.6	二棱中	9.8	药隔形成（凹期）
郑州 79201	3.5	11.0	穗原基	5.3	6.0	单棱期	7.5	护颖	8.8	药隔形成（大凹）

注：开封朱仙镇小店王，10 月 22 日播种，土壤有机质含量 5.93g/kg，水解氮 43mg/kg，速效磷 21.7mg/kg，速效钾含量 86.6mg/kg。

不同土壤类型、质地因其营养状况、物理特性不同，影响小麦幼穗发育进程。著者 1991—1994 年间在河南省开封市朱仙镇进行了砂土地小麦生育特点的研究。结果发现，砂土地幼穗分化进程表现出前期相对较慢、后期较快的特点。根据试验观察结果，所有品种均以单棱期越冬（表 3 - 64）。郑州 891（豫麦 17）叶龄 3.6 处于穗原基分化期，叶龄 5.7 进入单棱期，叶龄 7.9 达到护颖分化期。春性品种内乡 182 叶龄 3.5 进入穗原基分化期，5.4 处于单棱期，7.6 进入小花分化期。砂土区幼穗分化前期慢后期快的主要原因，一是由于砂土易受气温的影响低温变幅大。该区小麦播种偏晚，幼穗开始分化即遇到低温，进入了冬季幼穗发育很慢。小麦返青以后，随着气温的回升，低温随着提高，砂土较其他土壤温度回升快，加速了麦苗的生长，幼穗发育较快，表现为小穗、小花分化时间短，每穗小穗数偏少。二是营养不足。小麦中期生长发育快、养分需要较多，砂土供肥能力差，因而导致小穗退化较多。从表 3 - 65 可以看出，供试品种每穗不孕小穗数均在 3.0 个以上，穗粒数仅有 20.0～25.6 粒之间。

表 3 - 65   砂土地小麦穗部性状（1992—1993）

品　种	小穗数（个/穗）	结实小穗数（个/穗）	不孕小穗数（个/穗）	穗粒数（粒/穗）
郑州 891	16.7	13.7	3.0	25.5
豫麦 18	15.2	11.7	3.5	23.8
豫麦 21	17.4	14.2	3.2	25.6
豫麦 25	14.9	10.7	4.2	20.0

从表 3 - 66 可以看出，进入越冬时各处理幼穗分化的苞叶原基数相差不明显，拔节期对照和处理 1（追肥量较少）由于长势弱，幼穗分化进程慢，中部小穗、每小穗分化 2 朵或 3 朵小花；而此时处理 2 和处理 3 已进入雌雄蕊分化期，施肥量大的处理 4 和处理 5 穗分化进程也较缓慢，此时也处在小花分化期。这表明在氮肥充足条件下，由于营养生长旺盛而延长发育时间，其分化的小穗数和小花数都有所增加（表 3 - 67）。

表 3 - 66　砂土地不同施肥量对小麦幼穗发育的影响（豫麦 18，1992—1993）

处 理	追氮和磷量 (N/P₂O₅) (kg/hm²)	越冬期（12/31）		拔节期（3/10）		孕穗期（4/11）	
		叶龄	苞叶片数	叶龄	发育时期	叶耳距（cm）	发育时期（cm）
1	45/30	4.4	2.3	7.5	小花₃	4.5	羽伸₃
2	90/60	4.1	2.3	7.6	雌雄蕊₂	3.2	羽伸₂.₅
3	135/90	4.4	2.3	7.6	雌雄蕊₂	3.7	羽伸₂.₅
4	180/120	4.2	2.0	7.7	小花₄	3.3	羽伸₃
5	225/150	4.2	2.3	7.6	小花₃	4.3	羽伸₃
6	CK（不施肥）	4.3	2.3	7.0	小花₂	2.1	羽伸₂

从表 3 - 67 可以看出，随追肥量的增加，每穗小穗数从 14.6 个增加到 17.2 个，相差 2.6 个小穗；结实小穗数从 9.7 个增加到 14.2 个，相差 4.5 个，而不孕小穗由 4.9 个减少到 2.4 个；穗粒数由 22.7 个增加到 31.6 个，相差 8.9 粒。随追肥量的增加，千粒重并未因穗粒数增加而受到影响，从 35.5g 提高到 39.8g，即提高了 4.3g。不同处理间穗部性状差异明显，反映了砂土地施肥对改善小麦穗部性状具有十分明显的调控效应。根据砂土地肥料容易流失的特点，如果将春季追肥分两次施用，可以进一步改善穗部性状，减少不孕小穗、增加穗粒数。

表 3 - 67　砂土地不同施肥量对穗部性状的影响（品种：豫麦 18，1992—1993）

处 理	追氮和磷量 (N/P₂O₅) (kg/hm²)	小穗数 (个/穗)	结实小穗数 (个/穗)	不孕小穗数 (粒/穗)	穗粒数 (粒/穗)	千粒重 (g)	穗粒重 (g)
1	45/30	15.8	12.9	2.9	24.0	37.7	0.905
2	90/60	15.8	13.4	2.4	28.3	37.6	1.064
3	135/90	16.2	13.5	2.7	30.0	38.3	1.149
4	180/120	16.0	13.4	2.6	31.6	39.1	1.235
5	225/150	17.2	14.2	3.0	31.0	39.8	1.234
6	CK（不施肥）	14.6	9.7	4.9	22.7	35.5	0.806

表 3 - 68　砂土地不同密度对小麦穗部性状的影响〔品种：豫麦 17（内乡 182），1991—1992〕

项 目	种植密度 (株/hm²)	结实小穗数 (个)	不孕小穗数 (个)	总小穗数 (个)	每小穗粒数 (粒)	穗粒数 (粒)
砂土地	140×10⁴	14.5	1.9	16.4	2.6	37.8
	180×10⁴	14.5	3.6	18.1	2.1	30.7
	200×10⁴	14.0	2.9	16.9	2.0	27.6
	320×10⁴	12.7	3.2	15.9	2.1	26.4

对砂土地不同种植密度穗部性状进行调查（表 3 - 68），可以看出，结实小穗数、穗粒数均以低密度处理（140×10⁴/hm²）最大，随种植密度增加穗粒数和结实小穗数逐渐减少。其中，总小穗数在 15.9～18.1 个之间，结实小穗数只有 12.7～14.5 个，穗粒数在 26.4～37.8 个之间。不同品种表现有所差异，如豫麦 17 每穗小穗数达到 19.4 个，而豫麦 18 只有 14.1 个。豫麦 18 对光温反应敏感，而砂土温度条件变化较大。

以上分析表明，砂土地土壤肥力差、保水保肥能力低，而且对温度和养分特别敏感，常因营养不足而导致单位面积成穗数减少，小花、小穗退化多，产量下降。如果在增加有机肥、改良土壤的基础上，合理运用肥水则同样可以获得高产。

第六节 低温与幼穗冻害的关系

一、幼穗冻害的温度指标、受害部位及形态表现

低温冻害是小麦主要自然灾害之一，可以在初冬、越冬期和早春的不同阶段发生。小麦冻害发生程度与幼穗发育进程密切相关。据对小麦幼穗分化进程的观察，在河南中部生态条件下，10月初播种（10月1日、10月8日）的春性品种（以郑引1号为例），叶原基分化历时约22d，单棱期20d左右，二棱期35d左右（12月上旬），这样越冬前即可进入小花分化期，多数年份在越冬期或早春主茎、大蘖被冻死（图3-8）。半冬性品种在9月26日或10月1日播种的（以百泉41为例），33d完成叶原基分化，进入幼穗分化期，越冬期间达到二棱后期时，早春主茎、大蘖也常被冻死（图3-9）。根据观察结果，护颖分化期当日均温下降到-1℃以下时，幼穗发生冻害；小花分化期在日均温-1℃以下时容易发生冻害，-3℃以下发生严重冻害。由于河南冬季气温变化频繁，越冬期间的最高温度多数时间是在6℃以上，所以受冻的植株出现"前死后继"的状况。10月1日播种的小麦，在1981年的气候条件下，12月7日进入小花分化期，经过12月12日至12月16日连续5d 0～-2.6℃的低温后主茎被冻死（12月19日观察），而此时第1个一级分蘖穗又达到了小花分化期，当12月25日至1月6日出现-0.2～-3.8℃的低温后又被冻死，下边的分蘖则继续发育成穗。

表3-69　寒流期间气温与地温的变化（1988）

测定日期	气温（℃）			地温（℃）			
	日均温	日最低	日最高	5cm	10cm	15cm	20cm
1月21日	7.9	1.0	13.6	4.6	4.5	4.5	4.7
1月22日	1.1	-2.2	9.5	1.6	2.2	2.9	3.4
1月23日	-3.9	-6.8	0.2	0.1	0.9	1.7	2.4
1月24日	-0.9	-4.3	3.2	0.2	0.8	1.5	2.1
1月25日	-0.1	-4.6	6.0	0.6	1.2	1.6	2.1
1月26日	2.2	-4.6	9.6	0.8	1.3	1.8	3.2

注：地温为8点、14点和20点的温度均值。气温由气象局提供，郑州河南省农业科学院点。

表3-69为1988年1月22日至1月26日发生寒流期间气温和地温的变化情况。可以看出在该降温过程中，气温与低温间有密切的关系。如日均温与5cm、10cm、15cm和20cm地温的正相关系数分别为0.925**、0.903*、0.855*和0.889*；日最低气温与5cm、10cm、15cm和20cm地温间的正相关系数分别为0.943**、0.939*、0.928*和0.863*，但地温明显高于气温。寒流过后对小麦受冻情况进行的调查表明，10月1日播种的郑引1号和徐州21第1节间长度分别为1.2cm和0.7cm，幼穗发育均达到了小花分化期，幼穗呈明显的冻害（水浸状），而10月8日播种的郑引1号和徐州21幼穗发育均为护颖分化期，第1节间长度分别为0.3cm和0.2cm，幼穗未发生冻害。由此可见，在河南生态条件下，春性品种（如郑引1号）只能观察到发育至小花分化期的幼穗，10月1

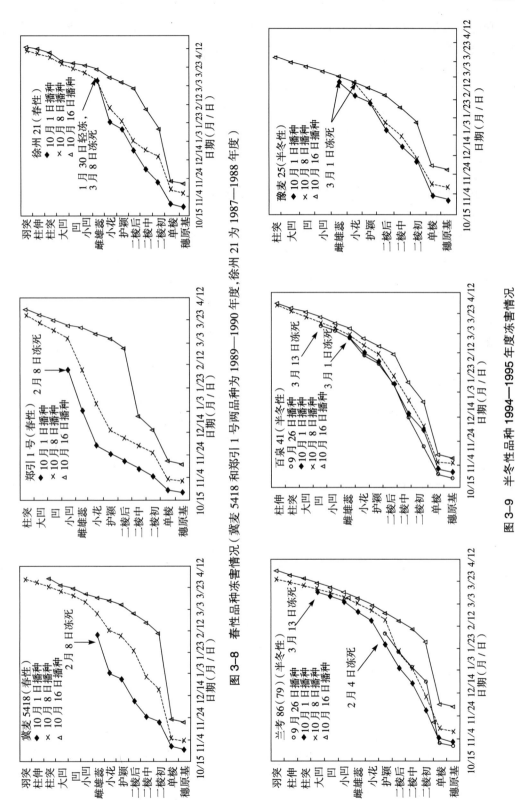

图 3-8　春性品种冻害情况（冀麦 5418 和郑引 1 号两品种为 1989—1990 年度，徐州 21 为 1987—1988 年度）

图 3-9　半冬性品种 1994—1995 年度冻害情况

日播种的半冬性品种幼穗只能发育至二棱中后期，超过此发育阶段（如到二棱末期）会遇寒流而被冻死。

从植株形态上看，发生在不同阶段冻害的表现不同。小麦发生初冬冻害主要危害叶片，只有发生严重冻害时才出现幼穗冻死现象。该期间的温度指标是：最低气温骤降10℃左右，达−10℃以下，持续2～3d（如1987年和1993年）。受冻植株外部特征比较明显，叶片干枯严重。越冬期，当气温降至−12～−16℃以下时，发生较严重的冻害。尤其当播种过早，越冬期幼穗分化达护颖分化期以后，冻害严重，分蘖死亡顺序为主茎→大蘖→小蘖。

小麦发生早春冻害，心叶、幼穗首先受冻，而外部冻害特征一般不太明显，叶片干枯较轻。受冻的顺序依次为：主茎→大蘖→小蘖。冻害严重时，幼穗全部死亡，只剩下分蘖节，下面的潜伏芽可再长出分蘖。小麦遭受早春冻害的时期在小花分化至药隔形成阶段，此期间在日均温−8℃时则发生严重冻害。如1993年2月中下旬，最低气温降至−8.7～−13.1℃，造成周口、商丘两地区1/5的麦田受冻，以1/3的主茎幼穗冻死；1994年3月26日最低气温降至−2.6～−4.4℃，造成部分麦田空心蘖占50%左右。小麦早春冻害与播期、冬前积温密切相关，据调查结果，2月上旬温度降至−8.4～−9.6℃，在9月25日前播种的主茎冻死达100%，10月5日播种的冻死30%～50%。

孕穗期发生晚霜冻害，受害部位为穗部。因受冻时间及程度不同主要受害症状为：幼穗干死于旗叶鞘内而不能抽出；或抽出的小穗全部发白枯死；或部分小穗死亡，形成半截穗（图版17）。抽穗后受冻害，则子房停止发育受精。据研究，晚霜冻害多发生于药隔形成的早期阶段，当最低气温−0.5～1.5℃，叶面最低温度−3.0～−4.5℃时，即造成严重的霜冻。晚霜冻害与幼穗发育进程密切相关，在拔节后1～5d，最低气温−1.5～−2.5℃，叶面温度−4.5～−5.5℃时发生轻度冻害；最低气温−2.5～−3.5℃，叶面温度−5.5～−8.0℃时发生重度冻害；而在拔节10d以后，最低气温0.5～−0.5℃，叶面温度−2.5～−3.0℃时，即发生轻霜冻，最低气温−0.5～−1.5℃，叶面温度−3.0～−4.5℃时发生严重冻害。

表3-70　小麦幼穗发育进程及不同低温条件下冻害情况

处理时间(h)	−3℃			−6℃		
	株高(cm)	主茎叶龄	冻害症状	株高(cm)	主茎叶龄	冻害症状
CK	45.5	11.5	正常	48.5	11.9	植株及穗部正常
4h	46.6	11.5	幼穗无冻害	47.8	11.8	叶尖（1/2）、茎秆幼嫩部位、穗轴及花器呈水浸状，主茎小穗1/3冻死。Ⅰ分蘖雌蕊呈水浸状，但外部无冻状
8h	45.8	11.2	幼穗稍失水	48.0	11.8	叶、茎呈水浸状，幼穗失水严重。Ⅰ分蘖幼穗呈轻度水浸
12h	44.9	11.2	幼穗稍失水，心叶水浸状	48.2	11.8	叶、茎呈严重水浸状，幼穗水分完全外渗。Ⅰ分蘖叶片及茎秆失水
16h	45.2	11.2	幼穗稍失水，心叶水浸状			

著者在人工模拟条件下，研究了不同低温及持续时间对幼穗发育至柱头伸长至羽毛

伸长期小麦的影响。结果表明，－3℃下低温4h，植株外部未表现出明显受冻症状，幼穗正常；低温8h，发现幼穗柱头有轻度失水；低温16h，未伸出心叶呈现明显的失水症状。在－6℃下，低温4h植株外部即有明显的受冻症状，主要表现为上部叶片1/2（从叶尖始）呈水浸状，茎秆幼嫩部位有失水现象；主茎穗部受冻严重，上部1/3小穗失水明显，其穗轴、雌蕊、花药及外颖均呈水浸状。随低温时间延长，植株冻害加剧（表3-70）。

调查各处理穗部性状（表3-71）表明，在－3℃下，各处理间小麦穗长、穗粒数、可孕小穗数、穗重及穗粒重的差异均未达到5%的显著水平，但低温16h，其可孕小穗数、穗重及穗粒重与对照的差异达到了5%的显著水平；各处理产量较对照显著下降。在－6℃下，各处理穗部诸性状较对照均有显著的下降，其中低温4h和8h，其穗粒数较对照下降 72.77% 和 73.35%，穗粒重下降 81.77% 和 85.12%，产量下降 90.36% 和 90.46%，而低温12h处理因植株遭受严重冻害而造成绝收。

表 3-71　低温对小麦穗部产量性状的影响

处 理		穗 长 (cm)	可孕小穗 (个)	穗粒数 (粒)	穗 重 (g)	穗粒重 (g)	产 量 (g/盆)
－3℃	CK	9.11 aA	17.64 aA	41.25 aA	2.221 aA	1.727 aA	13.201 aA
	4h	8.56 aA	13.75 abA	27.67 aA	1.585 abA	1.146 abA	6.497 bB
	8h	9.05 aA	13.50 abA	26.75 aA	1.372 bA	0.931 bA	4.653 bcB
	12h	8.90 aA	13.00 abA	24.75 aA	1.962 abA	1.191 abA	4.023 cB
	16h	8.20 aA	11.60 bA	24.75 aA	1.345 bA	0.941 bA	3.858 cB
－6℃	CK	9.05 aA	18.38 aA	43.15 aA	2.214 aA	1.640 aA	12.540 aA
	4h	7.34 bB	11.33 abAB	11.75 bB	0.542 bB	0.299 bB	1.209 bB
	8h	7.25 bB	8.25 bB	11.50 bB	0.612 bB	0.244 bB	1.196 bB
	12h						

注：平均值后有相同小写或大写字母的分别表示差异未达到5%或1%显著水平。

二、农艺措施与小麦冻害的关系

（一）品种

小麦品种抗冻耐寒力差异很大。越冬期间，随冬性增强，品种抗冻耐寒力加强。即使同属于一类的不同品种，其在低温条件下受冻害程度也有很大差别。据对半冬性品种的调查分析，百农3217、豫麦13、豫麦25受冻害较重，而冀麦5418、豫麦21受冻害程度较轻；弱春性品种中，徐州21、豫麦18、豫麦32冻害较重，而豫麦15、豫麦10冻害较轻。反映了不同品种的明显差异。西安8号为半冬性品种，越冬期抗寒性好，但由于其幼穗分化的四分体期对低温特别敏感，易遭受低温冻（冷）害。如河南省1993年4月11日气温骤降，该品种遭受严重冻害，以豫东地区（周口、商丘、开封）为最重。受冻严重的地块，未受冻穗仅占15%～20%，一般地块占50%左右。受冻穗中，抽不出的哑巴穗约占40%～50%，白穗或半截穗各占25%～30%，减产30%～60%。

（二）播期

播期是决定小麦冻害程度大小的主要因素。春性品种冻害主要是由于播期偏早所致。据1987年小麦初冬冻害后在柘城县定点调查：10月5～8日播种的徐州21基本全部冻死，10月8～12日播种的冻死株率在30%～80%，10月12～15日播种的冻死株率在30%以下，10月15日以后播种的基本没有冻死分蘖。1995年2月3～4日、2月28日发生的早春冻害，在驻马店地区平舆、上蔡等定点调查，10月5日以前播种的主茎全部冻死，部分大分蘖死亡，10月10日播种的主茎幼穗冻死率70%～85%，10月15日以后播种的只有8%～10%的主茎冻死。根据著者多年观察，春性品种10月1日播种的，每年主茎、大分蘖在越冬前幼穗分化达到小花分化期，越冬期间遭受严重冻害；而半冬性品种，多数在越冬后进入小花分化期，幼穗一般不受冻害。

（三）整地质量

整地质量好坏也是影响小麦受冻的重要因素。整地质量差，跑墒快、土壤水分含量低，小麦根系发育差，遇到低温时植株受害重；土壤发生龟裂，冷空气直接侵袭根系，冻害发生就重。如1993年11月18日遇强降温，泌阳、确山发现冻害严重的麦田均是一些山前旱地，土壤墒情较差。

（四）灌水

在冻害发生前进行灌水，对减轻冻害效果显著。据1983年调查，在早春寒流到来之前1～3d进行灌水，只冻死部分心叶，主茎幼穗冻死10%～12.5%；而未及时灌水麦田，主茎幼穗冻死60%～80%。

（五）麦苗素质

过旺苗、旺苗、假旺苗、老小苗易遭受冻害。越冬壮苗受冻很轻或基本上不受冻，越冬冻害基本上无死蘖现象，早春冻害一般无冻死幼穗现象。1987年河南全省发生特大初冬冻害，凡是密度大、长势旺的麦田，冻害都很重，尤其是疙瘩苗冻害最重。1993年初冬冻害也是如此。据调查，1993年10月9日播种的豫麦18，播量每667m² 6.5kg，死苗8.7%，每667m² 播量9.6kg，死苗23.3%；每667m² 播量13.2kg的死苗41.1%。

参 考 文 献

[1] 金善宝．中国小麦栽培学．北京：农业出版社，1960

[2] 夏镇澳．春小麦2419及冬小麦小红芒茎生长锥分化和发育阶段的关系．植物学报，1955，4（4）：287～315

[3] 简令成．小麦生长锥分化过程中淀粉积累和动态及其与小穗发育的关系．植物学报，1964，12（4）：309～315

[4] 胡廷积等．小麦生态与生产技术．郑州：河南科学技术出版社，1986

[5] 胡廷积，郭天财，王志和等．小麦穗粒重研究．北京：中国农业出版社，1995

[6] 崔金梅，朱旭彤，高瑞玲．不同栽培条件下小麦小花分化动态及提高结实率的研究．见：小麦生长发育规律与增产途径．郑州：河南科学技术出版社，1980

[7] 崔金梅，朱云集，郭天财等．冬小麦粒重形成与生育中期气象条件关系的研究．麦类作物学报，2000，20（2）：28～34

[8] 李文雄，曾寒冰．春小麦穗粒数调控途径．东北农业大学学报，1994，25（1）：1～9

[9] 崔金梅．对高肥水条件下郑引1号小麦品种的初步观察．河南农学院科技通讯，1974，（1）：30～35

[10] 崔金梅．小麦生殖生长始期形态特征观察．河南农学院学报，1984，2

[11] 崔金梅．冬小麦幼穗分化不同时期形态特征图解．植物学通报，1985，4

[12] 崔金梅．小麦幼穗发育进程及温度对其影响的研究．河南农学院学报，1982，2：1～12

[13] 崔金梅，梁金城，朱旭彤．小麦粒重影响因素及提高粒重途径．见：小麦生长发育规律与增产途径．郑州：河南科学技术出版社，1980

[14] 崔金梅，王向阳，彭文博等．植物生长调节物质对小麦叶片衰老的延缓效应及对粒重的影响．见：中国小麦栽培研究新进展．北京：农业出版社，1993

[15] 苗果园等．小麦品种温光效应的与主茎叶数的关系．作物学，1993，19（6）：489～495

[16] 苗果园．小麦营养生长向生殖生长的过渡——结实器官的建成．山西农业科学，1983，1

[17] 马元喜，王晨阳，朱云集．协调小麦幼穗发育三个两极分化过程增加穗粒数．见：中国小麦栽培研究新进展．北京：农业出版社，1993

[18] 马元喜．小麦幼穗发育规律的研究．河南农村科技，1979，12：15

[19] 马元喜等．小麦超高产应变栽培技术．北京：农业出版社，1991

[20] 朱云集，崔金梅，郭天财等．温麦6号生长发育规律及其超高产关键栽培技术研究．作物学报，1998（6）：947～951

[21] 朱云集，崔金梅，王晨阳等．小麦不同生育时期施氮对穗花发育和产量的影响．中国农业科学，2002，35（11）：1 325～1 329

[22] 李存东，曹卫星，刘月晨等．不同播期下小麦冬春性品种小花结实特性及其与植株生长性状的关系．麦类作物学报，2000，20（1）：59～62

[23] 张国泰．小麦顶小穗的形成特点及其与大穗的关系．作物学报，1989，15（4）：349～354

[24] 张锦熙，刘锡山，阎润涛．小麦冬春品种类型及各生育阶段主茎叶数与穗分化进程变异规律的研究．中国农业科学，1986，2：27～35

[25] 郑广华，田奇卓．小麦小花分化与发育及其对穗粒数的影响．山东农学院学报，1983，2

[26] 李光正，侯远玉，杨文钰．温度与小麦穗花发育及结实的关系．四川农业大学学报，1993，11（1）：46～55

[27] 张文，贺万桃，李建华等．不同生态类型小麦品种生长锥分化与温光的关系．四川农业大学学报，1987，5（4）：323～330

[28] 戴云玲．遮光对冬小麦穗发育的影响．作物学报，1965，4（2）：134～145

[29] 李文雄．春小麦穗分化的特点及其与高产栽培的关系．中国农业科学，1979，1：1～9

[30] 胡承霖．小麦通过春化的形态指标及温光组合效应．见：小麦生态研究．杭州：浙江科学技术出版社，1990

[31] 单玉珊．蚰包小麦幼穗分化的观察．小麦高产栽培研究文集．北京：中国农业科技出版社，1998

[32] 李文雄，曾寒冰．春小麦穗粒数调控途径．东北农业大学学报，1994，25（1）：1～9

[33] Ewert F. Spikelet and floret initiation on tillers of winter triticale and winter wheat in different years and sowing dates. Field Crops Res. , 1996, 47：155～166

[34] Frank A B, et al. Effect of temperature and fertilizer N on apex development in spring wheat. Agron. J.,
1982, 74 (3): 504~509

[35] Friend D J C. Ear length and spikelet number of wheat grown at different temperatures and light intensities. Can. J. Bot., 1965, 43: 345~353

[36] Kirby E J M. Ear development in spring wheat. J. Agric. Sci., 1974, 82: 432~447

[37] Li C D, Cao W X, Zhang Y C. Comprehensive pattern of primordium initiation in shoot apex of wheat. Acta. Bot. Sin., 2002, 44 (3): 273~278

[38] Wingwiri E E, et al. Floret survival in wheat: significance of the time of floret initiation to terminal spikelet formation. J. Agric. Sci., 1982, 98: 257~268

[39] Warrington I J, Dunstone R L, Green L M. Temperature effects at three development stages on the yield of the wheat ear. Aust. J. Agric. Res., 1977, 28: 11~27

第四章　冬小麦籽粒形成及其形态结构

小麦抽穗以后，即转入以生殖生长为主的阶段。进入该阶段之后，小麦的营养器官除穗下节继续生长外，其余节间和根、叶等营养器官都基本停止生长。穗部经过开花、传粉、受精、籽粒形成、灌浆到成熟。此阶段不仅是决定粒重的关键时期，而且对穗粒数也有一定的影响。因此，要稳定提高小麦的穗粒重，应了解小麦籽粒形成过程及各时期的形态、结构特征，掌握其生长发育规律，以便为其创造良好的生长发育条件，达到保粒数、增粒重，提高产量的目的。

第一节　小麦的花序、小穗和小花的结构

一、花序的形态结构

小麦为复穗状花序。关于小麦花序的发育、组成与形态，第一章已有较为详细的介绍，此处不再赘述。

麦穗是由小穗和着生小穗上的穗轴组成。穗轴的结构与茎的结构相似，由李扬汉主编的《禾本科作物的形态与解剖》一书中，曾对小麦穗轴进行了描述，其主要由表皮、机械组织、同化组织、维管束和薄壁组织构成。河南农业大学段增强（1998）对小麦穗轴进行了切片和显微观察（图4-1）。在开花期对小麦穗轴进行切片和显微镜观察发现，小麦穗轴节间的横切面上，穗轴呈梭形，其结构与茎的结构基本相似，最外层为具有较厚壁的表皮细胞，在梭形的顶端有几个表皮细胞向外突出形成长柔毛，在表皮上有少量气孔分布，表皮内有1～2层加厚的机械组织和同化组织相间排列，在内方为一些薄壁组织细胞，并在

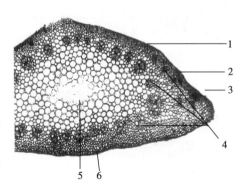

图4-1　小麦穗轴横切
1. 表皮　2. 同化组织　3. 柔毛
4. 维管束　5. 髓　6. 机械组织

其中有环行分布的维管束，穗轴的中部为薄壁细胞，呈椭圆形。从进化角度认为，穗轴为小麦茎的变态。在小麦灌浆中期，对穗轴进行显微镜观察发现，穗轴的基本结构没有显著变化，但表皮以内的数层细胞壁明显加厚，穗轴维管束的变化也非常明显，韧皮部中的筛管和伴胞明显增大，尤其到小麦灌浆末期，穗轴的这种变化更为显著，表皮细胞内数层细胞壁增厚，可清楚观察到这些厚壁细胞之间的胞间连丝。维管束中韧皮部的筛管和伴胞占整个维管束的比例较大。小麦穗轴维管束的这种变化是其适应营养物质迅速运输而产生的形态变化。

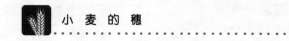

二、小穗的形态结构

小穗着生在花序轴上，它是复穗状花序的构成单位。小麦的每个小穗由两枚护颖及若干朵小花组成，一般一个小穗的小花数为6～9朵。护颖是退化的花序包片，从小穗两侧包着其内的小花。不同的小麦品种其护颖的外形和结构有较大差异。有的小麦品种其护颖上无芒，有的小麦品种护颖上有芒或有芒状尖头。芒的有无、形状、长短和颜色也是品种的特性之一。

小穗轴细弱而扁平，横切面的组织结构与穗轴相似。表皮细胞有较厚的角质层，在扁平处的两侧，表皮细胞向外突出形成较长的柔毛，通常有2～5条维管束贯穿于小穗轴的基本组织中。一般认为，一个维管束贯穿一朵小花，每个小穗能够形成籽粒的小花一般为2～5朵。小穗轴的维管束通常有一些变化，具有2～5个维管束，其韧皮部发达，以增强营养物质的输送，个别维管束萎缩消失。维管束的萎缩是导致小花败育的重要原因。

小穗基部两个对称的护颖为勺形，内侧凹陷，表面光滑，且无刺毛。外侧自下而上逐渐凸出，尤其是中脉，其上着生有刺状毛，中脉到颖的顶部与两条小的侧脉会合在一起，并延长至芒端。颖边沿两侧各有三条脉，由下而上逐渐隆起，到顶端会合，形成一个较大的突起物，各脉上具有刺状毛。在横切面上，护颖的外侧表皮由排列整齐的方形细胞组成。这些细胞有较厚的角质层，表皮细胞以内有数层厚壁细胞，其中贯穿有9～10条维管束。护颖内侧的表皮细胞，在灌浆初期为薄壁细胞，以后壁逐渐加厚。在内外表皮细胞之间的基本组织细胞中有叶绿体，自下而上叶绿体逐渐增多，使护颖呈现为绿色。

三、小花的形态结构

小花着生在短而细的小穗轴上。一个小穗上通常分化出6～9朵小花，一般能发育形成籽粒的仅有2～5朵，其他的小花退化。发育完全的小花有外颖、内颖各1个，3个雄蕊和1个雌蕊，外颖基部内侧有2个鳞片。

（一）外颖和内颖的形态结构

外颖和内颖在植物学上称为外稃和内稃。外颖和内颖的形态结构差异很大，外颖结构与小穗的两个护颖相似，仅芒长些；内颖的结构简单，为半透明膜质，两侧有龙骨状突出，内颖的大小与勺形外颖开口相吻合，二者形成了一个既封闭又能活动的"小屋"，以保护其内的雌蕊、雄蕊不受外界条件的直接影响。内颖两侧龙骨状突起的中部有一个维管束和一条同化组织带贯穿其中，内颖中部为透明部分，仅由2～3层细胞组成，不含叶绿体，在龙骨状突起外侧生有较长的柔毛。

（二）雄蕊的发育与形态结构

雄蕊由花丝和花药两部分组成。花丝的构造比较简单，在横切面上，最外一层是排列整齐的表皮细胞。表皮细胞内为薄壁组织，中央有一个维管束。花丝与花药中部的药隔相连，花丝是为花药运输营养物质的唯一通道，当花药成熟后，花丝内的细胞迅速伸长并将花药推出颖外。

雄蕊原基最初是一团分生组织，最外层细胞为原表皮，原表皮内为基本分生组织。在雄蕊原基形成的初期，花药的横切面呈四个圆角的长方形，在每个角的原表皮下出现一列体积较大的细胞，叫孢原细胞（图4-2）。孢原细胞进行切向分裂（即平周分裂），形成两层细胞，外层细胞为初生周缘细胞，内层为初生造孢细胞。

1. 花粉囊壁的形成 初生周缘细胞进行平周分裂，形成内外两层次生周缘细胞。外层次生周缘细胞连续进行垂周分裂形成药室内壁，位于表皮细胞内侧，包围着整个花药。药室内壁在初期为薄壁细胞，常储藏有淀粉粒和其他营养物质。在花药接近成熟时细胞径向扩展，细胞内的贮藏物质逐渐消失，这时细胞壁除与表皮接触的一面外，其他五壁有条纹状增厚，增厚的壁物质初期为纤维素，成熟时木质化（在两个花粉囊连接处的几个细胞无条纹状加厚）。由于细胞壁条纹状加厚，所以这时的药室内壁也叫纤维层。当花药发育成熟时，由于花药表皮和纤维层细胞失水，细胞液的内聚力增加，使细胞的径向壁产生拉力，花药纤维层细胞的外切向壁收缩向内下陷，结果两个花粉囊连接处（无条纹状加厚）的几个细胞断开，使整个花粉囊裂开，花粉散出。

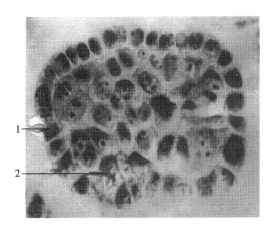

图4-2 小麦花药原基横切

1. 原表皮 2. 孢原细胞切向分裂中期

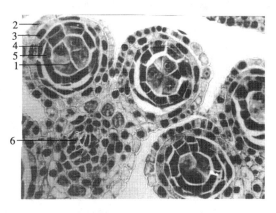

图4-3 小麦花药横切，示次生造孢细胞时期

1. 次生造孢细胞 2. 花药表皮 3. 药室内壁
4. 中层 5. 绒毡层 6. 药隔维管束

内层的次生周缘细胞进行平周分裂，形成两层细胞，外层细胞经连续垂周分裂，发育成中层；内层细胞经连续垂周分裂发育成绒毡层。中层和绒毡层都是由围绕花粉囊的一层细胞组成。中层位于药室内壁和绒毡层之间，细胞内含有淀粉粒和其他营养物质，中层细胞及其所贮藏的营养物质，在花粉母细胞减数分裂过程中逐渐被分解吸收利用。因此，在小孢子四分体时期，尽管绒毡层细胞还基本完好，而中层细胞则将完全消失。所以小麦花药的中层细胞，在次生造孢细胞时期最完整（图4-3）。绒毡层位于中层以内，是花粉囊壁的最内层细胞，绒毡层细胞体积大、细胞质浓、代谢旺盛，含有丰富的细胞器和大量的营养物质，最初是有一个细胞核，后进行细胞内有丝分裂，形成两个细胞核。绒毡层属分泌型绒毡层，绒毡层细胞吸收中层细胞的降解物质，转运到花粉囊内供花粉母细胞减数分裂时利用。在花药的横切面上，花药的四个角发育成四个花粉囊，花药中部薄壁细胞和维

管束组成药隔（图4-3）。

2. 花粉母细胞的形成及减数分裂 初生造孢细胞经过多次有丝分裂形成许多次生造孢细胞，次生造孢细胞核大质浓，为多边形，随着花药直径的增大，次生造孢细胞吸收营养物质发育成椭圆形的花粉母细胞。花粉母细胞在花粉囊的中心区离散开，并围绕中心排成一环，即将进入减数分裂时期（图4-4）。

小麦同一朵小花的花粉母细胞减数分裂与胚囊母细胞减数分裂是同时进行的，不同朵小花间有差异。一般来说，减数分裂发生在小麦的打苞期，即旗叶的叶耳伸出旗下叶，与旗下叶的叶耳间距为2～6cm时。初期的花粉母细胞壁为纤维素壁，花粉母细胞（也叫小孢子母细胞）之间以及与绒毡层细胞之间都有许多胞

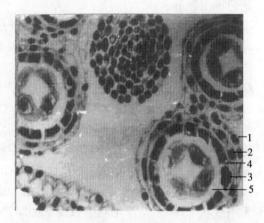

图4-4 花药横切示花粉母细胞减数分裂时期
1. 表皮 2. 药室内壁 3. 中层细胞核（正在解体）
4. 绒毡层 5. 花粉母细胞（在减数分裂）

间连丝相通，以利于营养物质的迅速运输及分配，使同一花粉囊内的花粉母细胞减数分裂得以同步进行。

花粉母细胞在进入减数分裂之前，迅速吸收营养物质，大量合成DNA和蛋白质，花粉母细胞内的每一条染色体都以自己为样板复制出另一条与自己完全一样的染色体，这两条染色体称为姊妹染色体，以着丝点相连。这时花粉母细胞内的染色体已经加倍，但因染色体处于解离状态（细长），在光学显微镜下看不清楚，花粉母细胞呈椭圆形时，核内有染色质凝聚，核仁不清楚，核内有不着色的空泡出现，这是小麦花粉母细胞初期的形态特点。接着花粉母细胞进入减数分裂期。减数分裂是花粉母细胞连续两次的细胞分裂，每次分裂都有前、中、后、末四个时期，特别是第1次分裂的前期又分六个时期，每一个时期，都有染色体特定的变化。花粉母细胞在减数分裂的过程中，纤维素壁与质膜之间，积累胼胝质壁，阻断所有的胞间连丝，把母细胞孤立起来，同时纤维素壁解体。以下是花粉母细胞减数分裂的变化过程（图版18）。

A. 减数分裂的第1次分裂

（1）前期Ⅰ：该期经历时间长，染色体变化复杂，又可分为6个时期：

①前细线期：核中染色体已开始螺旋状拧结凝聚，但染色体丝极细，在光学显微镜下难以分辨。

②细线期：核中染色体螺旋卷曲成细丝，形如松散的线团，核仁明显。

③偶线期：（合线期）同源染色体（即一条来自父本，一条来自母本的两条形状、大小相似，基因顺序相同的染色体），相互吸引，逐渐靠拢，相同位置上的相同基因依次准确配对。这种同源染色体配对的现象叫做联会。联会后的染色体称为二价体。此期由于同源染色体的联会，细胞核内的染色体比细线期的染色体粗而且稀。

④粗线期：染色体进一步扭结缩短变粗。二价体中的两条非姊妹染色体可在一处或几处相同位置上发生断裂，并且发生染色体片断互换再结合现象，这种染色体片断互换现象

称为交换。染色体片断交换是小麦性状发生遗传变异的理论基础。

⑤双线期：染色体在继续缩短的同时，交换后的染色体相斥并开始分离，所有二价染色体在交换处（一处或多处）表现出交叉，有些同源染色体对呈现麻花状。

⑥终变期：染色体继续缩短变粗，交叉点逐渐端化变少，同源染色体逐渐分开。终变期末，核膜核仁相继消失，纺锤丝开始出现。

（2）中期Ⅰ 同源染色体对排列在细胞中央的赤道板上，姊妹染色体的着丝点与纺锤丝相连，并等距离分别指向两端，形成纺锤体（图中1-6）。

（3）后期Ⅰ 由于纺锤丝的牵引，使每一对同源染色体分开并移向两极，故每个极区的染色体数只有原来花粉母细胞的一半。

（4）末期Ⅰ 到达两极的两组染色体逐渐解旋伸长，形成染色质，核膜形成，在母细胞的赤道板处形成细胞板，并扩展成初生壁，进而把细胞质分开，一个母细胞形成两个子细胞。因为两个子细胞连在一起，所以称为二分体。普通小麦花粉母细胞核中的染色体为21对，而二分体细胞核中的染色体只有21条（染色体数减半）。

B. 减数分裂的第2次分裂 二分体形成以后，很快就开始了减数分裂的第2次分裂，而且两个细胞同步进行。第2次分裂没有染色体的复制，其分裂过程与有丝分裂相似。

（1）前期Ⅱ 核内染色质螺旋凝结形成染色体，本期末核仁核膜消失出现纺锤丝。

（2）中期Ⅱ 染色体的着丝点排列在细胞中央的赤道面上，纺锤体形成，染色体缩到最短。

（3）后期Ⅱ 由于纺锤丝的牵引，姊妹染色体的着丝点断裂，并被分别拉向两极。

（4）末期Ⅱ 到达两极的染色体解旋变细，形成染色质，核仁、核膜重新形成。纺锤丝在中央赤道面形成细胞板，并扩展成细胞壁，把细胞质分开，二分体细胞各形成两个细胞。由于这四个细胞被胼胝质粘合在一起，所以叫小孢子四分体。小麦减数分裂时，所有的花粉母细胞的分裂轴都有严格的方向性和一致性，即第1次分裂的纺锤体轴和花粉囊的纵轴垂直，第2次分裂的纺锤体轴是和花粉囊纵轴平行的。所以，在花粉囊的横切面上只能看到小孢子四分体的两个细胞或三个细胞（图4-5），只有在花粉囊的纵切面上才能看到小孢子四分体的四个细胞（图4-6）。一般普通小麦减数分裂延续时间为24h。

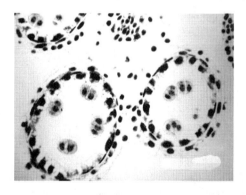

图4-5 花药横切面示小孢子四分体

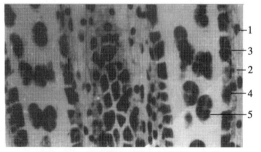

图4-6 花药纵切面示小孢子四分体
1. 表皮 2. 药室内壁 3. 正在解体的中层
4. 绒毡层 5. 小孢子四分体

3. 小孢子的产生及花粉粒的形成　　小孢子四分体形成后，绒毡层细胞合成并适时分泌胼胝质酶，使小孢子四分体的胼胝质壁解体，释放出小孢子。小孢子在细胞质膜与胼胝质壁之间产生纤维素，逐渐形成纤维素壁，小孢子又叫单细胞花粉粒。刚从小孢子四分体中游离出来的小孢子，体积小，细胞壁薄，细胞核位于细胞的中央（图4-7）。由于小孢子吸收绒毡层的水分和各种营养物质，细胞逐渐变圆，体积迅速增大，细胞中央形成一个大液泡，细胞核被推到与萌发孔相对一侧的细胞质中，这时的花粉粒叫单核靠边期（图4-8）。细胞核合成DNA，染色体复制并进行一次不等有丝分裂，产生大小不等的两个细胞，靠近细胞壁一侧的细胞较小，叫生殖细胞；靠近液泡一侧的细胞较大，叫营养细胞。生殖细胞呈凸透镜形，不但体积较小，而且细胞质也少，初期有胼胝质的细胞壁，很快胼胝质解体，仅有质膜包围，贴在与萌发孔对侧的细胞壁上。营养细胞体积很大，细胞器丰富，贮藏大量的营养物质。这时的花粉粒称为二细胞花粉粒。之后生殖细胞逐渐向中心方向移动，最后完全离开细胞壁，游离在营养细胞的细胞质中。此时生殖细胞质膜和营养细胞质膜共同组成两细胞的界限，生殖细胞始终保持有细胞质。小麦花粉粒在第1次有丝分裂之后，大约再经过60h，才发生第2次有丝分裂。生殖细胞在有丝分裂前期，其细胞核变成长椭圆形。有丝分裂时纺锤体的轴与细胞的长轴平行，以正常有丝分裂的方式产生两个无细胞壁的精细胞。精细胞最初是圆形，各自有一薄层细胞质包围较大的细胞核，染色较重，以质膜与营养细胞分开，不久精细胞变成长形。通常两个精细胞以八字形的方式游离在营养细胞质中，这时的花粉粒为三细胞花粉粒。单细胞小孢子经有丝分裂形成三细胞的成熟花粉粒，其所需的营养物质均来自于绒毡层，所以绒毡层对小孢子的形成和发育起着十分重要的作用。当花粉粒成熟后，绒毡层则全部解体消失。如果绒毡层细胞不解体，就会造成雄性不育。这时花粉囊的壁仅有表皮和纤维层两层细胞（图4-9）。

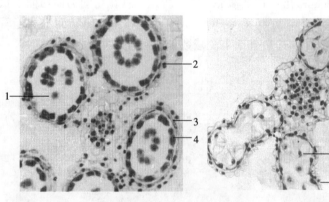 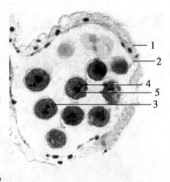

图4-7　花药横切面　　　　图4-8　花药横切面　　　图4-9　成熟花粉囊横切面示
1. 初期小孢子　2. 花粉囊表皮　　1. 小孢子单核靠边期　　　　　　三细胞花粉粒
3. 药室内壁　4. 绒毡层　　　　2. 花粉囊壁　　　　1. 表皮　2. 药室内壁　3. 成熟花粉粒
　　　　　　　　　　　　　　　　　　　　　　　　　4. 两个精细胞　5. 营养细胞核

在二细胞早期，沉积在花粉粒内壁的主要物质为纤维素、果胶和蛋白质，其蛋白质主要是水解酶。花粉粒内壁形成的同时，初生外壁吸收绒毡层的营养物质转化为孢粉素、脂类化合物以及活性蛋白质，形成坚硬的外壁。花粉外壁在花粉完成第 2 次分裂以后，大约经过 60h 的充实，花药才能开裂散粉。

　　花粉粒外壁的主要成分是孢粉素（它是类胡萝卜素和类胡萝卜素酯的氧化多聚化的衍生物），其性质坚固，具有抗酸性和抗生物分解的特性。此外，花粉粒外壁还含有色素和脂类。20 世纪 60 年代以后，还发现花粉外壁上具有生活的蛋白质。花粉粒外壁上的物质都来自于囊壁的绒毡层（引自胡适宜著《被子植物胚胎学》）。小麦花粉的外壁上有一个萌发孔，由于花粉粒外壁有抗酸性和抗生物分解的特性，著者用浓硫酸和醋酸酐将小麦花粉粒的原生质体及其内壁全部溶解以后，仅剩下不溶解的具有一个萌发孔的外壁空壳，但也发现在花粉粒外壁上具有 2 个萌发孔，这是极其个别的现象（图 4-10）。花粉粒内的两个精细胞，也叫精子，它是无壁细胞，即只有细胞质膜的裸细胞。

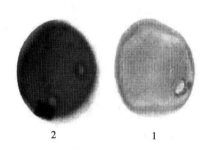

图 4-10　经处理后的花粉外壁，
示花粉粒的萌发孔
1. 正常花粉粒的一个萌发孔
2. 具两个萌发孔的花粉粒

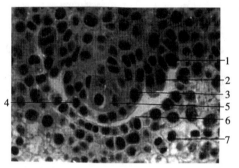

图 4-11　小麦子房纵切面示孢原细胞
1. 外珠被原基　2. 内珠被原基　3. 珠心　4. 珠心表皮
5. 孢原细胞　6. 子房室　7. 子房壁

（三）雌蕊的发育与形态结构

　　成熟的雌蕊由一个子房和两个羽毛状柱头及很短的花柱组成。小麦开花时柱头呈羽毛状，向外弯曲。柱头上有许多羽毛，由四行纵向排列的细胞组成，在每个细胞顶部向外翻，形成许多钝头状小突起，这些小突起更有利于雌蕊承接花粉粒。柱头和花柱的薄壁细胞内含有丰富的淀粉。柱头细胞内含有较高的硼元素，硼对花粉粒的萌发和花粉管的伸长起着重要的促进作用。雌蕊基部膨大的部分是子房，它是由两个心皮组成的子房壁，子房壁内的腔隙为子房室。在子房室内，子房壁腹缝线的胎座处，细胞分裂产生一团突起，即胚珠原基。胚珠原基细胞经分裂形成珠心，珠心细胞不断分裂、分化，在珠心的顶端表皮下形成一个体积较大、细胞质浓、核大的特殊细胞，称之为孢原细胞。同时胚珠原基细胞分裂形成了内外珠被原基（图 4-11）。小麦的胚珠不但不形成珠柄，而且外珠被相当大一部分与子房壁结合在一起。珠心细胞继续增多，内外珠被向上生长至与珠心基本等长时，孢原细胞吸收营养物质，其细胞核和细胞的体积显著增大，直接变成胚囊母细胞，即大孢子母细胞（图 4-12）。胚囊母细胞的细胞质更浓，液泡变小或不明显，合成 DNA 和蛋白质。接着胚囊母细胞进入减数分裂期。

一个胚囊母细胞经过减数分裂（同花粉母细胞的减数分裂）形成四个单倍体的子细胞，呈纵向排列，即大孢子四分体（图 4-13）。这时内外珠被将珠心包围，仅留一个孔，即为珠孔。大孢子四分体远离珠孔端的一个细胞，细胞壁的透性增加，能更充分地吸收营养物质，使细胞体积很快增大，最终发育成为功能大孢子，即单核胚囊。相反，近珠孔端的三个细胞最后则退化解体，而单核胚囊继续吸收水分和营养物质，细胞体积迅速增大，很快占据了三个退化细胞的位置。接着，单核胚囊进行细胞内的细胞核有丝分裂，形成两个细胞核，分别移向胚囊的两端，中间具有一个大液泡，形成二核胚囊（图 4-14）。这两个核分别进行两次有丝分裂，使胚囊两端各有四个细胞核，即为八核胚囊（图 4-15）。随后胚囊两端的细胞核各向中央移一个，两核靠拢形成两个极核。单倍体的胚囊继续生长分化，珠孔端的三个核，一个形成卵细胞，它的细胞壁由珠孔端向合点端逐渐变薄，甚至不完整，以利于精细胞受精时的通过，受精前卵细胞处于不活跃状态。另两个核形成助细胞，助细胞中细胞器多，新陈代谢非常活跃。两个助细胞在珠孔端的细胞壁上，有丝状器的结构，丝状器是细胞壁与其细胞质膜一起向内产生突起，突起皱褶再折叠而形成，它类似传递细胞的壁，适于在珠孔端吸收营养物质。助细胞与卵细胞排列成三角形，这三个细胞称为卵器。合点端的三个细胞核，产生细胞壁形成三个反足细胞，这三个反足细胞又进行多次有丝分裂，有些进行无丝分裂，形成反足细胞群，向珠心一侧的反足细胞的壁常有指状壁内突和胞间连丝，具有传递细胞的特征。小麦的反足细胞不仅数量多，而且细胞体积大，细胞质浓，细胞器丰富，代谢活动非常活跃，寿命也长，它对于胚的发育及胚乳的形成，具有吸收、运转和分泌营养物质的功能，即具有吸器的作用。反足细胞和卵细胞之间的部分为中央细胞。中央细胞含有两个极核，它是胚囊中最大的细胞，其细胞壁的厚薄变化很大。与卵器相接处，只有质膜没有细胞壁，这有利于精细胞通过；与反足细胞相接处，具有较薄的细胞壁，壁上有许多胞间连丝；与珠心细胞相连接的壁，是原来单核胚囊壁延展而来，并具有许多指状壁内突，从珠心组织吸收营养物质。这时的胚囊已是发育成熟的胚囊（图 4-16）。在正常情况下，小麦的胚囊与花粉粒成熟基本保持同步，以保证开花、传粉、受精的完成。

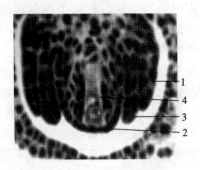

图 4-12 小麦子房纵切面示
胚囊母细胞

1. 外珠被 2. 珠心表皮
3. 内珠被 4. 胚囊母细胞

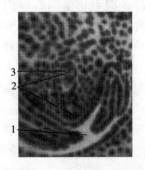

图 4-13 子房纵切面示
大孢子四分体

1. 珠孔 2. 大孢子四分体
3. 远珠孔大孢子

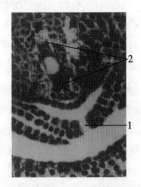

图 4-14 子房纵切面示
二核胚囊

1. 珠孔

2. 二核胚囊的两个核

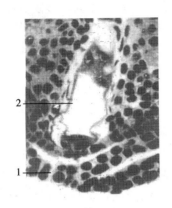

图 4 - 15　子房纵切面示八核胚囊

1. 珠孔　2. 八核胚囊

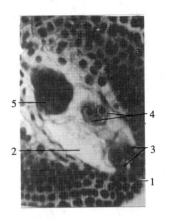

图 4 - 16　子房纵切面示成熟胚囊

（卵在相邻的切片上）

1. 珠孔　2. 成熟胚囊　3. 两个助细胞

4. 两个极核　5. 反足细胞群

（四）鳞片的形态结构

在小麦外颖基部内侧紧贴子房有两个小而薄、半透明状的薄片叫鳞片（图版 13）。鳞片是由花被退化而成，薄而无色，上端边缘有长纤毛（图版 14）。在鳞片的横切面上，仅有数层薄壁细胞，没有叶绿体，表面上没有气孔分布。在小麦开花时，鳞片吸水膨胀，在一定的时间内变为球状，将颖片撑开，花药迅速伸出。传粉后鳞片恢复扁平状，颖片闭合。在鳞片完成使命后，逐渐萎缩，一直伴随小麦籽粒灌浆直至成熟。

第二节　小麦开花、传粉、受精

小麦从开花到成熟，称为小麦生殖生长期。一般小麦抽穗后 3～5d 便开始开花、传粉和受精，这一过程伴随着器官形态和复杂的生理生化等一系列变化。

一、开　花

当颖壳张开，花药和柱头自然暴露于外，称为开花。小麦开花时穗中下部的花先开，而后向上下两端逐渐开放，最后开放的是穗最顶端的花。当雄蕊和雌蕊发育成熟、达到某种程度后，就会产生一种生化物质，刺激外颖基部内侧的鳞片，使其吸水膨胀变为球形，将颖片撑开成一定的角度。颖片张开的角度大小，不但与鳞片有关，而且与外界的气候条件关系密切。天气晴朗，湿度适宜时其张开的角度就大些；若低温多雨、风大，或大气干燥，颖片开放的角度就小或不开花。当颖片打开后，花丝迅速伸长，将花药推出颖外。据观察，花丝的迅速伸长，不是细胞数目的增加，而是整个花丝各细胞协调伸长的结果。这种协调伸长受制于自身生化物质及外界环境条件。如果小麦开花期外界环境条件恶劣，花丝、花药并不伸出颖外，进行闭花传粉和受精。

麦穗从第 1 朵花开放到最后 1 朵花开放所需的时间，因品种不同、气候条件及管理水平等多种因素而存在较大差异。如天气干燥、水肥条件差、早熟品种等开花时间就短，一般持续时间在 4～5d。小麦开花集中在白天，约占开花数的 90％。小麦白天开花有 2 个高峰，第 1 个高峰集中在上午 9：00～11：00 之间，占开花总数的 50％以上；第 2 个高峰在下午 3：00～5：00 之间。

二、传粉与花粉粒萌发

小麦的传粉方式为自花传粉，自花传粉是指一朵花的花粉粒落在同一朵花的柱头上。小麦花粉粒表面并不光滑，在自然界中，由于温度较高，大气干燥，大部分花粉粒从花药散出后 3～5h 失去活力，在温度低的情况下花粉粒能存活几十个小时。小麦羽毛状柱头在开花时自然散开，可承接更多的花粉粒。小麦的柱头属于干型柱头，在传粉时，柱头不产生分泌物。小麦柱头表皮细胞的角质层外面，具有一层亲水性的蛋白质，当花粉传到柱头上以后，通过亲水性蛋白质膜，从其角质层的断裂处吸水，使花粉粒获得萌发必需的水分，花粉粒内压增加，花粉粒内壁穿过外壁上的萌发孔向外突出，形成花粉管，当花粉管的长度与花粉粒的直径相等时即为萌发。小麦花粉粒萌发的最适温度为 20℃。在 20℃左右时，花粉粒落到柱头上 5min 后即可萌发；若超过 30℃时，大多数花粉粒不能萌发。散落到柱头上的花粉粒需要有一定的密度才能很好地萌发，花粉管才能正常伸长。如果花粉粒的密度太小，不但不容易萌发，而且花粉管伸长也慢，这种现象叫做"群体效应"。因为花粉粒在萌发时，分泌一种"花粉生长要素"，花粉密度越大，产生这种物质越多。由于花粉粒有互相促进萌发的作用，所以密度大花粉粒萌发就好，花粉管伸长也快（引自胡适宜著《被子植物胚胎学》）。

三、受　精

受精是指单倍体的精细胞与单倍体的卵细胞融合，形成二倍体受精卵的过程。受精卵将发育成小麦的胚，胚是小麦新个体的起点。柱头上花粉粒内的两个精细胞，由于花粉管的正常伸长，将两个精细胞送入胚囊，才能完成受精过程。花粉粒在柱头上萌发以后，花粉管从柱头角质层的断裂处通过细胞壁进入柱头，在柱头和花柱的胞间隙中向子房延伸（图 4-17）。当花粉管伸长到一定长度，花粉粒中的 2 个精细胞和营养细胞陆续进入花粉管中，集中在花粉管的前端。花粉管伸长所需的营养物质来自于两个方面，一方面是花粉粒本身营养细胞中储藏的营养物质，另一方面是吸收雌蕊柱头和花柱所贮存的营养物质。例如柱头组织中普遍存在有硼，而硼对花粉粒的萌发及花粉管的伸长有促进作用。这是因为硼能增加对氧和糖类的吸收，促使果胶的合成，而纤维素和果胶又是组成花粉管壁的主要物质。现已证明，小麦的柱头细胞中，在传粉以前贮藏有许多淀粉粒。传粉时柱头和花柱细胞中的淀粉粒显著减少。当花粉管通过柱头花柱以后，则柱头细胞淀粉粒完全消失。一般认为，这种现象是淀粉粒转化为糖，糖又被花粉管伸长消耗掉造成的。花粉管在花柱的细胞间隙中继续下行到达子房室，再沿胚珠外珠被直达珠孔处。

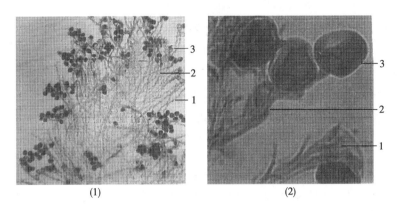

(1) (2)

图4-17 小麦柱头装片，示花粉粒在柱头上萌发形成花粉管

(1) 低倍镜拍照图 (2) 高倍镜拍照图

1. 柱头羽毛 2. 花粉管 3. 花粉粒

花粉管前部有三个细胞核，靠前端两个弯形的为精细胞，靠后端的一个为营养细胞。花粉管进入胚囊之前，胚囊内一个助细胞解体。花粉管穿过珠孔，通过珠心表皮，从解体的助细胞中进入胚囊，花粉管顶端破裂，将花粉管内三个细胞释放出来。其中一个精细胞与胚囊中的卵靠近，精细胞的核逐渐进入卵细胞内部，与卵细胞核融合，形成二倍体的受精卵，将来发育成为小麦的胚；另一个精细胞的核，通过中央细胞的质膜进入中央细胞，逐渐向中央细胞的两个极核或两极核融合后形成的次生核靠近并互相融合，形成三倍体的初生胚乳核，进一步发育成为小麦籽粒的

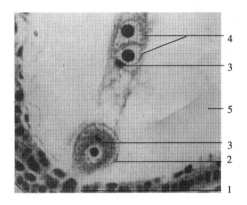

图4-18 小麦胚囊纵切面，示双受精

（助细胞在相连的切片上）

1. 珠孔 2. 卵细胞 3. 精细胞核
4. 极核 5. 胚囊

胚乳。两个精细胞分别与卵细胞和中央细胞融合的现象称之为"双受精"（图4-18）。随着受精过程的完成，胚囊中的助细胞，及花粉管释放的营养细胞相继解体，变成营养物质供应胚和胚乳发育。反足细胞群寿命较长，它对于胚乳的形成起着吸器的作用，即反足细胞从合点端吸收珠心降解的营养物质，转运到胚囊，供胚乳发育利用。小麦传粉至受精的间隔时间为1～4h，其间隔时间长短因环境因素影响而变化很大。温度与花粉粒萌发和花粉管生长速度的关系最为密切。当小麦开花时的温度为10℃时，花粉粒萌发和花粉管生长缓慢，传粉2h开始受精；当温度为20℃时，花粉粒萌发最好，30min开始受精；当温度为30℃时，花粉粒萌发率比20℃低，花粉管生长快，只需15min就受精了；当温度再升高时，大量花粉粒不萌发（引自胡适宜著《被子植物胚胎学》）。

四、影响小麦开花受精的因素

小麦开花受精是完成从种子到种子世代交替的重要时期。在这一时期内，常受多种因素影响。小麦开花期，植物体内代谢活动比较旺盛，雌、雄蕊等易受外界不利因素的影响，此时小麦对所处的生态条件反应既直接又非常敏感。子房能否继续发育形成籽粒，不仅与内部因素有关，而且外部条件也极为重要。

为研究影响小麦开花受精的因素，河南农业大学马元喜教授等曾在小麦开花期间，模拟不同生态条件对小麦开花受精进行了系统观察（表 4 - 1），证明此期逆境胁迫对小麦开花受精和籽粒形成均造成很大的影响。

在小麦开花期间，采用人工模拟自然降雨的方法，对小麦穗部进行喷洒清水试验，并调查结实粒数，结果发现，喷洒清水的处理平均单穗缺粒 5.6 个，较未喷清水对照处理的缺粒多 2.2 个。喷清水处理的缺粒率占总穗粒数的 14.8%，而对照处理的缺粒数仅占总穗粒数的 9.1%。进一步选择 7 个正在开花的麦穗 19 朵小花进行定位喷水，结果喷水处理的 7 个麦穗共缺粒 37 粒，平均每穗缺粒 5.2 个，其中定位喷水的 19 朵小花仅结实 4 粒，其余 15 朵小花均未形成籽粒。由此说明开花期阴雨天气对小麦籽粒形成影响很大。

为研究温度对小麦开花受精和籽粒形成的影响，著者曾在小麦开花期，选择晴天中午 11:00～14:00，连续 2d 用玻璃箱套 1m² 试验田，周围密封，使箱内温度迅速升高，并以专设的通风口调节箱内温度，使箱内温度保持在 36.5～37.5℃。结果被套麦穗基本无籽粒形成，单穗结实粒数仅 2.2 粒，未套箱的对照田每穗粒数为 38.6 粒。对其进行检查发现，主要是高温对雄蕊造成了严重伤害。显微镜观察结果表明，套箱内麦穗的花药干缩，花粉粒因失水严重而不能萌发，雌蕊仅有少数柱头卷曲，大部分仍属白嫩状，子房膨大。据开花期对上部叶片硝酸还原酶活性的测定，无论空气湿度大小，在 36.5～37.5℃ 高温条件下，均导致植株叶片硝酸还原酶的急剧下降，其中高温条件下酶活性较未处理的下降 31.1%，低温条件下硝酸还原酶活性下降 50%。不仅如此，叶片内的细胞膜也受到一定程度的伤害，膜透性增加2.0%～12.2%。

表 4 - 1　开花期生态条件与穗粒数的关系

处　理	单穗小穗数 （个）	不孕小穗数 （个）	可孕小穗数 （个）	单穗缺粒数 （粒）	穗粒数 （粒）	缺粒率 （%）
穗层喷水	17.8	1.9	15.9	5.6	32.2	14.8
未喷水对照	17.0	1.5	15.5	3.4	34.0	9.1
定花喷水	定位 19 朵花结实 4 粒			5.2	30.4	14.6
套箱增温	20.0	2.2	17.8	35.8	2.2	94.2
自然温度对照	19.6	1.6	18.0	1.4	38.6	3.5
未防病	19.4	2.3	17.1	3.7	30.5	10.8
防病	19.1	2.2	16.9	1.8	35.3	4.8

白粉病是我国小麦主产区经常发生的主要病害之一。为此，著者在小麦孕穗到开花期，调查了白粉病对小麦开花受精和籽粒形成的影响。试验设置在白粉病发生较重的地块，并留一小区未进行防治作为对照。经观察，白粉病发生严重的对照小区平均每个单穗

缺粒 3.7 个，而进行防治白粉病的小区平均每个单穗缺粒 2.2 个，防病小区的缺粒率较未防病的对照缺粒率减少 6％。调查还发现，小麦白粉病发病早晚与结实粒数多少关系密切，由于对照小区在小麦孕穗期就已发生白粉病，穗粒数仅为 30.5 粒，而防病区的穗粒数为 35.5 粒，处理间每穗粒数相差 5.0 粒。

生态条件虽然是影响小麦开花受精和籽粒形成的重要因素，但小花本身的生长发育状况对受精结实的影响也很大。如雄蕊发育不全，从外观上看，花药呈长柱型，上端略尖，下端基部叉开，早期就退化萎缩，花丝较长，干缩扭曲。通过对花药解剖观察，发现有的花药壁虽然发育正常，但花粉母细胞解体；有的绒毡层提早退化，花粉母细胞因得不到足够的营养物质而提早败育。另外，小麦的雌蕊在发育过程中，如果某一环节出现问题，也不能使其正常受精形成籽粒。从试验观察结果看，小麦子房两极分化趋势确实与开花期所处的生态条件与内部发育密切相关。病虫危害茎叶及土壤供肥不足等，都会使子房因营养不良停止发育而趋于退化。阴雨和气温冷热剧变等，都会直接影响传粉受精，特别是颖片正在张开时遇雨浸花粉粒或柱头，一般均不能受精结籽。所以，在小麦生产上绝不能放弃开花期的管理。当然，开花期发生的问题，原因是多方面的，不能只在开花期解决，应当以系统综合的观点协调田间的各种矛盾。在小麦开花之前就要做好各种检查，以壮株为原则，防治病虫危害，调控肥水供应，增强光合作用，加速营养物质运转，以促进雌、雄蕊正常发育。对开花期临时出现的问题，要针对具体情况采取相应措施，如浇水、一喷三防等，均可缓解气温冷热剧变，以及干热风、缺肥和病虫危害等对小麦的影响，提高结实率，从而达到增产增收的目的。

在著者多年的试验研究中，每年都发现有一些小穗的下部第 1 朵小花不育。通过对这些不育小花的观察分析，发现在小麦开花期，这些不育小花的两个颖片长时间不闭合，最后小花萎缩败育。不同年份以及不同品种小花败育的严重程度有一定差异，在正常年份，有第 1 朵小花败育的小穗一般占结实小穗的 5％左右，败育最多的年份可高达 10％，几乎每个穗子都有 1～2 个或更多一些的小穗具有这种不孕的小花。为研究下位第 1 朵小花的败育原因，河南农业大学吉玲芬等（1996 年、2004 年）对兰考 86 - 79 和不同播期的百泉 41 在开花后对第 1 朵不育小花的雌蕊和雄蕊分别作了石蜡切片和压片观察。通过对 29 个下位第 1 朵小花子房连续切片，并进行显微观察与分析，结果表明，所有不育小花的子房及其胚囊内的卵细胞、助细胞、极核及反足细胞都还存在，绝大多数子房和胚囊有不同程度的增大，胚囊内各成员细胞都有不同程度的液泡化，染色变淡，说明细胞的生命力减弱，处于趋向解体的状态。在这些子房中，有 3 个子房的胚珠明显收缩，3 个胚囊内中央细胞中的两个极核已经融合为体积较大的二倍体的次生核，等待与精细胞融合。根据著者的上述观察结果，认为不孕小花的雌蕊发育是正常的，但在所切的子房内，没有发现精细胞和胚乳细胞核，说明这些子房尽管有些增大，但都没有受精，因而不可能结实。

为研究不育雄蕊的解剖结构，著者曾采用石蜡切片和压片两种方法，对不育的雌蕊柱头和不育花的花药，用石蜡包埋法做成连续切片，并进行显微观察分析。通过对柱头切片的观察，发现柱头上的花粉粒稀疏，在这些花粉粒中，有少数已经萌发变成空壳，多数还具有原生质体。未萌发的花粉粒因失水，多数由圆形变成不规则形，原生质体收缩，发生质壁分离。它们之中既有 3 个细胞的花粉粒，也有未形成精细胞的二细胞花粉粒。另外，通过对不育花药的横切片观察，发现尽管它们早已散粉，但是花粉囊中还有许多花粉粒，这些花粉粒同样已经变形，并出现质壁分离。这些花粉粒的发育状况与柱头上的花粉粒一致，即少数为三细胞的成熟花粉粒，多数没有形成精细胞，发育不成熟，且细胞核着色较淡，不易区分。著者曾将新鲜的不育花药制成永久玻片，通过反复观察，也证实花粉囊内确有许多花粉粒。这些花粉粒有一部分为成熟花粉粒，有一部分没

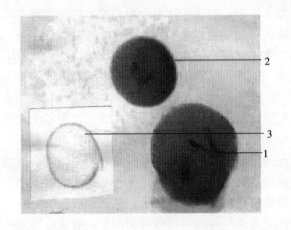

图 4 - 19　不育小花花药压片
1. 正常的三细胞花粉粒　2. 异常的二细胞花粉粒
3. 异常的空壳花粉粒

有形成精细胞，还有一部分发育为异常的花粉粒，这种花粉粒体积比正常花粉粒小，发育较晚，在散粉期有些还处于二细胞阶段。在这些异常花粉粒中，有一些成为没有原生质体的空壳（图 4-19）。以上研究结果说明，不育小花的雌蕊发育正常，雄蕊发育迟缓，而且散粉不充分，这是造成小花不育的主要原因。花药散粉不充分，柱头上的花粉粒稀疏，根据花粉粒萌发群体效应理论，其柱头上花粉粒萌发率低，花粉管伸长慢，造成不育是完全可能的，导致雄蕊发育不正常的原因和气候条件有关，至于其他因素尚待进一步研究。

第三节　小麦籽粒的生长发育

小麦受精后，花药和柱头凋谢萎缩，子房壁、胚、胚乳不断增大，最后形成籽粒（颖果）。小麦籽粒的大小、长短、粒重高低等，因品种和栽培条件不同而有较大差异。

一、胚的发育

一个精细胞和卵细胞融合后，形成受精卵（合子）。受精卵休眠 16～18h 后才开始分裂。在休眠期间，原生质体向合点端集中，以加强细胞的极性。卵细胞的合点端不完整的细胞壁修复为连续的细胞壁。休眠后受精卵进行一斜向的有丝分裂，产生二细胞原胚（图 4-20）。不久，上端细胞再进行一次横向的有丝分裂，产生三细胞原胚。三细胞原胚继续分裂，形成多细胞原胚、梨形胚，不久在梨形胚外侧出现凹陷，凹陷处上方，细胞分裂较快，将形成内子叶，即盾片。在盾片最外的一层排列整齐的细胞称为上皮细胞。该层细胞具有大量的壁内突，为传递性细胞，并有分解营养物质的作用。凹陷处下方，相继分化出胚芽鞘原基、幼叶原基及生长点。在外侧下方有几个细胞外突，即为外子叶原基。当胚成熟时，外子叶只占很小位置。在上部盾片、胚芽鞘、幼叶等分化的同时，胚根也开始分化。当胚的总长达到 1mm 左右时，根冠可明显区分。在根尖两侧，形成腔隙。根尖不断

伸长，腔隙也不断增大，随后成为三面包围状的基本组织，称为胚根鞘。据崔金梅等的观察，从受精后到形成完全成熟的胚，大约需要120h。

（1）二细胞原胚

（2）多细胞原胚

（3）分化初期的胚

（4）分化后期的胚

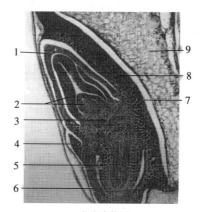

（5）成熟胚

图4-20　小麦子房纵切示胚的发育过程

1.胚芽鞘　2.胚芽　3.胚轴　4.外子叶　5.胚根　6.胚根鞘

7.上皮细胞　8.盾片　9.胚乳

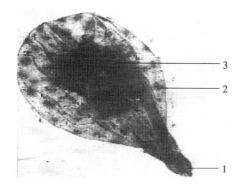

图4-21　整体胚囊装片

1.多细胞原胚　2.胚乳游离核有丝分裂后期

3.反足细胞群

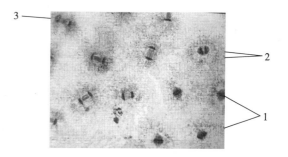

图4-22　胚乳装片示胚乳核逐级同步有丝分裂

1.胚乳核有丝分裂中期　2.后期　3.末期

二、胚乳的发育

小麦的胚乳属核型胚乳,它是双受精的产物,是由一个精细胞核与中央细胞的两个极核或次生核受精后形成三倍体初生胚乳核发育而成。所以,中央细胞有人称其为胚乳母细胞。双受精后,受精卵进入休眠期,初生胚乳核基本上不休眠,以有丝分裂的方式进行第1次分裂,形成两个胚乳细胞核,而不形成细胞壁。这两个胚乳细胞核再进行有丝分裂,形成四个胚乳核,也不形成细胞壁。初期胚乳细胞核不断进行同步有丝分裂,即核分裂前、中、后、末四个时期同步进行,形成很多胚乳游离细胞核(图4-21),分布在中央大液泡周缘的细胞质中,这时胚囊的新陈代谢能力强,物质交流活跃,胚乳细胞核分裂很快,形成大量的胚乳细胞核,在中央细胞周缘形成一层乳白色的"膜"。这时将胚囊从胚珠中解剖出来,刺破中央细胞,取出乳白色的膜状物装片。在显微镜下观察胚乳细胞核的有丝分裂,可见到由早期胚乳核有丝分裂的同步进行变成了前、中、后、末四个时期依次同步进行(图4-22)。当胚乳核有丝分裂进行到一定时期,游离的胚乳细胞核,从珠孔端开始向合点端逐渐以自由方式形成胚乳细胞。即中央细胞的壁,向内产生具有分支的壁内突,它们穿入具有胚乳游离核的细胞质中,最后末端相连,形成胚乳细胞(Mares 等,1975;Morrison 等,1976)。自由形成胚乳细胞的壁,不依赖于成膜体。胚乳细胞形成后,仍然以有丝分裂的形式产生胚乳细胞,也有少数以无丝分裂的形式形成胚乳细胞。在胚乳细胞分裂的同时,迅速地吸收营养物质,形成贮藏组织。胚乳细胞进一步分化,在周边分化出一层排列整齐的大细胞,细胞内形成糊粉粒较多,所以称为糊粉层,其内为贮藏大量淀粉粒的胚乳细胞,称为淀粉胚乳。在胚和胚乳形成的过程中,珠心细胞和反足细胞降解成营养物质,被胚乳细胞吸收利用。糊粉层细胞内贮存大量的糊粉粒,因糊粉粒是蛋白质的贮藏形式,所以在种子萌发时,这些蛋白质转变成酶,促进胚乳分解。而且糊粉层的细胞壁有许多壁内突,以扩大物质交流面积,所以糊粉层细胞也叫糊粉传递细胞。胚乳是为胚生长发育贮藏的营养物质。受精时,胚囊中的营养物质较少,胚乳的生长发育先于胚,并为胚的生长发育创造了良好的条件。小麦胚的生长依赖于胚乳供给的营养物质。如果胚乳发育不正常或败育,则胚的发育就会停止,甚至造成死亡。所以,正常发育的胚乳是胚正常发育的先决条件。在小麦籽粒灌浆期,胚和胚乳生长都很快。根据崔金梅等观察研究,小麦受精后 5d,其籽粒平均长度为 0.50cm,平均宽度为 0.30cm 左右,而收获期籽粒平均长度为 0.60cm 左右,平均宽度为 0.35cm。由此可以看出,受精后 5d 与成熟后籽粒的长度和宽度相差较小,说明受精后 5d 胚乳细胞分裂已基本停止,转为以贮藏营养物质为主,即以较小的细胞空间贮存最多的营养物质。

三、子房壁和珠被的生长发育

在植物学上,小麦的果实称为颖果,习惯上称为种子。因为果皮与种皮在小麦发育成熟的过程中愈合在一起,不易分离。

1. 子房壁的生长发育　子房壁将发育成果皮,在小麦受精前,其壁约有十几层细胞的厚度，细胞多为纵向拉长。在籽粒成熟的过程中，子房壁的外表皮细胞，其细胞壁不断加厚，并出现许多纹孔，细胞纵向拉长，尤其是上部细胞拉长更为明显。最顶端的表皮细胞延长，形成小麦颖果的冠毛。表皮下约有 2～3 层细胞，其细胞壁也有不同程度的增厚，中间的细胞多为薄壁细胞。这些薄壁细胞在籽粒形成过程中常被挤破或解体。最内层的薄壁组织含有叶绿体，随着籽粒的成熟，叶绿体逐渐解体，细胞壁加厚，成为横向排列的细胞。内表皮细胞的变化是先伸长，继而壁增厚，后又与其他细胞之间若即若离，在籽粒干缩时，常与种皮愈合。

2. 珠被的生长发育　受精前所形成的内外珠被，在籽粒形成过程中，外珠被逐渐消失，内珠被则随籽粒膨大而不断扩张。内珠被由 2 层细胞组成，外层细胞随籽粒的成熟而逐渐被解体消失。内层细胞含有色素，籽粒成熟时为棕黄色。棕黄色的一层细胞即为种皮，它与果皮的内表皮细胞愈合。小麦的子房壁和珠被经过 30 多 d 的生长发育形成果皮和种皮，种皮和果皮不易分离，共同包被着胚和胚乳，形成籽粒（颖果）。

参 考 文 献

[1] 河南省小麦高稳优低研究推广协作组．小麦穗粒重研究．北京：中国农业出版社，1995

[2] 胡适宜．被子植物胚胎学．北京：高等教育出版社，1985

[3] 徐是雄，朱澂．小麦形态和解剖结构图谱．北京：北京大学出版社，1983

[4] 国家小麦工程技术研究中心．小麦生态栽培与农业生产．北京：中国科学技术出版社，2000

[5] 河南省农业科学院．河南小麦栽培学．郑州：河南科学技术出版社，1998

[6] 河南省小麦高稳优低研究推广协作组．小麦生态与生产技术．郑州：河南科学技术出版社，1986

[7] 金善宝．中国小麦生态．北京：科学出版社，1991

[8] 金善宝．小麦生态理论与应用．杭州：浙江科学技术出版社，1992

[9] 梁金城，高尔明．栽培与耕作（上册）．郑州：中原农民出版社，1993

[10] 彭永欣，郭文善，严六零，封超年等．小麦栽培生理．南京：东南大学出版社，1992

[11] 山东省农业厅．山东小麦．北京：农业出版社，1990

[12] 王树安．作物栽培学各论．北方本．北京：中国农业出版社，1995

[13] 于振文．作物栽培学各论．北方本．北京：中国农业出版社，2004

第五章　冬小麦籽粒形成与幼穗发育的关系

小麦生长发育是一个连续的过程，在不同的生育阶段形成不同的器官，前期的生长发育是后期生长发育的基础。如在小麦生长发育的单棱期有良好的生长发育条件，才有可能形成较多的健壮小穗原基，为提高结实小穗数奠定良好的基础。又如在小花分化期形成较多完善健壮的小花，才有可能获得较多的穗粒数。同样，小麦幼穗发育状况与籽粒形成亦有密切的关系。随着产量水平的提高，粒重不稳常常是限制产量增长的重要因素。因此，许多学者对如何稳定提高粒重作了大量的研究工作。但至今未能找到十分有效的措施，这与小麦灌浆期短，措施难以实施有关，而且措施的效果往往不明显。著者在研究小麦穗发育的过程中，结合相关试验，系统地观察测定分析了幼穗分化进程与粒重形成的关系，即首先分析了幼穗发育进程与早期粒重形成的关系，进而分析了早期粒重与最终粒重的关系，同时对日均温、积温、日照、降雨等气象因素以及营养状况对幼穗发育进程和早期粒重的影响亦进行了探讨，以便为拓宽稳定、提高小麦粒重的管理时期提供依据。

第一节　小麦的早期粒重

粒重是小麦植株最后形成的一个产量因素，是品种遗传特性、植株个体发育、栽培技术措施和环境条件对小麦生长发育的最终体现。根据著者多年连续观测，小麦的早期粒重与最终粒重之间关系极为密切，用早期粒重高低可较好地预测最终粒重。著者在研究过程中，对小麦的早期粒重从两个时期进行测定，一是小麦开花后第11d测定的粒重（籽粒形成的初期阶段）；二是每年的5月5日测定的粒重（一般年份为开花后的5～10d左右）。这是因为，在河南生态条件下，每年的5月25日以后常常出现干热风、高温逼熟及雨后青枯等自然灾害影响小麦灌浆，如果5月上旬已形成较高的粒重，那么最终粒重也常常是高的。因此，著者用上述两个时期测定的粒重作为早期粒重高低的标准，用以预测最终粒重的高低。

一、小麦早期粒重的差异

根据著者连续多年对小麦早期粒重的测定结果表明，不同品种或同一品种在不同年际间的早期粒重存在显著差异。表5-1为几个不同类型小麦品种在早期高粒重年份和低粒重年份的测定结果。从表中可以看出，1997年高粒重年份条件下，春性小麦品种郑引1号开花后11d和5月5日的千粒重均为13.6g，而1989年低粒重年份条件下，开花后11d和5月5日该品种千粒重分别为7.2g和6.7g，高粒重年份和低粒重年份间，开花后11d测定的千粒重相差6.4g，5月5日测定的千粒重相差6.9g。在1980、1994、1997和2000年4个高粒重年份中，郑引1号品种开花后11d和5月5日测定的平均千粒重分别为12.9g和11.2g，而在1985、1988、1989和1996年4个低粒重年份中，郑引1号在开花后 11d 和 5 月 5 日测得的平均千粒重分别为 6.9g 和 4.2g，与高粒重年份相比，低粒重年份平均千粒重分别降低 6.0g 和 7.0g。

对于半冬性小麦品种百泉 41 而言，在 1997 年高粒重年份条件下，开花后 11d 的千粒重为 12.7g，5 月 5 日测定的千粒重为 9.0g，而在 1989 年的低粒重年份，百泉 41 品种开花后 11d 测定的千粒重为 7.3g，5 月 5 日测定的千粒重为 5.0g，较高粒重年份分别下降了 5.4g 和 4.0g。在测定的 4 个高粒重年份中，百泉 41 开花后 11d 和 5 月 5 日测定的平均千粒重分别为 13.4g 和 7.3g，在 4 个低粒重年份开花后 11d 和 5 月 5 日的千粒重分别为 8.0g 和 5.1g，高粒重年份比低粒重年份的早期千粒重分别相差 5.4g 和 2.2g。

通过对半冬性品种豫麦 49（温麦 6 号）和大粒型品种兰考 86－79 的测定，这 2 个品种在高粒重年份开花后 11d 的早期粒重分别比低粒重年份的早期粒重高 2.9g 和 8.8g；5 月 5 日高粒重年份的早期粒重分别比低粒重年份的粒重高 1.7g 和 15.4g。由此可以看出，无论是春性品种、半冬性品种或大粒型品种，年际间早期粒重均有明显差异。

表 5－1　不同年际间的早期粒重　　　　　　　　　　（单位：g/千粒）

品　　种	高粒重年份					低粒重年份				
	年份	花后 11d	5 月 5 日	花后 17d	5 月 10 日	年份	花后 11d	5 月 5 日	花后 17d	5 月 10 日
郑引 1 号	1980	12.4	9.1	21.8	18.5	1985	5.9	3.0	14.7	4.1
	1994	12.3	9.9	24.2	18.6	1988	6.3	3.8	14.9	6.1
	1997	13.6	13.6	23.2	20.7	1989	7.2	6.7	13.7	10.2
	2000	13.2	12.3	19.8	18.7	1996	8.2	3.3	18.5	8.2
	平均	12.9	11.2	22.3	19.1	平均	6.9	4.2	15.5	7.2
百泉 41	1981	13.4	5.9	22.3	13.4	1989	7.3	5.0	14.4	11.7
	1986	15.3	4.0	25.1	9.1	1991	7.1	3.3	15.4	7.1
	1992	12.0	10.1	19.9	16.7	1996	8.7	4.3	15.6	10.1
	1997	12.7	9.0	17.0	15.8	1999	9.0	7.7	16.8	14.0
	平均	13.4	7.3	21.2	13.8	平均	8.0	5.1	15.6	10.7
豫麦 49	2000	12.7	12.7	26.1	23.6	1999	9.8	11.0	23.6	19.4
兰考 86－79	1997	21.2	21.2	35.0	31.6	1996	12.4	5.8	28.0	14.4

注：1. 高粒重年份的早期粒重：比多年早期粒重的平均值高 1.0g 以上。

　　2. 低粒重年份的早期粒重：比多年早期粒重的平均值低 1.0g 以上。

二、早期粒重与灌浆进程

观测结果还表明，早期粒重高的年份，其灌浆高峰来得早。从典型年份的平均值可以看出（表 5－1），春性品种郑引 1 号 4 个高粒重典型年份 5 月 5 日测定的千粒重平均为 11.2g，5 月 10 日的测定结果为 19.1g，5d 增加 7.9g，千粒重的日增量为 1.6g；4 个低粒重典型年份 5 月 5 日和 5 月 10 日测定的千粒重分别为 4.2g 和 7.2g，5d 增加 3.0g，千粒重日增量为 0.6g。半冬性品种百泉 41 高粒重典型年份 5 月 5 日和 5 月 10 日测定的千粒重分别为 7.3g 和 13.8g，5d 增加 6.5g，千粒重的日增量为 1.3g；而低粒重典型年份 5 月 5 日和 5 月 10 日测定的千粒重分别为 5.1g 和 10.7g，5d 增加 5.6g，千粒重的日增量为 1.1g；豫麦 49 高粒重典型年份和低粒重典型年份此期的千粒日增重分别为 2.2g 和 1.7g；大粒型品种兰考 86－79 高粒重典型年份和低粒重典型年份此期的千粒日增重分别为 2.1g

和 1.7g。从上述测定结果可以看出，在 5 月 10 日粒重高的年份，千粒重日增量已接近于籽粒灌浆高峰期的值，而粒重低的年份只相当于灌浆初期（即籽粒形成期）的增长量。这就是说，早期粒重高的年份灌浆高峰来得早，且持续时间长，这不仅可以延长灌浆时间，而且还可以防御和减轻后期干热风、病虫害、高温逼熟及雨后青枯等自然灾害对小麦粒重的影响。早期粒重高的年份不仅灌浆高峰来得早，而且在同一生育期内籽粒干物质积累也快。如郑引 1 号同是开花后的 11~17d，高粒重年份平均千粒重日增量为 1.6g，而低粒重年份平均千粒重日增量为 1.43g，年际间相差 0.17g，而且多数品种的增长趋势是一致的。

三、不同播种时期早期粒重的差异

试验表明，小麦的早期粒重除年际间有明显差别外，同一年份由于播种时间不同，其生育进程不同，各生育时期所遇到的生态条件相差也很大，因此，导致早期粒重也有明显差异。从春性品种郑引 1 号的 3 个播期连续 16 年试验结果可以看出（表 5-2），同一生育时期即开花后 11d 测定，以晚播的（10 月 24 日播种）早期粒重最高，千粒重为 9.9g；而早期粒重最低的为 10 月 16 日的播期处理，千粒重为 9.2g，两播期间千粒重相差 0.7g。这是由于播种晚，幼穗发育后期和籽粒形成初期温度偏高、光照条件较好，幼穗发育和籽粒形成进程速度快的缘故。但同一时间（5 月 5 日）测定，在一定的范围内，则随着播期的推迟，早期粒重明显下降。如 10 月 8 日、10 月 16 日和 10 月 24 日分三期播种的春性品种郑引 1 号，5 月 5 日测定的平均千粒重分别为 9.4g、7.5g 和 6.8g，10 月 8 日播种的平均千粒重分别较 10 月 16 日和 10 月 24 日播种的千粒重高 1.9g 和 2.6g，分析其原因，是由于播种晚，生育期推迟造成的。有些年份甚至在 5 月 5 日还未达到开花后 5d 的时间，如 1991 年 10 月 24 日播种，到 5 月 3 日才开花，5 月 8 日为开花后 5d，此时的千粒重为 2.97g。而 10 月 8 日播种的此时已是开花后的 13d，千粒重已达到 8.48g，比 10 月 24 日播种的多 5.5g，高出 1.85 倍。10 月 16 日播种在 5 月 8 日已是开花后 10d，千粒重 6.79g，比 10 月 24 日播种的高 3.82g。可见因晚播明显表现出生育期后延，开花期推迟，灌浆晚。半冬性品种百泉 41 同样因播期不同早期粒重也不同，从表 5-2 可以看出，10 月 1 日播种的开花后 11d 平均千粒重为 10.4g，10 月 8 日和 10 月 16 日播种的分别为 9.9g 和 9.8g，10 月 24 日播种的千粒重为 10.3g，与 10 月 1 日播种的粒重相近。但同一时间也是随播种期的推迟，早期粒重有降低趋势。如 10 月 1 日、10 月 8 日、10 月 16 日和 10 月 24 日播种的平均千粒重分别为 6.6g、6.4g、6.4g 和 6.2g。其中有些年份差别较大，如 1991 年 10 月 24 日播种的，5 月 11 日才为开花后 5d，千粒重达 3.98g，而 10 月 1 日播种的此时已是开花后的 13d，千粒重达到 9.55g，比 10 月 24 日播种的高 5.57g。10 月 8 日和 10 月 16 日播种的已分别是开花后的 12d 和 10d，千粒重分别为 8.85g 和 6.96g。另外，对半冬性品种温麦 6 号和大粒型品种兰考 86-79 同一生育时期 3 年的调查结果，也同样表现出早期粒重并不随播期推迟而降低，而且常常会出现播期推迟而早期粒重反而较高的现象。但在同一时间调查，也是随着播期的推迟，早期粒重下降。如同是 5 月 5 日测定，半冬性品种温麦 6 号 10 月 8 日、10 月 16 日和 10 月 24 日三个播期的千粒重分别是 12.7g、11.2g 和 8.2g；大粒型品种兰考 86-79 四个播期（10 月 1 日、8 日、16 日和 24 日）的千粒重分别是 12.4g、13.8g、10.1g 和 9.8g（表 5-2），同样随播期推迟早期粒重下降。以上试验结果都表明，早期粒重受小麦生育进程的影响，凡是影响小麦生育进程的因素均影响早期粒重。

表 5 - 2 不同小麦品种不同播期早期粒重 （单位：g/千粒）

时期 （月/日）	郑引 1 号			百泉 41				温麦 6 号（豫麦 49）			兰考 86－79			
	10/8	10/16	10/24	10/1	10/8	10/16	10/24	10/8	10/16	10/24	10/1	10/8	10/16	10/24
开花 11d	9.4	9.2	9.9	10.4	9.9	9.8	10.3	12.7	11.2	13.4	11.8	15.3	13.4	18.7
5 月 5 日	9.4	7.5	6.8	6.6	6.4	6.4	6.2	12.7	11.2	8.2	12.4	13.8	10.1	9.8
开花 17d	18.0	18.6	20.0	17.3	17.9	18.7	17.9	26.1	18.3	23.3	26.3	31.3	25.8	31.0
5 月 10 日	16.2	13.5	11.7	12.5	12.5	11.4	10.0	23.6	17.3	15.1	25.3	25.4	19.6	19.2
备　注	16 年平均值			16 年平均值				3 年平均值			3 年平均值			

第二节 小麦早期粒重与幼穗发育进程的关系

根据著者对小麦幼穗发育进程与早期粒重关系的连续观察结果表明，幼穗发育进程是影响早期粒重高低的主导因素，特别是幼穗发育中后期的发育强度对小麦早期粒重的影响更为明显。一般幼穗发育后期进程快、强度大，早期粒重往往高。

一、不同品种、不同年际间早期粒重与幼穗发育的关系

表 5 - 3 为 10 月 16 日播种的郑引 1 号品种早期粒重差异比较大的年份及其相应的幼穗发育进程表。从表中可以看出，在进入单棱期时，早期粒重高的 1997 年和早期粒重低的 1988 年相比，郑引 1 号品种的幼穗发育分别于 1996 年 11 月 19 日和 11 月 18 日进入单棱期，此时早期粒重高的 1997 年比早期粒重低的 1988 年慢 1d。但幼穗发育进入二棱期中期时，1997 年和 1988 年分别于播种后 91d 和 112d 进入该时期，早期粒重低的 1988 年比早期粒重高的 1997 年幼穗发育进入此期的时间晚 21d；到护颖分化期，早期粒重高的 1997 年为播种后的第 129d（即 2 月 22 日）进入该时期，而早期粒重低的 1988 年为播种后的第 144d（3 月 8 日）进入该时期，比 1997 年进入此期的时间晚了 15d；1997 年和 1988 年两年分别于播种后的 136d（3 月 1 日）和 150d（3 月 14 日）进入小花分化期，1988 年比 1997 年晚 14d；雌雄蕊分化期，1988 年比 1997 年晚 15d；进入小凹期（药隔形成初期），1988 年仍比 1997 年晚 18d，也就是晚了 3 个发育时期，到柱头羽毛伸长期 1988 年仍比 1997 年晚 10d。结果 1997 年的早期粒重明显高于 1988 年。开花后 11d 测定，1997 年的千粒重为 13.6g，而 1988 年只有 6.3g，两年相差 7.3g。5 月 5 日测定，1997 年的千粒重仍为 13.6g，而 1988 年只有 3.8g，两年相差 9.8g。再如从郑引 1 号不同年份幼穗发育进程（图 5 - 1①）可以看出，2000 年的小麦幼穗分化进程也一直快于 1988 年。2000 年于播后 26d 进入单棱期，而 1988 年于播后 33d 进入该时期，比 2000 年慢 7d。1988 年比 2000 年晚 31d 进入二棱初期，1988 年以后各时期的幼穗发育虽有所加快，但仍晚于 2000 年。到小花分化期，2000 年和 1988 年分别于播后 143d 和 150d 进入该时期，两年相差 7d；进入雌蕊小凹期时，1988 年比 2000 年晚 11d；到柱头羽毛

表5-3 郑引1号早期粒重与幼穗发育进程 (10月16日播种)

(单位: d)

类型	年度	粒重(g/千粒) 花后11d	粒重(g/千粒) 5/5(月/日)	历时	单棱	二棱初	二棱中	二棱后	护颖	小花	雌雄蕊	小凹	凹期	大凹	柱突	柱伸	羽突	羽伸
高年份	1993—1994	12.3	9.9	时间	11/23	1/12	1/21	2/17	2/24	3/1	3/16	3/21	3/26	3/29	4/2	4/5	4/8	4/10
				天数	38	88	97	124	131	136	151	156	161	164	168	171	174	176
	1996—1997	13.6	13.6	时间	11/19	12/26	1/15	2/14	2/22	2/27	3/7	3/12	3/18	3/26	3/29	4/1	4/3	4/5
				天数	34	71	91	121	129	134	142	147	153	161	164	168	167	171
	1999—2000	13.2	12.3	时间	11/11	12/10	1/5	2/11	3/4	3/7	3/14	3/18	3/22	3/26	3/28	4/1	4/3	4/6
				天数	26	55	81	118	140	143	150	154	158	162	164	167	170	173
	平均	13.0	11.9	时间	11/11~ 1/23	12/10~ 1/12	1/5~ 1/21	2/11~ 17	2/22~ 3/4	3/1~ 3/8	3/7~ 3/16	3/12~ 3/21	3/18~ 26	3/26~ 29	3/28~ 4/2	4/1~ 5	4/3~ 8	4/5~ 10
				天数	32.7	71.3	89.3	118.7	131.0	139.0	148	152.7	157.6	162.7	165.7	169.0	171.3	173.7
低年份	1984—1985	5.9	3.0	时间	11/12	12/19	1/10	2/17	3/9	3/17	3/25	4/1	4/4	4/7	4/10	4/15	4/17	4/19
				天数	27	64	86	124	144	152	160	167	170	173	176	181	183	185
	1987—1988	6.3	3.8	时间	11/18	1/10	2/5	2/28	3/8	3/14	3/21	3/29	4/2	4/4	4/8	4/10	4/12	4/14
				天数	33	86	112	135	144	150	157	165	169	171	175	177	179	181
	1995—1996	8.2	3.3	时间	11/16	12/11	1/4	2/5	2/27	3/6	3/18	3/22	3/26	4/1	4/8	4/12	4/17	4/19
				天数	31	57	81	113	134	143	155	159	163	169	175	178	183	185
	平均	6.8	3.4	时间	11/12~ 1/10	12/11~ 1/10	1/10~ 2/5	2/5~ 28	2/27~ 3/9	3/6~ 17	3/18~ 25	3/22~ 4/1	3/26~ 4/4	4/1~ 7	4/8~ 4/10	4/10~ 4/15	4/12~ 4/17	4/14~ 4/21
				天数	30.3	71.3	93.0	124.0	141.3	148.3	157.3	163.7	167.3	171.0	175.7	179.3	182.3	185.0

伸长期，1988年比2000年还晚9d。从对早期粒重测定结果可知（图5-1②），2000年的早期千粒重，开花后11d为13.2g，5月5日为12.3g；而1988年花后11d和5月5日的千粒重分别为6.3g和3.8g，比2000年分别低6.9g和8.5g，明显表现出幼穗发育进程影响了早期粒重。

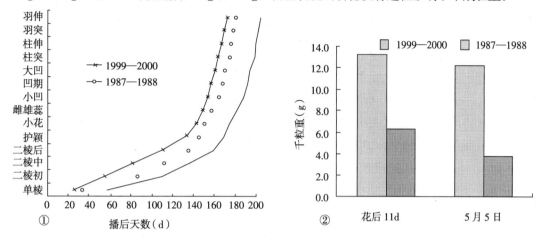

图5-1　郑引1号不同年份幼穗发育进程与早期粒重

表5-4为10月8日播种的半冬性品种百泉41早期粒重与其相应幼穗发育进程表。从表5-4中也可以看出，早期粒重高的1997年与早期粒重低的1989年相比，其幼穗发育进程也有很大差别。两年中百泉41幼穗发育进入单棱期均为播种后的35d，即分别为1996年和1988年的11月12日；发育到二棱初期时，1997年和1989年分别为播种后的第90d（1月6日）和第96d（1月12日），1989年比1997年慢6d；到护颖分化期，1997年和1989年达到此期的时间分别为播种后的136d（即2月21日）和151d（3月8日），后者比前者晚了15d；到小花分化期，1997年为播种后的第144d（即3月1日），1989年为播种后的第156d（3月13日），比1997年晚了12d；进入雌雄蕊分化期，1997年为播种后的第153d（即3月10日），而1989年为播种后的第165d（3月22日），两年相差12d；进入小凹期的时间，1997年和1989年分别于播种后的第160d（3月17日）和第169d（3月26日），1989年仍比1997年晚9d；到雌蕊柱头突起时，1997年为播种后的第171d（3月28日），而1989年为播种后的第179d（4月5日），比1997年晚了8d。最后可以看出，1997年播种的百泉41在179d时已进入柱头羽毛伸长期，比1989年提早了两个发育时期，而1989年播种的历时185d（4月11日）才进入柱头羽毛伸长期，两年相差6d。开花后11d测定，1997年的千粒重已达12.7g，而1989年的千粒重仅为7.3g，比1997年低5.4g。从同一时间测定结果来看，1997年到5月5日的千粒重为9.0g，而1989年仅为5.0g，两年相差4.0g。图5-2①为百泉41品种1987年和1996年两年幼穗发育进程和早期粒重形成的关系图，从图5-2中同样可以看出，1987年的幼穗发育进程一直快于1996年，两年分别于播后33d和41d进入单棱期，1987年比1996年快了8d；到二棱初期1987年比1996年快了13d；到小花分化期1987年比1996年快了5d；到雌蕊小凹期时，1987年仍比1996年快5d；到柱头羽毛伸长期，1987年比1996年快了13d。从图5-2②早期粒重的测定结果来看，1987年花后11d和5月5日的千粒重分别为11.1g和

表 5-4 百泉 41 早期粒重与幼穗发育进程 (10月8日播种)

(单位: d)

类型	年度	粒重 (g/千粒)		历时	单棱	二棱初	二棱中	二棱后	护颖	小花	雌雄蕊	小凹	凹期	大凹	柱突	柱伸	羽突	羽伸
		花后11d	5/5(月/日)															
早期粒重高年份	1999 | 2000	10.3	11.9	时间	11/4	12/8	1/5	2/5	3/3	3/8	3/12	3/18	3/22	3/26	3/29	4/2	4/5	4/8
				天数	26	60	88	119	146	151	155	161	165	169	172	176	179	182
	1986 | 1987	11.1	4.9	时间	11/10	12/20	1/11	2/13	2/25	3/4	3/16	3/21	3/27	4/1	4/3	4/5	4/7	4/9
				天数	33	73	95	128	140	147	159	164	170	175	177	179	181	183
	1996 | 1997	12.7	9.0	时间	11/12	1/6	2/4	2/14	2/21	3/1	3/10	3/17	3/21	3/26	3/28	4/1	4/3	4/5
				天数	35	90	119	129	136	144	153	160	164	169	171	175	177	179
	平均	11.4	8.6	天数	31.3	74.3	100.6	125.3	140.7	147.7	155.7	162.7	166.3	171.0	173.3	176.7	179.0	181.3
				时间	11/4~11/12	12/8~1/6	1/5~2/4	2/5~2/14	2/21~3/3	3/1~3/8	3/10~3/16	3/17~3/21	3/21~3/27	3/26~4/1	3/28~4/3	4/1~4/5	4/3~4/7	4/5~4/9
早期粒重低年份	1988 | 1989	7.3	5.0	时间	11/12	1/12	2/1	2/19	3/8	3/13	3/22	3/26	3/30	4/2	4/5	4/7	4/9	4/11
				天数	35	96	116	134	151	156	165	169	173	176	179	181	183	185
	1995 | 1996	8.7	4.3	时间	11/18	1/2	1/19	1/28	2/28	3/8	3/18	3/25	3/28	4/3	4/8	4/12	4/16	4/21
				天数	41	86	103	112	143	152	162	169	172	178	183	187	191	196
	1998 | 1999	9.0	7.8	时间	11/2	12/2	1/5	1/28	2/14	2/26	3/7	3/12	3/16	3/21	3/30	4/3	4/6	4/10
				天数	25	55	89	112	129	141	150	155	159	164	173	177	180	184
	平均	8.3	5.7	天数	36.7	78.7	102.7	119.3	141.0	149.7	159.0	163.7	168.0	172.7	178.3	181.7	184.7	188.0
				时间	11/2~11/18	12/2~1/12	1/5~2/1	1/28~2/19	2/14~3/8	2/26~3/13	3/7~3/22	3/12~3/26	3/16~3/30	3/21~4/3	3/30~4/8	4/3~4/12	4/6~4/16	4/10~4/20

幼 穗 发 育 进 程

4.9g，而1996年上述两个时期测定的早期粒重分别为8.7g和4.3g，比1987年分别低2.4g和0.6g。表明半冬性品种的早期粒重同样与幼穗发育进程有密切关系。

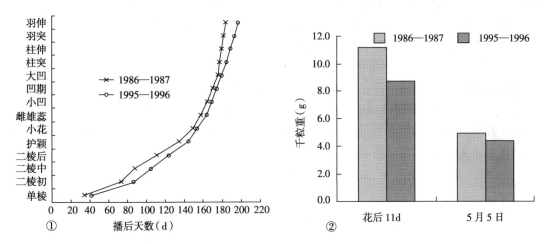

图 5-2　百泉 41 不同年份幼穗发育进程与早期粒重

在著者的观察过程中还注意到，不同年际间由于小麦生态条件的变化，幼穗发育各时期的进程也有所不同。有些年份早期幼穗发育进程快而后期发育慢；有些年份早期发育进程慢而后期发育快，最终导致早期粒重的差异。

从春性品种郑引 1 号不同年份幼穗发育变化动态可以看出（图 5-3①），在护颖分化期之前，1997 年幼穗发育进程一直慢于 1996 年。1996 年比 1997 年早 3d 进入单棱期，早14d 进入二棱初期，进入二棱后期时，1996 年比 1997 年仍快 8d。但此期之后 1997 年郑引 1 号的幼穗发育进程加快，进入护颖分化期时，1997 年反比 1996 年快 6d，小花分化期1997 年比 1996 年快 9d，即分别于播后 134d（2 月 27 日）和 143d（3 月 7 日）进入该时期。雌蕊小凹期（药隔形成初期）1997 年和 1996 年分别于播后 147d（3 月 12 日）和 159d（3 月 22 日）进入该时期，此时 1996 年已较 1997 年慢 12d。进入柱头羽毛伸长期时，1997年比 1996 年快 14d，此时 1997 年仅为 4 月 5 日，而 1996 年已是 4 月 19 日。由于 1997 年的

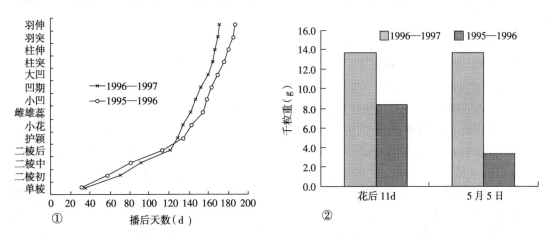

图 5-3　郑引 1 号不同年份幼穗发育变化动态与早期粒重

幼穗发育中、后期强度一直较大，最终导致两年早期粒重有较大的差别（图5-3②），1997年花后11d和5月5日测定的千粒重均为13.6g，而1996年花后11d的千粒重为8.2g，5月5日仅有3.3g，两年花后11d和5月5日测定的千粒重分别相差5.3g和10.3g。

根据对半冬性品种百泉41的观测结果（图5-4①），幼穗发育进入大凹期之前，1999年的各时期均快于1997年，如二棱初期1999年比1997年早35d，到护颖分化期还相差7d。到大凹期之后1997年的幼穗发育明显加快，进入柱头突起期时1997年反比1999年早2d，到柱头羽毛伸长期，1997年比1999年快5d。可见，1997年生育后期的幼穗发育强度大，从而影响了早期粒重。据开花后11d测定，1997年的千粒重为12.7g，而1999年的千粒重为9.0g，两年相差3.7g；5月5日测定，1997年的千粒重为9.0g，而1999年的千粒重为7.8g，两年相差1.2g（图5-4②）。

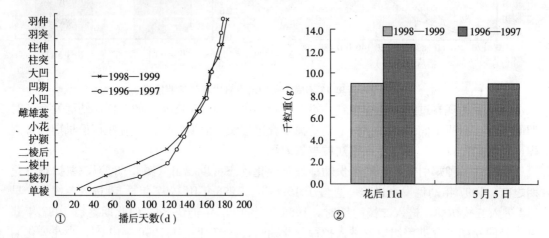

图5-4　百泉41不同年份幼穗发育变化动态与早期粒重

大粒型品种兰考86-79早期粒重同样与幼穗发育进程有关。据1996年和1997年观察（表5-5、图5-5），在二棱后期之前，1996年的幼穗发育进程一直快于1997年，但到护颖分化期之后，1997年的幼穗发育加快，1997年比1996年早7d进入小花分化期，早14d进入小凹期，直到柱头羽毛伸长期，1997年比1996年仍快13d。开花后11d测定的千粒重，1997年为21.2g，1996年为12.4g，两年相差8.8g。5月5日测定，1997年和1996的千粒重分别为21.2g和5.9g。从表中还可以看出，1997年花后11d恰是5月5日，而1996年开花11d已是5月9日，使灌浆推迟4d，这样不仅早期粒重低，而且由于开花晚，灌浆时间推迟，在小麦灌浆后期极易受高温、干热风、雨后青枯等自然灾害的影响，不仅早期粒重低，更容易导致最终粒重的降低。

又据对半冬性品种豫麦49的观察结果（表5-6、图5-6），在进入小花分化期之前，1999年与2000年的幼穗发育进程相差很大，如二棱初期，1999年比2000年快7d，二棱后期快27d；到护颖分化期，1999年已开始减慢，此时1999年的幼穗发育进程比2000年仅快10d；进入大凹期，1999年比2000年快10d；进入柱头羽毛伸长期，1999年反比2000年慢1d，即分别于4月5日和4月4日进入该时期。可见，2000年在进入护颖分化期之后，豫麦49的幼穗发育进程加快，发育强度增大。据花后11d和5月5日测定，2000年的千粒重均为12.7g，而1999年的千粒重分别为9.8g和11.0g，比2000年分别低2.9g和1.7g。

表 5-5 兰考 86-79 早期粒重与幼穗发育进程（10 月 8 日播种）

（单位：d）

年度	粒重(g/千粒) 花后11d	粒重 5/5	历时	单棱	二棱初	二棱中	二棱后	护颖	小花	雌雄蕊	小凹	凹期	大凹	柱突	柱伸	羽突	羽伸	开花期
1995	12.4	5.9	时间	11/13	12/24	1/19	2/12	2/29	3/8	3/20	3/26	4/1	4/4	4/7	4/10	4/14	4/17	4/29
1996			天数	36	77	103	127	144	152	164	170	176	179	182	185	189	191	
1996	21.2	21.2	时间	11/18	1/22	2/3	2/14	2/21	3/2	3/7	3/13	3/17	3/21	3/24	3/28	4/1	4/5	4/24
1997			天数	41	106	118	129	136	145	149	156	159	163	166	170	174	178	

表 5-6 豫麦 49 早期粒重与幼穗发育进程（10 月 8 日播种）

（单位：d）

年度	粒重(g/千粒) 花后11d	粒重 5/5	历时	单棱	二棱初	二棱中	二棱后	护颖	小花	雌雄蕊	小凹	凹期	大凹	柱突	柱伸	羽突	羽伸	开花期
1997	9.1	12.1	时间	11/3	1/16	2/12	2/21	2/29	3/8	3/16	3/20	3/24	3/27	3/31	4/3	4/5	4/7	4/21
1998			天数	26	100	127	136	144	152	160	164	168	171	175	178	180	182	
2000	12.7	12.7	时间	11/4	12/8	1/29	2/26	3/3	3/11	3/15	3/20	3/24	3/26	3/28	3/31	4/2	4/4	4/24
1999			天数	27	61	113	141	147	155	159	164	168	170	172	175	177	179	
1998	9.8	11.0	时间	10/30	12/2	1/7	1/31	2/23	2/28	3/6	3/12	3/16	3/20	3/24	3/29	4/2	4/5	4/23
1999			天数	22	54	90	114	137	142	148	154	158	162	166	171	176	179	

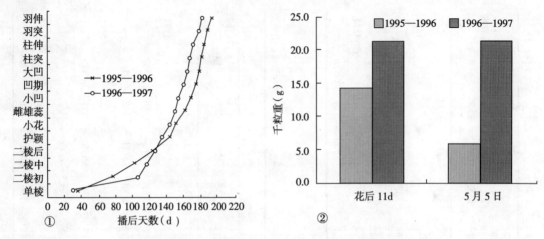

图 5-5 兰考 86-79 不同年份幼穗发育变化动态与早期粒重

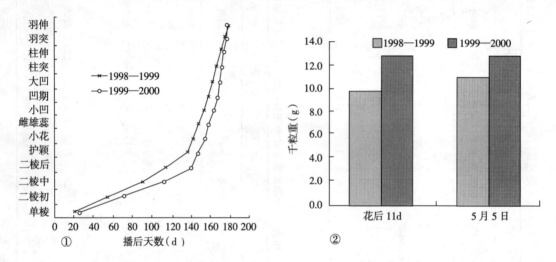

图 5-6 豫麦 49 不同年份幼穗发育变化动态与早期粒重

以上研究结果表明:无论是春性品种,还是半冬性品种或大粒品种,其早期粒重与幼穗发育进程均有密切的关系。但由于春性品种一般幼穗分化开始得早,易受生态条件的影响,因此,年际间早期粒重差异也比半冬性品种大。本研究结果还表明,凡是幼穗发育一直快的年份,早期粒重一般都高,但影响早期粒重的关键时期是幼穗发育的中、后期,即护颖分化期以后幼穗发育进程强度,甚至幼穗发育进入大凹期以后,发育强度增大的年份,其早期粒重一般也较高。

二、不同播种时期早期粒重与幼穗发育的关系

选择适宜的播种期对实现小麦高产稳产具有十分重要的意义。这是因为,小麦的播种期不仅影响单位面积的成穗数,而且也影响穗粒重。播种过早幼穗发育进程快,容易造成冻害;播种过晚,分蘖不足使单位面积的穗数下降,同时由于晚播小麦的幼穗发育进程推

迟，在籽粒形成的后期，常遭遇自然灾害危害影响灌浆，导致粒重下降。因此，选择适宜的播种时期，已成为黄淮冬麦区小麦栽培的一项重要措施。为此，在著者的试验中，对不同播种时间小麦的生长发育各项指标进行了较为详细的观察记载，这里仅就不同播种期的幼穗发育进程与早期粒重形成的关系进行分析。

从表 5-7 可以看出，随着播期的推迟，幼穗发育进程也明显推迟，但随着幼穗发育进程的推进，这种差距愈来愈小，出现晚播赶早播的发育趋势。如春性品种郑引 1 号，1997 年 10 月 8 日、10 月 16 日和 10 月 24 日三个播种期，分别于 11 月 6 日、11 月 19 日和 12 月 12 日进入单棱期，10 月 8 比 10 月 24 日播种的早 36d 进入单棱期；进入护颖分化期 10 月 8 日播种的比 10 月 24 日播种的早 65d，10 月 8 比 10 月 16 日播种的早 54d，这是三个播期幼穗发育差异的最大时期。幼穗发育进入小凹期时（药隔形成初期），10 月 8 日比 10 月 24 日播种的早 16d，比 10 月 16 日播种的只早 11d；到柱头突起期时，10 月 8 日比 10 月 24 日播种的早 8d，比 10 月 16 日播种的仅早 5d；到柱头羽毛伸长期，10 月 8 日比 10 月 24 日播种的早 6d，比 10 月 16 日播种的仅早 3d。这表明晚播小麦从护颖分化开始之后，幼穗发育强度增大；10 月 8 日和 10 月 24 日播种的从护颖分化期相差 65d，到柱头羽毛伸长相差 6d。表明这期间 10 月 24 日播种的幼穗发育加快了 59d，而与 10 月 16 日播种的相比，从相差 54d 到相差 3d，幼穗发育进程加快了 51d，其相应的早期粒重由于晚播小麦在幼穗发育中后期分化强度增大。因此，在一般情况下，在同一发育时期测定晚播小麦的早期粒重并不一定低。如 1997 年开花后 11d 测定 10 月 8 日、10 月 16 日和 10 月 24 日播种的千粒重分别为 11.9g、13.6g 和 13.9g，10 月 24 日播种的比 10 月 8 日播种的千粒重高 2.0g。但同一时期测定，则随播期的推迟粒重降低。这是由于播种早，开花期提前的缘故，如 5 月 5 日的测定 10 月 8 日、10 月 16 日和 10 月 24 日播期处理的千粒重分别为 14.5g、13.6g 和 7.8g。半冬性品种百泉 41 和大粒型品种兰考 86-79 不同播期幼穗发育进程和早期粒重的差异和春性品种郑引 1 号趋势是一致的。从表 5-7 可以看出，百泉 41 品种 10 月 8 日、10 月 16 日和 10 月 24 日三个播期，分别于 11 月 12 日、12 月 2 日和 12 月 23 日进入单棱期，10 月 8 比 10 月 16 日和 10 月 24 日播种的分别早 41d 和 20d；进入护颖分化期时，10 月 8 比 10 月 16 日和 10 月 24 日播种的分别早 7d 和 10d；幼穗发育进入小凹期时，10 月 8 比 10 月 16 日和 10 月 24 日播种的分别早 1d 和 4d；到雌蕊柱头伸长期时三个播种期，10 月 8 日播种的仍比 10 月 16 日播种的相差 1d。其早期粒重随着播期的推迟有降低趋势。开花后 11d 测定，10 月 8 日、10 月 16 日和 10 月 24 日播种的千粒重分别为 13.8g、13.5g 和 13.4g；5 月 5 日测定，三个播种期的千粒重分别为 9.0g、8.8g 和 8.6g。由此可以看出，和郑引 1 号相比，百泉 41 品种不同播期间幼穗发育进程的差异小，而且发育后期差异更小。因此，其早期粒重，即 5 月 5 日测定，10 月 8 日播种比 10 月 24 日播种的千粒重仅高 0.4g。这进一步表明，幼穗发育后期的分化强度对形成早期粒重的高低有极为重要的作用。由此可见，同一品种由于晚播使灌浆期后移，遇到高温影响灌浆，致使小麦籽粒灌浆期短，且籽粒灌浆中后期自然灾害多导致最终粒重下降。因此，晚播小麦年际间的粒重很不稳定。在小麦生产实践中，选择适宜的品种，确定适宜的播期对稳定提高小麦粒重具有十分重要的作用。

表5-7 不同播种时间早期粒重与幼穗发育进程 (1996—1997)

（单位：d）

品种	播期(月/日)	粒重(g/千粒) 花后11d	粒重 5/5	历时	单棱	二棱初	二棱中	二棱后	护颖	小花	雌雄蕊	小凹	凹期	大凹	柱突	柱伸	羽突	羽伸
郑引1号	10/8	11.9	14.5	时间	11/6	12/2	12/9	12/23	12/30	2/4	2/25	3/1	3/9	3/17	3/24	3/26	3/29	4/2
				天数	29	56	63	77	84	120	141	145	153	161	168	170	173	177
	10/16	13.6	13.6	时间	11/19	12/26	1/15	2/14	2/22	3/1	3/7	3/12	3/18	3/26	3/29	4/1	4/3	4/5
				天数	34	71	91	121	129	136	142	147	153	161	164	167	169	171
	10/24	13.9	7.8	时间	12/12	2/14	2/22	3/1	3/5	3/7	3/13	3/17	3/22	3/29	4/1	4/4	4/6	4/8
				天数	50	114	122	129	133	135	141	145	150	157	160	163	165	167
百泉41	10/8	13.8	9.0	时间	11/12	1/6	2/4	2/14	2/21	3/1	3/10	3/17	3/21	3/26	3/28	4/1	4/3	4/5
				天数	35	90	119	129	136	144	153	160	164	169	171	175	177	179
	10/16	13.5	8.8	时间	12/2	2/4	2/14	2/21	2/28	3/5	3/13	3/18	3/23	3/28	3/30	4/2	4/4	4/6
				天数	47	111	121	128	135	140	148	153	158	163	165	168	170	172
	10/24	13.4	8.6	时间	12/23	2/14	2/20	2/26	3/3	3/7	3/15	3/21	3/26	3/29	4/3	4/5	…	…
				天数	60	113	119	125	130	134	142	148	153	156	161	163	…	…
兰考86-79	10/8	21.2	21.2	时间	11/18	1/22	2/3	2/14	2/21	3/1	3/7	3/12	3/17	3/21	3/24	3/28	4/1	4/5
				天数	41	106	118	129	136	143	149	154	159	163	166	170	174	178
	10/16	20.5	17.7	时间	11/27	2/14	2/21	2/26	3/1	3/5	3/14	3/19	3/24	3/26	3/28	4/1	4/3	…
				天数	42	122	129	134	137	141	150	155	160	162	164	168	170	…
	10/24	23.5	16.1	时间	12/16	2/21	2/25	3/1	3/4	3/7	3/17	3/21	3/26	3/28	4/1	4/3	4/5	…
				天数	53	119	123	127	130	133	143	147	152	154	158	160	162	…

三、形成早期高粒重年型的幼穗发育进程

根据对小麦幼穗发育进程与早期粒重以及最终粒重之间关系的研究，在小麦生产实践中，从幼穗发育进程状况以及早期粒重高低可以初步预测最终粒重与产量高低，为及早采取管理措施稳定提高小麦早期粒重，获得较高的最终粒重和产量具有非常重要的意义。为此，著者根据多年的试验统计资料，将容易形成早期高粒重的幼穗发育中后期进程、历时天数等指标进行整理归纳，以供小麦科技工作者和生产管理者参考。

根据著者的试验观测（表5-8），在河南生态条件下，适期播种的（10月中旬）春性小麦品种，如郑引1号、矮早781（豫麦18）等小麦品种幼穗发育中后期进程为：3月1日到3月10日期间，即播种后的136～145d，平均138d左右开始进入小花分化期，此时小麦植株的叶龄一般为8.2片叶左右，茎秆总长0.5cm左右；3月10日到3月15日期间，即播种后的140～150d，平均148d左右进入雌雄蕊分化期，此时小麦植株的叶龄一般为9.1片叶左右，茎秆总长2.1cm左右；3月15日到3月20日期间，即播种后的147～156d，平均为153d左右进入小凹期（药隔形成初期），此时小麦植株的叶龄一般为9.6片叶左右，茎秆总长4.2cm左右；3月28日到4月2日期间，即播种后的161～164d，平均163d左右进入雌蕊柱头突起期，此时小麦植株的叶龄一般为10.5片左右，茎秆总长14.5cm左右；4月3日到4月8日期间，即播种后165～170d，平均169d左右进入雌蕊柱头羽毛突起期，此时小麦植株的叶龄一般为11.5，茎秆总长为25.0cm左右；4月5日到4月10日期间，即播种后的171～174d，平均173d进入雌蕊柱头羽毛伸长期，此时小麦植株的叶龄一般为11.8片左右，茎秆总长33.0cm左右，这样的发育速度容易形成较高的早期粒重。半冬性品种，如百泉41、温麦6号（豫麦49）等，于10月上旬播种，其幼穗发育进程为：3月1日到3月10日期间，即播种后的145～155d，平均149d左右进入小花分化期，此时小麦植株的叶龄一般为9.4片左右，茎秆总长为0.8cm左右；3月10日到3月15日期间，即播种后的151～159d，平均156d左右进入雌蕊分化期，此时小麦植株的叶龄一般为10.0片左右，茎秆总长3.0cm左右；3月17日到3月24日期间，即播种后的160～167d，平均161d左右进入小凹期，此时小麦植株的叶龄一般为10.6左右，茎秆总长5.7cm左右；3月28日到4月3日期间，即播种后的168～177d，平均172d左右进入雌蕊柱头突起期，此时小麦植株的叶龄一般为11.8片左右，茎秆总长13.0cm左右；4月2日到4月7日期间，即播种后的173～180d，平均为177d左右进入柱头羽毛突起期，此时小麦植株的叶龄一般为12.5片左右，茎秆总长20.0cm左右；4月4日到4月9日期间，即播种后的175～186d，平均179d进入柱头羽毛伸长期，此时小麦植株的叶龄一般为12.7片左右，茎秆总长24.0cm左右。该类品种幼穗发育在上述进程时间范围内，一般也容易获得较高的粒重。在小麦生产实践中，可以通过调整播种期、采取适宜的肥料施用时期和配比等措施，使幼穗发育进程处在适宜的范围内，以提高早期粒重，为获得最终高粒重奠定良好基础。

表 5-8 形成早期粒重高的幼穗发育进程

品种类型	发育时期	时间 （月/日）	播种后天数 (d)	平均天数 (d)	叶龄 （片）	茎秆总长 (cm)
春性品种 郑引1号	小花分化期	3/1~3/10	136~145	138	8.2	0.4~1.5
	雌雄蕊期	3/10~3/15	140~150	148	9.1	2.0~3.0
	小凹分化期（药隔初期）	3/15~3/20	147~156	153	9.6	4.0~5.0
	柱头突起期	3/28~4/2	161~164	163	10.5	14.0~15.0
	柱头羽毛突起期	4/3~4/8	165~170	169	11.5	24.0~26.0
	柱头羽毛伸长期	4/5~4/10	171~174	173	11.8	32.0~34.0
半冬性品种 百泉41	小花分化期	3/1~3/10	145~155	149	9.4	0.8~1.5
	雌雄蕊期	3/10~3/15	151~159	156	10.0	3.0~4.0
	小凹分化期（药隔初期）	3/17~3/24	160~167	161	10.6	5.0~6.0
	柱头突起期	3/28~4/3	168~177	172	11.8	12.0~14.0
	柱头羽毛突起期	4/2~4/7	173~180	177	12.5	19.0~21.0
	柱头羽毛伸长期	4/4~4/9	175~186	179	12.7	23.0~25.0

注：叶龄为多年平均值。

第三节　小麦早期粒重与生育中期气象条件的关系

著者多年的研究资料证明，小麦的早期粒重与幼穗发育进程有密切的关系，这主要表现在幼穗发育强度较大的情况下，早期粒重高，尤其是幼穗中、后期的发育状况对小麦粒重的影响更为明显。为此，自1976年开始，著者进一步对小麦生育中期（在河南生态条件下，小麦生育中期是指3月中旬到4月中旬末的一段时间），即拔节至抽穗期的气象条件与幼穗发育和早期粒重的关系进行了系统试验观察。在本书第三章中，著者已经对幼穗发育进程与气象因素的关系作了较详细的分析，这里仅就气候因素与早期粒重的直接关系作进一步探讨，以期根据不同年际的气候变化特点，为能及早采取措施，拓宽管理时间，稳定提高粒重提供依据。为便于分析，著者根据不同年份早期粒重（开花后11d和每年5月5日测得的粒重）和最终粒重（成熟期测得的粒重）的差异，将小麦粒重划分为高、中、低三个不同年型（表5-9），着重分析了温度、日照、降雨等主要气象因素与早期粒重的关系。

表 5-9 早期粒重年型的划分指标 （单位：g/千粒）

划分时间	测定时期	平均粒重	粒重高年型		粒重中年型		粒重低年型	
			粒重范围	%	粒重范围	%	粒重范围	%
早期粒重	开花后11d	8.64	>9.56	29.4	7.56~9.55	47.1	<7.55	23.5
	5月5日	5.73	>6.73	29.4	4.73~6.72	35.3	<4.72	35.3
最终粒重	成熟期	39.2	>41.2	29.4	37.2~41.1	35.3	<37.1	35.3

注：1.表是以郑引1号品种10月16日播种为代表划分的粒重年型。

2.%表示占总试验年份的%。

一、早期粒重与温度的关系

小麦生育中期0℃以上的积温年际间有较大差别。如本试验中，从3月16日至4月

20 日，即小麦拔节至抽穗（雌雄蕊分化至花粉粒形成）阶段积温，最高的 1978 年达到 516.0℃，最少的 1988 年只有 396℃，二者相差 120℃。依据著者对早期粒重高年型的划分标准，5 月 5 日测定的早期粒重高年型各年此期的积温均为 446～516℃ 以上，平均为 483.9℃；粒重中年型各年此期的积温为 406～503℃，平均为 470.6℃；粒重低年型各年此期的积温为 396～429.3℃，平均为 413.9℃（表 5-10）。上述分析结果表明，小麦生育中期积温在 480℃ 左右，有利于形成早期粒重高年型，少于 440℃ 则难以形成早期粒重高年型；而形成粒重中年型的此期积温不应少于 400℃。进一步分析表明。早期粒重与生育中期温度之间呈极显著的正相关（$r=0.6122^{**}$，见表 5-15），这就是说，此时的幼穗发育进程随温度的升高而增强。小麦幼穗发育进程与早期粒重的形成不仅与该生育期的积温有关，还与该阶段温度上升速度分布状况有密切关系。从表 5-11 可以看出，3 月 16 日到 3 月 25 日两候的日平均气温，粒重中年型比粒重高年型多 0.72℃ 和 0.94℃；而粒重高年型的日平均气温在 3 月 26 日到 4 月 5 日两候分别较上候上升 4.56℃ 和 4.31℃，而粒重中年型的日平均气温只上升 2.8℃ 和 3.23℃。

表 5-10　小麦生育中期不同早期粒重年型的积温　　　　　（单位：℃）

年型	时间划分（5 月 5 日）年型			生育时期划分（开花后 11d）年型			备注
	平均积温	最高年	最低年	平均积温	最高年	最低年	
高年型	483.9	516.0	446.0	474.1	516.0	446.0	积温为 3 月 16 日到
中年型	470.6	503.0	406.0	468.2	503.0	399.4	4 月 20 日 0℃ 以上积
低年型	413.9	429.3	396.0	413.2	429.2	396.0	温

表 5-11　不同粒重年型各候段平均日均温　　　　　（单位：℃）

年型	3 月 16～20 日	3 月 21～25 日	3 月 26～31 日	4 月 1～5 日	4 月 6～10 日	4 月 11～15 日	4 月 16～20 日
高年型	9.04	7.66	12.22	16.53	15.13	16.28	17.45
中年型	9.76	8.60	11.40	14.63	15.46	16.10	15.93
低年型	9.56	6.87	9.21	11.60	14.00	13.14	16.56

从进一步分析典型年份的温度分布状况可以看出（表 5-12），1992 年是粒重高年型中积温最少的年份，1986 年是粒重中年型积温较高的年份，但两个年份此期的温度分布状况不同。粒重高年型的 1992 年，各旬中日均温较高的天数比 1986 年多，如 1992 年 3 月中旬平均日均温大于 10℃ 的天数比 1986 年多 20%，3 月下旬平均日均温大于 13.0℃、4 月上旬平均日均温大于 18℃ 的天数比 1986 年分别多 20% 和 30%，而 4 月中旬平均日均温超过 17℃ 和日均温大于 20℃ 的天数，1986 年又略多于 1992 年。此期温度分布状况是否有利于形成早期高粒重，还取决于此期温度高低是否处于适宜于幼穗发育对温度要求的范围。根据著者连续多年的观察结果，在日均温 10℃ 左右时小花发育加快，10～13℃ 时有利于雌雄蕊的分化，药隔形成期在 10～16℃ 的范围内随温度升高分化速度加快。从表 5-11 可以看出，虽然形成粒重中年型 3 月 15 日以前的日均温较高，但各年型此期都处在接近或略低于加快幼穗发育的温度范围，而 3 月 25 日以后形成粒重高年型的温度则上升较快，从 12℃ 逐渐上升到 17℃，使幼穗发育处在有利的温度条件下；形成粒重中年型的年份，此期的日均温基本上都低于 16℃ 的温度条件，使幼穗的发育缓慢下来，最终难以

形成粒重高年型；而形成粒重低年型的年份，幼穗的发育则一直处在不利的温度条件下。从表5-12可以看出，粒重中年型的1986年此期的积温和各旬的日均温虽然都比1992年高，但1992年出现连续较高温度的天数比1986年多，这使小麦幼穗的发育能较快地稳定进行。因此，在一定温度范围内，早期粒重高低不仅取决于积温的多少，而且与开花前温度上升速度、日均温高低及连续出现适宜幼穗发育温度的天数有关。在河南生态条件下，3月25日以后出现低温寒害的年份较少，因此，3月下旬以后温度较高时，既能促进幼穗发育，防止后期高温逼熟和干热风等自然灾害侵袭，又不易遭受寒害威胁，这对形成粒重高年型十分有利。

表5-12　小麦生育中期旬温度分布与早期粒重　　（单位：℃、d、g/千粒）

年份	积温	3月中旬			3月下旬			4月上旬			4月中旬			早期粒重
		日均温	>10℃天数	(%)	日均温	>13℃天数	(%)	日均温	>18℃天数	(%)	日均温	>20℃天数	(%)	
1992（高年型）	446.0	7.3	3	30	10.3	3	30	14.7	5	50	17.1	2	20	9.6
1986（中年型）	492.4	7.4	1	10	11.5	1	10	16.5	2	20	17.6	3	30	5.53

二、早期粒重与日照的关系

从各粒重年型的总日照时数来看（表5-13），早期粒重高年型生育中期的总日照时数为220.1h，比粒重中年型和粒重低年型分别多19.1h和27.8h，平均每天分别多0.53h和0.77h，而且粒重高年型在3月25日以后日照时数较其他两种年型增加也较多，开花前的25d中各候每天的日照时数均在6h以上。这表明，小麦生育中期总日照时数在220h以上，每天日照时数在6h以上，易形成早期高粒重年型，而且愈接近开花期，日照时数多少的作用愈明显。相关分析表明，早期粒重与小麦生育中期的总日照时数呈显著的正相关关系（r=0.4522*，表5-15）。但必须指出的是，同一年型中日照时数在年际间差异较大，粒重高年型中日照时数最多的1992年为230.9h，最少的1981年仅为199.7h，两年相差33.2h；在粒重中年型中，日照时数最多的1984年为234.8h，最少的1997年只有177.0h，两年相差57.8h；在粒重低年型中，日照时数最多的1985年为230.3h，最少的为183.6h，两年相差46.7h。由此可见，同类粒重年型的日照时数年际间差异很大。尽管在粒重中年型和粒重低年型中都有达到粒重高年型的日照时数，但最终高粒重年型的平均日照时数是多的。由此表明，早期粒重的高低是多种因素综合影响的结果。同时也表明，在河南生态条件下，日照时数的增加能更好地满足小麦幼穗发育的要求，对提高早期粒重有利。因此，在生产中应注意合理密植，控制群体的发展动态，调整播种方式，以改善田间的光照条件。

表5-13　不同粒重年型日照时数　　（单位：h）

年型	总日照	3月16～20日	3月21～25日	3月26～31日	4月1～5日	4月6～10日	4月11～15日	4月16～20日	平均值
高年型	220.1	5.0	3.7	6.5	7.2	6.1	6.8	7.4	6.1
中年型	201.0	5.2	4.5	5.9	6.0	5.5	7.0	5.71	5.7
低年型	192.3	5.1	2.0	4.5	6.4	7.2	6.6	6.5	5.5

三、早期粒重与降雨的关系

从各粒重年型的平均降雨量来看，在小麦生育中期阶段过多降雨对形成早期粒重是不利的。据测定，粒重高年型此期平均降雨量为29.7mm，比粒重中年型少7.8mm，比粒重低年型少27.6mm。相关分析表明，降雨与早期粒重的形成没有明显直接的关系（表5-15）。但需要指出的是，降雨对早期粒重的影响是个复杂的问题，该阶段降雨多少并不能说明土壤的供水状况，它直接影响的是温度与日照。从表5-14可以看出，降雨影响作用不仅决定降雨量，而且和降雨在该阶段的分布状况有密切关系。根据著者对多年的气象资料分析，粒重高年型降雨分布状况是，从3月16～25日的10d中降雨占该阶段总降雨量的30%，4月16～20日的5d中降雨占总降雨量的22.9%；而粒重中年型降雨分布状况是，前10d占22.7%，后5d占51.5%（其中1975年生育中期的降雨量为77.8mm）；粒重低年型的降雨分布状况是，前10d占22.8%，后5d占5.9%。粒重高年型和粒重中年型降雨主要分布在该阶段的两端，粒重低年型虽然降雨量多，但主要分布在该阶段的中间时段。又如在1974—1992年的18年中，属于粒重高年型的1981年生育中期总降雨量为49.3mm，其中，3月16～25日10d降雨为总降雨量的43.4%，4月16～20日的5d中降雨占总降雨量的33.5%；粒重中年型的1977年该阶段的总降雨量为43.0mm，前10d占21.1%，后5d占22.3%。低年型的1980年总降雨量为45.3mm，前10d占32.3%，后5d无降雨，近70%的雨集中在中期阶段，即3月26日到4月15日之间。在这三个典型年份中，中间阶段的降雨量，粒重高年型仅占23.1%，粒重中年型占53.2%，而粒重低年型却高达67.7%。由此可见，降雨分布在该阶段两端对形成早期高粒重是有利的。在河南气候条件下，3月16～25日小麦正处在拔节期，幼穗发育进入雌雄蕊分化到药隔形成初期，4月16～20日小麦幼穗发育正处在四分体前后，这时的降雨对促进花的正常发育，促进茎秆的干物质积累都具有十分重要的意义。这与生产中重视浇拔节水和孕穗水是一致的。

表5-14 不同年型降雨量分布状况 （单位：mm）

年型	总降雨量	前10d 占%	后5d 占%	3.16～20	3.21～25	3.26～31	4.1～5	4.6～10	4.11～15	4.16～20	备注
高年型	29.7	30.0	22.9	1.1	7.8	2.1	0.7	7.2	4.0	6.8	前10d为3月16～25日；后5d为4月16～20日
中年型	37.5	22.7	51.5	6.1	2.4	1.6	4.3	3.1	0.7	19.3	
低年型	57.3	22.8	5.9	0.4	12.7	20.9	4.4	7.0	8.3	3.4	

表5-15 中期气象条件与早期粒重和最终粒重的关系

粒重（g/千粒）	积温	总日照	降水	早期粒重	最终粒重
早期粒重	r 0.612 2** B 0.243	0.452 2* 0.024 1	0.149 0	—	0.234 9
后期粒重	r 0.557 4** b 0.034 8	0.307 5	−0.217 8	0.459 6* 0.681 7	0.755 3** 0.826 7

上述研究结果表明，小麦发育中期的气象条件与幼穗发育、早期粒重的形成有密切的关系，在生产实践中，可以根据小麦拔节以后的天气状况来预测当年粒重的形成与发展趋

势，及早采取相应的调控措施，以尽可能发挥粒重的增产潜力。

第四节　小麦最终粒重与早期粒重的关系

一、不同年型的早期粒重与最终粒重

在小麦籽粒灌浆过程中，尽管生态条件对最终粒重高低的形成具有重要的作用，但早期粒重对最终粒重的基础作用也是不容忽视的。为此，著者根据表 5 - 9 划分粒重年型的指标和方法，将 1975 年以来连续 20 多年对不同年份、不同发育时期测定的粒重划分为高、中、低 3 个粒重年型，以探讨早期粒重与最终粒重的关系。

从不同年型早期粒重与最终粒重的统计结果（表 5-16）可以看出，无论是早期粒重，还是最终粒重年际间都有明显差别。如 5 月 5 日测定，早期粒重高年型的千粒重为 7.6g，早期粒重低年型的千粒重只有 4.3g，二者相差 3.3g；最终粒重高年型的千粒重为 41.6g，最终粒重低年型的千粒重仅为 37.4g，二者相差 4.2g。从不同年型的早期粒重与最终粒重关系还可以看出，早期粒重高年型其平均最终粒重也高，而早期粒重低年型的平均最终粒重也低。如以时间划分的年型中，5 月 5 日测定的早期粒重高、中、低年型的千粒重平均为 7.6g、5.9g 和 4.3g，三种粒重年型的最终千粒重平均分别为 41.6g、38.7g 和 37.4g，早期粒重高年型的最终千粒重分别比早期粒重中、低年型的最终千粒重高 2.9g 和 4.2g。以生育时期划分的粒重年型中，以开花后 11d 的粒重与最终粒重的关系更为密切。如开花后 11d 划分的粒重高年型，其最终千粒重为 42.5g，分别比粒重中、低年型高 4.1g 和 5.2g。由此可以进一步看出，不同年际间小麦的早期粒重与最终粒重的关系是十分密切的。

表 5 - 16　不同年型的早期粒重与最终粒重（品种：郑引 1 号）

（单位：g/千粒）

年　型	时间划分			生育期划分		
	5 月 5 日	5 月 10 日	最终粒重	开花后 11d	开花后 17d	最终粒重
高年型	7.6	16.5	41.6	10.8	20.8	42.5
中年型	5.9	10.5	38.7	8.4	16.8	38.4
低年型	4.3	6.7	37.4	6.4	13.9	37.3

注：表中最终粒重是指在灌浆过程最后一次测定的粒重。

二、早期粒重对最终粒重的影响

在连续多年的试验中，由于受灌浆期间环境条件的影响，有些年份早期粒重与最终粒重的关系会有所变化，如图 5-7 中，依据 5 月 5 日粒重划分的粒重年型中，有 40％的年份早期粒重由高年型最后转变为最终粒重中年型，但没有出现早期粒重高年型最后形成最终粒重低年型的年份；有 33.3％的年份早期粒重由中年型上升为最终粒重高年型，有 16.7％的早期粒重由中年型下降为最终粒重低年型；早期粒重低年型转向粒重中年型的比例则较多，如图 5-7 中有 60％的年份由早期粒重低年型上升为最终粒重中年型，但早期

粒重低年型没有上升到最终粒重高年型的年份。依据开花后11d粒重划分的年型可以看出（图5-8），有75%的年份早期粒重高年型的最终粒重也是高年型，有25%的年份由早期粒重高年型最后转变为最终粒重中年型，但也没有出现早期粒重高年型最后形成最终粒重低年型的年份；早期粒重由中年型中有25%的年份上升为最终粒重高年型，还有25%的年份下降为最终粒重低年型；早期粒重低年型转向粒重中年型年份的比例高达75%，但早期粒重低年型同样也没有上升到最终粒重高年型的年份。从上述两种粒重年型划分方法中早期粒重与最终粒重的关系可以看出，早期粒重的高低对最终粒重大小有十分重要的影响。因此，在河南生态条件下，要形成最终的高粒重，有早期高的粒重作基础是十分重要的。

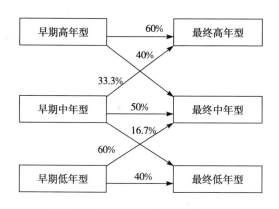

图 5-7　早期粒重与最终粒重的关系
（依据 5 月 5 日粒重划分的年型）

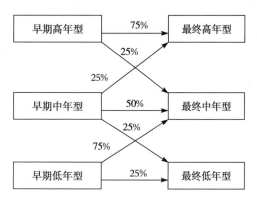

图 5-8　早期粒重与最终粒重的关系
（依据开花后 11d 粒重划分的年型）

三、早期粒重对最终粒重的贡献

为了进一步探明早期粒重在最终粒重形成中的作用，著者将开花后11d到成熟时所形成的粒重作为后期粒重，对早期粒重和后期粒重与最终粒重的关系进行了通径分析，结果表明（图5-9），在试验的年份中，最终粒重有28.8%是单独由早期粒重决定的；有52.9%是由后期粒重决定的，另有18.3%是由早期粒重与后期粒重共同决定的。

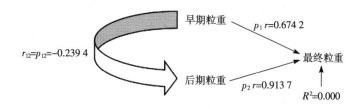

图 5-9　早期、后期粒重与最终粒重的通径分析

由此可知，早期粒重对最终粒重具有举足轻重的作用。早期粒重的高低与小麦幼穗发育的进程有关，与籽粒库容大小有密切的关系。提高粒重应从促进小麦中、后期幼穗发育进程入手，采取合理的促控措施，改善小麦生长发育条件，提高幼穗分化强度，促使植株提前抽穗开花，以形成高的早期粒重，为稳定提高最终粒重奠定良好的基础。

参 考 文 献

[1] 胡廷积等．小麦生态与生产技术．郑州：河南科学技术出版社，1986

[2] 潘庆民，于振文，王月福等．小麦粒重研究进展．山东农业大学学报，30（1）：91～96

[3] 苗果园．小麦粒重的形成．山西农业科学，1983，（5）：44～48

[4] 王昌枝．南方麦区小麦粒重波动的基本原因及提高粒重的技术途径．作物杂志，1992，（1）：9～11

[5] 张明，王继臣．稳定和提高粒重是小麦减灾增产的主攻目标．河南农业科学，1999，（8）：16

[6] 崔金梅，朱云集，郭天财等．冬小麦粒重形成与生育中期气象条件关系的研究．麦类作物学报，2000，20（2）：28～34

[7] 崔金梅．影响小麦粒重的因素．小麦生长发育规律与增产途径．郑州：河南科学技术出版社，1980

[8] 曲曼丽，王云变．冬小麦穗粒形成与气候条件的关系．北京农业大学学报，1984，10（4）：421～426

[9] 李光正，候远正，杨文钰．温度与小麦穗花发育及结实的关系．四川农业大学学报，1993，11（1）：46～55

[10] 崔金梅，王化岑，刘万代等．冬小麦籽粒形成与幼穗发育的关系．麦类作物学报，2007，27（4）：682～686

[11] Van Sanford D A. Variation in kernel growth characters among soft red winter wheats. Crop Sci. ，1985，25：626～630

[12] Ficher R A，Rislambers D H. Effect of environment and cultivar on source limitation to grain weight in wheat. Aust. J. Agric. Res. ，1978，29：443～458

第六章 冬小麦籽粒生长发育与灌浆

小麦结实器官的建成是一个连续、渐进的过程，粒重是最后形成的产量构成因素。小麦籽粒灌浆过程受品种特性、个体发育、环境条件和栽培措施等多因素的影响。大量生产实践和科学研究表明，同一小麦品种在不同年份、不同地区、不同栽培条件下，籽粒生长发育和灌浆以及最终形成的粒重有很大差异。因此，充分认识和了解小麦籽粒生长发育及灌浆特征，揭示其生理过程的本质，有助于通过栽培措施进行合理调控，充分发挥小麦品种的遗传特性和增产潜力，最终实现高产、稳产、优质和高效。

第一节 小麦籽粒的生长发育及其形态特征

在河南生态条件下，为探索不同类型小麦品种籽粒生长发育特征，著者连续 20 多年以郑引 1 号、百泉 41、冀麦 5418 等品种为试验材料，系统观察测定了籽粒形成与灌浆过程。具体测定方法是，于开花期选择生长一致（穗子大小、高度、开花期相近）的单茎统一挂牌，花后 3～5d 开始，每 2～3d 取挂牌单茎 5～10 穗，测定强势籽粒（每小穗基部第 1、2 粒）或全部籽粒的长度、宽度、鲜重、干重和含水率等指标。

一、籽粒发育进程

在河南中部生态条件下，冬小麦一般于 4 月中、下旬开花，到 5 月底或 6 月初成熟，经历 35～40d。按照一般的划分方法，小麦籽粒生长发育过程可分为籽粒形成、籽粒灌浆和籽粒成熟 3 个阶段。在这一过程中，籽粒在形态、物质运转和积累等方面都发生了一系列变化。

（一）籽粒形成阶段

籽粒形成阶段是指小麦开花受精后 10～12d 以内的时期（表 6 - 1）。小麦开花受精后，子房开始膨大（图版 19 - 1），由扁圆形逐渐变为倒圆锥形，再变为倒卵圆形，颜色由灰白变为灰绿，至期末籽粒长、宽、厚分别达最大值的 90%、80% 和 85% 左右，体积约达最大体积的 70%，已具有籽粒的基本轮廓（图版 19 - 2），籽粒含水率一般在 70% 以上（表 6 - 2）。该阶段干物质积累缓慢，千粒重日增重一般为 0.3～0.9g，积累量为最大值的 20%～25%。如在 1974—1997 年的 23 年间，春性品种郑引 1 号花后 11d 的千粒干重平均为 9.47g，是其最高粒重的 24.6%。该阶段是为粒重奠定基础的时期，如果此期开始早，形成粒重高，对获得最终高粒重十分有利。此期籽粒内含物呈清乳状（稀而略带黏性的液汁），主要成分是含氮化合物。如对百泉 41 品种多年的测定结果表明，该阶段籽粒蛋白质含量为 12% 左右，而淀粉等贮藏物质则较少（王晨阳，2005），植株地上绿色部分的干重仍在增加，到此期末，胚具有发芽能力。

表 6-1 小麦籽粒形成、灌浆与成熟不同阶段的特征特性

籽粒发育时期		历时 (d)	颜色	体积	含水率 (%)	内含物	干物质积累	其他
形成期		10~12（受精—多半仁）	灰白→灰绿	长、宽、厚分别达 80%、85%，达最大体积的 70%、90%	70~80	清乳状	积累速度慢，积累量占最大值的20%~25%	期末胚具发芽能力
灌浆期	乳熟期	18（多半仁—顶满仓）	鲜绿→绿黄	期末体积最大	70~41	乳白色浆液	积累速度加快	中下部叶黄枯，茎叶干物质含量下降
	糊熟期	3~5（顶满仓—蜡熟前）	黄绿	因宽、厚缩减，体积减小	41~36	胚乳变黏面团团状	积累速度变慢，积累达最大值的90%，鲜重最大	易发生倒伏
成熟期	蜡熟期	3~5	浅黄	体积继续减小	35~20	胚乳蜡质状，手捻成条，期末变硬	干粒重达最大值	光合停止，植株渐黄，期末适宜收获
	完熟期	1	品种固有色泽	体积再减小	16~14	指甲挤压不变形，籽粒坚硬	积累停止，粒重减轻	植株完全枯黄收获
	枯熟期	很短	品种固有色泽	体积基本不变	<14		干粒重进一步减轻	收获损失增大

表 6-2 小麦籽粒长、宽、厚及体积、干粒重、含水率的变化（品种：郑引1号）

开花后天数 (d)	粒长 (mm)	粒宽 (mm)	粒厚 (mm)	百粒体积 (ml)	干粒重 (g)	籽粒含水率 (%)
3	2.70	2.50	2.10	0.73	—	79.1
6	4.87	3.30	2.60	1.93	2.69	79.3
10	6.42	3.33	2.75	3.10	5.22	75.2
13	7.00	3.60	3.15	3.97	8.68	71.5
16	7.37	3.63	3.25	4.47	13.24	64.9
19	7.42	3.95	3.33	4.80	17.87	59.3
21	7.40	4.08	3.37	5.15	21.38	54.1
23	7.35	4.18	3.35	5.31	25.67	50.5
25	7.35	4.22	3.42	5.53	28.07	46.2
27	7.37	4.22	3.55	5.40	31.29	41.3
29	7.32	4.37	3.47	5.70	33.23	40.3
31	7.33	4.32	3.45	5.57	34.43	39.1
33	7.22	4.32	3.42	5.63	36.13	36.2
35	7.17	4.30	3.50	5.17	36.63	29.1
37	6.82	3.78	3.18	4.37	37.17	17.2

（二）籽粒灌浆阶段

籽粒灌浆阶段是指开花后 11d 左右至 30d 左右，此期约经历 20～22d（图版 19-3、图版 19-4、图版 19-5、图版 19-6）。该阶段胚乳内淀粉积累速度很快，干物质急剧增加。根据籽粒颜色、形态和物质积累量等方面的变化，可将该阶段分为乳熟期和糊熟期 2 个时期：

1. 乳熟期 乳熟期是指从开花后 11～28d 左右，是籽粒增重的主要时期，历时约 18d 左右。籽粒颜色由前一阶段末的灰绿变为鲜绿，然后再转为绿黄，表面呈现光泽，其长度首先达到最大值，然后宽度和厚度达最大值。随籽粒长、宽、厚的逐渐增长，籽粒体积不断增大并达最大值（顶满仓，图版 19-5）。此期随着干物质积累，籽粒含水率由 70% 逐渐降至 40% 左右，但绝对含水量变化则比较平稳；内含物为乳白色浆液（炼乳状），干物质积累速度加快，千粒重日增重约 1～2g，蛋白质含量有所提高，如百泉 41 和徐州 21 此期的蛋白质含量分别达到 13% 和 14%。随着营养器官中贮藏物质向籽粒中运输和积累，功能叶和茎秆的干重下降，植株基部叶片黄枯，中部叶片黄绿，但上部叶、节间和穗部仍保持绿色。该阶段为籽粒干物质积累的盛期。此期开始的早晚，历时长短，干物质积累量多少，对形成最终粒重起着至关重要的作用。

2. 糊熟期 糊熟期是指籽粒从"顶满仓"到蜡熟前的这一阶段（图版 19-6），约经历 3～5d。籽粒颜色变为黄绿，表面失去光泽，体积因宽、厚缩小而开始减小。此期籽粒含水率降至 35% 左右，胚乳变黏，呈面团状，故该期又称为面团期或面筋期；灌浆渐近结束，干物质积累速度变缓，但在此期间常有灌浆小高峰出现，千粒日增重又回升至 1g 以上（详见本章第四节），干物质积累量达最大值的 70%～80%。由于此期籽粒鲜重达最大值，生产中常由于灌水不当或降水较大发生根倒伏现象。该阶段是形成最终粒重的关键时期，且极易受不良条件影响而导致灌浆停止，粒重下降。

（三）籽粒成熟阶段

籽粒成熟阶段是指糊熟期末至枯熟期之间的一段时间，约经历 4～6d。该阶段最明显的特征是干物质积累速度变缓、停止，籽粒含水量迅速下降。根据籽粒内含物和植株形态特征等的变化，可将该阶段分为以下 3 个时期：

1. 蜡熟期 蜡熟期又称黄熟期（图版 19-7），持续时间约 3～5d。此期籽粒颜色接近本品种固有色泽；体积因失水而进一步缩减；含水率急剧降至 22%～20%；胚乳呈蜡质状，蜡熟初期可手搓成细条，期末逐渐变硬呈蜡状；干物质积累速度明显减缓，千粒重达最大值；植株茎叶和穗部变黄，光合作用停止。此期末籽粒在生理上已正常成熟，为人工带秆收割的最佳时期。但此时用联合收割机收割，茎秆含水量偏高，显得过于软弱，且不易脱粒，同时还会因籽粒含水量太高而出现破损粒。

2. 完熟期 完熟期籽粒体积继续减小，历时较短，约为 1d 左右。此期籽粒的形状和颜色呈现本品种固有特征，较易从颖壳中脱落。籽粒含水率降至 16%～14%，胚乳变硬，用指甲挤压不变形（"硬仁"）；粒重因呼吸和淋溶等作用而减轻，植株茎叶全部枯黄。此期人工带秆收割为时已晚，但为用联合收割机收获的最佳时期。

3. 枯熟期 枯熟期历时很短暂。此期籽粒呈现本品种固有色泽，胚乳坚硬，体积不再缩小，含水率降至14%以下，粒重进一步减轻，植株完全枯黄，穗颈容易折断，颖壳松的品种遇风会造成自然落粒，如遇阴雨天气，一些数品种还会发生"穗发芽"现象。因此，在枯熟期收获，将会造成较大的产量损失。

二、籽粒生长发育特征

在河南中部生态条件下，对适期播种小麦籽粒生长发育的观察结果表明，不同粒型品种表现不同，一般粒型品种如郑引1号开花后11～12d籽粒长度达最大值，外形已经形成；此后籽粒宽度迅速增加，并于开花后24～27d达最大值，且体积最大，穗部最重。之后，随着籽粒中干物质不断增加，含水量迅速下降，籽粒收缩变硬，呈现出本品种的固有特征。

（一）籽粒长度

开花后11d内，籽粒长度迅速增长。在此阶段，不同品种籽粒长度增长速度不同。据观察，郑引1号和百泉41此期的粒长为0.61～0.66cm，而大粒型品种兰考86-79的粒长为0.87cm。进入灌浆初期，粒长继续缓慢增加，并于花后15d左右达到最长。此时，郑引1号和百泉41的粒长达到0.65～0.70cm，兰考86-79达到0.91cm。之后，粒长相对稳定，至成熟期略有缩短。据测定，郑引1号和百泉41成熟时的粒长为0.59～0.67cm，兰考86-79为0.84～0.9cm（图6-1）。从图6-1中还可以看出，不同粒型品种间籽粒长度的变化趋势基本一致，但大粒型品种粒长在整个籽粒生长发育过程中始终大于中、小粒型品种。

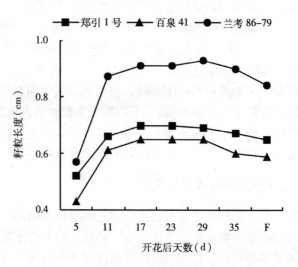

图6-1 不同粒型小麦品种籽粒长度的变化

注：F为最终粒长

（二）籽粒宽度

籽粒宽度在籽粒形成阶段和灌浆的前期与中期阶段持续增长。当籽粒宽度达最大值时，中粒型品种郑引1号、小粒型品种百泉41的籽粒宽度为0.40～0.41cm，大粒型品种兰考86-79为0.47cm，随后籽粒宽度不断减小，至成熟时，郑引1号、百泉41和兰考86-79的籽粒宽度分别降至0.35、0.31和0.37cm（图6-2）。从图6-2还可以看出，在籽粒整个生长发育期间不同粒型品种间的籽粒宽度尽管增长速度不同，但其变化趋势基本一致，且大粒型品种始终高于中、小粒型品种。同时，小粒型品种百泉41

的粒宽在开花后 5d 最小，但由于增长速度快，很快超过中粒型品种郑引 1 号，然而当其宽度达到峰值后，下降速度也很快，以后又低于中粒型品种郑引 1 号。这表明不同粒型品种在不同生长阶段其籽粒宽度的生长速度有差异。

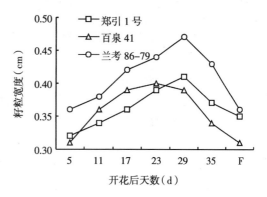

图 6-2　不同粒型小麦品种籽粒宽度的变化

注：F 为最终粒宽。

（三）籽粒鲜重

籽粒鲜重在籽粒生长发育过程中的变化与籽粒宽度的变化趋势相似。根据著者对不同粒型品种千粒鲜重的测定结果（图 6-3），小粒型品种百泉 41 的最大籽粒鲜重出现在开花后 23d 左右，此时的千粒鲜重为 50g 左右；中粒型品种郑引 1 号和大粒型品种兰考 86-79 的最大籽粒鲜重均出现在开花后 29d 左右，其千粒鲜重分别为 50~60g 和 90~100g；之后逐渐减少至成熟。在整个籽粒生长发育过程中，大粒型品种兰考 86-79 的千粒鲜重始终高于其他两种粒型品种，尤其在籽粒鲜重最高时，兰考 86-79 分别比郑引 1 号和百泉 41 高 39.01g 和 47.01g。中粒型品种郑引 1 号与小粒型品种百泉 41 的千粒鲜重在开花后 23d 之前差异较小，之后差异变大。这表明

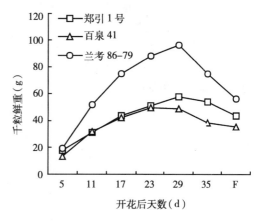

图 6-3　不同粒型小麦品种籽粒鲜重的变化

注：F 为最终鲜重。

籽粒达到最大鲜重所经历的天数，不仅与粒重大小有关，同时还与不同品种籽粒形成的速度有关。成熟时，3 个粒型品种的千粒鲜重分别为 62.2g、48.9g 和 38.6g。

（四）籽粒含水率

研究表明，3 种粒型小麦品种的籽粒含水率从花后 5d 开始，一直呈持续下降趋势（图 6-4）。开花后 5d，3 种粒型小麦品种的籽粒含水率均在 75% 左右，并随着籽粒生长发育进程推进，干物质积累加快，籽粒含水量逐渐下降。籽粒生长发育过程中，不同品种籽粒含水率的变化动态一致，而粒型的大小则主要是由于干物质积累量的差异所致。

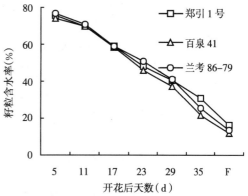

图 6-4　不同粒型小麦品种籽粒含水率的变化

注：F 为最终含水率。

第二节 小麦籽粒灌浆特点

由于不同类型小麦品种以及不同品种不同部位（小穗位、花位）籽粒在不同灌浆阶段、不同年份的干物质积累量不同，最终粒重也不同。因此，探索不同类型小麦品种的籽粒灌浆特点，并采取相应的调控措施，对提高粒重具有重要的意义。

一、籽粒灌浆进程

在河南省中部生态条件下，适期播种的小麦一般在 4 月中、下旬开花，整个籽粒灌浆进程历时 35～40d（图 6-5）。随着籽粒灌浆进程的推进，籽粒鲜重、干重同步增加。从图中可以看出，千粒鲜重和干重两条增长曲线于开花 13d 之后接近平行上升，直至开花后的 29d，这表明在该阶段籽粒的绝对含水量是比较稳定的。所不同的是，干重一直增加至花后 35d，最大值为 46g 左右，而鲜重则在花后 29d 时达到 70g 左右的最大值，之后缓慢下降，至花后 35d 下降为 60g 左右。在整个籽粒发育进程中，籽粒长度大约在花后 13d 接近最大值，以后变化较小，只在最后成熟时略有缩小。宽度的变化与长度相似，不同的是在开花后 25d 达最大值，31d 之后开始下降，灌浆后期缩小较多，约 1mm。籽粒含水量呈持续下降趋势，灌浆停止时为 30% 左右。

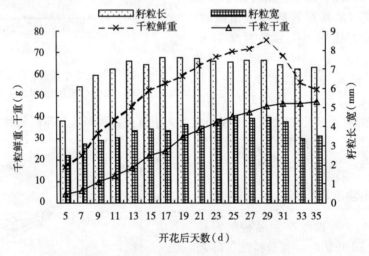

图 6-5 小麦籽粒灌浆过程中籽粒长、宽与粒重的变化动态（品种：豫麦 25）

二、不同类型小麦品种的籽粒灌浆特点

对不同类型品种的试验结果表明，无论是大粒型品种兰考 86-79、中粒型品种郑引 1 号和小粒型品种百泉 41，在不同年份、不同播种期条件下的籽粒增重曲线均呈 S 形（图 6-6a，b）。不同粒型品种籽粒灌浆速率明显不同。大粒型品种的籽粒干重从籽粒形成期

到成熟期始终高于中、小粒型品种，但到灌浆期开始差异更为明显，开花后 11d 大粒和中、小粒型品种千粒重相差 6～8g，开花后 29d 相差达到 22～26g，最终粒重（FGW 或 F，下同）也显著不同，大粒型品种兰考 86－79 最终千粒重为 60g 左右，中粒型品种郑引 1 号为 37g 左右，而小粒型品种百泉 41 仅为 32g 左右。由于不同粒型品种粒重的差异主要是在灌浆期间出现，因此，在河南生态条件下，年际间大粒型品种粒重波动常常大于中、小粒型品种。为此在新品种的选育中，更应特别注意大粒型品种的抗逆性，以确保其粒重的稳定性。

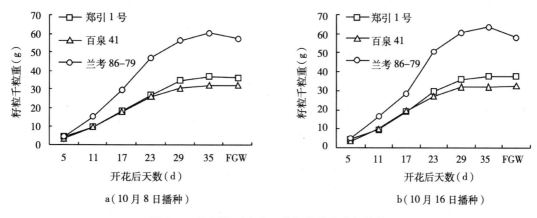

图 6-6 不同粒型小麦品种籽粒灌浆进程的差异

在河南生态条件下，不同粒型小麦品种的灌浆天数相差不大，但其千粒重日增量则不同。据著者观察，大粒型品种兰考 86－79、中粒型品种郑引 1 号和小粒型品种百泉 41 的籽粒千粒日增重具有显著差异（图 6－7a，b）：从籽粒形成期开始，三种粒型小麦品种千粒重日增重就显著不同，尤其是在籽粒灌浆中期，差异更为明显，千粒日增重差异达 2g 左右，到籽粒成熟阶段，品种间千粒日增重的差异逐渐减小；中粒型品种郑引 1 号与小粒型品种百泉 41 灌浆初期的籽粒日增重相似，但到籽粒灌浆中、后期，二

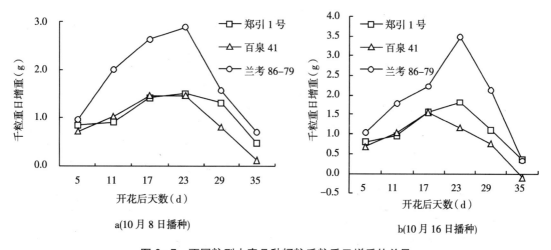

图 6-7 不同粒型小麦品种籽粒千粒重日增重的差异

者的差异增大。上述分析说明，大粒型、中粒型和小粒型品种之间最终粒重的差异，主要是灌浆中、后期品种间灌浆速率具有显著差异造成的。播种期对不同粒型品种的籽粒灌浆速率有显著影响，10月8日播种的大粒、中粒和小粒型品种的灌浆速率始终具有较大差异；而10月16日播种时，灌浆末期大粒和中粒型品种灌浆速率的差距逐渐缩小（最终达到相同），小粒型品种的千粒日增重从花后17d开始一直低于大、中粒型品种。从图6-7a，b还可看出，不同品种籽粒灌浆高峰出现的时间和灌浆期长短也不同，中粒型品种郑引1号的籽粒灌浆高峰来得早，持续时间长，而小粒型品种百泉41则相反。在生产实践中，应选用灌浆高峰来得早，灌浆速度快、灌浆持续时间长，粒重较稳的品种。

三、不同小穗位、小花位籽粒的灌浆特点

由于不同小穗位、小花位的籽粒发育进程不同，开花后各部位籽粒的灌浆进程以及所处的外界环境条件也不同，从而导致最终粒重存在较大差异（表6-3）。据观察，不同小穗位的小花之间还存在着发育晚的小花追赶发育早的小花的现象。在生产实践中，通过采取相应的栽培管理措施调控小花生长发育进程，为那些处于劣势地位的小穗和小花创造良好的发育环境，使其尽快赶上发育早的小花，或缩小二者之间的差距，以使各部位籽粒均衡增长，从而提高粒重与产量。著者在前人研究的基础上，系统研究了不同小穗位、小花位的籽粒形成特点。为便于分析比较，研究过程中将1个麦穗分为上、中、下3个部位（上部小穗、中部小穗、下部小穗各占每穗小穗总数的1/3），分别测定各部位的籽粒灌浆进程，并取穗中部发育良好小穗的第1～3朵小花观测不同小花位的籽粒灌浆特点。

表6-3　小麦不同小穗位和小花位的籽粒重（品种：偃师9号）　　（单位：g）

小穗位		花位 1	2	3	4	不同小穗位的千粒重
	顶端小穗	28.0				
	20	31.0				
上	19	33.4	25.0			
部	18	38.0	33.5			
小	17	40.6	41.1	28.0		
穗	16	42.2	42.9	29.0		
	15	45.0	45.6	27.3		
	平均值	36.9	37.6	28.1		34.2
	14	47.0	48.7	33.5		
	13	47.0	48.5	37.4		
中	12	49.2	50.0	40.0	23.0	
部	11	49.5	52.5	44.8	30.7	
小	10	48.8	52.3	46.2	34.7	
穗	9	46.8	49.8	45.5	36.9	
	8	48.6	51.5	47.6	38.5	
	平均值	48.1	50.5	42.1	32.7	43.4

（续）

小穗位		花 位				不同小穗位的千粒重
		1	2	3	4	
	7	50.5	55.0	44.2	37.8	
	6	48.1	52.0	47.5	40.0	
下	5	48.4	49.9	47.3	40.1	
部	4	45.2	48.7	43.6	26.7	
小	3	43.2	43.9	31.9		
穗	2	41.2	31.7			
	1	0	0			
	平均值	46.1	46.9	42.9	36.1	43.0
不同花位粒重平均值		43.7	45.7	39.6	34.3	

（一）不同小穗位籽粒发育的不均衡性

一个麦穗的不同小穗位粒重有着明显的差异，一般表现为中部＞下部＞上部。从表 6-3 可以看出，上、中、下部的小穗平均千粒重分别为 34.2g、43.4g 和 43.0g，中部小穗的粒重略高于下部小穗。而同一小穗不同花位的粒重表现为第 2 朵小花＞第 1 朵小花＞第 3 朵小花，即在第 1 朵花之后，随着花位的升高粒重下降。据测定，在灌浆过程中，中部小穗小花的粒重增加最快，其次为上部小穗，到灌浆的中后期由于顶端优势的减弱，下部小穗维管束结构优于上部小穗，因而下部小穗的籽粒灌浆速度明显加快，使最终粒重远远高于上部小穗，甚至接近中部小穗。这就给我们以启示，在栽培技术上应特别注重减少下部小穗的退化，这不仅可以增加穗粒数，而且对提高粒重和籽粒的整齐度也有重要作用。

（二）不同小穗位籽粒的灌浆特点

研究表明，中部小穗的籽粒灌浆最快，下部次之，上部最慢。同时，由于下部小穗追赶中部小穗灌浆进程的强度大、时间长，最终导致下部小穗的粒重接近中部小穗。

无论是郑引 1 号还是冀麦 5418，不同播种期条件下，上、中、下部小穗位籽粒的灌浆进程趋势一致；开花后 15d 左右，上、下部小穗籽粒的灌浆强度加快，追赶中部小穗；虽然上部小穗籽粒的灌浆强度于开花 20d 后开始减慢，但最终还是缩小了与中部小穗粒重的差距（图 6-8、图 6-9）。

从表 6-4、表 6-5 和表 6-6 可以看出，郑引 1 号 10 月 8 日播种条件下，花后 8d 的下部小穗籽粒千粒重比中部小穗低 0.88g，幅度为 13.2%，最终粒重低 2.6g，幅度为 5.8%；而上部小穗籽粒千粒重比中部小穗低 1.88g，幅度为 28.2%，最终粒重低 6.8g，幅度为 15.2%。从表中还可看出，上部和下部小穗籽粒的最终粒重分别比中部小穗低 6.82g 和 2.55g，幅度分别为 15.2% 和 5.71%；同时，下部小穗籽粒的千粒重一直高于上部小穗，如 10 月 8 日播种的郑引 1 号，开花后 8d 下部小穗籽粒的千粒重比上部小穗高 1g，最终千粒重高 4.2g。

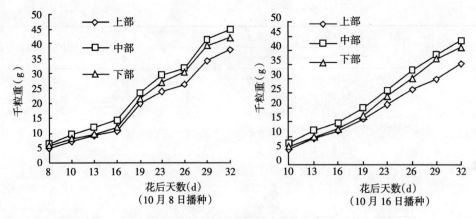

图 6-8　郑引 1 号不同小穗位籽粒灌浆进程（1991—1992 年度）

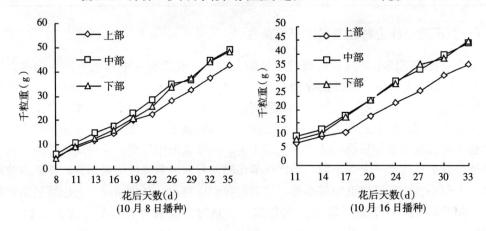

图 6-9　冀麦 5418 不同小穗位籽粒灌浆进程（1991—1992 年度）

表 6-4　郑引 1 号不同小穗位籽粒灌浆进程（1992）

播种期（月/日）	小穗位	粒重（g/千粒）										
		开花后天数（d）										
		8	10	13	16	19	23	26	29	32	35	—
10/8	上	4.79	7.23	9.21	10.53	20.00	24.14	26.45	34.10	37.86	—	—
	中	6.67	9.63	11.91	14.52	23.70	29.50	32.00	41.46	44.68	—	—
	下	5.79	8.36	9.57	11.86	21.67	26.95	30.40	40.46	42.13	—	—
10/16	上	—	5.36	9.36	11.17	15.95	20.90	26.60	30.00	35.40	—	—
	中	—	7.50	12.17	14.76	20.10	26.17	32.97	38.50	43.70	—	—
	下	—	6.29	9.61	12.50	17.20	23.90	30.20	37.02	41.20	—	—

表 6-5　冀麦 5418 不同小穗位籽粒的灌浆进程（1992）

播种期（月/日）	小穗位	粒重（g/千粒）										
		开花后天数（d）										
		8	11	13	16	19	22	26	29	32	35	38	41
10/8	上	4.96	8.82	11.78	14.38	20.19	22.70	28.80	32.73	37.49	42.55	—	—
	中	5.91	10.97	14.48	17.64	22.98	28.40	35.20	36.70	44.52	49.10	—	—
	下	4.51	9.37	12.37	16.06	20.91	25.70	34.00	37.50	41.15	48.47	—	—

(续)

播种期	小穗位	粒重（g/千粒）										
		开花后天数（d）										
（月/日）		—	—	11	14	17	20	24	27	30	33	36	39
	上	—	—	8.17	10.47	12.00	17.83	22.56	—	32.40	40.50		
10/16	中	—	—	10.56	13.03	18.39	23.80	30.18	—	39.93	49.20		
	下	—	—	9.32	11.51	17.38	23.80	29.69	—	38.86	45.00		

表 6 - 6　郑引 1 号和冀麦 5418 不同小穗位粒重的差异（1992）

品种	播种期（月/日）	花后天数（d）	早期粒重（g/千粒）							最终粒重（g/千粒）						
			小穗位			相　差				小穗位			相　差			
			上部	中部	下部	中—上	相差（%）	中—下	相差（%）	上部	中部	下部	中—上	相差（%）	中—下	相差（%）
郑引	10/08	10	4.79	6.67	5.79	1.88	28.2	0.88	13.2	37.9	45	42.1	6.8	15.2	2.6	5.8
1号	10/16	10	5.36	7.5	6.29	2.14	28.5	1.21	19.2	35.4	44	41.2	8.3	20.0	2.5	5.7
冀麦	10/08	10	4.92	6.57	5.00	1.65	25.1	1.57	23.9	42.5	49	48.5	6.6	13.4	0.6	1.2
5418	10/16	10	8.17	10.56	9.32	2.39	22.6	1.27	12.0	40.5	49	45.0	8.7	17.7	4.2	8.5

从表 6-4 和表 6-5 还可以看出，不同播种期条件下，不同小穗位粒重差异的变化趋势一致，但早播时灌浆时间长，进一步缩小了中部小穗与上、下部小穗粒重的差异，尤以上部小穗更为明显。如郑引 1 号 10 月 8 日播种的中部小穗粒重，与上、下部小穗粒重分别相差 6.8g 和 2.6g；10 月 16 日播种的，分别相差 8.3g 和 2.5g。冀麦 5418 品种 10 月 8 日播种的中部小穗粒重，与上、下部小穗粒重分别相差 6.6g 和 0.6g；10 月 16 日播种的分别相差 8.7g 和 4.2g。这表明，由于播种期不同，籽粒灌浆时的环境条件不同，灌浆进程受到不同影响，并导致最终粒重出现差异，同时也导致中部小穗和上、下部小穗粒重的差别，不仅使粒重降低，而且也使籽粒的整齐度变差。因此，为稳定提高粒重，生产实践中必须注意两点：一是适期播种，二是采取相应措施，以减少不孕小穗，增加粒重。

（三）不同花位籽粒的灌浆特点

同一小穗不同花位的小花属向顶式分化，由于不同花位籽粒的发育进程明显不同，因此，花后不同时期不同花位的粒重具有显著差异。据测定，开花后 8d，郑引 1 号中部小穗第 1 朵小花的千粒重为 5.2g，第 2 朵和第 3 朵小花的千粒重分别为 4.5g 和 3.4g，分别与第 1 朵小花的千粒重相差 0.7g 和 1.8g，第 2 朵小花与第 3 朵小花的千粒重也相差 1.1g（表 6-7）。这表明，由于小花分化发育时间早晚不同，不同花位籽粒的早期粒重自下而上依次减轻。

表 6 - 7　郑引 1 号中部小穗不同小花位籽粒灌浆期间干物质、含水率和长宽的变化（1978）

项目	花位	开花后天数（d）											
		5	8	11	14	17	20	23	26	29	32	35	38
千粒重（g）	1	1.80	5.20	8.40	12.60	17.40	23.50	25.70	28.50	35.60	33.50	38.30	42.70
	2	1.50	4.50	8.00	12.90	17.40	22.80	26.00	30.20	35.50	34.13	40.00	43.00
	3	1.20	3.40	6.30	11.00	15.40	21.00	25.00	28.50	32.00	33.75	35.70	38.70

（续）

项目	花位	开花后天数（d）											
		5	8	11	14	17	20	23	26	29	32	35	38
长度 (cm)	1	0.49	0.60	0.67	0.70	0.70	0.76	0.75	0.70	0.70	0.68	0.70	0.67
	2	0.47	0.51	0.66	0.70	0.69	0.70	0.72	0.71	0.72	0.70	0.71	0.70
	3	0.31	0.54	0.65	0.67	0.69	0.71	0.73	0.72	0.74	0.67	0.70	0.67
宽度 (cm)	1	0.28	0.30	0.35	0.35	0.33	0.38	0.41	0.40	0.44	0.39	0.42	0.40
	2	0.26	0.29	0.38	0.33	0.35	0.36	0.38	0.39	0.42	0.38	0.42	0.40
	3	0.23	0.29	0.30	0.32	0.33	0.35	0.40	0.40	0.42	0.37	0.40	0.37
含水率 (%)	1	87.0	75.0	74.0	68.5	63.0	53.0	53.0	48.0	43.0	37.7	30.4	22.4
	2	88.0	70.0	73.3	68.0	65.0	58.5	50.5	45.0	44.8	39.3	30.0	19.0
	3	78.0	76.0	75.0	67.0	64.0	51.0	50.0	46.0	41.0	34.0	33.0	23.5

不同花位小花的灌浆强度不同，上位小花的灌浆强度不断增强，甚至导致第2朵小花的最终粒重高于第1朵小花。不同花位小花粒重变化的总趋势一般是随花位升高，粒重降低（表6-7）。测定结果还表明，在籽粒形成期，第2、第3朵小花的干物质积累加快；至灌浆初期（开花后13~19d），第1~3朵小花的干物质积累平行上升；至开花后20d左右，第2朵小花的灌浆强度和第1朵小花基本一致或略快于第1朵小花，而第3朵小花的灌浆强度则逐渐减慢，所以到灌浆结束时，常出现第2朵小花的粒重高于第1朵小花粒重的现象，而第3朵小花的最终粒重则明显低于第1和第2朵小花。伴随着干物质积累的变化，不同小花位籽粒的含水率以及长、宽也发生相应的变化（表6-7）。

不同花位小花的灌浆特性，既与品种的遗传特性、不同小花的维管束结构及分布相关，也与籽粒灌浆期间的生态条件密切相关。因此，如何创造出良好的生态条件，延长上位小花追赶下位小花的时间，从而提高粒重，是小麦高产栽培中应该研究的重要课题之一。

第三节　小麦籽粒灌浆参数及其与最终粒重的关系

大量研究发现，粒重是灌浆速率和灌浆持续期的函数，籽粒灌浆特性关系到小麦产量的丰歉。不同粒重大小，不同产量水平的小麦品种表现出不同的灌浆特征，因此，了解籽粒灌浆特性及其与产量的关系，对提高粒重具有重要意义。

一、不同粒型品种籽粒灌浆特性

小麦籽粒灌浆特性是影响最终粒重高低与产量的重要生理性状，国内外对此作过相当多的研究。其主要研究方法之一是在测定籽粒鲜重、干重和体积变化的基础上，采用数学模型进行拟合，并对相关参数进行分析。已有研究证明，小麦粒重的增长进程（即灌浆进程）呈S形，通常可用Logistic生长方程进行模拟。著者曾以大粒型品种兰考86-79、中粒型品种郑引1号和豫麦25，以及小粒型品种百泉41为供试材料，对籽粒灌浆特性进行了比较分析。

（一）不同粒型小麦品种籽粒灌浆特性

以开花后天数为自变量，以相应的千粒重为依变量，用 Logistic 方程进行拟合，结果表明，不同粒型小麦品种籽粒灌浆进程呈"慢—快—慢"的变化（表 6 - 8）。经 F 检验，所有 Logistic 方程均达到显著水平，表明这些方程较好地反映了籽粒灌浆进程。

表 6 - 8　不同粒型小麦品种籽粒灌浆的 Logistic 方程参数与次级参数

项　目	郑引 1 号	百泉 41	兰考 86 - 79	豫麦 25
K	41.065	34.591	62.320	47.256
A	3.049	2.988	3.529	3.554
B	−0.167	−0.181	−0.204	−0.203
F	7 306**	3 166**	947**	1 578**
$T_{max \cdot R}$	18.298	16.517	17.305	17.473
R_{max}	1.710	1.564	3.177	2.403
T	45.880	41.922	39.840	40.064
R	0.895	0.825	1.564	1.180
T_1	10.393	9.236	10.846	10.999
T_2	15.810	14.562	12.917	12.949
T_3	19.677	18.124	16.077	16.117
R_1	0.835	0.791	1.214	0.908
R_2	1.500	1.371	2.785	2.107
R_3	0.420	0.384	0.780	0.590

注：K 为千粒重最大潜势，A 为常数，B 为常数，F 为检验值，$T_{max \cdot R}$ 为达到最大灌浆速率的时间，R_{max} 为最大灌浆速率，T 为整个灌浆过程的持续天数，R 为整个灌浆过程的平均灌浆速率，T_1、T_2、T_3 分别表示灌浆渐增期、快增期、缓增期的持续天数，R_1、R_2、R_3 分别表示灌浆渐增期、快增期、缓增期的灌浆速率，下同。

不同粒型小麦品种籽粒灌浆进程的模拟方程如下：

郑引 1 号：$Y = 41.064\,9 / \left[1 + e^{(3.048\,5 - 0.166\,6X)}\right]$

百泉 41：$Y = 34.591\,4 / \left[1 + e^{(2.987\,6 - 0.180\,9X)}\right]$

兰考 86 - 79：$Y = 62.320\,2 / \left[1 + e^{(3.528\,6 - 0.203\,9X)}\right]$

豫麦 25：$Y = 47.256\,2 / \left[1 + e^{(3.544\,1 - 0.203\,4X)}\right]$

从不同粒型小麦品种籽粒灌浆参数可以看出，小麦籽粒灌浆过程可划分为渐增期、快增期和缓增期 3 个阶段。不同粒重大小的品种，其籽粒灌浆参数不同，大粒型品种最大千粒重潜力可达到 60g 以上，小粒型品种仅为 34g 左右，中粒型品种则可达 41~47g。从灌浆持续时间来看，以大粒型品种兰考 86 - 79 为最短，仅有 39.8d，但其平均灌浆速率较高，在整个灌浆期千粒日增重可达 1.56g，其中渐增期为 1.21g，快增期为 2.79g，缓增期为 0.78g，最终粒重显著高于其他粒型品种。在灌浆特性上，豫麦 25 与兰考 86 - 79 表现相同，尽管灌浆持续期较短，但由于在 3 个阶段灌浆速率均较高，最终千粒重仍达到 40g 以上，而小粒型品种百泉 41 尽管灌浆持续期较长，但由于灌浆速率较小，最终粒重低于其他粒型品种。

（二）不同产量水平下的籽粒灌浆特性

籽粒生长第 1 阶段（渐增期）主要是籽粒形成和胚乳细胞分裂阶段，此期产量库容基本形成，是决定粒重大小的重要时期，而籽粒增长最快阶段（快增期）的干物质累积速度较快，可通过提高该阶段的干物质累积速度和延长其持续时间以提高粒重。籽粒体积大小是库容量的重要指标之一，库容能力明显影响粒重。研究和生产实践表明，在籽粒生长第1阶段形成较大库容是实现高产的先决条件，而在第2阶段从营养器官充分向库中调运同化产物是实现高产的保障。

如以每公顷 4 500～6 000kg 为中产、6 000～9 000kg 为高产、9 000kg 以上为超高产，用上述方法对不同产量水平下的籽粒灌浆进程进行拟合，可得到如下模拟方程：

中产：$Y = 34.591\ 4/[1 + e^{(2.987\ 6 - 0.180\ 9X)}]$

高产：$Y = 42.288\ 4/[1 + e^{(3.739\ 8 - 0.217\ 5X)}]$

超高产：$Y = 62.774\ 7/[1 + e^{(3.120\ 7 - 0.149\ 8X)}]$

从不同产量水平下的籽粒灌浆特性参数（表6-9）可以看出，超高产小麦籽粒千粒重潜势大，可以达到62g以上，灌浆全过程持续时间在50d以上，平均灌浆速率可达1.2g/d以上，3个阶段的持续天数也均较长，虽然进入快增期的时间较晚，但快增期持续时间达到17d以上，且此期的灌浆速率在2g/d以上。以上这些参数表明，超高产小麦在灌浆的渐增期扩大了库容，在快增期又积累了较多的干物质，同时由于其抗干热风能力强，延长了缓增期，为积累更多的干物质提供了条件，因而最终千粒重较高；高产小麦籽粒灌浆特性参数表明，尽管其灌浆强度较大，但由于灌浆持续时间，尤其是快增期的持续时间较短，其千粒重低于超高产小麦；而中产小麦与高产小麦相比，尽管快增期和缓增期持续时间较长，但3个阶段中的灌浆速率均小于高产小麦，尤其是快增期的灌浆速率仅为1.37g/d，因而最终千粒重较低。

表6-9 不同产量水平小麦籽粒灌浆的 Logistic 方程参数与次级参数

项　目	中　产	高　产	超高产
K	34.591	48.288 4	62.774 7
A	2.988 *	3.739 8	3.120 7
B	−0.181	−0.217 5	−0.149 8
F	3 166**	125.73**	1 458**
$T_{max \cdot R}$	16.517	17.473	20.821 6
R_{max}	1.564	2.626 3	2.352 1
T	41.922	37.064	51.480 7
R	0.825	1.229 7	1.219 3
T_1	9.236	11.999	12.034 7
T_2	14.562	12.949	17.573 7
T_3	18.124	13.117	21.872 2
R_1	0.791	0.909 1	1.102 3
R_2	1.371	2.166 7	2.062 3
R_3	0.384	0.678 6	0.577 8

不同产量水平下小麦籽粒灌浆特性分析结果提示我们，在生产实践中，除了选用粒重潜力大的品种外，还应考虑其籽粒灌浆速率大小，并采取相应的技术措施，提高灌浆快增期的灌浆速率，延长灌浆时间，是获得高粒重的保证。

二、不同灌浆时段粒重间的相关分析

最终粒重与灌浆不同时段粒重之间的相关性显著不同。著者以适期播种的郑引1号、百泉41和兰考86-79为材料，将籽粒灌浆全过程的每5d划作1个时段，并以时段末的粒重作为该时段粒重进行统计分析（表6-10），得出了如下两点结论：

表6-10　籽粒灌浆不同时段粒重间的相关系数

		不同花后天数（d）的粒重（郑引1号，1975—1999）							
		5	11	12～15	16～20	21～25	26～30	31～35	最终粒重
	5	1							
	11	0.575**	1						
	12～15	0.486*	0.870**	1					
不同花后	16～20	0.333	0.729**	0.853**	1				
天数的粒重	21～25	0.309	0.625**	0.749**	0.904**	1			
	26～30	0.245	0.593**	0.626**	0.603**	0.747**	1		
	31～35	0.166	0.384	0.388	0.374	0.487*	0.781**	1	
	最终粒重	0.158	0.371	0.383	0.289	0.387	0.742**	0.962**	1
		不同花后天数（d）的粒重（兰考86-79，1995—1999）							
		5	11	12～15	16～20	21～25	26～30	31～35	最终粒重
	5	1							
	11	0.749**	1						
	12～15	0.495	0.832**	1					
不同花后	16～20	0.253	0.618**	0.707**	1				
天数的粒重	21～25	0.533**	0.690**	0.621**	0.816**	1			
	26～30	0.119	0.435	0.311	0.517*	0.689**	1		
	31～35	0.420	0.464	0.326	0.315	0.632*	0.777**	1	
	最终粒重	0.397	0.398	0.088	0.385	0.690**	0.773**	0.727**	1
		不同花后天数（d）的粒重（兰考86-79，1995—1999）							
		5	11	12～15	16～20	21～25	26～30	31～35	最终粒重
	5	1							
	11	0.990	1						
	12～15	0.999**	0.961*	1					
不同花后	16～20	0.990	0.926	0.973**	1				
天数的粒重	21～25	0.526	0.242	0.472	0.387	1			
	26～30	0.804	0.490	0.707	0.672	0.935	1		
	31～35	0.999**	0.517	0.742	0.800	0.997	0.999**	1	
	最终粒重	0.883	0.512	0.729	0.731	0.872	0.986*	0.999**	1

1. 籽粒灌浆不同时段粒重间存在正相关关系　籽粒灌浆某一时段的粒重，与其相近时段粒重间的相关关系较为密切，而与其较远时段粒重间的关系则并不密切。如郑引1号花后16～20d的粒重，分别与花后12～15d、21～25d、11d、26～30d的粒重呈极显著正相关（$r=0.603**\sim0.904**$），而与花后31～35d、花后5d的粒重以及最终粒重间的正相关关系则均未达到显著水平（$r=0.289\sim0.374$）。在灌浆过程中，每一时段与最终粒重都具有一定关系，但不一定都达到显著水平。只有每个时段的灌浆强度都高，最终粒重才

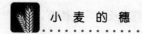

能高。

2. 最终粒重与灌浆后期粒重表现出较强的相关关系　最终粒重与花后 25d 内诸时段粒重间的差异未达显著水平（除百泉 41 最终粒重与花后 21～25d 粒重间的关系外），而花后 26～30d 和 31～35d 两时段粒重与最终粒重之间的正相关关系分别达显著或极显著水平（$r=0.986**～0.999**$）。

三、最终粒重与不同灌浆时段粒重间的回归分析

鉴于最终粒重与籽粒灌浆不同时段粒重之间的相关关系存在着显著差异，著者利用 1975—1999 年适期播种的郑引 1 号粒重测定结果，以开花后 5d、11d、12～15d、16～20d、21～25d、26～30d、31～35d 共 7 个时段末的粒重为自变量（$X_1～X_7$），以最终粒重为依变量（Y），采用回归分析法，进一步分析了籽粒灌浆不同时段粒重对最终粒重的贡献，得出如下回归方程：

$$Y=-1.357-0.170X_1-0.005X_2-0.088X_3+0.226X_4-0.420X_5+0.474X_6+0.848X_7\cdots$$

回归系数的 t 检验结果指出，b_7 的 t 值为 6.258，$P<0.01$；b_6 的 t 值为 2.159，$P=0.059$；$b_1～b_5$ 的 t 值，$P\geqslant0.112$。该检验结果说明，花后 31～35d 的粒重对最终粒重的贡献最大，且达极显著水平；花后 26～30d 的粒重对最终粒重的贡献次之，虽未达显著水平，但也不可忽视；而其他时段的粒重对最终粒重的贡献则相对较小，均未达显著水平。

上述相关分析和逐步回归分析结果一致表明，小麦籽粒灌浆后期阶段（花后 26～35d）的粒重对最终粒重的贡献具有重要意义，这与灌浆后期出现籽粒灌浆强度小高峰的分析是一致的（参见本章第四节）。鉴于此，在生产实践中要采取相应的措施养根护叶，维持小麦灌浆后期有相对较高的灌浆速率，对提高粒重、增加产量具有重要的意义。但同时也必需指出，粒重的形成是一个连续过程，后一阶段是在前一阶段的基础上形成的，因此，提高粒重应早入手。

第四节　小麦籽粒灌浆后期小高峰

在连续多年观察和研究不同生态条件下小麦籽粒灌浆特性的过程中，著者观察到在籽粒灌浆后期（即籽粒灌浆强度已经下降，叶片、茎秆已呈现出黄绿色时），常常出现一个灌浆强度猛增的阶段，历时约 2～3d，千粒日增重高达 1～2g，此后，籽粒灌浆强度则又迅速下降或完全停止。我们将籽粒灌浆后期这一灌浆强度又迅速升高的阶段，称为籽粒灌浆强度小高峰。

一、籽粒灌浆后期小高峰出现的时间

图 6-10 为春性品种郑引 1 号的籽粒灌浆进程。从图中可以看出，开花后 11～25d 为籽粒灌浆盛期和高峰期，千粒日增重平均为 1.5g；花后 25d 以后，灌浆强度开始下降，

花后 26～29d 的千粒日增重仅为 0.71g；花后 30～31d，出现了灌浆强度小高峰，千粒日增重又上升为 1.5g 左右；过此之后，千粒日增重又迅速下降，籽粒灌浆很快停止。图 6-11 为半冬性品种百泉 41 的籽粒灌浆进程。从图中可以看出，在经历籽粒形成和灌浆盛期以后，花后 27d 时籽粒千粒日增重下降为 0.19g，尔后，籽粒灌浆强度开始恢复，并于花后 29～33d 出现籽粒灌浆强度小高峰，千粒日增重又高达 1.06g；过此以后，籽粒灌浆很快停止。

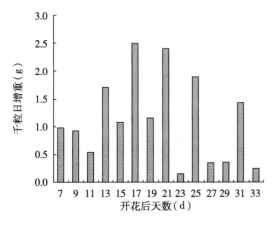

图 6-10　郑引 1 号籽粒灌浆强度的变化动态
（10 月 16 日播种，1996）

图 6-11　百泉 41 籽粒灌浆强度的变化动态
（10 月 8 日播种，1995）

另从豫麦 18（图 6-12）、豫麦 49（图 6-13）、冀麦 5418（图 6-14）和兰考 86-79（图 6-15）等品种籽粒灌浆强度的动态变化图中也可以明显看出，无论是春性或半冬性品种，大粒或一般粒型品种，籽粒灌浆后期都一致出现了灌浆强度小高峰。

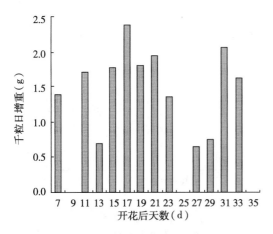

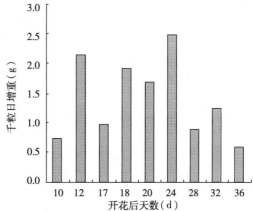

图 6-12　豫麦 18 籽粒灌浆强度变化动态
（10 月 16 日播种，1993）

图 6-13　豫麦 49 籽粒灌浆强度变化动态
（10 月 24 日播种，1998）

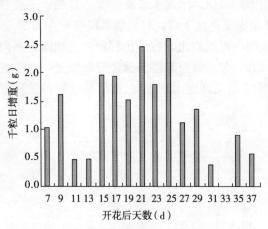

图 6 - 14　冀麦 5418 籽粒灌浆强度变化动态
（10 月 16 日播种，1992）

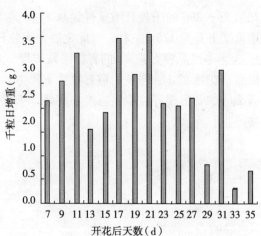

图 6 - 15　兰考 86 - 79 籽粒灌浆强度变化动态
（10 月 8 日播种，1997）

上述研究结果表明，籽粒灌浆强度小高峰的出现是籽粒灌浆进程中的一个普遍现象，而不是某一品种在某一年份或某一地区所表现出来的特殊现象。综合研究认为，籽粒灌浆强度小高峰一般出现在花后 30d 前后，但在不同年份、不同品种上稍有变化（表 6 - 11），这与前述花后 26～35d 的阶段粒重对最终粒重的贡献达显著或极显著水平的结论是完全一致的（参见本章第三节）。籽粒灌浆出现灌浆强度小高峰时，粒重已达到最终粒重的 85％以上；而灌浆强度小高峰结束时，粒重则达到最终粒重的 95％以上。但也有一些年份，籽粒灌浆强度小高峰结束之际（籽粒含水率下降到 35％以下），也正是籽粒灌浆过程停止之时。

表 6 - 11　籽粒灌浆强度小高峰出现时的籽粒灌浆状况

品　种	开花后天数(d)	千粒日增重(g)	千粒重(g)	占最终粒重(%)	籽粒含水率(%)	穗下节间含水率(%)	倒二节间含水率(%)	灌浆历时(d)	测定年份
郑引 1 号	29～31	2.60	32.3～37.6	84.8～98.6	41.5～37.7	77.8～70.5	73.5～68.4	33	1986
百泉 41	29～31	1.48	30.8～33.7	88.3～96.7	41.2～39.3	64.1～63.3	64.3～63.4	35	1986
豫麦 25	27～29	1.19	43.2～45.6	90.7～95.8	41.2～30.1	62.4～61.3	62.5～62.1	29	1997
兰考 86 - 79	29～31	2.80	60.8～66.4	90.7～99.1	41.3～38.9	52.0～49.3	49.6～42.3	35	1997
冀麦 5418	33～35	2.07	43.4～47.5	87.7～96.0	40.9～34.5	56.9～54.1	62.3～60.2	39	1991
徐州 21	29～31	2.17	41.8～46.2	87.5～96.5	42.1～42.0	68.7～66.6	66.8～64.2	33	1989
鲁麦 21	31～34	2.10	33.3～39.7	78.1～93.0	46.1～44.6	—	—	33	1998
豫麦 18	28～30	2.05	37.6～41.7	83.7～92.9	41.5～37.8	—	—	36	1993
豫麦 49	28～32	1.24	35.2～40.1	82.8～94.3	47.6～42.1	—	—	37	1998

注：含水率是指籽粒绝对含水量占鲜重的百分率，表中所指含水率一般较实际含水率偏低，因为在测定过程中水分有损耗。

进一步的研究结果表明，不同生态条件、不同品种籽粒灌浆强度小高峰的峰值大小是不同的。灌浆强度大的早熟品种以及大粒型品种的籽粒灌浆强度小高峰峰值较高，如兰考 86 - 79 出现籽粒灌浆强度小高峰时的千粒日增重高达 2.5g 以上；而籽粒较小的百泉 41，在籽粒灌浆强度小高峰期出现时，千粒日增重仅为 1.0g 左右。

迄今为止，前人尚没有报道过灌浆强度小高峰的出现。这主要是因为灌浆强度小高峰出现在籽粒灌浆强度业已下降的阶段，且历时较短，因此常常被忽略；研究中必须在灌浆后期（开花25d以后）进行连续观察时，才能看到它的存在。同时，此时植株已处于衰亡阶段，对不良外界环境条件的适应和抵抗能力很弱，遇到高温、干热风、雨后骤晴等不利天气条件，或者植株代谢失调时（如氮肥施用不当，植株徒长等），籽粒灌浆提前完全停止，灌浆强度小高峰也就不再出现。

二、灌浆强度小高峰出现与营养器官衰老的关系

籽粒灌浆强度小高峰出现与否，是植株衰老与否的重要标志。灌浆强度小高峰出现在植株衰老后期，此时植株营养器官的主要表现为：

1. 旗叶逐渐变黄、物质输出减少，倒二叶近枯黄、干物质变化稳定　据研究，冀麦

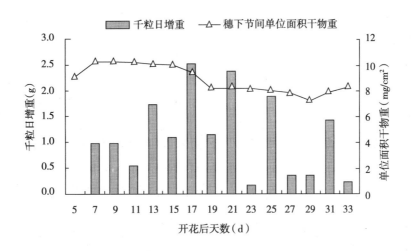

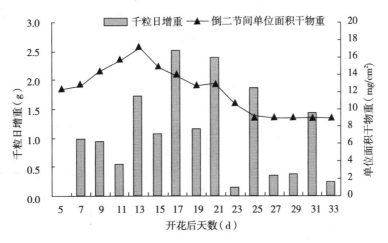

图 6-16　郑引 1 号灌浆强度与茎、叶干物质变化动态

（10 月 16 日播种，1986）

5418 籽粒灌浆强度小高峰出现前（花后 28d），旗叶叶绿素含量（鲜重）为 2.70mg/g；小高峰出现时（花后 31d），旗叶叶绿素（鲜重）含量为 1.24mg/g，3d 下降了 1.46mg/g，下降幅度为 54.1%。旗叶是除了颖壳以外植株地上部最后衰亡的营养器官，其干物重的变化说明了植株体内贮存物质的有序转移。据测定，郑引 1 号在开花后 27d，旗叶干物重为 4.4mg/cm²；籽粒灌浆强度小高峰出现之前（花后 29d），干物重上升为 4.8mg/cm²；灌浆强度小高峰出现期间（花后 29～31d）干物重明显下降，至花后 31d，下降为 3.3mg/cm²。另据研究，籽粒灌浆强度小高峰出现前后，倒二叶已逐渐变黄、近枯，干物质变化稳定。

2. 穗下节间伸出叶鞘部分绿中带黄，鞘内部分为黄绿色 籽粒灌浆强度小高峰出现时，茎秆干物重已下降到平稳阶段，此后很少继续下降。图 6-16 表明了郑引 1 号籽粒灌浆与穗下节间干物重变化动态的对应关系。从图 6-16 中可以看出，花后 11d，穗下节间单位面积的干物重达最大值，约为 10mg/cm²，此后开始下降；至花后 27d，下降为 7.8mg/cm²；在籽粒灌浆强度小高峰出现的花后 31d，下降为 7.6mg/cm²；过此以后，基本保持稳定。

另从图 6-16 中可以观察到，花后 11d 时，倒二节间的干物重为 15.8mg/cm²；花后 25d，下降为 9.1mg/cm²；花后 31d（籽粒灌浆强度小高峰出现时），仍为 9.1mg/cm²。该结果表明，籽粒灌浆强度小高峰出现时，由茎秆穗下节以下部分直接向籽粒输送的物质已很少。

3. 根系活跃吸收面积增大，并形成一个相应的根系活力小高峰 著者研究结果表明（参见第七章图 7-13），花后 25d，单株根系活跃吸收面积为 0.564 1m²；到花后 30～32d（籽粒灌浆强度小高峰期间），活跃吸收面积增至 0.605 1m²；过此以后，根系活跃吸收面积则又迅速下降。

至于籽粒灌浆强度小高峰期间植株其他方面的生理代谢变化、小高峰的物质来源、物质转运机制等，尚有待进一步研究。

三、影响小高峰出现的因素

小麦植株在正常成熟情况下，籽粒灌浆末期一般均会出现灌浆强度小高峰。然而，由于灌浆强度小高峰出现时，植株的生命力已经很弱，一旦遇到不良气候条件，籽粒灌浆就会停止，且没有再恢复的能力，这时籽粒灌浆强度小高峰就不会形成。这就是说，凡是影响小麦生育后期籽粒正常灌浆的因素，对灌浆强度小高峰的出现都有影响。

1. 温度 据观察，日均温为 20～24℃时，有利于籽粒灌浆强度小高峰形成；而当日均温低于 20℃或超过 26℃时，则不利于籽粒灌浆强度小高峰形成。

2. 降水 生育后期降水，特别是高温之后的降水过程，或日降水量超过 10 mm 时，雨后青枯常导致籽粒灌浆停止，灌浆强度小高峰就难于出现。

3. 栽培技术措施 氮肥使用过量或播种过晚，成熟期延迟，后期遇到高温而逼死，常导致籽粒灌浆强度小高峰不能出现。

参 考 文 献

［1］胡廷积．小麦生态栽培与农业生产．北京：中国科学技术出版社，2000

［2］河南省农业科学院．河南小麦栽培学．郑州：河南科学技术出版社，1988

［3］河南省小麦高稳优低研究推广协作组．小麦穗粒重研究．北京：中国农业出版社，1995

［4］河南省小麦高稳优低研究推广协作组．小麦生态与生产技术．郑州：河南科学技术出版社，1986

［5］金善宝．中国小麦生态．北京：科学出版社，1991

［6］金善宝．小麦生态理论与应用．杭州：浙江科学技术出版社，1992

［7］梁金城，高尔明．栽培与耕作．上册．郑州：中原农民出版社，1993

［8］彭永欣，郭文善，严六零等．小麦栽培生理．南京：东南大学出版社，1992

［9］山东省农业厅．山东小麦．北京：农业出版社，1990

［10］王树安．作物栽培学各论．北方本．北京：中国农业出版社，1995

［11］于振文．作物栽培学各论．北方本．北京：中国农业出版社，2004

［12］Simmons S R，Crookston R K. Rate and duration of growth of kernels formed at specific florets in spikelets of spring wheat. Crop Sci. ，1979，19：690～693

第七章　冬小麦的营养器官与穗粒重

小麦的营养器官包括根系、茎秆和叶片等，在小麦生长发育的不同阶段，这些营养器官发挥着不同的作用。研究证明，小麦穗粒重的高低与营养器官的生长状况有密切关系。同一品种在不同生态和栽培条件下，各器官的表现仍有明显的不同，从而导致穗粒重的变化。因此，在小麦生产中，应充分发挥各种栽培管理措施的增产效应，挖掘品种的最大增产潜力，从而获得高产。本章着重介绍不同生态和栽培条件下小麦叶、茎和根系的生长发育与籽粒形成的关系，为生产上合理运用促控措施、提高小麦穗粒重、增加产量提供理论依据。

第一节　小麦叶片与穗粒重

叶片是小麦光合、呼吸、蒸腾的重要器官，也是小麦对外部环境反应最敏感的部位。在小麦生产实践中，常依据小麦叶片的长势和长相，确定采取相应的栽培管理措施，促进小麦植株向有利于高产的方向转化。根据小麦叶片的着生位置和作用不同，把小麦叶片分为近根叶和茎生叶两种。据研究，近根叶所制造的光合产物主要供应给根系、分蘖和中下部叶片的生长，且与早期幼穗发育有关。茎生叶的功能主要是供给茎节与穗部生长所需的营养，对培育壮秆大穗起重要的作用，其中，旗叶和倒二叶是籽粒灌浆的重要光合产物制造者，其功能期的长短与穗粒重呈显著正相关关系。小麦的叶片特征与各器官的生长发育关系密切，小麦穗粒重的高低、群体质量和穗部性状的优劣等都与叶片有密切的关系。小麦开花后籽粒的充实过程也是叶片逐渐衰老的过程，叶片的衰老过程与小麦粒重的增加过程相一致，小麦叶片的生长发育特征与地上部干物质积累、籽粒灌浆过程呈规律性的动态变化。因此，研究小麦叶片与穗粒重关系对提高小麦穗粒重、增加产量具有重要意义。

一、叶面积与穗粒重

小麦叶面积大小是影响群体结构与质量的重要因素。许多研究都证明，小麦籽粒灌浆所需要的营养物质有2/3来源于开花后叶片的光合产物，有1/3来源于开花前营养器官中贮存的同化物。为此，在增加开花前营养器官贮存同化物能力的同时，增强开花后干物质的生产积累能力，并加速向结实器官转移，对实现小麦高产优质高效生产极为重要。小麦开花后的光合产物主要决定于冠层叶片的光合性能。据测定，在小麦各叶片中，旗叶、倒二叶和倒三叶对穗粒重的贡献最大，但不同品种顶三片叶对穗粒重的贡献大小不同。根据著者的研究结果，百泉41和郑引1号两品种叶面积与穗粒重大小的相关性依次是：倒二叶＞旗叶＞倒三叶，而郑州761的穗粒重与三个叶位的相关关系为：倒三叶＞倒二叶＞旗叶（表7-1）。在进一步分析不同叶位叶面积与穗粒重关系后发现，不同叶位叶面积的变异系数具有相同的趋势，均表现为旗叶＞倒三叶＞倒二叶（表7-2），说明在相同栽培条件下，倒二叶叶面积的变化幅度较小，旗叶叶面积的变化最大，这就意味着，在小麦高产栽培中，采取相应的管理措施，调控上部三叶片的叶面积，尤其是稳定旗叶和倒三叶的叶面积，对进一步提高小麦穗粒重具有一定意义。另外，关耀辉等（1995）在研究春小麦穗粒重与叶面积关系时证明，旗叶叶面积与穗粒重呈极显著正相关关系（$r=0.872^{**}$），旗叶叶面积每增加$1cm^2$，穗粒重可增加0.023g；倒二叶叶面积与穗粒重也呈极显著正相关关系（$r=0.841^{**}$），倒二叶叶面积每增加$1cm^2$，穗粒重可增加0.020g；倒三叶叶面积与穗重间呈不显著正相关关系（$r=0.60$），但小麦千粒重随倒三叶叶面积的增大而提高。张娟等（2000）的研究表明，小麦叶长与单株产量的典范相关系数显著，而叶宽、叶鞘长等性状与单株产量的典范相关系数均未达显著水平。产量构成因素与植株特性和叶长的各个典范相关系数均达显著水平；与叶鞘长的典范相关系数有2个显著，相关信息占总相关信息的78.07%；与叶宽、叶基角、开张角、披垂度和光合特性均只有第1典范相关系数显著相关。

表7-1 小麦叶面积与穗粒重的相关分析

品　种	旗叶面积	倒二叶面积	倒三叶面积
百泉41（$n=200$）	0.2623^{**}	0.4724^{**}	0.3997^{**}
郑引1号（$n=198$）	0.7224^{**}	0.7240^{**}	0.5111^{**}
郑州761（$n=125$）	0.1862^{**}	0.5314^{**}	0.5743^{**}

注：* 表示5%显著水平，* * 表示1%显著水平，下同。

表7-2 小麦叶面积与穗粒重的关系（1981—1983两年平均值）

品种 项目	百泉41				郑引1号				郑州761			
	极大值	极小值	相差（%）	变异系数（%）	极大值	极小值	相差（%）	变异系数（%）	极大值	极小值	相差（%）	变异系数（%）
穗粒重（g）	1.90	1.28	48.70	12.40	2.38	1.44	65.10	14.20	2.10	1.04	66.54	13.94
旗叶面积（cm^2）	28.40	17.50	62.30	15.80	47.50	24.80	91.50	18.40	44.55	15.57	97.98	17.12
倒二叶面积（cm^2）	42.60	32.00	33.10	8.70	44.70	30.00	49.00	12.90	45.28	21.73	66.43	11.89
倒三叶面积（cm^2）	37.40	27.40	36.50	8.80	32.90	21.00	56.70	14.50	34.40	17.85	61.68	13.36

二、叶干重与穗粒重

叶片干物重是构成地上部生物产量的重要组成部分，对小麦穗粒重提高具有重要作用。余泽高等（2001）研究表明，小麦单株生物产量或单茎叶干重分别与叶面积呈极显著正相关关系；茎叶干重与穗粒重间的相关系数为$r=0.79$，也达极显著水平，表明增加小麦茎叶干重更有利于提高小麦籽粒产量。

在河南生态条件下，适期播种的半冬性小麦品种分化的叶片数一般为13～14片，春性品种多为11～12片。据研究，小麦各叶片面积对籽粒灌浆影响最大的是旗叶、倒二叶和倒三叶，但叶片干物质重对穗粒重也有一定影响。在籽粒形成过程中，这三片叶干物重的变化总体趋势是从上升到缓慢下降，而后迅速下降。图7-1、图7-2为不同小麦品种籽粒灌浆进程和叶片干物质积累动态图。从图中可以看出，一般在小麦开花后10d以前，叶片的干物质积累上升，此时为籽粒形成阶段，籽粒的干物质积累也较缓慢。开花后15d籽粒灌浆进入盛期阶段，此期两品种的千粒重日增量都在1g以上。进入此期之后叶片开始逐渐衰老，并将积累的同化物转运到籽粒。从图7-1、图7-2中可以看出，籽粒增重曲线和叶片干物重下降曲线向两个相反方向发展。开花25d以后，籽粒灌浆速度减慢，叶片的干物重渐趋稳定，其积累的同化物向籽粒彻底转移。

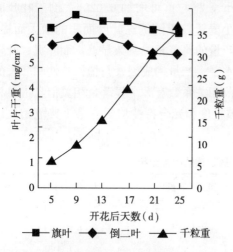

图7-1 籽粒灌浆与叶片干重变化的关系
（郑引1号，1992）

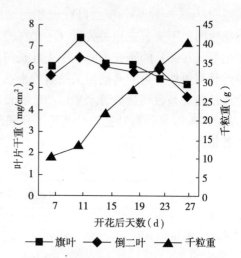

图7-2 籽粒灌浆与叶片干重变化的关系
（豫麦，18，1993）

叶片不仅是同化物的制造者，并能将其制造的同化物及时转送到籽粒，而且在其衰老过程中，还能将自身的营养物质解体并转运到籽粒中去，这对增加小麦籽粒的饱满度具有重要意义。但在河南生态条件下，小麦生育后期常出现高温逼熟、干热风、雨后青枯、病虫等多种自然灾害影响，导致叶片中的同化物质和原来储存的同化物不能及时转运出去，即出现青枯骤死现象。在此情况下，虽然小麦叶片干重并不表现出明显的下降趋势，但粒重下降很明显。图7-3和图7-4为1984、1985、1991和1992年郑引1号四个不同粒重年型（千粒重分别为42.6g、38.1g、32.9g和41.7g）籽粒灌浆进程和旗叶干物重的变化曲线。从图7-3、图7-4中可以看出，1985年和1984年相比，郑引1号籽粒灌浆进程缓慢，旗叶干物重到开花20d后还在增加，而1984年开花15d后旗叶干物重缓慢下降，而且在同一时期籽粒和

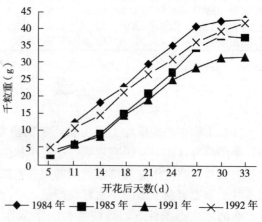

图7-3 不同年份小麦籽粒灌浆进程
（郑引1号）

叶片干物质积累量都远远高于 1985 年，结果最终千粒重 1984 年为 42.6g，而 1985 年仅为 38.1g。又如 1992 年郑引 1 号籽粒增重一直都快于 1991 年，其旗叶干物重在开花 10d 后开始缓慢下降，而 1991 年开花后 20～25d 还在继续上升，开花后 31d 因降雨而停止灌浆，导致雨后青枯。1992 年籽粒灌浆延续到开花后的 33d，旗叶干物重也明显下降，最终千粒重达到 41.7g，而 1991 年仅为 32.9g。这进一步表明籽粒灌浆和叶片干物重的积累变化动态有密切关系。

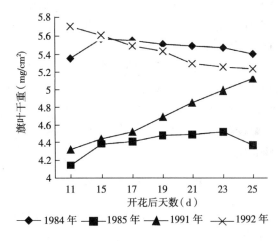

图 7-4 不同年份小麦旗叶干重变化动态曲线
（郑引 1 号）

在研究过程中还注意到，小麦粒重的高低和开花后旗叶干物质积累有一定的关系。一般粒重高的小麦品种，其叶片的干物质积累量也相应较高。表 7-3 为不同品种高、低粒重与旗叶、倒二叶干物质积累的关系。从表 7-3 中可以看出，郑引 1 号千粒重平均达到 42.5g 时，旗叶的干物重为 5.77mg/cm²，倒二叶为 5.25mg/cm²；当千粒重平均为 36.8g 时，旗叶的干物质量为 5.2mg/cm²，倒二叶为 5.0mg/cm²，这两片叶的干物重比高粒重植株分别低 0.57mg/cm² 和 0.25mg/cm²。同样，豫麦 25（温 2540）千粒重平均达到 47.8g 时，旗叶干物重为 5.66mg/cm²，倒二叶为 5.65mg/cm²；千粒重平均为 44.3g 时，旗叶干物重为 5.06mg/cm²，倒二叶也为 5.06mg/cm²，比高粒重分别低 0.60mg/cm² 和 0.59mg/cm²。大粒型品种兰考 86-79，除了叶片干物质积累高粒重也高之外，与较小粒型相比，其叶片的干物质积累量也高。如郑引 1 号和兰考 86-79 旗叶的干物重分别为 5.77mg/cm² 和 6.74mg/cm²；倒二叶的干物重分别为 5.25mg/cm² 和 6.48mg/cm²，兰考 86-79 比郑引 1 号旗叶和倒二叶的干物重分别高 0.97mg/cm² 和 1.23mg/cm²。这表明粒重高的品种，首先是叶片能够制造积累较多的营养物质，而后能顺利转运到籽粒中去。

表 7-3 叶片干物重与穗粒重的关系 （单位：g、mg/cm²）

品 种	郑引 1 号			百泉 41			温 2540			兰考 86-79		
籽粒类型	千粒重	旗叶	倒二叶	千粒重	旗叶	倒二叶	千粒重	旗叶	倒二叶	千粒重	旗叶	倒二叶
高粒重	42.5	5.77	5.25	37.9	5.9	5.9	47.8	5.66	5.65	65.9	6.74	6.48
低粒重	36.8	5.2	5.0	32.2	5.65	5.4	44.3	5.06	5.06	59.3	6.33	5.5
相 差	5.7	0.57	0.25	5.7	0.25	0.5	3.5	0.60	0.59	6.0	0.4	0.98

三、叶片结构与穗粒重

叶片中维管束数量和面积是叶片结构的重要特征，与小麦穗部性状和籽粒产量关系密切。粒型不同的小麦品种（系）的维管束数量和维管束面积与茎、节、穗轴一样表现有明显的差异。梅方竹等（2001）研究表明，旗叶维管束面积和倒二叶维管束面积与粒型大小呈现正相关，相关系数分别为 0.793 和 0.595，均达显著水平。粒重大的小麦品种叶片维管束数量较多，面积也较大，粒重小的品种叶片中维管束数量和面积则相对较小。粒型不同的小麦品种（系）的维管束数量和维管束面积同茎、节、穗轴一样表现有明显的差异，高产品种旗叶维管束有较多的数量和相对适中的维管束面积。据报道，小麦叶肉厚度与光合强度呈显著正相关（$r=0.68^*$）；而叶脉则影响水分、无机养料和光合产物的运输。根据著者以大粒型品种兰考 86-79，中大粒型品种豫麦 25（温 2540），中粒型品种郑引 1 号和小粒型品种百泉 41 为材料，对小麦不同粒型品种旗叶组织结构与籽粒形成关系的研究表明（表 7-4），随品种粒型增大，叶肉厚度增加，叶肉内叶绿素含量增多。由表中可见，大粒型品种兰考 86-79 平均叶肉厚度为 288.0μm，中脉处厚度达 595.2μm；而小粒型品种百泉 41 叶肉厚度和中脉处厚度分别为 211.2μm 和 240.0μm，分别为兰考 86-79 的73% 和 40.3%。不同粒型品种间维管束的差异主要表现在大维管束数目不同（将直径大于叶肉厚的 1/2，并含有后生导管的维管束计为大维管束），兰考 86-79 大维管束数为百泉 41 的 2 倍。据测定，不同穗粒重品种叶片中脉处机械组织厚度、中脉大小、内含导管数目差异较大，大粒型品种兰考 86-79 的后生导管有 3 个，原生导管有 4 个；而小粒型品种百泉 41 的后生导管有 2 个，原生导管仅有 1 个，表明兰考 86-79 的输导能力显著增强，这是该品种形成高穗粒重的内在因素。

表 7-4 小麦不同粒型品种旗叶解剖结构与叶绿素含量

品　　种	叶片厚		叶脉数			主脉结构			叶绿素含量(g/g)
	中脉(μm)	叶肉(μm)	大	小	合计	截面积(μm²)	后生导管数/孔径	原生导管数/孔径	
兰考 86-79	595.2	288.0	36	36	72	23 151	3/26.9	4/16.3	2.97
温 2540	412.8	240.0	20	44	64	17 363	3/24.0	2/16.3	1.82
郑引 1 号	355.2	230.4	26	36	62	10 852	3/20.2	2/17.1	1.63
百泉 41	240.0	211.2	18	36	54	10 852	2/26.9	1/14.4	1.46

计算小麦旗叶结构诸参数与籽粒发育的相关关系（表 7-5）表明，叶肉厚以及叶片的维管束数、主脉面积等均与粒重和灌浆强度呈正相关，尤以大维管束数目、总维管束数、主脉面积和叶肉厚度与粒长、粒重和灌浆强度关系最为密切（$r=0.891\sim0.997$），其中总维管束数、主脉面积和叶肉厚度与穗粒发育均呈极显著正相关，但小维管束数及其截面积与穗粒发育相关关系不显著。由此可见，粒型的差异首先取决于大维管束发达程度，在小麦高产栽培和新品种选育时，大维管束的参数可作为重要指标。

表 7-5 小麦不同粒型旗叶解剖结构与灌浆强度相关关系

旗叶结构	粒　长	粒　重	灌浆强度
大维管束数	0.891*	0.895*	0.916**
小维管束数	0.02ns	0.528ns	0.017ns
总维管束数	0.954**	0.945**	0.962**
主脉面积	0.967**	0.955**	0.943**
小维管束截面积	—	—	—
厚度	0.997**	0.997**	0.997**

注：$r_{0.01}=0.811$，$r_{0.05}=0.917$。

第二节　小麦茎秆与穗粒重

在作物的生长发育过程中，茎秆具有支持、输导、贮藏营养成分和光合作用等功能。小麦茎秆不仅支持地上部、调整叶片在空间的分布，而且会影响穗部产量性状的综合表达。研究表明，基部节间的长、粗、重及综合性状与其抗倒性密切相关，穗下节间长度与穗部性状呈显著正相关关系，茎秆后期贮藏物质输出与穗粒重呈显著正相关关系。

一、茎节长度与穗粒重

小麦的茎由节和节间（常称茎节）组成。据观测，小麦茎节的伸长与穗部小花分化期几乎同时开始进行，因此小麦茎秆生长与结构特性直接关系着穗部生产力的大小。据报道，小麦在去掉叶片后，靠茎秆的同化产物可以获得 69％的产量。张娟等（2000）的研究结果表明，在茎秆特性中，节间长、茎节壁厚与单株产量的典范相关系数分别为0.411 8和0.529 1，均达显著水平。吴同彦等（2001）的研究结果表明，小麦基部四节长度与单穗重呈显著正相关，穗茎节长与穗粒数呈显著正相关。任明全等（1990）研究也表明，穗下节间长度与主茎粒重呈显著正相关。由此可见，坚韧而长度合理的茎秆在小麦籽粒产量形成中具有重要作用。

在节间长度中，倒二节间的长度对单株产量贡献最大，在各节间茎壁厚中，穗下节、倒二节的茎壁厚对单株产量影响最大。这可能是小麦抽穗后，穗下节具有较强的光合能力，且茎壁越厚，其支持、光合、输导和贮藏能力越强。据观察，在倒二节壁加厚的生长期间，如果倒二节壁形成得过厚，与穗部竞争营养，则不利于获得高产。研究表明，茎节壁厚与茎粗的典范相关系数达显著水平，倒三节壁厚与倒三节粗有较大的相关性，倒二、三节壁厚与倒二、三节茎粗也有中等的相关关系，穗下节、倒二节壁厚与穗下节粗有一定的相关性。节间长度与茎节粗的第 1 典范相关系数达显著水平，相关信息占两组性状间总相关信息的 64.44％，二者的相关性主要是由倒二、三节间长和穗下节、倒二节粗的相关所致，节间长度与茎壁厚度的典范相关未达显著水平。

进一步分析认为，小麦穗粒重与茎秆长度的极值和变异系数因品种不同而异（表 7-6），其中，百泉 41 各节间长度的变异系数大小依次为倒三节＞倒四节＞倒二节＞穗下节；郑引 1 号为倒四节＞倒三节＞倒二节＞穗下节；郑州 761 为倒三节＞倒二节＞倒四节＞穗下节。3 个供试品种均以穗下节的变异系数最小，说明穗下节受生态条件的影响最小；倒三节长与倒四节长变异系数较大，说明其较易受生态条件和栽培管理措施的影响，通过生态条件和栽培技术措施调控这两个节间长度的效果较为明显。经相关性分析表明（表 7-7），百泉 41 和郑州 761 两品种的穗粒重大小与倒二节和倒三节间长呈显著或极显著正相关，与穗下节间长度无显著性相关关系，而郑引 1 号穗粒重与穗下节间长度呈极显著正相关，与倒四节间长呈极显著负相关关系，与倒二和倒三节间长度无密切的关系。表明小麦不同节位茎秆长度与穗粒重间有一定的相关关系，且这一关系因品种不同而有所改变，说明小麦穗粒重的变化与不同节位茎秆长度的相关关系受品种的遗传特性影响较大。

表7-6　小麦茎节长度与穗粒重的关系（1981—1983 两年均值）

品　种	百泉41				郑引1号				郑州761			
项　目	极大值	极小值	相差(%)	变异系数(%)	极大值	极小值	相差(%)	变异系数(%)	极大值	极小值	相差(%)	变异系数(%)
穗粒重（g）	1.90	1.28	48.70	12.40	2.38	1.44	65.10	14.20	2.10	1.04	66.54	13.94
穗下节长（cm）	31.30	27.50	13.80	3.40	37.30	33.30	12.00	4.10	30.20	20.70	35.73	6.84
倒二节长（cm）	20.30	15.80	28.50	7.30	24.80	22.10	12.20	4.20	18.50	11.80	42.43	9.08
倒三节长（cm）	12.90	8.50	51.80	11.70	18.70	15.10	23.80	7.10	11.80	7.70	42.26	9.78
倒四节长（cm）	9.50	6.70	41.80	11.60	12.80	7.50	70.60	18.50	9.00	5.30	48.37	8.44

表7-7　小麦茎节长度与穗粒重的相关分析（1981—1983 两年均值）

品　种	穗下节长	倒二节长	倒三节长	倒四节长
百泉41（n=200）	−0.129 7	0.399 2*	0.421 7*	0.314 5
郑引1号（n=198）	0.249 5**	−0.015 6	−0.021 9	−0.249 3**
郑州761（n=125）	0.055 4	0.312 3**	0.275 1**	0.218 3*

二、茎秆干重与穗粒重

同其他作物茎秆一样，小麦茎秆除具有支撑作用外，还具有一定的光合作用和籽粒灌浆来源物质的"库存"作用。通过长期定位试验，观测了郑引1号、百泉41、豫麦25（温2540）和兰考86-79四个小麦品种开花后籽粒灌浆进程与穗下节和倒二节干物重变化的动态关系，结果表明，小麦茎秆干物重的变化动态与籽粒灌浆进程是相对应的（图7-5、图7-6、图7-7、图7-8）。在小麦籽粒灌浆过程中，上述4个小麦品种不同年份穗下节和倒二节的茎秆干物重均呈先上升后下降的变化过程。小麦开花后茎秆的干物重处在缓慢上升阶段，表明在籽粒形成期，茎秆中积累的光合产物仍处于不断积累状态。

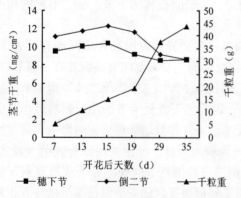

图7-5　籽粒灌浆与茎秆干重变化的关系
（郑引1号，1986）

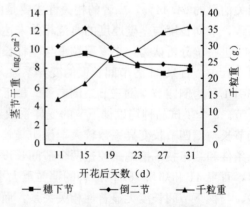

图7-6　籽粒灌浆与茎秆干重变化的关系
（百泉41，1997）

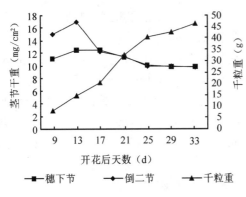

图 7-7　籽粒灌浆与茎秆干重变化的关系
（温 2540，1994）

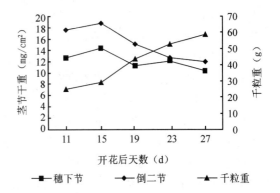

图 7-8　籽粒灌浆与茎秆干重变化的关系
（兰考 86-79，1997）

开花后 15d 左右，茎秆的干物重开始下降，并很快进入迅速下降阶段，说明当籽粒进入灌浆盛期，茎秆中贮存的营养物质迅速向籽粒中运转；到开花 20d 以后，籽粒干物质积累逐渐缓慢，茎秆干物重也进入缓慢下降阶段。由此表明，籽粒的增重与茎秆的干物质积累和转移有密切关系。

表 7-8　茎秆干物质重与穗粒重的变化

品种	项目	高　粒　重				低　粒　重			
		茎干重极大值 (mg/cm²)	茎干重极小值 (mg/cm²)	差值 (mg/cm²)	下降百分率 (%)	茎干重极大值 (mg/cm²)	茎干重极小值 (mg/cm²)	差值 (mg/cm²)	下降百分率 (%)
郑引 1 号	千粒重（g）	42.5				35.9			
	穗下节	11.6	7.9	3.7	31.9	10.5	7.5	3	28.9
	倒二节	14.2	8.3	5.9	41.5	13.6	7.8	5.8	42.4
	倒三节	15.7	9.7	6	38.2	15	9.8	5.2	34.7
百泉 41	千粒重（g）	37.9				31.1			
	穗下节	12.8	8.0	4.8	37.5	11.2	7.9	3.3	29.5
	倒二节	13.1	7.4	5.7	43.5	12.0	7.4	4.6	38.3
	倒三节	16.1	8.3	7.7	47.8	14.6	8.2	6.4	43.8
温 2540	千粒重（g）	47.2				43.3			
	穗下节	14.0	9.9	4.1	29.3	12.4	9.2	3.2	26.0
	倒二节	19.3	10.4	8.9	46.1	14.3	8.3	6.0	41.9
	倒三节	21.7	10.8	10.9	50.2	16.7	8.6	8.1	48.6
兰考 86-79	千粒重（g）	65.9				59.3			
	穗下节	13.6	8.7	4.9	36.0	13.5	8.9	4.6	34.0
	倒二节	17.2	9.3	7.9	45.9	17.3	9.7	7.6	43.9
	倒三节	19.7	9.6	10.1	51.3	21.5	10.9	10.6	49.3

从表 7-8 中也可以看出，同一品种形成不同粒重时，茎秆干物质积累量也不同。高粒重年份的茎秆干物质积累多，向籽粒转移也多。如百泉 41 品种在千粒重达 37.9g 时，开花之后穗下节间最高干重达到 12.8mg/cm²，最低为 8.0mg/cm²，下降量为 4.8mg/cm²，降低 37.5%（包括呼吸消耗，流失等）；倒二节间和倒三节间最高干重分别达到 13.1mg/cm² 和 16.1mg/cm²，最低时的干重分别为 7.4mg/cm² 和 8.2mg/cm²，

分别降低43.5%和47.8%。由于不良生态条件的影响，千粒重平均为31.1g时，其穗下节间最高干物重为11.2mg/cm²，比高粒重年份低1.6mg/cm²，低14.3%，干物质下降量为3.3mg/cm²，下降率为29.5%，比高粒重年份分别低1.5mg/cm²和8.0%；倒二节间和倒三节间的干物重，最高分别为12.0mg/cm²和14.6mg/cm²，灌浆期间下降4.6mg/cm²和6.4mg/cm²，下降率为38.3%和43.8%；单位面积干重比高粒重分别低1.1mg/cm²和1.5mg/cm²，下降值分别为1.1mg/cm²和1.3mg/cm²，转移百分数比高粒重分别少5.2%和4.0%。表中的其他品种，如郑引1号、豫麦25（温2540）以及大粒品种兰考86-79等的茎秆干物质积累量、转移量、转移百分比等均表现出了高粒重大于低粒重，且这种变化趋势在不同品种间是一致的。上述研究结果表明，小麦粒重高低的形成，与茎秆干物质的积累量，特别是转移量有密切关系，形成健壮的茎秆，是达到高粒重的基础。小麦开花后茎秆干物重还在继续上升，如何提高积累量又能彻底地转运到籽粒中去，从而提高粒重，常受到小麦灌浆期间的气候条件所制约，但可以通过适期播种、合理肥水运筹等措施，为形成健壮的茎秆，并使茎秆中所积累的干物质能顺利地转向籽粒创造良好条件，防止或减轻自然灾害带来的损失，从而获得高粒重。

三、茎秆结构与穗粒重

小麦的茎包括地上部茎和地下部未伸长茎（分蘖节）两部分。地上部茎伸长，一般有5～6节，伸长了的小麦茎秆横切面呈圆形，中空，在茎壁中分布有大量的维管束和导管，完成对水分和光合产物的运输。据研究，不同节间茎秆的维管束数量和大小不等，基部节间大维管束数与分化的小穗数呈显著正相关，穗下节大维管束数与分化小穗数呈1∶1的对应关系。穗粒重主要受基本组织面积和维管束面积支配，在旱地条件下，穗节长度与穗粒重呈显著正相关。李金才等（1996）的研究表明（表7-9），地上部伸长节间大维管束系统发达程度与穗部生产力（小穗数、穗粒数和穗粒重）关系极为密切。尤其是大维管束数目和节间大维管束总面积与穗部生产力间的相关系数分别达到0.607 7和0.918 5，均达极显著水平。

表7-9 茎节间大维管束系统发达程度与穗部生产力诸参数的相关系数（李金才等，1996）

项目	扬麦5号		扬麦158	
	基部节间	穗下节间	基部节间	穗下节间
大维管束数目/小穗数	0.876 5**	0.815 8**	0.757 1**	0.765 6**
单个大维管束横截面积/小穗数	0.112 7	0.015 7	0.127 1	0.171 8
节间大维管束总面积/小穗数	0.527 5**	0.586 5**	0.637 8**	0.683 3**
大维管束数目/单穗结实粒数	0.607 7**	0.686 8**	0.627 5**	0.727 6**
单个大维管束横截面积/单穗结实粒数	0.241 0	0.212 3*	0.245 6	0.307 5
节间大维管束总面积/单穗结实粒数	0.790 8**	0.738 8**	0.779 2**	0.832 5**
大维管束数目/单穗重	0.851 0**	0.879 1**	0.887 8**	0.918 5**
节间大维管束总面积/单穗重	0.912 5**	0.823 3**	0.902 1**	0.882 7**

表7-10　不同小麦品种（系）茎基部第1节间的组织解剖结构及其产量表现（范平等，2000）

品　种	茎壁厚度（μm）	机械组织		维管束数					产量（kg/hm²）	收获指数
		厚度（μm）	层数	外轮	中轮	内轮	（中+内）轮	总计		
93中6	1 134.2	84.16	8～6	22	11	43	54	76	8 242.77	0.307
偃展888	813.2	107.83	8～9	13	6	20	26	39	8 454.10	0.408
周麦13	1 070.0	134.13	8～9	25	6	27	33	58	7 880.43	0.312
周麦12	1 187.7	113.09	8～9	20	8	28	36	56	8 574.87	0.377
周麦11	823.9	131.50	8～9	11	9	25	34	45	9 178.77	0.374
豫麦52	845.3	113.09	7～8	15	15	18	33	48	9 661.80	0.438
石90-4185	684.8	110.46	7～8	21	16	29	45	66	8 303.13	0.395
兰考3号	877.4	113.09	9～10	23	8	41	49	72	8 574.90	0.373
豫展1号	856.0	126.24	8～9	20	13	26	39	59	8 574.87	0.345
鲁8802	684.8	110.46	7～8	26	11	27	38	64	7 910.63	0.335
温麦6号	995.1	155.17	9～10	20	8	30	38	58	9 450.47	0.311
周麦9号	1 241.2	136.76	8～9	9	9	28	37	56	7 971.00	0.395
温麦4号	1 027.2	157.80	9～10	16	9	28	37	53	9 359.90	0.449
豫麦18	898.8	126.24	7～8	19	11	26	37	56	7 367.17	0.424
豫农91009	813.2	160.43	8～9	24	10	27	37	61	9 178.47	0.350
兰考6号	866.7	115.72	7～8	19	14	38	52	71	9 359.90	0.358
豫农86	567.1	144.65	7～8	16	10	25	35	51	8 016.60	0.334
百农64	823.9	194.62	8～9	21	12	28	40	61	10 084.50	0.477
豫农118	1 080.7	131.50	8～9	22	16	25	41	63	8 880.13	0.401
兰考86-79	952.3	176.21	8～9	31	15	32	47	78	8 091.80	0.497

　　范平等（2000）对20个产量水平为7 367～10 084kg/hm²的小麦品种基部节间解剖结构特性进行观察，研究结果表明（表7-10），小麦基部节间茎壁的厚度、机械组织强弱以及维管束数等均表现出不同品种（系）间有明显的差异，从表7-10可以看出，周麦9号的茎壁最厚为1 241.2μm，最薄的为豫农86，只有567.1μm。机械组织最厚的为194.62μm（百农64），最薄的只有84.16μm（93中6），机械组织层数最多的为9～10层，最少的为7～8层，维管束的数目在不同品种间也有明显差异，最多的为78个，最少的只有39个。

　　著者曾对不同粒型品种的茎秆结构进行了研究，结果表明（表7-11），小麦穗下节的机械组织、输导组织和同化组织随粒型不同而有显著差异。大粒型品种比中、小粒型品种的茎壁厚度均有所增加，但以中大粒型品种最厚，达912.0μm，比小粒型品种百泉41约增厚1倍；其机械组织不同粒型间差异较大，表现出随粒型增大，机械组织厚度增加，细胞层数增多和细胞壁增厚的变化趋势。如大粒型品种兰考86-79厚壁细胞有7～8层，机械组织厚度达86.4μm，其细胞腔很小；温2540的厚壁细胞为6～7层，厚达85.5μm，其细胞几乎为实心；而小粒型百泉41，机械组织厚度为64.0μm，厚壁细胞层数为3～5层。穗下节维管束数目，排列方式的差异更为明显，兰考86-79维管束数比百泉41多20个，比郑引1号多9个，其维管束的排列，大粒型小麦品种兰考86-79维管束呈较明显的3轮排列（图7-9 A、B、C），外轮、中轮、内轮所占比

例分别为 56.5％、14.5％和 29.0％（图 7-9）；中大粒型品种豫麦 25（温 2540）维管
束各轮所占比例分别为 60.3％、7.9％和 31.7％（图 7-10）；中粒型品种郑引 1 号各
轮比例分别为 59.0％，4.9％和 36.1％（图 7-11）；小粒型品种百泉 41 各轮的比例分
别为 53.1％，2.0％和 36.1％（图 7-12），并呈现较规则的 2 轮排列（图 7-12 A、
B）。从不同粒型小麦品种各轮维管束排列数目来看，品种间中轮维管束数目差异较大，
其排列特点为随粒型变小，中轮维管束数目所占比例逐渐减少，而内轮数目则相对稳
定。维管束数目和排列层数的增加，无疑增强了物质运转能力，这是其形成大粒的重
要条件之一。对郑引 1 号和豫麦 25（温 2540）两品种穗下节间横切观察发现，两品种
的大维管束（内轮、中轮）的数相等，但豫麦 25 的茎内绿色同化组织发达，小维管束
（外轮）几乎全部埋藏在同化组织中（图 7-10）；中粒型品种郑引 1 号小维管束则由较
厚的机械组织隔开，同化组织呈间断分布（图 7-11）。

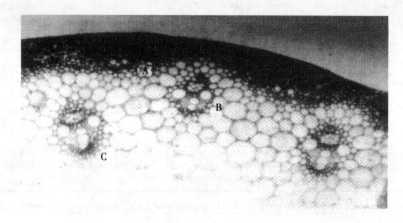

图 7-9 兰考 86-79 穗下节间横切，示维管束三轮
排列（A，B，C）×132

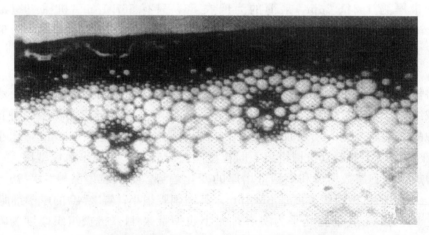

图 7-10 温 2540 穗下节间横切，示茎内同化组织
发达×132

（远彤等，1998）

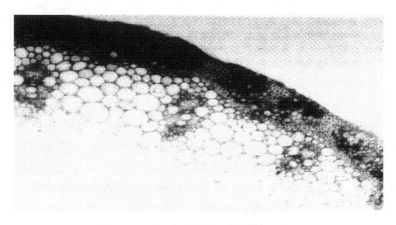

图 7 - 11　郑引 1 号穗下节间横切×132

（远彤等，1998）

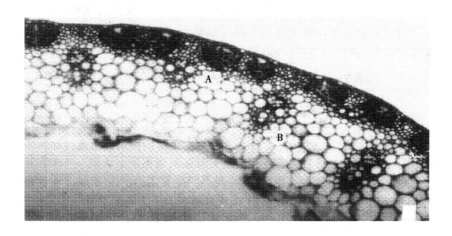

图 7 - 12　百泉 41 穗下节间横切，示维管束两轮

排列（A，B）×132

表 7 - 11　小麦不同粒型品种穗下节间的组织结构特点

品　　种	茎壁厚度（μm）	机械组织		维管束数			
		厚度（μm）	层数	外轮	中轮	内轮	总计
兰考 86 - 79	583.3	86.4	7～8	39	10	20	69
温 2540	912.0	85.5	6～7	38	5	20	63
郑引 1 号	576.0	67.2	4～5	35	3	22	60
百泉 41	435.2	64.0	3～5	26	1	22	49

　　进一步观察表明，不同小麦品种的维管束结构也有较大差异（表 7 - 12），豫麦 25（温 2540）维管束较粗，韧皮部发达；而郑引 1 号维管束的截面积仅为中大粒型品种豫麦 25（温 2540）的 70.2%，韧皮部截面积为豫麦 25（温 2540）的 68.7%，表明粒型差异除与维管束数目与排列方式有关外，还与同化组织发达程度密切相关。另外，维管束结构与粒重大小有很大关系。从测定结果看，各轮维管束的截面积均以大粒型品种兰考 86 - 79 为最大，韧皮部和木质部也最发达。不同粒型品种间以内轮维管束结构差异最明显（表

7-12)，如大粒型品种兰考 86-79 内轮维管束截面积达 54 114.5μm^2，为小粒型品种百泉 41 的 3.1 倍，木质部中含有 3 个以上原生导管，后生导管数在 2 个以上，两种导管的平均孔径分别为 28.8μm 和 48.0μm，有些维管束木质部达 4 个原生导管和 3 个后生导管；而中大粒型品种豫麦 25（温 2540）维管束内多为 3 个原生导管和 2 个后生导管，导管的平均孔径分别为 28.8μm 和 43.2μm，略小于大粒型品种兰考 86-79；中粒型品种郑引 1号内轮维管束原生导管为 2～3 个，后生导管为 2 个，导管的平均孔径比大粒型品种兰考 86-79 的原、后生导管分别小 4.8μm 和 9.6μm。在所观察的 4 个粒型品种中，以小粒型品种百泉 41 的内轮维管束最小，结构也较为简单，一般为 1～2 个原生导管和 2 个后生导管，导管孔径仅有 19.2μm 和 33.6μm。比较不同粒型小麦品种外轮维管束，发现小粒型品种百泉 41 维管束截面积、韧皮部大小及导管孔径均比中粒型品种郑引 1 号大，并且后生导管的孔径与中大粒型品种豫麦 25（温 2540）相当，这可能是由于百泉 41 中轮维管束少，大、小维管束具有互补作用使其外轮维管束较发达所致，将不同粒型穗下节结构与粒长、粒重及灌浆强度进行相关分析，结果表明（表 7-13），大维管束数、大维管束截面积和总维管束数均分别与粒长、粒重及灌浆强度呈显著正相关关系，其中，大维管束数和大维管束截面积均分别与粒长、粒重及灌浆强度呈极显著正相关。

表 7-12　不同粒型小麦品种穗下节间维管束结构特点

品　　种	维管束轮序	维管束面积（μm^2）	韧皮部面积（μm^2）	原生木质部		后生木质部	
				导管数（个）	平均孔径（μm）	导管数（个）	平均孔径（μm）
兰考 86-79		54 114.51	2 211.84	3.2	28.8	2.2	48.0
温 2540	内轮维管束	37 981.44	1 520.64	3.0	28.8	2.0	43.2
郑引 1 号		30 240.46	1 291.2	2.2	24.0	2.0	38.4
百泉 41		17 362.94	921.6	2.0	19.2	2.0	33.6
兰考 86-79		18 809.86	1 117.4	3.0	28.8	2.0	38.4
温 2540	中轮维管束	11 937.02	737.3	2.0	19.2	2.0	31.2
郑引 1 号		7 523.94	414.72	2.0	14.4	2.0	28.8
百泉 41		少或无					
兰考 86-79		3 761.97	810.24	1.9	15.4	2.1	24.0
温 2540	外轮维管束	3 544.93	276.5	1.1	9.6	2.0	19.2
郑引 1 号		2 170.37	267.4	0.9	9.6	2.0	19.2
百泉 41		2 859.16	553.0	0.5	12.1	2.0	19.2

表 7-13　不同粒型小麦品种穗下节间维管束结构与粒长、粒重及灌浆强度的相关关系

穗下节结构	粒　长	粒　重	灌浆强度
大维管束数	0.982**	0.986**	0.995**
小维管束数	0.750ns	0.712ns	0.564ns
总维管束数	0.879*	0.843*	0.886*
大维管束截面积	0.977**	0.964**	0.972**
小维管束截面积	0.743ns	0.723ns	0.668ns
厚度	0.746ns	0.760ns	0.173ns

综合上述观察研究结果来看，大粒型和中大粒型小麦品种具有茎壁厚，机械组织、同化组织和输导组织发达等结构优势，因此表现出较强的抗倒伏性和运转功能。输导组织（尤其是大维管束）以及同化组织发达，使大粒和中大粒型小麦品种在籽粒形成期具备了良好的物质转运与积累系统，提高了灌浆强度，相应弥补了灌浆期短的不足，最终形成了高粒重。

不同小麦品种（系）的收获指数与机械组织厚度呈显著正相关，随机械组织厚度增加收获指数一般呈递增趋势，说明机械组织发达的品种（系）抗倒伏性好，对籽粒形成有利。不同品种（系）的内轮、中轮和外轮维管束数数目与品种（系）的穗长、单穗粒数、结实小穗数性状相关关系十分显著，表明茎秆输导组织发达的品种（系），常具有大穗、多粒、结实性好的特点。不同品种（系）千粒重与外轮维管束数目呈显著正相关关系，说明千粒重高的品种具有发达的机械组织和输导组织，在大维管束相对发达时，小维管束发达更能表现出较强的输导能力，最终形成高粒重。穗下节维管组织是小麦运输同化物的主要通道，所以，该节间维管束的数量和韧皮部面积的大小与运输能力有密切关系。另有研究表明，小麦穗下节维管束数量多，其输导营养性能较优。节、节间、穗轴的维管束面积与粒重呈正相关，粒重大的小麦品种（系），其茎、节、穗轴等维管束面积均较大；粒重小的品种，其节、节间、穗轴的维管束面积均小于其他类型的品种，不同粒型小麦品种之间明显地表现出维管束的面积与粒型大小呈正相关关系，即粒重大的品种总的维管束面积大，粒重小的品种维管束总的面积也相应较小。但维管束面积大的品种（系）并不一定是高产品种（系）。

第三节　小麦茎叶产量与籽粒产量

在第1、2节较系统分析小麦叶片、茎秆性状与穗粒重形成关系的基础上，著者进一步分析了不同品种、不同密度、不同播期和年际间茎叶产量（除根系之外的其他营养器官）与籽粒产量的关系，旨在明确茎叶营养器官中积累的有机物最大限度向籽粒运转的技术途径与方法，以充分发挥品种的增产潜力。

一、生物产量、籽粒产量和经济系数

经对郑引1号、百泉41、冀麦5418、兰考86-79等4个品种籽粒产量、生物产量及茎叶产量间的相关分析表明（表7-14），籽粒产量与生物产量间均达极显著的正相关，相关系数分别为0.771**、0.933**、0.894**和0.958**，籽粒产量与茎叶产量间亦呈极显著正相关，相关系数分别为0.969**、0.985**、0.968**和0.991**；但经济系数与生物产量和茎叶产量间均呈显著和极显著负相关关系。与籽粒产量的相关性不显著（除兰考86-79外），与茎叶/籽粒比均呈极显著负相关关系。说明籽粒产量是在一定的茎叶生产的基础上形成的，但如何提高单位叶片茎秆的转化能力，增加籽粒产量，提高经济系数，达到高效生产是目前生产中值得注意的重要问题。

表7-14 不同品种茎叶产量、生物产量、籽粒产量及经济系数间的相关分析（$n=27$）

品 种	项 目	生物产量	籽粒产量	经济系数	茎叶/籽粒	茎叶产量
郑引1号	生物产量	1.000 0	0.771 1**	−0.577 2**	0.584 3**	0.969 1**
	籽粒产量		1.000 0	0.056 0	−0.052 0	0.588 2**
	经济系数			1.000 0	−0.978 2**	−0.754 1**
	茎叶/籽粒				1.000 0	0.762 1**
	茎叶产量					1.000 0
百泉41	生物产量	1.000 0	0.933 2**	−0.432 1*	0.433 2*	0.985 4**
	籽粒产量		1.000 0	−0.091 2	0.090 1	0.857 2**
	经济系数			1.000 0	−0.997 1**	−0.575 4**
	茎叶/籽粒				1.000 0	0.577 1**
	茎叶产量					1.000 0
冀麦5418	生物产量	1.000 0	0.894 2**	−0.461 1*	0.397 2*	0.968 4**
	籽粒产量		1.000 0	−0.026 2	−0.052 1	0.754 2**
	经济系数			1.000 0	−0.979 1**	−0.662 4**
	茎叶/籽粒				1.000 0	0.6121**
	茎叶产量					1.000 0
兰考86-79	生物产量	1.000 0	0.958 2**	−0.674 1**	0.686 3**	0.991 4**
	籽粒产量		1.000 0	−0.447 2*	0.457 1*	0.913 2**
	经济系数			1.000 0	−0.995 1**	−0.760 4**
	茎叶/籽粒				1.000 0	0.772 1**
	茎叶产量					1.000 0

注：* 和** 分别表示在0.05水平和0.01水平显著，下同。

从表7-15可以看出，对郑引1号品种，每生产1kg的籽粒产量需1.448～1.727（平均1.588）kg的茎叶产量，而百泉41和冀麦5418品种则分别需要1.322～2.058（平均1.690）kg和1.206～1.478（平均1.342）kg的茎叶产量。从表7-15中还可以看出，不同品种或同一品种不同播期或密度条件下，生产单位重量的籽粒所需的茎叶产量存在很大的差异。说明在小麦生产中，通过选用合理品种、调节播种期和采用合理的播种密度，加之合理管理措施，达到提高经济系数，实现高效生产是完全可能的。

表7-15 不同密度和播期的小麦茎叶产量与籽粒产量

品种	播期（月/日）	密度（万/hm²）	生物产量（kg/hm²）	茎叶产量（kg/hm²）	籽粒产量（kg/hm²）	茎叶产量/籽粒产量	经济系数
郑引1号	10/08	75	12 016	7 457	4 559	1.635 7	0.379 3
		225	12 772	8 027	4 745	1.691 7	0.376 0
		300	13 254	8 240	5 014	1.643 4	0.379 3
		平均值	12 681	7 908	4 773	1.656 9	0.378 2
	10/16	75	11 139	6 589	4 550	1.448 1	0.410 1
		225	11 971	7 542	4 429	1.702 9	0.362 0
		300	12 624	7 995	4 629	1.727 2	0.357 1
		平均值	11 911	7 375	4 536	1.626 1	0.376 4
	10/24	75	9 879	5 879	4 000	1.469 8	0.403 0
		225	8 987	5 512	3 475	1.586 2	0.386 7
		300	11 544	7 179	4 365	1.644 7	0.371 6
		平均值	10 137	6 190	3 947	1.566 9	0.387 1

（续）

品种	播期 （月/日）	密度 （万/hm²）	生物产量 （kg/hm²）	茎叶产量 （kg/hm²）	籽粒产量 （kg/hm²）	茎叶产量/ 籽粒产量	经济系数
百泉41	10/08	75	12 714	7 815	4 899	1.595 2	0.387 3
		150	10 086	6 040	4 046	1.492 8	0.402 9
		300	8 047	4 582	3 465	1.322 4	0.430 6
		平均值	10 282	6 146	4 137	1.470 1	0.406 9
	10/16	75	10 936	6 652	4 284	1.552 8	0.391 3
		150	12 466	8 389	4 077	2.057 6	0.331 3
		300	7 687	4 640	3 047	1.522 8	0.398 0
		平均值	10 363	6 560	3 803	1.711 1	0.373 5
	10/24	75	11 499	7 228	4 271	1.692 3	0.370 5
		150	10 846	6 743	4 103	1.643 4	0.382 1
		300	10 275	6 531	3 744	1.744 4	0.366 3
		平均值	10 873	6 834	4 039	1.693 4	0.373 0
冀5418	10/08	75	12 963	7 368	5 595	1.316 9	0.433 6
		150	13 741	8 063	5 678	1.420 0	0.412 2
		300	15 941	9 507	6 434	1.477 6	0.404 1
		平均值	14 215	8 313	5 902	1.404 8	0.416 6
	10/16	75	12 241	7 268	4 973	1.461 5	0.424 3
		150	13 921	8 000	5 921	1.351 1	0.428 1
		300	13 711	7 928	5 783	1.370 9	0.424 7
		平均值	13 711	7 928	5 783	1.370 9	0.424 7
	10/24	75	11 641	6 365	5 276	1.206 4	0.455 5
		150	10 961	6 117	4 844	1.262 8	0.441 8
		300	14 171	8 341	5 830	1.430 7	0.412 7
		平均值	12 258	6 941	5 317	1.300 0	0.436 7

注：茎叶产量＝生物产量－籽粒产量，下同。

二、不同密度茎叶产量与籽粒产量

从表7-16可以看出，郑引1号品种在每公顷75万～300万基本苗的情况下，随着密度的增加，茎叶产量和籽粒产量增加；以每公顷75万苗处理最低，300万苗处理的最高，每生产1kg籽粒产量分别需要1.519 7kg和1.671 7kg的茎叶产量，两处理相比，每公顷300万苗比75万苗处理的茎叶产量增加1 164kg/hm²，籽粒产量增加299kg/hm²，即每增产3.93kg的茎叶收获1kg籽粒。可以看出，茎叶的增产比籽粒的要高。半冬性品种百泉41，在每公顷75万～300万苗的范围内，随种植密度增加，茎叶产量和籽粒产量均有所下降。茎叶产量与籽粒产量比的变幅为1.535 8～1.732 0kg，以每公顷75万基本苗处理的籽粒产量最高，其茎叶产量与籽粒产量的比值为1.612 3。说明该品种在低密度条件下，品种特性容易得到发挥，对茎叶积累的干物质利用效率较高。冀麦5418品种在密度每公顷75万～300万苗的范围内，茎叶产量与籽粒产量均随着密度的增加而升高。每公顷300万苗处理比75万苗处理茎叶增产1 591kg，籽粒增产735kg，即每增加1kg的籽粒产量需增加2.164 6kg的茎叶产量。但冀麦5 418每生产1kg籽粒产量仅需1.325 7～1.428 2kg的茎叶产量，表明其茎叶中干物质的转化能力高于郑引1号和百泉41两品种。这表明不同品种对密度有不同反应。在生产实践中选择产量最低，籽粒的生产率最大是栽培工作者的重要任务之一。

表 7 - 16　不同密度下小麦茎叶产量与籽粒产量

品种	密度 （万/hm²）	生物产量 （kg/hm²）	茎叶产量 （kg/hm²）	籽粒产量 （kg/hm²）	茎叶产量/ 籽粒产量	经济系数
郑引 1 号	75	11 011	6 641	4 370	1.519 7	0.397 5
	225	11 243	7 027	4 216	1.666 7	0.374 9
	300	12 474	7 805	4 669	1.671 7	0.369 3
百泉 41	75	11 716	7 231	4 485	1.612 3	0.383 0
	150	11 133	7 058	4 075	1.732 0	0.372 1
	300	8 670	5 251	3 419	1.535 8	0.398 3
冀 5418	75	12 282	7 001	5 281	1.325 7	0.437 8
	150	12 874	7 393	5 481	1.348 8	0.427 4
	300	14 608	8 592	6 016	1.428 2	0.413 8

三、不同播期茎叶产量与籽粒产量

从表 7-17 可以看出，郑引 1 号随着播期的推迟，茎叶产量和籽粒产量均降低。如 10 月 8 日播种的比 10 月 24 日播种的茎叶产量和籽粒产量每公顷分别增加 1 718kg 和 826kg；半冬性品种百泉 41 随播期的推迟，茎叶产量有所增加，而籽粒产量有所下降，10 月 8 日播种的茎叶产量与籽粒产量的比值为 1.485 4，其籽粒产量最高，茎叶产量最低，因此经济系数亦最高（为 0.406 9），表明该品种 10 月 8 日播种有利于产量潜力发挥，如在该播期条件下，进一步改善营养条件，促进生物产量的提高，籽粒产量会有更大的增产潜力。冀麦 5418 随着播期的推迟，生物产量、茎叶产量和籽粒产量均降低，如 10 月 8 日播种比 10 月 24 日播种的每公顷茎叶产量和籽粒产量分别增加 1 372kg 和 585kg，且茎叶产量与籽粒产量比值也最高。从增加的茎叶产量与籽粒产量的比值看，每增产 2.345 3kg 茎叶可增加 1kg 籽粒，表现出籽粒产量的增高是依靠较高的茎叶产量来实现。郑引 1 号、百泉 41 和冀麦 5418 三个品种的茎叶产量与籽粒产量的比值，在三个播期条件下，均以冀麦 5418 的最低，说明冀麦 5418 的茎叶产量向籽粒产量的转化效率最高。

表 7 - 17　不同播期下小麦茎叶产量与籽粒产量

品种	播期 （月/日）	生物产量 （kg/hm²）	茎叶产量 （kg/hm²）	籽粒产量 （kg/hm²）	茎叶产量/ 籽粒产量	经济系数
郑引 1 号	10/08	12 681	7 908	4 773	1.656 8	0.378 2
	10/16	11 911	7 375	4 536	1.625 9	0.376 4
	10/24	10 137	6 190	3 947	1.568 3	0.387 1
百泉 41	10/08	10 282	6 145	4 137	1.485 4	0.406 9
	10/16	10 363	6 560	3 803	1.725 0	0.373 5
	10/24	10 873	6 834	4 039	1.692 0	0.373 0
冀 5418	10/08	14 215	8 313	5 902	1.408 5	0.416 6
	10/16	13 291	7 732	5 559	1.390 9	0.425 7
	10/24	12 258	6 941	5 317	1.305 4	0.436 7

四、不同年际间茎叶产量与籽粒产量

表7-18和表7-19为不同年际间不同小麦品种的茎叶产量与籽粒产量的变化状况。从表7-18、表7-19中可以看出，小麦茎叶产量与生物产量呈极显著正相关，与籽粒产量多呈显著或极显著正相关，与经济系数多呈负相关。不同小麦品种的生物产量、茎叶产量及茎叶产量与籽粒产量的比值在不同年份表现有差异，郑引1号和百泉41的茎叶产量和籽粒产量的比值均以1987年为最高，1992年最低，经济系数却均以1987年最低，以1992年为最高。每生产1kg的籽粒所需的茎叶产量1987年两品种分别为2.206 2kg和1.767 4kg，比1992年的1.323 1kg和1.356 3kg分别增加了0.883 1kg和0.411 1kg。这表明1987年籽粒产量的增加主要靠茎叶产量的增加而增加，茎叶向籽粒转化的能力并不高。冀麦5418在1990—1992年的三年中，其生物产量、籽粒产量和茎叶产量均以1990年为最高；茎叶产量与籽粒产量的比值以1991年最高，以1992年最低，经济系数与之相反。与1991年相比，1992年籽粒产量的提高不是靠生物产量的增加，而是依靠茎叶产量向籽粒产量转化能力的提高，也就是经济系数的提高。说明在不提高生物产量的情况下，通过提高茎叶向籽粒转化能力，仍有较大的增产潜力。兰考86-79的生物产量、籽粒产量、茎叶产量及茎叶产量与籽粒产量的比值均以1995年为最高，以1997年最低，经济系数以1995年最低，1997年最高；每生产1kg的籽粒所需的茎叶产量1997年为1.238 7kg，比1995年的1.653 7kg减少了0.415 0kg，这表明1995年籽粒产量的增加主要靠茎叶产量的增加而增加，茎叶向籽粒转化的能力不高，在不提高茎叶产量的情况下，通过提高茎叶向籽粒转化能力，仍有较大的增产潜力。可见，在生物产量或茎叶产量不提高的情况下，均可通过提高茎叶向籽粒的转化能力来提高小麦的籽粒产量。

表7-18　不同年际间小麦茎叶产量与籽粒产量

品　种	年　份	生物产量 （kg/hm²）	籽粒产量 （kg/hm²）	茎叶产量 （kg/hm²）	茎叶产量/ 籽粒产量	经济系数
郑引1号	1987	15 630	4 875	10 755	2.206 2	0.313 1
	1988	15 300	5 720	9 580	1.674 8	0.373 8
	1990	13 803	5 257	8 546	1.624 9	0.381 4
	1991	15 150	5 620	9 530	1.684 4	0.373 0
	1992	11 050	4 833	6 218	1.323 1	0.433 7
百泉41	1987	14 515	5 245	9 270	1.767 4	0.360 7
	1988	15 750	6 005	9 745	1.622 8	0.381 0
	1990	10 898	4 220	6 678	1.585 5	0.386 9
	1991	11 700	4 454	7 246	1.640 2	0.380 3
	1992	10 450	4 431	6 019	1.356 3	0.424 5
冀麦5418	1990	15 123	6 496	8 627	1.319 7	0.432 4
	1991	11 700	4 616	7 084	1.583 9	0.397 4
	1992	11 800	5 332	6 469	1.213 3	0.452 2

（续）

品 种	年 份	生物产量 (kg/hm²)	籽粒产量 (kg/hm²)	茎叶产量 (kg/hm²)	茎叶产量/ 籽粒产量	经济系数
兰考 86 - 79	1995	18 400	6 950	11 450	1.653 7	0.377 5
	1996	14 350	5 599	8 751	1.550 2	0.392 6
	1997	11 550	5 161	6 390	1.238 7	0.447 4

注：郑引 1 号密度为每公顷 225 万苗，百泉 41、冀麦 5418 和兰考 86 - 79 密度均为每公顷 150 万苗。

表 7 - 19   不同年际间小麦茎叶产量与籽粒产量间的相关分析（n＝6）

品 种	年 份	生物产量	籽粒产量	经济系数	茎叶产量/籽粒产量
郑引 1 号	1987	0.960 1**	0.480 2	−0.522 8	0.530 4
	1988	0.971 9**	0.822 1*	−0.202 9	0.712 7
	1990	0.994 1**	0.954 1**	−0.331 1	0.336 1
	1991	0.998 2**	0.982 2**	−0.883 2*	0.884 1*
	1992	0.972 4**	0.891 2*	0.287 1	−0.307 1
百泉 41	1987	0.960 3**	0.797 9	0.118 7	−0.136 8
	1988	0.990 8**	0.942 2**	0.004 9	−0.007 8
	1990	0.995 3**	0.972 4**	0.165 2	−0.164 2
	1991	0.961 2**	0.764 2	−0.141 2	0.122 0
	1992	0.999 82**	0.987 0**	0.451 4	0.441 1
冀 5418	1990	0.989 1**	0.914 1*	−0.752 2	0.736 3
	1991	0.868 3*	−0.089 2	−0.810 2	0.801 7
	1992	0.980 2**	0.890 4*	−0.445 1	0.451 6
兰考 86 - 79	1995	0.992 3**	0.944 2**	−0.043 1	0.007 9
	1996	0.999 1**	0.994 3**	−0.895 8*	0.903 4*
	1997	0.962 9**	0.740 2	−0.612 7	0.616 3

五、不同品种茎叶产量与籽粒产量

从表 7 - 20 可以看出，郑引 1 号、百泉 41、冀麦 5418、兰考 86 - 79 和温 2540（豫麦 25）等五个小麦品种的茎叶产量、籽粒产量和生物产量均以温 2540 为最高，百泉 41 较低；而茎叶产量与籽粒产量的比值则以郑引 1 号为最高，说明每获得 1kg 的籽粒产量，郑引 1 号需要生产的茎叶最多，高达 1.708 6kg，冀麦 5418 需要生产的茎叶最少，为 1.372 3kg，这说明冀麦 5418 的转化能力高于其他四个品种。与百泉 41 相比，温 2540 的籽粒产量和茎叶产量分别增加了 1 930kg/hm² 和 2 390kg/hm²，增幅分别为 39.62％和 30.67％，使该品种茎叶产量与籽粒产量的比值低于百泉 41。可以看出，不同品种每生产 1kg 的籽粒，所需生产的茎叶产量是不同的，即它们的转化能力不同。

表 7 - 20   不同小麦品种的茎叶产量与籽粒产量的变化

品 种	生物产量 (kg/hm²)	籽粒产量 (kg/hm²)	茎叶产量 (kg/hm²)	茎叶产量/ 籽粒产量	经济系数
郑引 1 号	14 187	5 261	8 926	1.708 6	0.375 0
百泉 41	12 663	4 871	7 792	1.597 9	0.386 7
冀麦 5418	12 874	5 481	7 393	1.372 3	0.427 4
兰考 86 - 79	14 767	5 903	8 864	1.480 9	0.405 8
温 2540	16 983	6 801	10 182	1.502 8	0.403 4

对不同小麦品种的茎叶产量与相应的生物产量、籽粒产量及经济系数进行相关分析（表7-21），结果表明，茎叶产量与生物产量及籽粒产量均呈极显著正相关，与茎叶产量与籽粒产量的比值呈显著或不显著正相关关系，与经济系数多呈显著负相关，说明茎叶产量对不同小麦品种的生物产量、籽粒产量和经济系数均有较大影响。小麦生产中，在使茎叶产量充分发展的情况下，可以通过栽培调控措施，提高茎叶产量向籽粒产量的转化能力，来提高籽粒产量，以实现小麦的高产高效生产。

表7-21　不同小麦品种茎叶产量与生物产量及籽粒产量间的相关分析

品　种	生物产量	籽粒产量	经济系数	茎叶产量/籽粒产量
郑引1号	0.964 1**	0.624 2**	−0.665 2**	0.642 8**
百泉41	0.987 4**	0.898 3**	−0.499 1*	0.472 9*
冀5418	0.946 4**	0.674 4**	−0.498 2*	0.442 9
兰考86-79	0.994 4**	0.936 1**	−0.771 3**	0.777 1**
豫麦25	0.963 8**	0.607 2**	−0.666 4**	0.678 6**

注：郑引1号与百泉41（$n=30$）；冀5418、兰考86-79与温2540（$n=18$）。

六、不同产量水平茎叶产量与籽粒产量

以1981年、1990年和1998年分别代表低产、中产和较高产三个产量水平，由表7-22可以看出，小麦品种郑引1号的茎叶产量在1990年最高，而籽粒产量在1998年最高。在1981年、1990年和1998年，每生产1kg的籽粒所需的茎叶产量分别为1.716 2、1.641 0和1.362 2，表现为随产量水平的提高而降低，说明产量水平高时茎叶产量的转化能力相应提高。同时还可以看出，1981—1990年籽粒产量的提高主要依靠茎叶产量的提高，即通过大量的施用化肥来提高茎叶产量，进而提高籽粒产量；而1990—1998年籽粒产量的提高并不是通过茎叶产量的提高来实现的，而是在维持一定的茎叶产量的前提下，通过一系列的优化栽培技术来提高茎叶产量向籽粒产量的转化效率，进而获得较高的籽粒产量，最终提高经济系数。百泉41生物产量和籽粒产量均以1998年最高，每生产1kg籽粒的茎叶产量随产量水平的提高而降低，同时表现出，两个品种的茎叶产量在1990年之后比较稳定，籽粒产量是由于栽培技术水平的提高致使茎叶产量与籽粒产量比值的降低，即导致产量效率提高的结果。

表7-22　不同小麦品种在不同产量水平下茎叶产量与籽粒产量的变化

品　种	年份	生物产量（kg/hm²）	籽粒产量（kg/hm²）	茎叶产量（kg/hm²）	茎叶产量/籽粒产量	经济系数
郑引1号	1981	9 285	3 450	5 835	1.716 2	0.370 4
	1990	13 203	4 983	8 219	1.641 0	0.379 4
	1998	14 100	5 939	8 161	1.362 2	0.424 2
百泉41	1981	10 260	3 525	6 735	1.882 6	0.358 1
	1990	10 466	4 081	6 385	1.572 3	0.388 9
	1998	11 100	4 823	6 277	1.296 8	0.437 0

注：郑引1号密度为每公顷225万苗，百泉41为每公顷150万苗。

第四节　小麦根系与穗粒重

　　根系是小麦重要的地下营养器官，与地上部相互依存、相互促进。根系密布于土壤之中，在为地上部正常发育提供必需的矿质营养和水分的同时，还合成必要的营养物质和生长调节物质。小麦根系的生长发育也受到地上部提供有机营养物质的制约，从生理角度讲，小麦根系的生长比茎的生长对同化物状况的依赖性更强，而茎的生长受水分和无机养分的影响更大。随着小麦生育进程的推进，根系的生长与地上部干物质积累呈现规律性的动态变化。开花期以前，小麦根系吸收的水分和养分主要直接供应茎叶的生长，从而影响到籽粒灌浆的前期物质贮备；开花后，根系吸收的水分和养分除供应茎叶所需外，又为籽粒灌浆的"增源"、"疏流"提供必要的支持。因此，研究小麦根系与籽粒形成的关系，对制定科学的栽培技术，夺取小麦高产优质高效具有重要的现实意义。

一、根系干物重与穗粒重

　　小麦的根包括两大类型，一类是由种子胚根发育而成的初生根，另一类是由分蘖节上发生的次生根。大量的科学研究和生产实践证明，小麦高产稳产的物质基础是较高的地上部生物量，而生物产量的高低在很大程度上取决于根系生长发育的状况，即根系是地上部光合生产系统的基础。根系数量是根系生长发育的重要特征，它综合反映了根系生长与环境的关系。小麦根系与籽粒形成和灌浆的关系，主要表现在根系干物重、根系活力、初生根和次生根数量等。

　　不同生育时期小麦单株根系干物重的积累于开花或灌浆期达到最大，并呈单峰曲线（刘殿英，1993）。张和平等（1993）认为，华北平原小麦整个土层中根系生物量随时间呈 logistic 模型变化。马元喜（1999）的研究认为，越冬期至起身期，小麦根系生物量的增长较小（日增量小于 4g），起身至挑旗阶段根系生物量日增重最大（日增量达 42.1g），挑旗至灌浆前期，根系生物量日增量下降为 20.8 g。此后，根系生物量出现负增长。另外，苗果园（1989）、魏其克（1979）等也分别对黄土丘陵旱地小麦根系生物的变化进行了研究，所得结论的基本趋势是一致的。即冬前根系生物量增加较慢，阶段增重占总根重的 25%～35%；越冬期间根系生物量增加速度加快，阶段增重占总根量的 24%；拔节至挑旗期间根系生物量增加先快后慢，阶段增重占总根重的 40%～50%，之后，根系生物量的阶段增重趋于零或负值（马元喜，1999）。从根系生物量的增加变化可以看出，根系生物量的变化与地上部的生长发育存在密切关系，并与小麦穗部特征存在一定的相关性。王志芬等（1993）的研究认为，大穗型品种和多穗型品种地上部的茎、叶、穗等器官干物质积累的变化和差异与地下部根干重的变化密切相关。大穗型品种 78 - 3 的穗干重在灌浆前期高于多穗型品种鲁麦 14，灌浆中后期又低于多穗型品种鲁麦 14，这种变化和差异与根干重的变化完全一致。

二、根系数量与穗粒重

　　小麦初生根是指由胚根发育形成，依赖于种子胚乳中的营养而生长的定根和不定根，从种子萌发开始发生，第 1 片完全叶出现时结束。初生根的数量因品种、环境条件、出苗时间等的不同而不同。一般条件下，小麦初生根为 3～5 条，种子大而饱满、环境条件好时可达 7～8 条（马元喜，1999）；春小麦单株初生根为 5～6 条，多时可达 7 条以上（朱晓衡，1979；杨经略，1988），说明小麦初生根的数量与小麦粒重具有直接的正相关关系。进一步分析认为，在小麦生长发育过程中，初生根的数量多，将有利于形成高粒重（穗粒重）。杨经略（1988）指出，春小麦初生根的数量及发育状况在很大程度上决定了地上部器官的发育和籽粒产量的高低。初生根数与小麦穗部性状，如每穗小穗数、每穗粒数和籽粒产量呈正相关关系（Kuburovic，1971）。王绍中等（1997）研究也表明，初生根条数与单株成穗数、穗粒数、千粒重和单穗产量均呈极显著正相关，并且初生根对产量的作用主要是通过调节单株成穗数而起作用的（表 7 - 23）。

表 7 - 23　不同初、次生根条数的单株产量比较（王绍中等，1997）

初生根数（条）	单株次生根数（条）	单株穗数（个）	穗粒数（个）	千粒重（g）	单穗产量（g）	单株产量（g）	取样株数（株）
7	33.0	3.25	31.81	31.22	0.993	3.227	9
6	28.1	3.20	30.58	32.17	0.984	3.148	8
5	27.8	2.50	31.84	31.18	0.992	2.820	28
4	26.7	2.39	31.74	31.15	0.988	2.274	18
3	16.7	1.80	27.45	30.84	0.847	1.523	6

小麦次生根是指在小麦植株地下部距地表 3cm 左右的分蘖节上发生的丛生状态的不定根，是小麦根系的重要组成部分，也是标志小麦生长势强弱的重要指标之一。次生根在小麦生长发育前期、中期和后期均可以发生，因其发育时间长、数量大，各条根系间的补偿作用明显等因素，次生根对巩固和发展初生根，促进地上部健壮发育，最终实现小麦高产具有决定作用。王绍中等（1997）的研究表明，旱地小麦单株次生根条数与穗粒数、千粒重和单株籽粒产量均存在着显著的直线关系，其回归方程分别为：

穗粒数：$Y=12.255+2.152X$（$r=0.9729^{**}$）

千粒重（g）：$Y=26.702+0.565X$（$r=0.9127^{*}$）

单穗产量（g）：$Y=0.377+0.0816X$（$r=0.9753^{**}$）

表明旱地小麦是通过增加单株次生根条数，达到提高穗粒数和千粒重，进而提高产量的有效途径。

从初生根和次生根对穗部性状的相对作用来看，初生根的作用明显大于次生根。如小麦返青期，摘除初生根使穗粒数减少 37.6%，千粒重下降 14.3%，而摘除次生根使穗粒数减少 2.8%，千粒重下降 2.4%；拔节期摘除初生根使穗粒数减少 38.4%，千粒重减少 5.3%，而摘除次生根使穗粒数减少 6.5%，千粒重下降 0.5%；抽穗期摘除初生根使穗粒数减少 26.0%，千粒重减少 41.0%，而摘除次生根使穗粒数减少 3.5%，千粒重减少 9.9%。差异显著性检验结果表明，返青期摘除初生根，穗粒数减少与对照间的差异达极显著水平；抽穗期摘除初生根，千粒重与对照间的差异也达极显著水平。

三、根系活力与籽粒灌浆

小麦籽粒产量的高低，在很大程度上取决于根系的发育状况，根系发达、活性强是实现小麦高产的基础。国内外学者近几年在通过对根系性状与地上部产量性状研究后认为，根系性状与地上部产量性状关系密切，而在根系诸多性状中，以小麦中后期根系活性与产量的关系最为密切。所以，研究小麦根系活力与籽粒灌浆的关系，对于提高小麦粒重、增加籽粒产量十分重要。

著者在 1985—1989 年间采用大田与盆栽相结合的方法，对冬小麦根系活力与籽粒灌浆关系进行了较为系统的研究，结果表明，在相同栽培条件下的不同品种，其根系活力及籽粒灌浆的变化趋势是一致的。但其活力大小和灌浆强度不同（图 7-13）。如徐州 21 和郑引 1 号两品种，均在开花后 20d 根系活力出现高峰，同时籽粒灌浆强度达到最大，并在开花后 30d 左右，根系活力和灌浆强度分别有小高峰出现。但从其强度和维持时间长短看，开花后 27d 以前，郑引 1 号根系活力较徐州 21 高 0.015～0.155m^2；但籽粒灌浆强度一般低

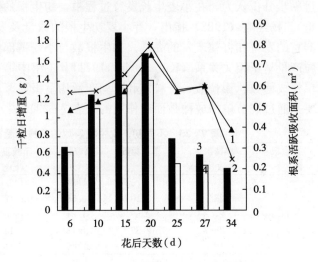

图 7-13 不同品种根系活力与籽粒灌浆的关系
1. 徐州 21 ╮根系活力   3. 徐州 21 ╮灌浆强度
2. 郑引 1 号╯   4. 郑引 1 号╯

于徐州 21。如开花后 34d，郑引 1 号根系活力从 0.601 7m^2 陡然下降到 0.387 9m^2，而徐州 21 由 0.600 2m^2 下降到 0.248 6m^2。但两品种籽粒灌浆强度的关系仍没发生变化，徐州 21 高于郑引 1 号，而且在灌浆维持时间上，徐州 21 也长于郑引 1 号。据开花后 34d 测定，徐州 21 的千粒日增重为 0.457 9g，而郑引 1 号已不再增加。可以看出，不同品种间籽粒灌浆强度与根系活力的关系略有不同。

著者（1990）采用冀麦 5418 研究了不同播期小麦根系活力与籽粒灌浆的关系（表 7-24），结果表明，小麦开花后 20d 前，播种晚的，其根系活力一直高于早播种的。如 5 月 15 日测定，10 月 24 日播种的根系活力为 0.951 5m^2，10 月 16 日播种的为 0.586 4m^2，10 月 1 日播种的为 0.586 1m^2。这表明，在同一时间测定时，播期愈晚，根系活力愈大。同时，表中还可看出，播种早，根系活力在灌浆期间的波动较小，而播种晚的，其波动较大。如 5 月 15～22 日期间，10 月 24 日播种的根系活力由 0.951 5m^2 下降到 0.364 2m^2，相差 0.597 3m^2，10 月 16 日播种的则由 0.586 4m^2 上升到 0.763 8m^2，相差 0.177 4m^2，10 月 1 日播种的，由 0.586 1m^2 下降到 0.409 2m^2，相差 0.176 9m^2。另外，不同处理间也表现出根系活力与籽粒灌浆强度的密切关系。如 10 月 1 日和 10 月 24 日播种的，于 5 月 15 日根系活力均达到高峰，籽粒灌浆也于 5 月 18 日分别达到最大值，日增千粒重分别为 1.91g 和 1.95g。另外，灌浆盛期以前，10 月 24 日和 10 月 16 日播种的，其灌浆强度一般都高于 10 月 1 日播种的，据 5 月 18 日测定，10 月 24 日播种的灌浆强度为 1.95g，10 月 16 日播种的为 2.12g，10 月 1 日播种的为 1.91g，也就是说，播种晚的其灌浆强度

大，由上述表明，播种晚的根系活力高，籽粒灌浆强度大，但后期往往遇到不良气候条件，灌浆结束的早，粒重不高。

表 7-24 不同播期的根系活力及其与籽粒灌浆的关系

播期 月/日	项目	测定日期（月/日）										
		5/1	5/6	5/8	5/10	5/14	5/15	5/18	5/22	5/26	5/29	5/30	6/5
10/1	花后天数（d）		8	10	12	16	17	20	24	28	31	32	38
	根系活力（m²）	0.393 5		0.484 3			0.586 1		0.409 2		0.440		0.266 2
	千粒日增重（g）		0.65		1.02	1.017		1.91	1.78	1.16		0.93	
10/16	花后天数（d）		4	6	8	12	13	16	20	24	27	28	34
	根系活力（m²）	0.609 9		0.483 8			0.586 4		0.763 8		0.571 0		0.372 6
	千粒日增重（g）		0.63		0.97	1.90		2.12	2.40	0.73		0.01	0.47
10/24	花后天数（d）		3	5	7	11	12	15	19	23	26	27	33
	根系活力（m²）	0.968 0		0.730 9			0.951 5		0.364 2		0.305 8		0.292 6
	千粒日增重（g）		0.61		1.08	1.83		1.95	0.67	0.54		0.77	1.02

根系活力与地上部各器官干物质积累关系密切。根系对外界环境条件变化的自身调节补偿能力较强，所以，其数量、干重与籽粒产量的关系不如根系活力密切。籽粒灌浆阶段是决定穗粒重的关键时期，此期根系活力与穗粒重和籽粒产量之间存在着显著的正相关关系。著者（1990）采用冀麦 5418 品种对其根系活力的测定结果表明（图 7-14），小麦一生中根系活力的变化过程表现为前期小，中期

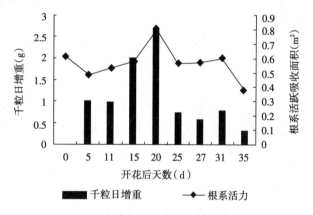

图 7-14 小麦根系活力与籽粒灌浆的关系

大，后期又小的S形曲线，小麦的根系活力与灌浆之间存在着密切的关系，表现在灌浆强度随根系活力的提高而增加。如开花后 4～6d 内，根系活跃吸收面积从开花期的 0.609 9m² 下降到 0.482 8m²，处于较低水平，在同一时期之内，籽粒干物质积累也比较慢，千粒日增重只有 0.63g；开花后 15d，根系活跃吸收面积上升到 0.576 4m²，比开花后 6d 提高了 0.045 3m²，千粒日增重达到 1.90g；开花后 20d，根系活跃吸收面积达到高峰值，为 0.763 8m²，比开花后 15d 提高了 22.1%，此时籽粒灌浆也达到高峰期，千粒日增重高达 2.40g；开花后 25d，根系活跃吸收面积下降到 0.564 1m²，千粒日增重也随之下降到 0.73g；开花后 30～32d，根系活跃吸收面积出现小高峰，达到 0.605 1m²，比开花后 25d 增加了 4.9%（绝对值为 0.028 7m²），与此同时，籽粒灌浆也出现小高峰，千粒日增重为 0.77g，比开花后 25d 提高了 5.48%；此后，根系活力逐渐下降到 0.372 6m²，籽粒灌浆也基本停止。由此说明，籽粒灌浆强度的高低与根系活力大小密切相关，二者的变化趋势是一致的。岳寿松等（1996）研究也表明，小麦地上部和地下部之间有深刻的内在联系，从开花到开花后 14d，籽粒建成并进入快速灌浆期，根系活力持续升高，从籽粒生长进程看，花后根系活力高峰期正值籽粒直线增重期。根系活力还影响到地上部叶片的

衰老，根系活力强，小麦开花后期叶片衰老慢，光合速率提高，籽粒灌浆期和生长速率相应延长，特别是对上、下位小穗籽粒的生长发育影响较大，可有效地提高粒重。

王志芬等（1993）研究认为，不同类型小麦品种地上部茎、叶、穗等器官干重积累变化的趋势相同，但是其累积幅度存在明显差异，这些差异与其根群吸收活力之间存在着密切的关系。大穗型品种和多穗型品种地上部茎、叶、穗等器官干重积累的变化和差异与地下部根群吸收活力的变化密切相关。大穗型品种78-3生育中后期叶干重和灌浆之后的穗干重降低，是由于根干重和根群吸收活力降低，根系早衰，从而引起地上部早衰，群体光合速率和物质运输分配能力降低。

四、根层的补偿作用与穗粒重

根系在土壤中的分布状态不仅因生长发育阶段不同而异，而且也因品种类型、耕作技术和环境条件不同而有很大差异。初生根发生时间早，向下延伸快，扎根深而且集中，粗细均匀一致。大量研究表明，初生根倾向于垂直分布，不同土壤层次中的分布差异较小。马元喜（1999）指出，小麦主胚根在分蘖以前的生长基本上与地面垂直，向四周扩散的范围很小；冬前分蘖期间，初生根深达90cm左右，主胚根前后左右的摆动幅度为10cm左右，侧根的扩展范围为20～30cm左右；越冬期间，侧根的扩展范围为30cm左右；越冬以后，随着生育时期的推进和分枝根的不断产生，初生根系向较大的范围扩展，但是其扩展范围总是远远小于次生根。根据马元喜等（1999）的观察结果，小麦次生根分布较浅，一般主要分布在50cm以内的土层中，其中0～20cm以内的根量占总根量的70%～80%。与初生根相比，次生根的入土深度受土壤水分和养分状况等条件的影响较大。冬前，次生根的入土深度可达20cm左右，主要向四周扩散；越冬期间，入土深度为20～30cm，深的可达50cm；拔节前后，入土深度可达50～80cm，主要向纵深处发展；抽穗期，入土深度为80～90cm，达到最大值；开花以后，次生根生长停滞，入土深度不再增加。

张和平等（1993）、马元喜（1999）研究指出，小麦的根系主要分布在0～50cm的土层以内，水浇地小麦在20cm以内土层中的根量最多，占总根量的65%～70%；21～40cm土层中的根量次之，占总根量的比例接近20%；41cm以下土层中的根量最少，仅占总根量的10%～15%（表7-25）。黄瑞恒等（1993）的研究表明，杂交小麦与普通小麦相比，深层根的比例增加，如越冬、拔节和抽穗期，杂交小麦61cm以下土层中的根量占最大根系生物量的百分比分别比普通小麦高11.6%、4.8%和6.6%。由此可见，生产中实施深耕措施，对根系向纵深处发展、提高小麦产量具有重要意义。

表7-25 水浇地小麦根系在不同土层中的分布

土层深度（cm）	拔节期		开花期	
	根干重（g）	占总根重的比例（%）	根干重（g）	占总根重的比例（%）
0～20	4.21	66.83	9.07	67.13
21～40	0.90	14.29	2.50	18.51
41～60	0.51	8.10	0.90	6.67
61～80	0.39	6.03	0.65	4.81
81～100	0.30	4.76	0.39	2.98
总　计	6.30	100.0	13.51	100.00

深层根群（50cm以下）虽然占不到总根量的20％，但是其对地上部生长及产量形成起着极为重要的作用。马新明等（1989）曾研究了不同灌水条件下不同层次根系活力对籽粒灌浆的影响，结果表明，不同层次根系活力差异较大（表7-26）。0～15cm层次内根系活力最强，在三种不同水分处理条件下，0～15cm土层内根系活力分别为45.97、60.23和49.28μg，比15～25cm土层内根系活力依次高3.97、3.24和11.3μg；比25～35cm土层内根系活力分别高10.01、7.044和13.97μg。表明0～15cm土层内根系活力最高，而15～25cm和25～35cm两层根系对0～15cm层内根系具有补偿作用，但在开花后20d，三个土层内根系活力同时达到高峰后，这种补偿效应就消失了。由此可知，不同层次间根系活力的不同步变化，有利于维持后期根系活力处于较高的水平。

表7-26　不同灌水处理对根系活力（α-萘胺/h·g鲜根）的影响　　　（单位：μg）

土层深度	灌2 500ml水	灌1 000ml水	不灌水
0～35cm	42.73	51.96	40.12
0～15cm	45.97	60.23	49.28
15～25cm	42.00	56.99	37.97
25～35cm	39.96	53.19	35.31
土壤含水量	23.33	18.35	12.11
土壤温度	17.44	18.10	18.76

从不同层次根系活力与小麦籽粒灌浆的关系可以看出（图7-15），开花后10～15d，0～15cm土层内根系活跃吸收面积由0.351 5m²下降到0.309 2m²，而15～25cm和25～35cm两土层根系活跃吸收面积分别由0.131 2m²和0.078 5m²上升到0.173 4m²和0.151 8m²，分别提高0.042 2m²和0.073 3m²，共增加0.115 5m²。此期千粒日增重由1.54g增加到1.99g，因而靠下两层根系活跃吸收面积增加弥补了0～15cm土层根系活跃吸收面积的下降而造成对灌浆的影响；开花后15～20d，0～15cm内根系活跃吸收面积由0.173 4m²和0.151 8m²分别变为0.250 6m²和0.098 2m²，分别提高了0.077 2m²和下降0.053 6m²，共增加了0.023 6m²，千粒日增重由1.99g达到2.67g；开花后25d，0～15cm土层内根系活跃吸收面积增加了22.5％，达到0.110 32m²，但是下层根系活跃吸收面积的增加已弥补不了上两层根系活跃吸收面积下降造成的影响，三层根系活跃吸收面积累计下降了0.196 81m²，因此，千粒日增重呈现下降趋势，降低为0.73g，比开花后20d降低了69.6％。由此可以看出，灌浆前中期，0～15cm土层内根系活力下降对灌浆造成的影响，可以通过15～25cm及25～35cm两层内根系活力的提高来得到弥补，但是在小麦灌浆后期这种补偿作用消失。

总之，小麦穗粒重与小麦根系、茎秆及叶片的发育状况均存在一定的相关关系。依据这种相关关系，我们在生产实践中应注重以下几点：首先，要选择抗倒伏性和运转功能较强的大粒和中大粒型品种，并根据当地的生产条件确定适宜的群体进行适期播种。其次，应加强小麦生育后期（特别是开花后）的肥水调控，以提高小麦生育后期的根系活力，维持一定的叶面积系数，并保证小麦叶片和茎秆中积累的干物质向籽粒正常调运，以提高小麦穗粒重，实现高产优质。另外，通过加深耕层，加强田间管理和肥水运筹来促进次生根群的生长发育，进而促进初生根群的巩固和发展，促进地上部健壮发育，提高小麦穗粒重，最终实现小麦丰产。

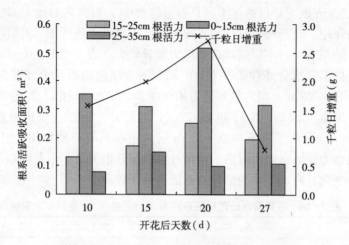

图 7-15 不同层次根系活力与籽粒灌浆的关系

参 考 文 献

[1] 梅方竹，周广生. 小麦维管解剖结构和穗粒重关系的研究. 华中农业大学学报，2001，20（2）：107～113

[2] 张娟，崔党群，范平等. 小麦冠层结构与产量及其构成因素的典范相关分析. 华北农学报，2000，15（3）：39～44

[3] 远彤，郭天财，罗毅等. 小麦不同粒型品种茎叶组织结构与籽粒形成关系的研究. 作物学报，1998，24（6）：876～883

[4] 吴同彦，谢令琴，葛淑俊等. 小麦营养器官与产量性状相关性的研究. 河北农业大学学报，2001，24（4）：11～13

[5] 任明全，赵献林，阎新蒲. 高产小麦品种冠层形态生理性状的研究. 华北农学报，1990，5（3）：1～8

[6] 李金才，陈峰. 播种密度对小麦茎秆大维管束系统和穗部发育的影响. 安徽农业科学，1996，24（3）：217～219

[7] 范平，张娟，李新平等. 不同小麦品种（系）茎秆组织结构与产量潜力关系研究. 河南农业大学学报，2000，34（3）：216～219

[8] 王志芬，陈学留，任凤山. 利用[32]P示踪研究春小麦根系吸收活力的变化规律. 核农学通报，1993，14（4）：177～179

[9] 王绍中，茹天祥. 丘陵红黏土旱地小麦根系生长规律的研究. 植物生态学报，1997，21（2）：175～190

[10] 马新明. 小麦根系活力与籽粒灌浆关系的研究. 河南农业大学学报，1990，24（2）：269～274

[11] 岳寿松，于振文. 小麦旗叶与根系衰老的研究. 作物学报，1996，22（1）：55～58

[12] 马元喜等. 小麦的根. 北京：中国农业出版社，1999

[13] 张和平，刘晓楠. 华北平原小麦根系生长规律及其与氮肥磷肥和水分的关系. 华北农学报，1993，8（4）：76～82

[14] 黄瑞恒，李晋生，王勤等. 杂交小麦根系生长发育特点及其与地上部植株性状和产量性状的关系. 河北农作物研究，1993，（1）：37～41

［15］刘殿英等．小麦的根系与高产栽培．见：中国小麦栽培研究新进展．北京：农业出版社，1993，480～490

［16］苗果园等．黄土高原旱地小麦根系生长规律的研究．作物学报，1989，15（2）：104～105

［17］魏其克等．不同类型小麦品种根系的研究．西北农学院学报，1979，（4）：35～47

第八章 冬小麦籽粒形成与灌浆的生理特点

灌浆期是小麦产量形成的关键时期，一方面，小麦植株的各项生理功能不断衰退，并逐渐进入成熟衰老阶段；另一方面，小麦植株营养器官所贮存的营养物质向籽粒运输并转化、积累。此阶段源器官的有机物质供应能力和向籽粒的转化积累能力，以及各种生理功能的衰退速度，对小麦籽粒产量和品质的形成起着决定性作用。因此，研究籽粒形成与灌浆的生理特点及其调控措施，对于实现小麦的优质、高产、高效具有重要意义。

第一节 小麦光合特点

一、叶绿素含量变化

叶绿素是叶片光合功能的重要性状之一，它既是绿色植物进行光合作用时光能的"捕捉器"，又是把光能转换为电动势的"转换器"，其含量多少直接影响叶片的光合能力。小麦开花后，叶片的叶绿素含量呈持续下降的趋势，但不同阶段下降速度有所不同。表8-1所示为开花后小麦旗叶叶绿素含量变化及喷施抗坏血酸（AsA）的调节效应。结果表明，在花后15d内，叶绿素降解较慢，以后叶绿素损失加快。开花后15～20d是小麦旗叶向衰老转化的一个关键时期。开花后5d使用抗坏血酸处理，对叶绿素的降解有一定的抑制作用，使旗叶的叶绿素含量始终保持高于对照（喷水）的水平。

表 8-1 小麦旗叶叶绿素含量变化及 AsA 的调节效应（品种：豫麦 10 号）

处理	处理后天数					
	5	10	15	20	25	30
对照（水）	1.39	1.18	0.64	0.43	0.19	0.17
0.1%AsA	1.47	1.33	0.81	0.61	0.32	0.31

氮肥施用对小麦旗叶叶绿素含量及光合特性有显著影响。康国章等（2000）曾研究了不同生育时期追氮对高产小麦品种豫麦 49 生育后期叶绿素含量及光合特性的影响。结果表明，氮肥全部底施（A_0）在生育后期叶片中叶绿素含量均低于 A_1（50%氮素底施，50%返青期追施）、A_2（50%氮素底施，50%拔节期追施）和 A_3（50%氮素底施，50%孕穗期追施）处理，并且迅速下降期也早于其他 3 个处理。证明追氮可提高小麦植株生育后期旗叶叶绿素含量，延缓叶绿素含量下降。各追氮处理之间相比，A_2、A_3 追肥效果优于 A_1；A_2 在灌浆前中期叶绿素含量高于 A_3，但在灌浆后期叶绿素含量下降却快于 A_3。这说明拔节期、孕穗期追施氮肥可使小麦旗叶保持较高的叶绿素含量，从而有利于光合产物的形成与积累，促进籽粒灌浆，增加粒重（表8-2）。

表8-2 不同生育时期追氮对高产小麦旗叶叶绿素含量（鲜重）的影响（品种：豫麦49）

（单位：mg/g）

处理	孕穗期	开花期	灌浆初期	灌浆中期	灌浆末期
A_0	3.70	4.01	2.88	1.06	0.56
A_1	3.84	4.15	2.96	1.17	0.72
A_2	4.14	4.47	3.39	1.52	0.82
A_3	3.92	4.25	3.17	1.82	1.01

种植密度对小麦旗叶的叶绿素含量也有较大的影响。郭天财等（2003）曾结合小麦超高产攻关试验，测定了小麦旗叶的叶绿素含量变化。结果表明，具有公顷产量超9.5t的A_2处理（公顷基本苗为150×10^4株），从4月19日开始植株旗叶的叶绿素含量始终保持较高水平，且在达最大值后下降缓慢；而产量水平较低的A_1（公顷基本苗75×10^4株）、A_3（公顷基本苗225×10^4株）和A_4（公顷基本苗300×10^4株）三个处理植株旗叶的叶绿素含量则下降速度较快（表8-3）。

表8-3 不同种植密度处理对旗叶一生叶绿素（Chl）含量（鲜重）的影响

（单位：mg/g）

密度处理	测定日期（月/日）						产量（kg/hm²）
	4/9	4/19	4/29	5/9	5/20	5/24	
A_1	2.570	2.590	3.071	3.298	2.062	0.680	8 353.4
A_2	2.830	3.471	3.409	3.460	2.719	1.782	9 737.7
A_3	2.710	3.286	3.211	3.033	2.636	1.642	7 956.6
A_4	2.970	3.407	3.300	2.738	2.328	1.514	7 529.1

注：A_1、A_2、A_3、A_4密度处理分别代表公顷基本苗为75×10^4、150×10^4、225×10^4、300×10^4株。

崔金梅等（1993）以冀麦5418为材料，研究了小麦生育后期喷施植物生长调节剂对籽粒发育阶段旗叶叶绿素含量的影响。结果表明，在开花后25d喷施植物生长调节剂，除Pix（缩节胺）外，其余各处理在喷后的3d、6d、9d测定的叶绿素含量均高于对照（喷水），Pix在喷后3d叶绿素含量略高于对照，第6d、第9d测定时则低于对照，表明在小麦籽粒灌浆期间喷施适宜的植物生长调节剂，对提高叶绿素含量具有明显的效果（表8-4）。

表8-4 植物生长调节剂对小麦旗叶叶绿素含量（鲜重）的影响

处理	叶绿素含量（mg/g）		
	处理后3d	处理后6d	处理后9d
水（对照）	2.70±0.13	1.24±0.13	0.18±0.11
6-BA	2.79±0.10	1.30±0.01	0.24±0.02
EBR	3.10±0.20	1.27±0.04	0.20±0.01
NAA	3.00±0.13	1.35±0.05	0.23±0.01
Pix	2.75±0.05	0.93±0.07	0.13±0.06
PP333	3.50±0.10	1.65±0.05	0.24±0.01
三唑酮	3.50±0.02	1.42±0.03	0.24±0.02

刘海英等（2006）曾以豫麦49为材料，用$10\mu g/L$（T_1）、$1.0\mu g/L$（T_2）、$0.1\mu g/L$（T_3）三个浓度水平，以喷清水（T_0）为对照，研究了表油菜素内酯（epibrassinolide，EBR）对小麦旗叶叶绿素含量的影响。结果表明，小麦旗叶叶绿素含量自开花后随生育进

程推进呈逐渐下降的趋势，开花期喷施 EBR，各浓度处理在花后 28d 之前各时期旗叶的叶绿素含量均显著高于对照，且处理间差异相对稳定，并表现为随 EBR 处理浓度增加叶绿素含量增加，花后 28d 之后各处理间差异逐渐缩小，成熟时各处理叶绿素含量与对照间无显著差异（图 8-1）。由此表明，在开花期喷施适宜浓度的 EBR 有利于提高小麦旗叶的光合能力，从而为获得较高的粒重奠定了基础。

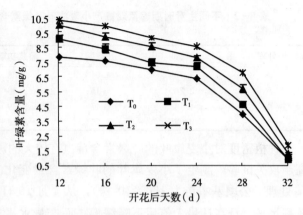

图 8-1　叶绿素含量（干重）变化

二、单叶光合速率变化

光合速率是反映植物转化太阳能、同化 CO_2、制造有机物质快慢的重要指标，在一定程度上决定着小麦经济产量的高低。许多试验表明，小麦开花后随着生育时期的推进，旗叶和倒二叶的光合速率呈逐渐下降的趋势，不同品种之间存在一定差异，且产量水平越高，叶片的光合速率愈大，持续期越长（表 8-5）。

表 8-5　小麦灌浆期叶片光合速率的变化　　　　　　（单位：mg/dm·h）

品　　种	叶　位	测定日期（月/日）			
		5/2	5/16	5/29	6/1
豫麦 39	旗　叶	31.22	14.69	10.43	10.92
	倒二叶	15.96	14.12	11.29	10.49
豫麦 2 号	旗　叶	20.70	11.69	7.31	4.29
	倒二叶	20.28	9.17	4.06	—

不同穗型小麦品种光合速率存在明显差异。郭天财等（2002）曾比较研究了大穗型品种周麦 13 和多穗型品种豫麦 49 的光合速率日变化，结果表明，两种穗型品种旗叶的光合速率变化趋势相同，均于开花期达最大值，之后逐渐下降，直至成熟。多穗型品种豫麦 49 旗叶净光合速率（Pn）日变化呈双峰曲线，峰值出现在 10：00 和 14：00；大穗型品种周麦 13 的 Pn 日变化为单峰曲线，峰值出现在 10：00。一天中大穗型品种周麦 13 的旗叶净光合速率（Pn）均高于多穗型品种豫麦 49（图 8-2）。

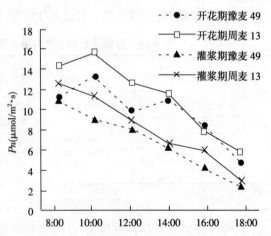

图 8-2　大穗型品种周麦 13 和多穗型品种豫麦 49 的光合日变化比较

叶片光合速率受环境条件和栽培措施的影响。王晨阳等（1998）的试验结果表明，氮肥用量和追氮时期均对小麦旗叶的光合速率产生明显影响。在设置的5个追肥处理中，以雌雄蕊分化末期或药隔形成期追氮120kg/hm²处理的光合速率最高，追氮过早（小花分化期追氮120kg/hm²）、追氮过少（雌雄蕊分化末期追氮60kg/hm²）均导致光合速率下降（图8-3）。

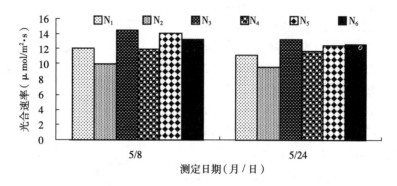

图8-3　不同追氮处理对小麦旗叶光合速率的影响（品种：豫麦49）

注：N_1：3月4日（小花分化期）追氮120kg/hm²；N_2：3月20日（雌雄蕊分化末期）追氮60kg/hm²；N_3：3月20日（雌雄蕊分化末期）追氮120kg/hm²；N_4：3月20日（雌雄蕊分化末期）追氮225kg/hm²；N_5：4月4日（药隔形成期）追氮120kg/hm²；N_6：4月19日（四分体期）追氮120kg/hm²。

表8-6所示为不同种植密度条件下豫麦49旗叶和倒二叶光合速率（Pn）的变化。从表中可见，种植密度对小麦叶片光合速率有明显的影响，表现为高密度处理植株叶片的光合速率总是低于低密度处理，不同发育时期的光合速率则表现为灌浆中期最高，孕穗期次之，灌浆后期最低。试验结果还表明，光合速率受光合有效辐射（PAR）和气孔导度（C）的影响，但它们之间并无绝对的相关关系，这是由于光合速率不仅取决于光反应速率，而且还取决于暗反应速率以及二者的协调程度。

表8-6　种植密度对小麦光合速率及气孔导度的影响　（单位：$\mu mol/m^2 \cdot s$）

品种	种植密度 （万/hm²）	叶位	孕穗期			灌浆中期			灌浆后期		
			PAR	Pn	C	PAR	Pn	C	PAR	Pn	C
93中6	225	旗　叶	1 700.59	16.50	288.68	1 631.31	18.75	332.59	2 002.48	5.06	112.92
		倒二叶	1 600.64	15.95	288.21	1 560.10	16.19	460.75			
	375	旗　叶	1 538.52	15.20	230.00	1 731.76	14.75	452.13	1 977.88	4.78	167.38
		倒二叶	1 599.69	13.32	244.95	1 817.92	12.52	567.70			
兰考906	300	旗　叶	1 743.85	15.47	236.58	1 710.13	19.17	454.36	2 044.90	11.81	269.62
		倒二叶	1 670.63	12.98	250.93	1 409.60	15.37	462.30			
	450	旗　叶	1 763.88	15.67	228.13	1 689.29	18.62	423.58	2 107.88	9.24	234.39
		倒二叶	1 553.09	12.56	257.19	1 501.70	13.66	438.18			

在河南生态条件下，小麦生育后期高温引起光合性状变劣，使供给籽粒合成的光合产物减少，可导致粒重和产量降低。根据王晨阳等（2004）不同高温处理的研究结果，在正常条件下，小麦开花至花后25d旗叶保持较高的净光合速率（Pn），之后随植株衰老而明显下降。从不同时期测定结果看，各高温处理均使旗叶Pn下降。在38℃温度条件下处理

后 0~20d，12h 的高温处理使旗叶 Pn 较 CK 下降 1.6%~23.0%；24h 的高温处理下降 6.6%~29.8%；36h 的高温处理下降 32.4%~68.4%，其中 12h 的高温处理与 CK 差异达极显著水平。38℃高温处理后 25d 测定，12h 高温处理的旗叶 Pn 较对照下降 8.6%，差异不显著；而 24h 的高温处理和 36h 的高温处理分别下降 52.5% 和 90.2%，差异均达极显著水平；高温处理后 30d 测定，12h 的高温处理旗叶 Pn 较 CK 下降 95.8%，而 24h 的高温处理和 36h 的高温处理 Pn 均为负值，表明此期高温明显加速了植株衰老（图 8-4）。

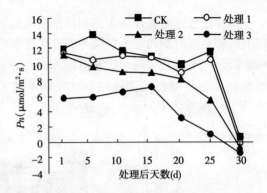

图 8-4　高温对旗叶光合速率的影响

倒二叶 Pn 测定结果表明，随小麦植株生育进程推进，38℃高温处理使倒二叶 Pn 大幅度下降，如处理后 10d 测定，36h 的高温处理倒二叶 Pn 分别较 CK 下降 14.3%、16.1% 和 80.1%；处理后 20d 测定 Pn 分别下降 18.4%、30.0% 和 110.1%。两期测定中，12h 和 24h 高温处理与对照之间差异不显著，但均与 36h 高温处理差异极显著。表明小麦花后 36h 高温将对植株光合机能产生显著影响（图 8-5）。

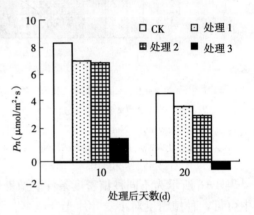

图 8-5　高温对小麦倒二叶光合速率的影响

三、群体光合速率变化

小麦收获的是群体产量，已有研究表明，群体光合速率（单位土地面积上的植株同化 CO_2 数量）与小麦的产量呈正相关。目前，由于学术界对作物单叶光合速率与产量的关系看法不一，人们开始把研究目光逐步转向了群体光合的研究。测定结果表明，两种穗型冬小麦品种（大穗型品种豫麦 66 和多穗型品种豫麦 49）的群体净光合速率（NCP）随生育期的变化趋势一致，均为单峰曲线，峰值出现在开花期。但两个品种不同时期的 NCP 存在明显差异。开花期以前，大穗型品种兰考 906 的 NCP 低于多穗型品种豫麦

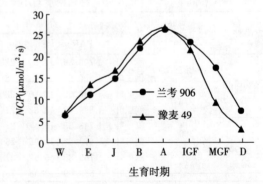

图 8-6　两个穗型小麦品种不同生育时期群体光合速率的变化

注：W：越冬期；E：起身期；J：拔节期；B：孕穗期；A：开花期；IGF：灌浆初期；MGF：灌浆中期；D：蜡熟期。

49，但从开花到成熟阶段，兰考 906 的 NCP 明显高于豫麦 49。这主要是由于兰考 906 生育前期单位面积总茎数和叶面积指数（LAI）较低，漏光损失相对较多，而生育后期群体光合环境良好，中下部叶片也能得到较充足光能的缘故（图 8-6）。

种植密度对小麦的群体光合速率具有明显影响。据赵会杰等（2002）对重穗型品种兰考 906 的测定结果表明，孕穗期以前，具有随着密度增大 NCP 提高的趋势，但密度处理间 NCP 差异较小。孕穗期以后，种植密度对 NCP 影响明显。开花期（峰值期）375×10^4 株基本苗/hm^2 和 450×10^4 株基本苗/hm^2 两个处理的 NCP 差异不大，但二者均明显高于 300×10^4 株基本苗/hm^2 的处理。从开花至成熟阶段，450×10^4 株基本苗/hm^2 处理的叶片光合功能衰退较快，300×10^4 株基本苗/hm^2、375×10^4 株基本苗/hm^2 处理的光合功能衰退较慢，但由于低密度（300×10^4 株基本苗/hm^2）下的 LAI 偏低，漏光损失较多，故以 375×10^4 株基本苗/hm^2 处理的 NCP 最高。表明密度过高或过低均不利于群体光合潜能的发挥（图 8-7）。

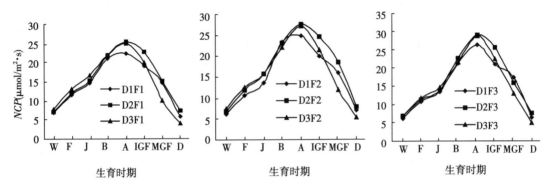

图 8-7 密度对重穗型小麦（L906）不同生育时期 NCP 的影响

注：D1：每 $667m^2$ 20×10^4 苗；D2：每 $667m^2$ 25×10^4 苗；D3：每 $667m^2$ 30×10^4 苗；F1：返青期追氮；F2：拔节期追氮；F3：孕穗期追氮，横坐标与图 8-6 相同。

追肥时期对小麦生育后期 NCP 具有调节作用。开花期三个追肥时期处理的 NCP 依次为孕穗期追肥＞拔节期追肥＞返青期追肥。而且拔节、孕穗期追肥可在整个灌浆期维持较高的 NCP。表明适当推迟追肥时间，有利于增加产量形成阶段光合产物的供应能力（图8-8）。

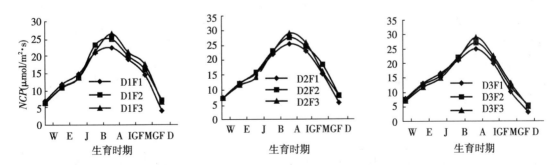

图 8-8 追肥时期对重穗型小麦（L906）不同生育时期 NCP 的影响（标注与图 8-7 相同）

在一天之内，随着冠层生态条件的变化，小麦的群体光合（CAP）发生有规律的变化。郭天财等（2004）曾研究了多穗型品种豫麦 49 和大穗型品种周麦 13 开花期（图 8-

9）和灌浆中期（图 8-10）的群体光合速率日变化。结果表明，两种穗型小麦品种群体光合（CAP）日变化（吸收 CO_2 量）均呈偏态单峰曲线，且峰值均出现在上午 10：00 左右。所不同的是，开花期大穗型品种周麦 13 的峰值平均值（29.6μmol/m²·s）略高于多穗型品种豫麦 49（29.35μmol/m²·s）。豫麦 49 各处理 12：00～14：00 内曲线较为平坦，14：00 后下降较快；周麦 13 各处理 12：00～16：00 内下降缓慢，16：00 后才明显下降。灌浆期周麦 13 的峰值平均为 18.13μmol/m²·s，豫麦 49 为 14.25μmol/m²·s，两者相差 3.88μmol/m²·s，其差值大于开花期。豫麦 49B2（150×10⁴ 株/hm² 基本苗）处理的峰值出现后 CAP 逐渐下降，没有维持阶段；周麦 13 各处理峰值出现后的 12：00～16：00 内变化幅度较小，且同一时间段各处理的 CAP 值均高于豫麦 49。说明周麦 13 后期群体具有较强的光合能力，并且对强光的利用率高于豫麦 49。另外，两品种均以 B1（75×10⁴/hm² 基本苗）处理的 CAP 最低，这说明超高产麦田生育后期维持较高的群体叶面积以充分利用光能是非常重要的。

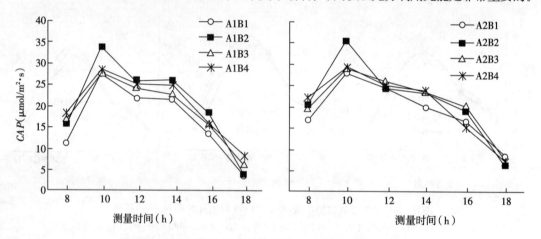

图 8-9　不同穗型品种开花期群体光合日变化（CO_2 吸收量）

注：A1：豫麦 49；A2：周麦 13；B1：75×10⁴ 株/hm²；B2：150×10⁴ 株/hm²；B3：225×10⁴ 株/hm²；B4：300×10⁴ 株/hm²（图 8-8 同此）。

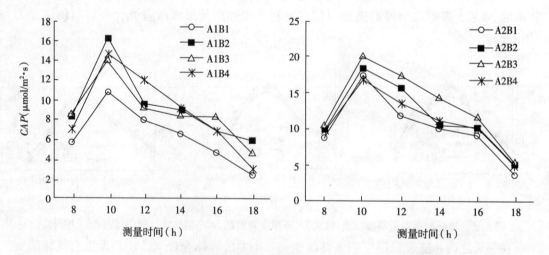

图 8-10　不同穗型品种灌浆中期群体光合日变化（CO_2 吸收量）

四、RuBPcase 活性和羧化效率

RuBPcase 是决定 C3 植物光合碳代谢方向和效率的关键酶，其活性的高低直接影响光合速率的大小。王之杰等（2004）研究了不同穗型高产小麦品种周麦 13（大穗型品种）和豫麦 49（多穗型品种）的 RuBPcase 活性的变化动态。结果表明，在两个品种的旗叶发育过程中，RuBcase 活性的变化趋势均为单峰曲线，旗叶展开后 RuBPcase 活性开始上升，并于第 10d 达最大值，然后逐渐下降（图 8‐11）。

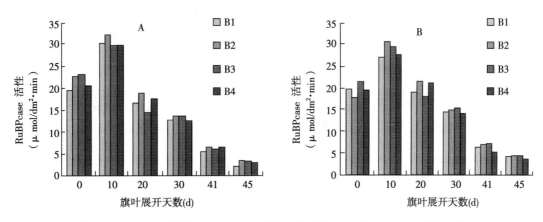

图 8‐11　高产小麦旗叶 RuBPcase 活性变化趋势（A. 豫麦 49　B. 周麦 13）

种植密度对旗叶一生中 RuBPcase 活性的变化动态具有明显影响。豫麦 49 的 B2（150×10^4 株/hm^2）处理在旗叶展开当天就较高，之后一直保持最高水平（图 8‐11，A）。而其余各处理则不稳定，其中 B1（75×10^4 株/hm^2）处理在旗叶全展当天虽最低，但在第 10～30d 内较高，之后又最低；B3（225×10^4 株/hm^2）处理虽在旗叶展开当天最高，但在 10～20d 内最低，30d 后又高于 B1、B4（300×10^4 株/hm^2）两处理；B4 处理在 30d 后也无优势，但比 B1 处理稍高。

周麦 13 各种植密度处理的 RuBPcase 活性表现有所不同（图 8‐11，B）。旗叶展开当天，B3 处理的 RuBPcase 活性最高，10～20d 内 B2 处理的活性最强。旗叶展开后 30d，B3 处理的活性最强，B2 处理次之，B1 处理第 3，B4 处理最弱；40～45d 之间仍以 B3 处理最强，其他 3 个处理的强弱顺序同 30d 时，但 B2 与 B3 两处理的差异很小。表明两种穗型品种的 B3 处理在旗叶展开后均保持较强的 RuBPcase 活性，因此，具有较高的光合潜能。

两种穗型品种间相比，旗叶展开的 0～10d 内豫麦 49 各处理的 RuBPcase 活性均高于周麦 13，而 20d 以后则周麦 13 均高于豫麦 49。进一步说明大穗型品种周麦 13 后期光合能力较强。

羧化效率（CE）是反映叶肉细胞光合机构活性的重要指标之一。从测定结果可以看出，开花期豫麦 49 各处理 CE 的高低顺序为 B2＞B3＞B4＞B1，处理间存在极显著差异；周麦 13 各处理 CE 的高低顺序为 B2＞B3＞B1＞B4，B2 与其他 3 个处理间差异达极显著

水平，B1 与 B4 处理间差异不显著（表 8-7）。

灌浆中期豫麦 49CE 的大小顺序为 B2＞B3＞B4＞B1，各处理比开花期分别下降 84.27％、228.46％、208.09％和 232.74％，种植密度处理间差异达极显著水平。周麦 13CE 的大小顺序为 B2＞B4＞B3＞B1，各处理比开花期分别下降 28.30％、65.24％、138.01％和 211.00％，处理间差异也均达极显著水平。周麦 13 各处理的 CE 值都高于豫麦 49 相应处理。

以上结果表明，在小麦生育后期周麦 13 具有比豫麦 49 较高的羧化效率，在 4 个密度处理中，两品种均以 $150×10^4$ 株/hm^2 基本苗处理的羧化效率最高。

表 8-7 开花期和灌浆中期高产小麦旗叶羧化效率（CE）

密度处理	开花期		灌浆中期	
	豫麦 49	周麦 13	豫麦 49	周麦 13
B1（$75×10^4$ 株/hm^2）	0.055 9±0.005 2D	0.065 0±0.005 4cC	0.016 8±0.002 9D	0.020 9±0.003 0D
B2（$150×10^4$ 株/hm^2）	0.105 4±0.008 1A	0.082 5±0.005 1aA	0.057 2±0.005 6A	0.064 3±0.004 5A
B3（$225×10^4$ 株/hm^2）	0.085 4±0.006 1B	0.076 4±0.007 0bB	0.026 0±0.005 8B	0.032 1±0.005 2B
B4（$300×10^4$ 株/hm^2）	0.072 4±0.008 5C	0.061 8±0.007 5cC	0.023 5±0.006 4C	0.037 4±0.005 8C

五、叶绿素荧光参数

受光激发的叶绿素所产生的荧光可作为光合作用的探针，快速、简便、无损伤地进行光合作用测定，因此，它在作物生理生态领域已经成为一种非常有用的研究工具。郭天财等（2005）以豫麦 50 为材料，研究了旗叶叶绿素荧光参数的日变化以及不同灌水处理对其的调节效应，发现不同的水分管理措施对豫麦 50 旗叶的 Fo（固定荧光）、Fm（最大荧光）、Fv（可变荧光）以及 PSⅡ活性均有显著的影响（图 8-12）。

固定荧光（Fo）是光系统Ⅱ（PSⅡ）反应中心处于完全开放时的荧光产量。理论上指反应中心恰未能发生光化学反应时的叶绿素荧光。它可以指示逆境对作物叶片 PSⅡ永久性伤害程度，其值大小与叶片叶绿素浓度高低有关。由图 8-12 可见，各处理的 Fo 值日变化均表现从早晨开始逐渐下降，9 点或 11 点下降到最低点，然后逐渐上升，傍晚达最高值。不同灌水处理间，早晨的 Fo 值表现为 W4＞W3＞W5＞W2＞W1，中午的 Fo 值表现为 W4＞W2＞W1＞W5＞W3，傍晚的 Fo 值表现为 W4＞W2＞W5＞W3＞W1。表明 Fo 不仅受不同时间生态条件

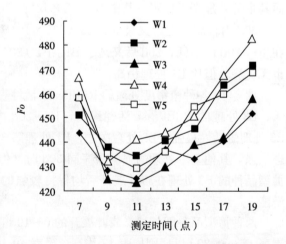

图 8-12 不同灌水处理对小麦旗叶 Fo 日变化的影响

注：W1：全生育期不灌水；W2：拔节期灌水；W3：抽穗期灌水；W4：拔节期＋抽穗期各灌水；W5：拔节期＋抽穗期＋开花后 10d 灌水（图 8-13、8-14、8-15、8-16同此）。

的影响（主要是温度、光照、水分），同时也受土壤水分状况的影响。从不同灌水处理看，以不灌水处理在全天的 Fo 值相对较低（中午除外），而灌 3 水处理（W5）的 Fo 也有所降低，说明适宜灌水能够减少对小麦旗叶 PSII 的伤害。最大荧光（Fm）是 PSII 反应中心处于完全关闭时的荧光产量，可反映通过 PSII 的电子传递情况。测定结果（图 8-13）表明，Fm 在一天中的变化表现呈 V 字形，即早晨较大，之后逐渐降低，到中午 13 点或 15 点达到最低，然后又逐渐升高。不同灌水处理间存在着差异。在 11 点前和傍晚，灌 2 水和灌 3 水处理较其他灌水处理的 Fm 值大，以灌 1 水或不灌水处理的 Fm 最低；且灌 1 水条件下，在 9～17 点间拔节期灌水比抽穗期灌水的 Fm 值增加。这表明灌水次数和灌水时期对 PSII 的电子传递率均有调节效应（图 8-13）。

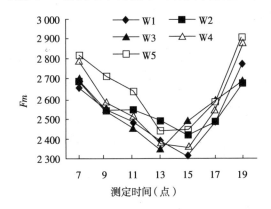

图 8-13 不同灌水处理对小麦旗叶 Fm 日变化的影响

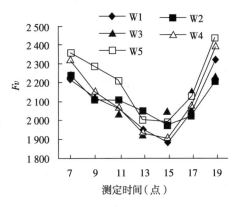

图 8-14 不同灌水处理对小麦旗叶 Fv 日变化的影响

可变荧光（Fv，$Fv=Fm-Fo$）是最大荧光和固定荧光之差，它与 PSII 原初电子受体的氧化还原状态有关，其变化反映了 PSII 活性的变化。测定结果（图 8-14）表明，可变荧光与最大荧光的日变化规律总体上一致，表明 Fv 的变化主要是由于 Fm 变化所引起。可变荧光与最大荧光参数的相关分析表明，二者间相关系数为 0.995 9，达极显著水平。

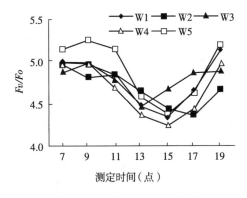

图 8-15 不同灌水处理对小麦旗叶 Fv/Fo 日变化的影响

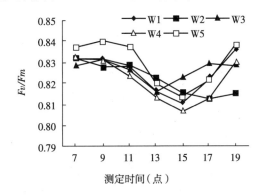

图 8-16 不同灌水处理对小麦旗叶 Fv/Fm 日变化的影响

可变荧光（Fv）与固定荧光（Fo）的比值（Fv/Fo）可代表光系统 II（PSII）潜在

活性，而可变荧光与最大荧光的比值（Fv/Fm）可代表 PsⅡ 的最大光化学效率。图 8-15 和图 8-16 中的测定结果表明，小麦旗叶 Fv/Fo 和 Fv/Fm 在早晨 7 点到 9 点变化幅度不大，然后逐渐下降，在下午降到最低，以后升高，傍晚 7 点重升到最大。不同灌水处理对旗叶 Fv/Fo 和 Fv/Fm 的影响表现为，灌 3 水处理（W5）在全天处于较高水平，抽穗期灌 1 水（W3）下午比其他处理高，拔节期＋抽穗期灌 2 水（W4）较低，其原因是拔节期＋抽穗期灌 2 水生长旺盛，群体较大而表现缺水，抑制了生长，降低了 Fv/Fo 和 Fv/Fm 值。W2 和 W3 处理由于灌水时期对生长的影响，虽然灌水次数相同，但结果差异较大。灌 3 水（W5）和拔节期灌 1 水（W3）处理的 PSⅡ 潜在活性（Fv/Fo）及最大光化学效率（Fv/Fm）的提高，有利于光合色素把所捕获的光能以更高的速度和效率转化为化学能，从而为碳同化提供了更加充足的同化力。

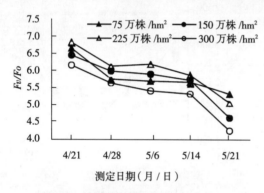

图 8-17 不同种植密度下豫麦 34 Fv/Fo 动态变化

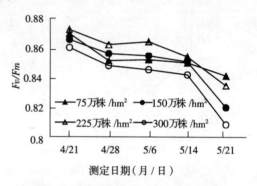

图 8-18 不同种植密度下豫麦 50 Fv/Fo 动态变化

郭天财等（2005）研究了种植密度对不同筋力型小麦品种荧光动力学参数的影响。结果表明（图 8-17～图 8-22），种植密度对不同筋力型小麦品种叶绿素荧光动力学参数的影响存在差异，强筋型小麦品种豫麦 34 在每公顷基本苗 225×10^4 株条件下，其叶绿素含量、PSⅡ 潜在活性（Fv/Fo）、PSⅡ 的最大光化学效率（Fv/Fm）/非光化学碎灭系数（qN）等叶绿素荧光动力学参数较优，而弱筋型小麦品种豫麦 50 在每公顷基本苗 75×10^4 株条件下，上述各性状最优。随种植密度增大，Fv/Fo 及 Fv/Fm 下降，qN 增大，植株倒伏性亦增加。

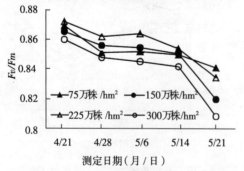

图 8-19 不同种植密度下豫麦 34 Fv/Fm 动态变化

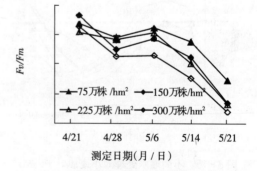

图 8-20 不同种植密度下豫麦 50 Fv/Fm 动态变化

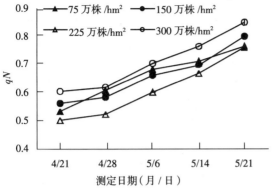

图 8 - 21 不同种植密度下豫麦 34 qN
动态变化

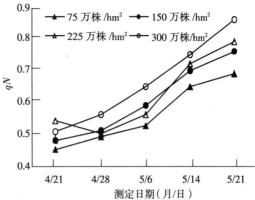

图 8 - 22 不同种植密度下豫麦 50 qN
动态变化

表 8 - 8 外源水杨酸（SA）对小麦叶片荧光参数的影响

处 理	Fm/Fo	Fv/Fm	$\Phi PS\,II$	qP	qN
CK1	7.631 (100%)	0.78 (100%)	0.142 (100%)	0.154 (100%)	0.34 (100%)
CK2	4.424 (60.1%)	0.404 (51.8%)	0.105 (73.9%)	0.112 (72.7%)	0.473 (146.5%)
SA1	7.524 (98.6%)	0.776 (99.5%)	0.141 (99.3%)	0.15 (97.4%)	0.352 (103.5%)
SA2	5.886 (80.0%)	0.541 (69.4%)	0.124 (87.3%)	0.138 (89.6%)	0.383 (112.6%)
SA3	4.89 (66.4%)	0.437 (56.0%)	0.119 (83.8%)	0.124 (80.5%)	0.401 (117.9%)

注：CK1：喷水，中等光强（800 $\mu mol/m^2 \cdot s$，4 h）；CK2：喷水，强光（1 600 $\mu mol/m^2 \cdot s$，4 h）；SA1：喷施 50 mg/kg SA，强光处理 4 h；SA2：喷施 100 mg/kg SA，强光处理 4 h；SA3：喷施 200 mg/kg SA，强光处理 4 h（%）。

赵会杰等（2002，2005）研究了光抑制条件下，水杨酸、ABA、Ca^{2+}、抗氧化剂及酚类物质对灌浆期小麦旗叶的叶绿素荧光参数的影响。结果表明，适当浓度的上述物质对小麦旗叶的叶绿素荧光参数产生明显影响，表现出对光合机构的保护效应（表 8 - 8、表 8 - 9、表 8 - 10、表 8 - 11、表 8 - 12）。

表 8 - 9 外源 ABA 对小麦叶片荧光参数的影响

处 理	Fm/Fo	Fv/Fm	$\Phi PS\,II$	qP	qN
CK 1	7.631 (100%)	0.78 (100%)	0.142 (100%)	0.154 (100%)	0.34 (100%)
CK 2	4.424 (60.1%)	0.404 (51.8%)	0.105 (73.9%)	0.112 (72.7%)	0.473 (146.5%)
ABA 1	6.322 (85.9%)	0.665 (85.3%)	0.139 (97.9%)	0.146 (94.8%)	0.378 (111.2%)
ABA 2	7.96 (108.1%)	0.742 (95.1%)	0.144 (101.4%)	0.159 (103.2%)	0.346 (101.8%)
ABA 3	5.575 (75.7%)	0.542 (69.5%)	0.122 (85.9%)	0.133 (86.4%)	0.389 (114.4%)

注：CK 1：喷水，中等光强（800 $\mu mol/m^2 \cdot s$，4h），对照 1；CK 2：喷水，强光（1 600 $\mu mol/m^2 \cdot s$，4h）处理，对照 2；ABA 1：喷施 50 mg/kg ABA，强光处理 4h；ABA 2：喷施 100 mg/kg ABA，强光处理 4h；ABA 3：喷施 200 mg/kg ABA，强光处理 4h。

表 8 - 10 钙离子及对 EGTA、$LaCl_3$ 对小麦叶片叶绿素荧光参数的影响

处 理	Fm/Fo	Fv/Fm	$\Phi PS\,II$	qP	qN
a	3.841 (100.0%)	0.788 (100.0%)	0.161 (100.0%)	0.323 (100.0%)	0.511 (100.0%)
b	1.663 (43.3%)	0.325 (41.2%)	0.071 (44.1%)	0.206 (63.7%)	0.743 (145.4%)

（续）

处 理	Fm/Fo	Fv/Fm	$\Phi PS\,\mathrm{II}$	qP	qN
c	2.751（71.4%）	0.647（82.1%）	0.144（89.4%）	0.279（86.4%）	0.563（110.2%）
d	1.424（37.1%）	0.309（39.2%）	0.062（38.5%）	0.201（62.3%）	0.807（157.9%）
e	1.206（31.4%）	0.301（38.2%）	0.059（36.6%）	0.192（59.4%）	0.829（162.2%）

注：a：喷水，然后进行常温（25℃）中光（600μmol/m²·s）处理，作为对照；b：喷水，然后进行高温（38℃）强光（1 600μmol/m²·s）处理；c：喷施 10 mmol $CaCl_2$，然后进行高温强光处理；d：喷施 mmol EGTA，然后进行高温强光处理；e：喷施 10 mmol $LaCl_3$，然后进行高温强光处理。

表 8-11 抗氧化剂对小麦旗叶叶绿素荧光参数影响

处 理	Fm/Fo	Fv/Fm	$\Phi PS\,\mathrm{II}$	qP	qN
H_2O+MI（处理）	3.837（100%）	0.786（100%）	0.156（100%）	0.315（100%）	0.507（100%）
MV + HI	1.621（42.2%）	0.382（48.6%）	0.075（48.1%）	0.204（64.8%）	0.712（140.4%）
MV + HI +100 g/m³SA	1.742（45.4%）	0.401（51.0%）	0.131（84.0%）	0.206（65.4%）	0.630（124.3%）
MV + HI +200 g/m³SA	2.560（66.7%）	0.714（90.8%）	0.139（89.1%）	0.277（87.9%）	0.545（107.5%）
MV + HI +300 g/m³SA	3.415（89.0%）	0.742（94.4%）	0.145（92.9%）	0.301（95.6%）	0.524（103.3%）
MV + HI +100 g/m³ mannitol	1.684（43.9%）	0.399（50.8%）	0.125（80.1%）	0.211（67.0%）	0.678（133.7%）
MV+HI +200g/m³ mannitol	2.337（60.9%）	0.548（69.7%）	0.144（92.3%）	0.283（89.8%）	0.603（118.9%）
MV+HI +300 g/m³ mannitol	3.261（85.0%）	0.703（89.4%）	0.148（94.9%）	0.302（95.9%）	0.516（101.8%）

注：MI：中等光强；HI：高光强；MV：甲基紫精；sA：水杨酸；mannitol：甘露醇。

表 8-12 几种酚类物质对小麦叶绿素荧光参数的影响

处 理	Fm/Fo	Fv/Fm	$\Phi PS\,\mathrm{II}$	qP	qN
H_2O+MI（处理）	3.837（100%）	0.786（100%）	0.156（100%）	0.315（100%）	0.507（100%）
MV+HI	1.621（42.2%）	0.382（48.6%）	0.075（48.1%）	0.204（64.8%）	0.712（140.4%）
MV + HI + 100g/m³Cat	1.491（38.8%）	0.401（51.0%）	0.062（39.7%）	0.203（64.3%）	0.643（126.8%）
MV + HI + 200g/m³Cat	1.786（46.5%）	0.434（55.2%）	0.106（67.9%）	0.210（66.7%）	0.591（116.6%）
MV + HI + 300g/m³Cat	1.926（50.2%）	0.464（59.0%）	0.115（73.7%）	0.292（92.7%）	0.524（103.4%）
MV + HI + 100g/m³Res	1.978（51.6%）	0.497（63.2%）	0.120（76.9%）	0.257（81.6%）	0.575（113.4%）
MV + HI + 200g/m³Res	2.036（53.1%）	0.509（64.8%）	0.137（87.8%）	0.283（89.8%）	0.547（107.9%）
MV + HI + 300g/m³Res	2.122（55.3%）	0.530（67.4%）	0.145（92.9%）	0.301（95.6%）	0.511（100.8%）
MV + HI + 100g/m³Tan	1.818（47.4%）	0.491（62.5%）	0.130（83.3%）	0.249（79.0%）	0.558（110.1%）
MV + HI + 200g/m³Tan	2.363（61.6%）	0.578（73.5%）	0.147（94.2%）	0.277（87.9%）	0.534（105.3%）
MV + HI + 300g/m³Tan	2.649（70.1%）	0.606（77.1%）	0.150（96.1%）	0.302（95.9%）	0.518（102.6%）

注：MI：中等光强；HI：高光强；MV：甲基紫精；Cat：儿茶酚；Res：间苯二酚；Tan：单宁酸。

第二节 小麦灌浆期的酶活性

一、叶片中硝酸还原酶（NR）和磷酸蔗糖合成酶（SPS）活性

（一）硝酸还原酶（NR）活性

硝酸还原酶（NR）是植物体内将硝态氮转化为铵态氮的第一个关键酶，其活性高低反映了小麦氮代谢状况。Dechard 等（1978）研究认为，NR 活性与小麦产量和蛋白质含量呈正相关，并提出以 NR 活性作为产量和蛋白质含量的筛选指标。

小麦开花后，旗叶的 NR 活性随时间的推移而下降，豫麦 49（多穗型品种）和豫麦 66（大穗型品种）两种穗型小麦品种表现出基本相同的变化趋势，但在不同生育时段内，两品种的酶活性高低有明显差异（图 8-23）。多穗型小麦品种豫麦 49 在灌浆前期 NR 活性高于大穗型品种豫麦 66，但开花 20 d 后，多穗型小麦品种豫麦 49 的 NR 活性衰减速度较快，而大穗型品种豫麦 66 的 NR 活性衰减速度较慢。

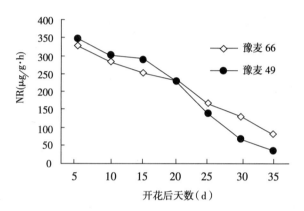

图 8-23 不同穗型小麦品种旗叶（鲜重）的 NR 活性变化

（二）磷酸蔗糖合成酶（SPS）活性

蔗糖是植物体内碳水化合物的主要运输形式，因而，在叶片中将光合作用的直接产物尽快转化为蔗糖，并输送出去，将有利于库端（如籽粒）物质的积累。蔗糖的合成主要依靠 SPS/Suc-6-Pase（蔗糖磷酸酯酶）系统，而蔗糖合成酶（SS）主要是将输入籽粒的蔗糖降解为 UDPG（尿苷二磷酸葡萄糖）以合成淀粉。SPS 是一种糖基转移酶，它以 UDPG 为供体，以 6-磷酸果糖为受体，催化合成蔗糖磷酸，后者在蔗糖磷酸酯酶的作用下脱去磷酸，形成蔗糖。由于

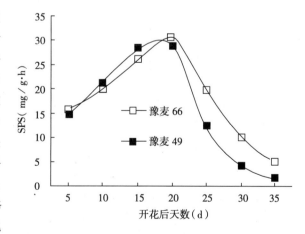

图 8-24 两个不同穗型小麦品种旗叶（鲜重）中 SPS 活性变化

SPS调节着叶片中光合产物在淀粉和蔗糖之间的分配，其活性高低直接影响源（叶）中的可溶性糖含量和对库（籽粒）端的供应能力。从测定结果可见，开花后旗叶的SPS活性随着时间推移和籽粒发育而升高，灌浆前期多穗型品种豫麦49的SPS活性增加较快，并于花后15 d达到高峰，花后20 d开始迅速下降；大穗型品种豫麦66前期增加较慢，花后20 d达到高峰，以后下降，速率明显低于豫麦49，在灌浆中后期保持较高的酶活性（图8-24）。

二、籽粒中蔗糖合成酶（SS）活性

从"源"运往胚乳细胞的蔗糖，首先在细胞质中由蔗糖合成酶（SS）催化分解成果糖和尿苷二磷酸葡萄糖（UDPG），此步反应中不排除转化酶的作用，但其作用甚微。UDPG在UDPG焦磷酸化酶作用下转化为G-1-P（葡萄糖-1-磷酸），然后进入淀粉体，在那里形成淀粉。Chevalier等研究认为，胚乳中SS活性持续期决定着籽粒灌浆的持续期，当SS活性降低时，胚乳不再利用运来的蔗糖，并进而阻碍蔗糖向籽粒的输入。因此，SS活性高低是影响籽粒中淀粉合成的重要因子。根据对多穗型品种豫麦49和大穗型品种豫麦66的测定结果，在整个籽粒灌浆期间，两种穗型小麦品种籽粒的SS活性均为单峰曲线，但峰值出现的时间及峰值大小有明显差异（图8-25）。多穗型品种豫麦49峰值较低，出现较早，于花后20d达到高峰，此后SS活性迅速下降；大穗型品种豫麦66峰值较高但出现较晚，花后25 d达到高峰。

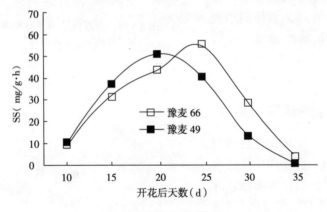

图8-25　不同穗型小麦品种籽粒（鲜重）
SS活性变化

三、腺苷二磷酸葡萄糖焦磷酸化酶（AGPP）活性

腺苷二磷酸葡萄糖焦磷酸化酶（AGPP）催化G-1-P（1-磷酸葡萄糖）和ATP（三磷酸腺苷）形成的ADPG（腺苷二磷酸葡萄糖），是籽粒淀粉合成中的限速酶之一。高松洁等（2003）以强筋品种藁麦8901、中筋品种豫麦49和弱筋品种洛麦1号为材料，研究了不同筋力小麦品种AGPP活性的差异。结果表明，不同面筋含量冬小麦品种AGPP活

性变化均呈单峰曲线，花后 20 d 达到峰值。强筋品种峰值最大，其次是中筋品种，弱筋品种最小。花后 10～20 d 强筋品种藁麦 8901 的 AGPP 活性上升较快，达到峰值后下降较慢；中筋品种豫麦 49 达到峰值后下降较快，弱筋品种洛麦 1 号的峰值持续时间较长。花后 25～35 d，3 个品种的 AGPP 活性下降趋势基本一致（图 8 - 26）。

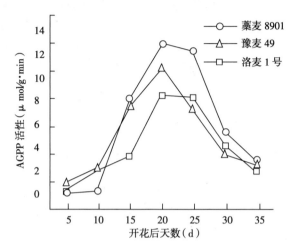

图 8 - 26　灌浆期不同筋力小麦品种 AGPP 活性变化

四、可溶性淀粉合成酶（SSS）和淀粉分支酶（SBE）活性

可溶性淀粉合成酶（SSS）是一个葡萄糖转移酶。它以寡聚糖为前体，ADPG 为底物，通过 α - 1，4 糖苷键不断增加寡聚糖的葡萄糖单位，最终合成以 α - 1，4 糖苷键连接的聚糖，聚糖又将作为淀粉分支酶的底物合成支链淀粉。试验结果表明，强筋品种藁麦 8901 的 SSS 酶活性呈单峰曲线，花后 20 d 达到峰值，之后缓慢下降。而中筋品种豫麦 49 和弱筋品种洛麦 1 号则呈双峰曲线，花后 10 d 达到第 1 个峰值，花后 20 d 达到第 2 个峰值，且第 2 个峰值显著高于第 1 个峰值。中筋品种峰值较大，其次是强筋和弱筋品种。花后 25～35 d，3 个品种 SSS 酶活性下降趋势基本相同（图 8 - 27）。

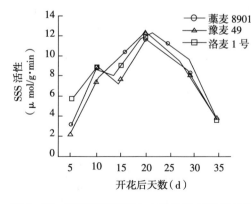

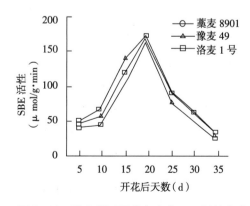

图 8 - 27　灌浆期不同筋力小麦品种 SSS 活性变化　　图 8 - 28　灌浆期不同筋力小麦 SBE 活性变化

淀粉分支酶（SBE）是小麦支链淀粉合成的关键酶，又称 Q 酶。它是一种具有双重催化作用的酶，一方面它能切开 α-1，4 糖苷键连接的葡聚糖（包括直链淀粉或支链淀粉的直链区），另一方面它又能把切下的短链通过 α-1，6 糖苷键连接于受体链上。该催化反应不仅产生分支，而且非还原端可供 α-1，4 葡聚糖链进一步延伸。由图 8-28 可知，3 个品种 SBE 活性变化均呈单峰曲线，在花后 20 d 达到峰值。强筋品种峰值略低于中筋和弱筋品种。花后 5～10 d，强筋品种藁麦 8901 上升较快，中筋品种豫麦 49 次之，弱筋品种洛麦 1 号较慢。花后 10～15 d，中筋和弱筋品种上升较快，而强筋品种稍慢。花后 15～20 d，强筋和弱筋品种上升较快，而中筋品种稍慢。达到峰值后，3 个品种 SBE 活性下降趋势基本相同。

五、防御酶系统

以百泉 41 为材料，从开花后第 5～31 d 测定旗叶、穗部、穗下第 2 节间、根系（地表以下 0～15cm）SOD（超氧化物歧化酶）、CAT（过氧化氢酶）活性及 MDA（丙二醛）含量变化。结果表明，各器官之间 SOD 活性变化有密切的关系，旗叶和穗部的 SOD 变化趋势相似，同时在花后 10 d 出现一活性高峰，在花后 15～20 d 内活力为低谷，在花后 25 d 左右又出现一活性高峰。穗下第 2 节间在开花后 5～15 d 酶活力达高峰，然后下降，开花 20 d 后一直维持一个较低水平。根系 SOD 活性变化不同于地上部其他器官，在籽粒形成期酶处于较高活力水平，花后 20 d 迅速下降，并维持较低水平（图 8-29）。

图 8-30 所示为 CAT 活性的变化。可见 CAT 主要存在于叶片，其活性随衰老进程而下降。在花后 10 d 左右维持较高的活力水平，然后下降。穗和节间的 CAT 活性较弱。籽粒形成期穗部 CAT 活性不足旗叶的 1/3；节间的 CAT 活性开花后 10 d 内只有旗叶的 1/10 左右；而根中的 CAT 活性始终处于较低水平。

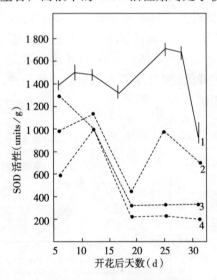

图 8-29 小麦开花后叶、穗、茎秆及根
（鲜重）中 SOD 活性变化
1. 旗叶 2. 穗部 3. 穗下第 2 节间 4. 根

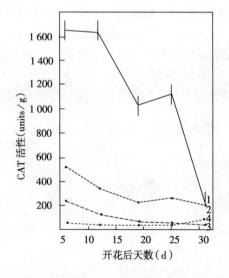

图 8-30 小麦开花后叶、穗、茎秆及根
（鲜重）中 CAT 活性变化
1. 旗叶 2. 穗部 3. 穗下第 2 节间 4. 根

相关分析表明，在旗叶衰老过程中，SOD、CAT 活性与膜脂过氧化产物 MDA 含量呈极显著负相关。由图 8-31 可见，旗叶中 MDA 含量在开花后逐渐增加，花后 12 d 维持在 30nmol/g，在灌浆中后期 MDA 积累加速，开花后 31 d 达到 90 nmol/g。根系 MDA 含量在灌浆中后期呈跳跃增加趋势。穗部 MDA 含量在花后 5 d 为 36 nmol/g，而后呈下降趋势，在花后 25 d 降到 17 nmol/g，然后又持续增加。穗下第 2 节间 MDA 含量在花后 20 d 达到高峰，为 40 nmol/g，以后迅速下降，到开花后 31 d 测定时，其含量已经很低。这可能是由于节间逐渐木质化所致。

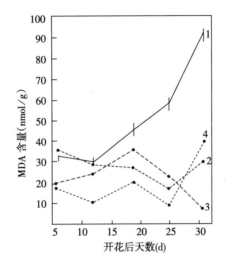

图 8-31 小麦开花后叶、穗、茎秆及根

（鲜重）中 MDA 含量变化

1. 旗叶 2. 穗部 3. 穗下第 2 节间 4. 根

第三节 植物生长调节剂与活性氧清除剂的效应

一、植物生长调节剂的效应

小麦生长后期，植株生理功能逐渐衰退，抗御外界不良环境的能力减弱。此时，不利的环境因子极易导致小麦叶片早衰，致使灌浆过程早止，粒重降低。如何延长功能叶的寿命，促进叶片制造更多的光合产物并运往籽粒，提高粒重已成为实现小麦高产稳产的一个重要问题。崔金梅等（1993）以冀麦 5418 为材料，研究了灌浆期喷洒 6-苄基氨基嘌呤（BA）、萘乙酸（NAA）、表油菜素内酯（EBR）、缩节胺（Pix）、多效唑（PP 333）、三唑酮（Triadimefon）等 6 种植物生长调节剂对小麦 SOD 活性、MDA 含量、蛋白质含量及粒重的影响。

（一）对 SOD 活性和 MDA 含量的影响

开花后第 25 d 喷施植物生长调节剂，并于喷后第 3、6、9 d 测定旗叶 SOD 活性变化，结果列于表8-13。从表中可以看出，经处理以后，叶片中的SOD活性下降较对照缓慢，且处理间存在明显差异。喷后第3 d测定，EBR（表油菜素内酯）和NAA（萘乙酸）两处理SOD活性较对照高，而其他处理酶活性与对照接近。到第6 d，除Pix（缩节胺）处理与对照酶活性相近外，其他各处理均比对照高。到第9 d，各处理酶活性均明显高于对照。表明在小麦生育后期叶片喷施适宜的植物生长调节剂，能减缓叶片SOD活性的下降速度，有利于增强体内清除活性氧的能力，提高小麦粒重。

表8-13　植物生长调节剂对旗叶（鲜重）SOD活性的影响　（单位：mmol/g）

处　理	处理后天数（d）		
	3	6	9
水（对照）	1 423±89	919±62	715±84
6-BA（20μg/L）	1 325±56	1 006±68	890±50
EBR（0.01μg/L）	1 472±85	1 188±101	900±54
NAA（20μg/L）	1 535±21	1 333±121	811±44
Pix（500μg/L）	1 402±115	935±102	804±46
PP 333（100μg/L）	1 328±117	1 300±41	854±71
三唑酮（20μg/L）	1 403±49	1 255±63	935±89

表8-14所示为喷施不同植物生长调节剂对旗叶脂质过氧化产物MDA含量的影响。结果表明，喷后第3 d和第6 d，除NAA外，各处理旗叶的MDA含量均低于对照，且以EBR和Pix降低幅度最大；到第9 d，所有处理的MDA均低于对照。

表8-14　植物生长调节剂对旗叶（鲜重）MDA含量的影响　（单位：nmol/g）

处　理	处理后天数（d）		
	3	6	9
水（对照）	44.5±5.6	52.4±6.8	70.3±7.2
6-BA（20μg/L）	41.0±3.3	54.1±7.5	57.0±4.0
EBR（0.01μg/L）	33.7±3.6	38.0±5.2	50.0±4.1
NAA（20μg/L）	46.2±3.1	55.9±3.7	53.5±4.5
Pix（500μg/L）	35.0±3.3	43.3±2.9	59.1±3.6
PP 333（100μg/L）	37.2±1.2	44.7±5.6	50.7±5.7
三唑酮（20μg/L）	41.7±4.4	49.7±2.9	54.6±4.5

（二）对蛋白质含量的影响

植物在衰老过程中，由于蛋白质合成能力下降，分解代谢加强，蛋白质含量逐渐下降。在花后25 d喷施植物生长调节剂能减缓叶片中蛋白质含量的下降速度（表8-15）。除NAA外，各处理在喷后第3、6、9 d蛋白质含量多高于对照，以6-BA效果最为显著。NAA处理在喷后第3、6、9 d蛋白质含量比对照降低。

表 8-15 植物生长调节剂对旗叶（鲜重）蛋白质含量的影响 （单位：mg/g）

处 理	处理后天数（d）		
	3d	6d	9d
水（对照）	8.45±0.62	5.50±0.25	3.20±0.30
6-BA（20μg/L）	9.45±0.55	5.97±0.46	4.65±0.05
EBR（0.01μg/L）	9.18±0.53	5.90±0.90	4.12±0.89
NAA（20μg/L）	7.52±0.25	5.27±1.05	2.97±0.21
Pix（500μg/L）	9.08±1.00	5.82±0.38	3.68±0.50
PP 333（100μg/L）	8.92±0.55	5.48±0.83	3.22±0.28
三唑酮（20μg/L）	7.87±0.10	5.80±0.92	3.28±0.46

（三）对粒重的影响

在开花后25 d，正值旗叶由功能期向衰老期过渡的关键阶段，这时喷施生长调节剂可增强体内防御酶活性，抑制细胞膜脂的过氧化作用，起到明显的延衰效应，有利于叶片制造更多的同化物运往籽粒。从试验结果可见，花后25 d喷施生长调节剂，千粒重得到不同程度的提高，以EBR和6-BA处理增加幅度最大，达到显著水平。其次是三唑酮和PP333，而Pix和NAA处理效果较弱（表8-16）。

表 8-16 植物生长调节剂对小麦千粒重的影响

处 理	千粒重（g）	与对照的差异（LSD0.05＝0.746）
6-BA（20μg/L）	38.98	1.26*
EBR（0.01μg/L）	38.61	0.89*
三唑酮（20μg/L）	38.38	0.66
PP 333（100μg/L）	38.08	0.36
Pix（500μg/L）	37.88	0.16
NAA（20μg/L）	37.73	0.01
水（对照）	37.72	—

由于各种植物生长调节剂作用机理和作用方式不同，在不同的时期喷施，其效果会有一定差异。因此，进行了不同喷施时期对千粒重影响的试验。结果表明，花后10 d处理，喷施6-BA使千粒重比对照增加2.08g，差异达到极显著水平；EBR处理千粒重增加0.65g，差异达到显著水平，其他处理与对照差异不显著。在花后20 d喷施，三唑酮和Pix处理的千粒重分别比对照增加2.15g和1.44g，与对照差异显著，其他处理的千粒重略有增加。可见，施用时期对生长调节剂的效应发挥有一定影响，应选择其最佳时期进行喷施（表8-17）。

表 8-17 不同时期喷施植物生长调节剂对小麦千粒重的影响

	花后10d喷施		花后20d喷施	
	千粒重（g）	与对照差异	千粒重（g）	与对照差异
6-BA（20μg/L）	40.59	2.08**	38.60	0.23
EBR（0.01μg/L）	39.16	0.65*	38.54	0.17
三唑酮（20μg/L）	38.75	0.24	40.52	2.15**
PP 333（100μg/L）	38.73	0.22	39.49	1.12*
Pix（500μg/L）	38.70	0.20	39.81	1.44**

（续）

	花后 10d 喷施		花后 20d 喷施	
	千粒重（g）	与对照差异	千粒重（g）	与对照差异
NAA（20μg/L）	38.63	0.12	38.71	0.34
水（对照）	38.51	—	38.37	—
	LSD0.05＝0.624		LSD0.05＝0.679	
	LSD0.01＝1.065		LSD0.01＝1.140	

表 8-18　开花期喷施 EBR 对小麦产量及其构成因素的影响

处理浓度	穗数 （×10⁴个/hm²）	穗粒数 （个）	千粒重 （g）	产量 （kg/hm²）	比对照增产
T_0（CK）	434.6a	41.3B	42.7C	6 328.5 Cc	
T_1（0.1μg/L）	427.2a	43.9A	43.2BC	6 623.7ABCb	4.5%
T_2（1.0μg/L）	431.3a	44.2A	44.0AB	6 733.5ABab	6.4%
T_3（10.0μg/L）	429.2a	43.9A	44.4A	6 872.8Aa	8.6%

注：数据后的大小写字母分别表示 0.01 和 0.05 水平上的差异显著性，表 8-19 与之相同。

表 8-19　开花期喷施 EBR 对豫麦 49 不同部位小穗结实粒数与粒重的影响

处理浓度	上部粒数 （个）	中部粒数 （个）	下部粒数 （个）	上部粒重 （mg/粒）	中部粒重 （mg/粒）	下部粒重 （mg/粒）
T_0（CK）	7.5a	20.4b	13.3a	29.2C	44.2D	40.3C
T_1（0.1μg/L）	8.4a	22.5a	13.0a	39.7B	48.4C	47.4B
T_2（1.0μg/L）	8.7a	22.2a	13.3a	41.6A	51.4B	48.1B
T_3（10.0μg/L）	8.7a	21.4ab	13.7a	42.1A	54.5A	52.0A

根据刘海英等（2006）以豫麦 49 为材料，在开花期叶面喷施表油菜素内酯（EBR）对小麦产量及其构成因素的研究结果（表 8-18）可以看出，开花期喷施 EBR 各处理均比对照显著或极显著地提高了产量，且表现为增产幅度在本试验范围内随处理浓度加大而提高。喷施 EBR 各处理间的单位面积成穗数差异不显著，但每穗粒数和千粒重均显著高于对照。进一步分析开花期喷施 EBR 对不同部位小穗结实粒数与粒重的效应可以看出，开花期喷施 EBR 对下部和上部小穗结实粒数与对照处理的差异不显著，但可显著提高中部小穗的结实粒数（T_3 处理除外），并显著或极显著提高了各部位粒重，且表现为随处理浓度增加粒重增大的效果愈明显（表 8-19）。

二、活性氧清除剂的效应

赵会杰等（1999）以 DMSO（二甲基亚砜）为分子探针，检测了 H_2O_2 - Fe^{2+} 体系及 Paraquat 处理后，小麦叶片（旗叶）中·OH 的变化，并研究了·OH 对叶片的氧化损伤及三种抗氧化剂（还原型谷胱甘肽、苯甲酸钠、甘露醇）的保护效应。结果表明，·OH 强烈的抑制 SOD、CAT 活性，膜脂过氧化加剧，叶绿素破坏，NR 活性降低。3 种抗氧化剂均具有清除·OH 的功能，对·OH 所致的生理损伤有明显的防护效应。比较它们之间的防护效应，可见苯甲酸钠和甘露醇清除·OH 的能力较强，还原型谷胱甘肽清除·OH相对较弱，但它可使 SOD、CAT 活性维持较高水平。这可能与三者的防御机理不同有关。

　　以徐州 21 为材料，研究了大田条件下，灌浆期喷施活性氧清除剂对旗叶 MDA 含量及千粒重的影响（赵会杰等，1993）。从表 8-20 的结果可以看出，采用的苯甲酸钠（SBA）和抗坏血酸（ASA）对抑制细胞膜脂过氧化作用，降低 MDA 含量具有一定效果。喷后第 3 d，处理与对照差异不大，到第 6 d，两个处理的 MDA 含量都比对照显著降低，到第 9 d，处理与对照的差距又缩小。

表 8-20　活性氧清除剂对小麦旗叶（鲜重）MDA 含量的影响

（单位：nmol/g）

处　理	喷施后天数		
	喷后第 3 d	喷后第 6 d	喷后第 9 d
水（对照）	48.5	62.8	72.3
0.1%ASA	48.6	34.7	71.9
0.1%SBA	46.0	40.2	62.4

表 8-21　不同时期喷施活性氧清除剂对小麦千粒重的影响

（单位：g）

处　理	花后 10 d 喷施	花后 20 d 喷施	花后 25 d 喷施
水（对照）	36.9	36.2	36.1
0.1%ASA	38.4	38.2	36.7
0.1%SBA	35.3	37.2	39.3

　　表 8-21 所示为开花后不同时期喷施活性氧清除剂对小麦千粒重的影响。从表中可以看出，花后 10、20、25 d 喷施 ASA 和花后 20、25 d 喷施 SBA，均可明显的提高千粒重。从这些试验结果还可以看出，喷施抗坏血酸以开花后 10～20 d 内为宜，而喷施苯甲酸钠则以开花后 20～25 d 效果较好。

表 8-22　有机酸和硼、锌对小麦旗叶（鲜重）叶绿素和蛋白质含量的影响

处　理	叶绿素（mg/g）		蛋白质（mg/g）	
	喷后 3 d	喷后 6 d	喷后 3 d	喷后 6 d
水（对照）	2.70±0.13	1.24±0.13	8.45±0.62	4.50±0.25
抗坏血酸	2.70±0.04	1.95±0.85	9.17±0.42	5.03±0.16
苯甲酸	2.71±0.10	2.00±0.80	8.95±0.51	5.59±0.41
水杨酸	2.95±0.15	1.11±0.18	8.15±0.91	5.45±0.40
琥珀酸	3.75±0.15	1.90±0.05	9.32±0.57	6.60±0.56
单宁酸	3.40±0.10	1.75±0.06	8.23±0.56	5.63±0.44
硼　酸	3.00±0.12	1.25±0.20	9.93±0.55	6.75±0.98
硫酸锌	3.40±0.21	1.45±0.02	8.50±0.78	5.72±0.10

　　王向阳等（1995）以冀麦 5418 为材料，研究了开花后 10、20、25 d 喷施抗坏血酸、苯甲酸、水杨酸、琥珀酸、单宁酸、硫酸锌及硼酸（浓度均为 0.1%）对小麦旗叶活性氧代谢及粒重的影响。结果表明，上述药剂对小麦旗叶的 SOD 活性及叶绿素、蛋白质、MDA 含量具有显著的调节作用，从而提高粒重。从表 8-22 可以看出，随着灌浆时间的推移，对照叶片叶绿素（Chl）和蛋白质含量大幅度减少，叶片衰老加快。而经叶面喷施

有机酸后，第6d除水杨酸处理的叶绿素含量低于对照外，其余各处理的叶绿素和蛋白质降解速率均减缓，以苯甲酸、抗坏血酸、琥珀酸、单宁酸对叶绿素的作用较大，硼酸、硫酸锌、单宁酸对抑制蛋白质降解效果较显著。但由于不同药剂的性质及作用方式和时间不同，对延缓叶绿素和蛋白质降解的效应表现出一定差异。

表8-23 有机酸和硼、锌对小麦旗叶（鲜重）SOD活性和MDA含量的影响

处　理	SOD活性（units/g）			MDA含量（nmol/g）		
	喷后3d	喷后6d	喷后9d	喷后3d	喷后6d	喷后9d
水（对照）	1 423±89	919±62	725±84	45.5±5.6	52.4±6.8	70.3±7.2
抗坏血酸	1 597±97	997±60	834±41	48.6±2.4	34.7±4.5	58.8±3.5
苯甲酸	1 558±86	955±57	803±71	46.0±2.0	40.0±4.3	59.0±3.0
水杨酸	1 389±77	1 496±12	938±21	40.0±3.0	59.7±3.1	52.5±6.3
琥珀酸	1 457±80	1 139±80	684±47	38.7±1.5	50.0±6.2	53.0±2.0
单宁酸	1 441±12	1 059±99	581±98	39.0±5.6	50.3±4.5	47.7±6.4
硼　酸	1 337±98	1 031±85	925±73	42.9±3.2	38.4±3.1	57.0±4.5
硫酸锌	1 459±86	1 327±67	1 000±67	36.6±3.1	52.0±3.0	39.0±4.5

从表8-23可以看出，灌浆后期旗叶中SOD活性明显下降，MDA急剧增加。经不同药剂处理后SOD活性下降减慢，MDA也比对照减少。由于不同种类的药剂作用方式和持续时间不同，调节效应表现出一定差异。维持SOD活性的大小顺序是：硫酸锌＞水杨酸＞硼酸＞抗坏血酸＞苯甲酸＞对照。琥珀酸和单宁酸作用时间较短，处理后第6d，SOD活性分别比对照高23.9%和19.2%，而第9d时略低于对照。MDA含量高低的顺序为：对照＞苯甲酸＞抗坏血酸＞硼酸＞琥珀酸＞水杨酸＞单宁酸＞硫酸锌。

表8-24 有机酸和硼、锌对小麦粒重的影响

处　理	开花后10d喷施①		开花后20d喷施②		开花后30d喷施③	
	千粒重（g）	与对照比	千粒重（g）	与对照比	千粒重（g）	与对照比
水（对照）	38.50	—	38.37	—	37.72	—
抗坏血酸	40.03	1.52**	40.03	1.66**	38.58	0.86*
苯甲酸	39.15	0.64*	39.25	0.88*	38.68	0.74
水杨酸	39.15	0.64*	40.45	2.08**	37.64	−0.08
琥珀酸	40.92	2.42**	38.72	0.32	38.18	0.41
单宁酸	37.16	−1.34*	39.45	1.08*	37.81	0.09
硼　酸	40.66	2.16**	39.76	1.41**	38.27	0.60
硫酸锌	39.22	0.72*	39.55	1.18**	37.87	0.13

注：①LSD0.05=0.62，LSD0.01=1.07；②LSD0.05=0.68，LSD0.01=1.14；③LSD0.05=0.76。

由于上述有机酸可明显调节叶片的代谢，从而对小麦粒重也产生显著的影响。从表8-24可见，开花后10d喷施，除单宁酸处理的粒重低于对照外，其余处理均高于对照，且以抗坏血酸、琥珀酸、硼酸效果明显，与对照差异极显著。花后20d喷施，抗坏血酸、水杨酸、硼酸和硫酸锌处理的粒重与对照差异极显著。花后25d喷施，多数处理粒重略有增加，但与对照差异不显著。

参 考 文 献

[1] 赵会杰，李兰真，朱云集等．羟自由基对小麦叶片的氧化损伤及外源抗氧化剂的防护效应．作物学报，1999，25（2）：174～180

[2] 王向阳，崔金梅，赵会杰等．小麦不同生育时期超氧物歧化酶活性与膜脂过氧化作用的初步研究．河南农业大学学报，1991，25（1）：1～6

[3] 赵会杰，崔金梅，王向阳等．小麦旗叶的某些生理变化与籽粒灌浆关系的研究．河南农业大学学报，1993，27（3）：215～222

[4] 赵会杰，李有，邹琦．两个不同穗型小麦品种的冠层辐射和光合特征的比较研究．作物学报，2002，28（5）：654～659

[5] 赵会杰，邹琦，郭天财等．密度和追肥时期对重穗型冬小麦品种L906群体辐射和光合特性的研究．作物学报，2002，28（2）：270～277

[6] 郭天财，彭文博，王向阳等．小麦灌浆后期青枯骤死原因分析及控制．作物学报，1997，23（4）：474～481

[7] 赵会杰，李兰真，杨会武等．小麦新品种豫麦39灌浆期生理特性研究．华北农学报，1998，13（2）：6～10

[8] 赵会杰，王向阳，彭文博等．小麦灌浆后期青枯骤死与体内活性氧代谢关系研究．作物学报，1994，20（3）：302～305

[9] 赵会杰，林学梧．抗坏血酸对小麦旗叶衰老进程中膜脂过氧化的影响．植物生理学通讯，1992，28（5）：317～322

[10] 崔金梅，王向阳，彭文博等．植物生长调节物质对小麦叶片衰老的延缓效应及对粒重的影响．见：卢良恕主编．中国小麦栽培研究新进展．北京：农业出版社，1993，307～313

[11] 胡廷积，郭天财，王志和等．小麦穗粒重研究．北京：中国农业出版社，1995，1～24

[12] 王向阳，彭文博，崔金梅等．有机酸和硼、锌对小麦旗叶活性氧代谢及粒重的影响．中国农业科学，1995，28（1）：69～74

[13] 王晨阳，朱云集，夏国军等．氮肥后移对超高产小麦产量及生理特性的影响．作物学报，1998，24（6）：978～983

[14] 康国章，郭天财，朱云集等．不同生育时期追氮对超高产小麦生育后期光合特性及产量的影响．河南农业大学学报，2000，34（2）：103～106

[15] 郭天财，王之杰，王永华．不同穗型小麦品种旗叶光合作用日变化的研究．西北植物学报，2002，22（3）：554～560

[16] 王之杰，郭天财，朱云集等．不同穗型超高产小麦旗叶CO_2同化能力的比较．作物学报，2004，30（8）：739～744

[17] 郭天财，王之杰，胡廷积等．不同穗型小麦品种群体光合特性及产量性状的研究．作物学报，2001，27（5）：633～639

[18] 郭天财，姚战军，王晨阳等．水肥运筹对小麦旗叶光合特性及产量的影响．西北植物学报，2004，24（10）1786～1791

[19] 赵会杰，薛延丰．外源水杨酸对光抑制条件下小麦叶片光合作用的影响．植物生理学通讯，2005，41（5）613～615

[20] 赵会杰，薛延丰．水杨酸和脱落酸对强光所致小麦叶片氧化损伤的防护效应．麦类作物学报，

2005, 25 (4)：54～58

[21] Zhao H J, Tan J F. Role of calcium ion in protection against heat and high irradiance stress-induced oxidative damage to photosynthesis of wheat leaves . Photosynthetica, 2005, 43 (3)：473～476

[22] Zhao H J, Zhou Q. Protective effects of exogenous antioxidants and phenolic compounds on photosynthesis of wheat leaves under high irradiance and oxidative stress . Photosynthetica, 2002, 40 (4)：523～527

[23] 郭天财，王书丽，王晨阳等．种植密度对不同筋力型小麦品种荧光动力学参数及产量的影响．麦类作物学报，2005, 25 (3)：63～66

[24] 高松洁，郭天财，罗毅．不同面筋含量冬小麦品种籽粒灌浆期淀粉合成关键酶活性变化．华北农学报，2003, 18 (4)：16～18

[25] 刘海英，郭天财，朱云集等．开花期喷施表油菜素内酯对豫麦 49 蔗糖代谢和产量的影响．麦类作物学报，2006, 26 (1)：77～81

[26] 刘海英，郭天财，朱云集等．开花期外施表油菜素内酯（epi-BR）对小麦籽粒淀粉积累及其相关酶活性的影响．作物学报，2006, 32 (6)：924～930

[27] Dechard E L, Bush R H. Nitrate reductase assays as a prediction test for crosses and lines . Crop Sci. , 1978, 18：289～293

[28] Warrington I J, et al. Temperature effects at three development stages on the yield of the wheat ear . Aust. J. Agric. Res. , 1977, 28：11～27

第九章 冬小麦籽粒灌浆与生态条件的关系

粒重是决定小麦产量高低的关键因子。小麦粒重高低受多种因素影响，首先品种遗传特性对粒重高低起决定作用，其次是气候因素，如气温的高低、日照的长短和强度、降雨量的多少和降雨时期等都影响籽粒形成及粒重的大小。此外，栽培管理措施，如施肥、灌水、播期、播量及土壤质地等均影响小麦粒重的高低。在小麦生产实践中，由于气候条件和栽培技术措施的不同，导致粒重波动很大。据河南省三门峡市调查，1990 年平均千粒重为 36.5 g，而后期干旱的 1995 年平均千粒重为 25.4 g，两年相差 11.1 g。著者对郑引 1 号品种的调查表明，在高粒重年份达到 37～38 g，低粒重年份只有 32 g 左右，相差 5～6 g；不同施氮肥的处理，千粒重可以增减 3～4 g。杜军（1997）对西藏山南地区小麦千粒重的变化进行了研究，8 年平均千粒重为 48.2 g，最大值与最小值相差 11.8 g。据估算，在高产麦田穗数和穗粒数维持正常水平时，千粒重每下降 1 g，每 667 m² 可减产 6.5～8.5 kg。在增产年份，粒重增加占增产因素比例的 87.4%；而在减产年份，因粒重下降造成的减产占减产总数的 94.2%（苗果园等，1983）。因此，稳定和提高小麦粒重是实现高产、稳产的关键。

国内外许多学者曾围绕小麦粒重形成及其调控进行了有益的探讨。著者连续 20 多年围绕籽粒发育规律、影响粒重形成的气候因素及栽培措施的调控效应进行了深入系统的研究，对气温、日照、降雨、播期、密度及施肥等对小麦粒重的影响规律进行了分析。

第一节 小麦灌浆期气象条件对籽粒形成的影响

在河南生态条件下，小麦籽粒灌浆期短，且前期温度偏低、后期温度升高过快、气候条件变化复杂，加之多种病虫害并发，常导致粒重波动不稳、可调控余地小。因此，研究气象条件与粒重的关系，对稳定提高小麦粒重十分重要。

一、不同年份间粒重的差异

不同年份因气象条件的差异导致粒重的变化。从表 9-1 可以看出，在高粒重年份，籽粒发育各阶段粒重、粒重日增量均高于低粒重年份，且品种间表现一致。如在花后 12～21d，郑引 1 号、百泉 41 高粒重年份的千粒重日增量分别为 1.68g 和 1.46g；低粒重年份分别为 1.53g 和 1.38g。在花后 22～29 d，郑引 1 号、百泉 41 高粒重年份千粒重日增量分别为 1.59g 和 1.08g，低粒重年份千粒重日增量分别为 1.25g 和 0.57g。比较高、低粒重年份籽粒灌浆特点可以看出，花后 12～21d 及 22～29d 是决定粒重高低的两个重要阶段，而籽粒形成期和成熟期，不同年份间粒重日增量差异较小。

表 9-1 不同年份千粒重、千粒重日增量与气象因子的关系

品种	花后天数 (d)	年型	千粒重 (g)	千粒重日增量 (g)	积温 (℃)	均温 (℃)	总日照 (h)	日照 (h)	降水 (mm)
郑引1号	11	高粒重年	9.73	0.88	215.53	19.60	86.75	7.89	38.78
		低粒重年	9.10	0.83	199.60	18.70	62.17	5.67	39.20
	21	高粒重年	26.93	1.68	199.98	20.00	70.98	7.08	5.11
		低粒重年	23.90	1.53	209.00	20.90	66.60	6.67	12.17
	29	高粒重年	39.50	1.59	180.03	22.50	69.93	8.75	8.73
		低粒重年	31.10	1.25	181.90	22.77	49.27	6.17	7.40
	最终	高粒重年	42.51	0.83	97.83	24.13	35.00	9.23	1.65
		低粒重年	33.70	0.69	123.27	24.43	32.17	6.33	20.87
	高粒重年合计/平均				693.40	21.60	262.70	8.24	54.30
	低粒重年合计/平均				713.80	21.70	210.20	6.21	79.60
百泉41	11	高粒重年	11.93	1.08	226.20	20.56	83.90	7.63	39.78
		低粒重年	10.98	0.99	209.60	19.05	73.20	6.97	52.67
	21	高粒重年	26.53	1.46	208.90	20.43	71.26	7.12	36.88
		低粒重年	24.78	1.38	226.80	22.03	53.38	5.34	40.87
	29	高粒重年	35.20	1.08	189.00	23.64	62.16	7.77	8.36
		低粒重年	29.33	0.57	172.90	22.40	32.55	4.07	15.70
	最终	高粒重年	36.65	0.42	76.10	25.10	25.10	8.22	0.00
		低粒重年	31.33	0.37	121.10	19.41	24.80	5.33	18.57
	高粒重年合计/平均				700.20	22.40	242.40	7.80	85.00
	低粒重年合计/平均				730.40	20.70	183.90	5.40	127.80

注：郑引 1 号最终千粒重＞41.2g 为高粒重年，千粒重＜37.1g 为低粒重年；百泉 41 最终千粒重＞35.5g 为高粒重年，千粒重＜33.1g 为低粒重年；表中数据均为 5 年平均值。

二、气象因子对粒重形成的影响

（一）气象因子与粒重的关系

灌浆期的温度条件及日照长短是影响粒重高低的重要因素。分析认为，在籽粒形成期（花后 0～10 d），19～21℃有利于粒重增加；灌浆中期（花后 11～22d）20～22℃的温度有利于形成高粒重，超过 24℃则导致粒重下降；籽粒灌浆后期 22～23.5℃的温度较为适宜，超过 25℃不利于形成高粒重。日照长短对粒重形成亦有明显的影响，表现为随着每天日照时数的增加粒重增加，平均日照时数大于 7 h 的光照条件有利于形成较高的粒重。

降水总量及分布在不同年际间变化较大，不同品种对降水的反应也不尽相同。对于郑引 1 号和百泉 41 来说，表现为高粒重年份的降水量略少于低粒重年份。如郑引 1 号在高粒重年份降雨量为 54.3mm，而低粒重年份为 79.6mm；百泉 41 高粒重年份降雨量为 85.0mm，低粒重年份为 127.8mm（表 9-1）。冀麦 5418 不同年份各阶段的降水相差不大，日照条件可能成为影响粒重的主要因子。

气象条件对粒重的影响主要是通过影响灌浆期长短、灌浆速度来实现的。著者通过分析灌浆期间日均温、最高温度及温差对最终粒重的影响，结果表明，日均温、最高温度与千粒重之间呈二次曲线关系。即在一定温度范围内，千粒重随日均温、最高温度的升高而

增加，达到一定温度后开始下降；但灌浆后期高温与千粒重呈显著的负相关；千粒重随温差的增大而增加。灌浆期间的降水对最终粒重亦有较明显的影响，其中灌浆前期降水可使粒重增加，而灌浆中期和后期降水使千粒重下降。在小麦灌浆期间，千粒重随灌浆期间平均日照时数的增加而增加。

（二）灌浆期间气象因子的主成分分析

为确定光、温、水各气候因子在小麦粒重形成过程中所起的作用，以灌浆期间日照时数、日均温、温差、高温和降雨量等气象要素，进行主成分分析（表9-2）。结果表明，光、温条件的互作，是影响小麦粒重的首要因子，降水为次要因子。对主成分载荷值大小进行综合分析（4个品种）表明；影响粒重的气象因子依次为：平均日照时数＞平均温差＞高温平均值＞日均温＞降水。各要素对粒重的影响在不同品种间存在一定的差异：百泉41和郑引1号表现为，日照时数和温差＞日均温和高温＞降水；温2540和冀麦5418表现为，日均温和高温＞日照时数和温差＞降水。

表 9 - 2 籽粒灌浆期间气象要素的主成分分析

品　种	气象要素	主成分载荷值			
		$f1$	$f2$	$f3$	$f4$
综合分析	日照时数	0.889	−0.023	−0.165	−0.122
	温差	0.794	−0.024	−0.149	−0.178
	日均温	0.680	−0.079	0.126	0.170
	高温	0.711	−0.133	−0.017	−0.038
	降水	0.041	0.940	0.156	0.169
百泉41	日照时数	0.835	0.328	−0.148	0.348
	温差	0.890	0.106	−0.320	0.232
	日均温	0.201	0.960	0.069	0.174
	高温	0.389	0.225	−0.235	0.861
	降水	−0.257	0.072	0.945	−0.186
郑引1号	日照时数	0.730	0.428	−0.161	−0.163
	温差	0.951	−0.039	−0.066	−0.030
	日均温	0.152	0.940	−0.043	−0.035
	高温	0.638	0.492	−0.042	−0.027
	降水	−0.113	−0.142	0.975	−0.129
温2540（豫麦25）	日照时数	0.498	0.760	0.231	0.349
	温差	−0.063	0.997	−0.011	−0.048
	日均温	0.986	−0.033	0.156	−0.027
	高温	0.931	0.315	0.163	−0.076
	降水	0.186	−0.072	−0.979	−0.030
冀麦5418	日照时数	0.456	0.840	0.225	0.151
	温差	−0.075	0.941	0.303	−0.093
	日均温	0.957	0.163	−0.082	0.209
	高温	0.963	0.194	−0.040	−0.176
	降水	−0.016	0.324	0.946	−0.012

注：$f1$、$f2$、$f3$、$f4$分别代表第1、2、3、4主成分。

（三）温度条件对粒重的影响

1. 日平均温度 有研究认为，小麦灌浆期的适宜温度为 18～22℃，其下限温度为 12～14℃，上限温度为 26～28℃。如果日平均气温在 30℃ 以上时，易出现干热风天气，造成青枯逼熟，灌浆提早结束，千粒重降低。著者通过连续 16 年对多个小麦品种设置播期试验（10 月 1 日、10 月 8 日、10 月 16 日和 10 月 24 日），研究籽粒灌浆过程中温度对最终粒重的影响。结果表明，小麦千粒重与日均温呈开口向下的抛物线关系（图 9-1），即在一定的范围内，粒重随平均温度的升高而增加，品种之间方程的系数存在差异（表 9-3）。通过对二次方程求导，得到各方程的一阶导数即粒重随平均温度增加的速度，4 个品种的平均拐点为 20.9℃，即表明在日均温低于 20.9℃ 时千粒重随温度的升高而增加，超过该温度指标粒重则随温度升高而下降。在 8 个供试品种中，拐点温度最高的是冀麦 5418，为 22.8℃，最低的是徐州 21，为 19.2℃（表 9-3），表明不同品种在灌浆期间，对温度的适应能力不同。

表 9-3 小麦千粒重与平均温度的回归方程

品种	回归方程	一阶导数	拐点
百泉 41	$Y = -0.329\,6X^2 + 14.228X - 119.23$	$Y' = -0.659\,2X + 14.228$	21.6
郑引 1 号	$Y = -0.767\,3X^2 + 33.202X - 321.02$	$Y' = -1.534\,6X + 33.202$	21.6
温 2540	$Y = -0.201\,1X^2 + 8.180X - 37.95$	$Y' = -0.402\,2X + 8.180$	20.3
冀麦 5418	$Y = -0.522\,9X^2 + 23.889X - 226.12$	$Y' = -1.045\,8X + 23.889$	22.8
徐州 21	$Y = -0.707\,3X^2 + 27.123X - 216.33$	$Y' = -1.414\,6X + 27.123$	19.2
兰考 86-79	$Y = -1.7375X^2 + 74.453X - 731.93$	$Y' = -3.475\,0X + 74.453$	21.4
百农 3217	$Y = -4.132\,1X^2 + 164.640X - 1\,597.10$	$Y' = -8.264\,2X + 164.640$	19.9
偃师 9 号	$Y = -0.548\,5X^2 + 22.103X - 181.90$	$Y' = -1.097\,0X + 22.103$	20.2

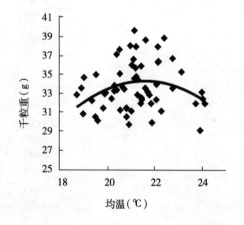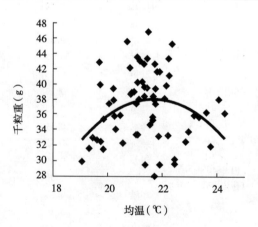

图 9-1 百泉 41（左）和郑引 1 号（右）粒重与籽粒灌浆期间均温的关系

2. 高温 有研究表明，在中度高温（25～32 ℃）胁迫下小麦籽粒灌浆持续期缩短，粒重下降；在极端高温条件下（33～40 ℃）籽粒灌浆速率的降低和灌浆持续期的缩短相伴发生，最终粒重下降显著。著者通过对不同品种小麦开花至籽粒成熟期间的平均日最高温度与最终粒重的关系进行分析，结果表明，粒重和整个籽粒灌浆过程中的平均日最高温度呈开口向下的抛物线关系（图9-2），方程见表9-4。

表9-4　小麦千粒重与日最高温度的回归方程

品　种	方　程	一阶导数	拐　点
百泉41	$Y = -0.099\,4X^2 + 5.647X - 45.94$	$Y' = -0.198\,8X + 5.647$	28.5
郑引1号	$Y = -0.137\,2X^2 + 7.867X - 74.94$	$Y' = -0.274\,4X + 7.867$	28.7
温2540	$Y = -0.103\,2X^2 + 5.075X - 16.69$	$Y' = -0.206\,4X + 5.075$	24.6
冀麦5418	$Y = -0.257\,8X^2 + 12.901X - 119.37$	$Y' = -0.515\,6X + 12.901$	25.0

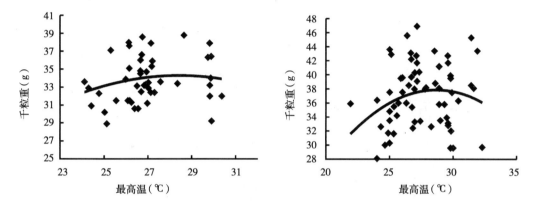

图9-2　百泉41（左）和郑引1号（右）粒重与籽粒灌浆期间日最高温度的关系

从表9-4可以看出，四个品种的粒重和灌浆期间的平均日最高温度间均呈二次曲线方程，只是品种之间方程的系数存在差异。通过对二次方程求导，得到各个方程的一阶导数即粒重随平均日高温的增加速度，四个品种的平均拐点在26.8℃，即在平均日最高温度低于26.8℃时，粒重随温度的升高而增加，当平均日最高温度高于该值时，粒重随温度的升高而下降。其中百泉41粒重下降温度为28.5℃，郑引1号为28.7℃，温2540为24.6℃，冀麦5418为25.0℃。另据分析，徐州21、兰考86-79、百农3217、偃师9号粒重下降的拐点温度分别为26.5℃、27.6℃、25.9℃和27.5℃，表明不同品种对高温的反应存在着明显的差异。

3. 气温日较差　气温日较差影响千粒重。已有研究表明，白天较高的气温（一般光照充足）有利于植物光合作用，有机物质合成较多；而夜晚温度较低时，呼吸作用减弱，干物质消耗少。消耗少而合成多则千粒重增加，因此气温日较差较大时有利于形成较高的粒重。从不同小麦品种气温日较差与粒重的回归方程（表9-5、图9-3）可以看出，气温日较差与千粒重呈显著正相关，即气温日较差越大，千粒重越高，但不同品种千粒重受气温日较差的影响有所不同。从回归方程还可以看出，气温日较差每增加1℃，郑引1号千粒重增加1.3g左右，百泉41增加0.5g左右。不同品种千粒重提高幅度的大小表现为：偃师9号（2.02g）＞百农3217（1.62g）＞冀麦5418（1.57g）＞郑引1号（1.27g）＞徐州21（0.89g）＞兰考86-79（0.70g）＞百泉41（0.52g）＞温2540（0.16g）。

表 9 - 5   小麦千粒重与气温日较差的回归方程

品　种	回归方程	回归系数
百泉 41	$Y = 0.517\,8X + 27.697$	$r = 0.287\,6*$
郑引 1 号	$Y = 1.271\,9X + 22.079$	$r = 0.447\,9**$
温 2540	$Y = 0.164\,2X + 42.664$	$r = 0.064\,8$
冀麦 5418	$Y = 1.565\,3X + 23.988$	$r = 0.360\,3$
徐州 21	$Y = 0.886\,8X + 32.795$	$r = 0.289\,9$
兰考 86 - 79	$Y = 0.704\,4X + 53.980$	$r = 0.252\,4$
百农 3217	$Y = 1.619\,7X + 22.550$	$r = 0.167\,3$
偃师 9 号	$Y = 2.019\,X + 19.300$	$r = 0.832\,2**$

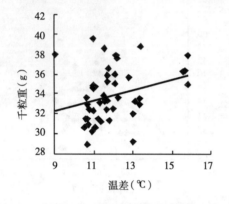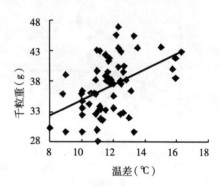

图 9 - 3   百泉 41（左）和郑引 1 号（右）粒重与灌浆过程中气温日较差的关系

(四) 光照条件对粒重的影响

一般来说，小麦开花后形成的碳同化物占 80% ～ 90%，因此，花后维持其高光合能力是获得高产的关键（赵微平，1993）。小麦抽穗后冠层叶的光合产物主要供应籽粒灌浆（凌启鸿等，1965），灌浆期群体光合能力与产量呈显著正相关（董树亭，1988）。Savin 等（1991）在小麦花前和花后进行遮光试验，结果表明遮光使生物学产量降低，穗粒数和小穗数减少，粒重降低，最终导致产量下降。胡廷积等（1986）研究证明，灌浆期间总日照时数与千粒重呈显著的正相关。

著者对河南省 1981—1997 年间的气象资料分析表明，小麦灌浆期间的平均日照时数平均为 7.4 h，最长达 8.9 h，最短为 5.6h，并分别建立了不同品种粒重与平均日照时数的回归方程（表 9 - 6、图 9 - 4）。从表中可以看出，随日照时数的增加，不同品种千粒重的增幅大小依此为：百农 3217＞郑引 1 号＞徐州 21＞冀麦 5418＞兰考 86 - 79＞百泉 41＞温 2540＞偃师 9 号。

表 9 - 6   小麦粒重与平均日照时数的回归方程

品　种	回归方程	回归系数
百泉 41	$Y = 1.065\,3X + 25.95$	$r = 0.357\,9**$
郑引 1 号	$Y = 2.526\,5X + 18.62$	$r = 0.471\,2**$
温 2540	$Y = 0.273\,5X + 43.29$	$r = 0.152\,0$
冀麦 5418	$Y = 2.236\,8X + 26.81$	$r = 0.458\,8$

（续）

品　　种	回归方程	回归系数
徐州 21	$Y=2.391X+25.59$	$r=0.466\ 7^*$
兰考 86 - 79	$Y=1.404\ 3X+52.25$	$r=0.324\ 2$
百农 3217	$Y=2.538\ 5X+23.29$	$r=0.257\ 3$
偃师 9 号	$Y=0.157\ 0X+38.00$	$r=0.070\ 7$

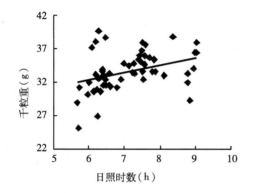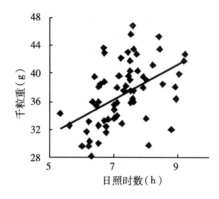

图 9 - 4　百泉 41（左）和郑引 1 号（右）粒重与灌浆过程中平均日照时数的关系

（五）水分对粒重的影响

水是小麦生长发育不可缺少的生态条件。在河南生态条件下，每生产 0.5kg 籽粒耗水 350～500kg（胡廷积等，1986），尤其是在小麦生育中后期，充足的水分供应对增加穗粒数、提高粒重十分重要（余松烈等，1990）。

1. 降水量及分布　小麦拔节前和抽穗后的降水，有利于形成早期高粒重（崔金梅，2000），然而若灌浆期间降水过多，将导致日照不足和温度下降，从而影响光合作用和籽粒灌浆，降低粒重（郭天财等，1984）。著者把灌浆期间降水分为三个阶段：即前期（花后 1～15d）、中期（花后 16～25d）和后期（花后 26d 至灌浆结束），并利用 1981—1997 年间试验资料，与千粒重进行回归分析（表 9 - 7）。结果表明，千粒重与前期降水均呈正相关关系，与中期和后期降水呈负相关关系，并且后期降水对千粒重的影响显著大于前期和中期降水。表明在灌浆前期的降水可促进粒重的提高，而中期、后期降水不利于粒重的提高。不同品种受降水影响程度也有所不同，百泉 41 千粒重与前期、中期、后期降水之间的相关系数均达到了显著水平；郑引 1 号只在灌浆后期达到了显著水平；温 2540 和冀麦 5418 的千粒重与降水之间的相关系数未达显著水平。

表 9 - 7　不同品种粒重与灌浆不同阶段降雨量的回归方程及参数

品　　种	时　期	回归方程	回归系数
	前期	$Y=0.015\ 4X+33.084$	$r=0.299\ 0^*$
百泉 41	中期	$Y=-0.049\ 3X+34.33\ 6$	$r=0.283\ 0^*$
	后期	$Y=-0.058\ 6X+34.651$	$r=0.497\ 2^{**}$
	前期	$Y=0.023\ 4X+36.272$	$r=0.229\ 3$
郑引 1 号	中期	$Y=-0.035\ 3X+37.413$	$r=0.124\ 1$
	后期	$Y=-0.124\ 6X+39.046$	$r=0.532\ 5^{**}$

（续）

品 种	时 期	回归方程	回归系数
	前期	$Y=0.025\,9X+44.500$	$r=0.254\,6$
温 2540	中期	$Y=-0.042X+45.240$	$r=0.253\,6$
	后期	$Y=-0.022\,9X+45.036$	$r=0.125\,7$
	前期	$Y=0.023\,2X+40.020$	$r=0.567\,0$
冀麦 5418	中期	$Y=-0.022\,8X+42.126$	$r=0.220\,9$
	后期	$Y=-0.0402X+42.759$	$r=0.4874$
	前期	$Y=-0.124\,4X+42.720$	$r=0.352\,6$
徐州 21	中期	$Y=0.221X+37.160$	$r=0.837\,3$
	后期	$Y=-0.087\,3X+43.200$	$r=0.845\,9*$
	前期	$Y=0.027\,2X+63.720$	$r=0.310\,1$
兰考 86-79	中期	$Y=-0.094\,4X+63.630$	$r=0.181\,9$
	后期	$Y=-0.125\,7X+62.920$	$r=0.335\,1$
	前期	$Y=0.779\,9X+35.430$	$r=0.252\,8$
百农 3217	中期	$Y=-0.043X+41.990$	$r=0.140\,0$
	后期	$Y=-1.757\,7X+62.020$	$r=0.560\,2$
	前期	$Y=0.323\,5X+37.200$	$r=0.635\,8$
偃师 9 号	中期	$Y=-0.060\,6X+41.000$	$r=0.560\,7$
	后期	$Y=-0.004\,2X+39.670$	$r=0.041\,3$

2. 灌水 图 9-5 是在小麦花后不同天数灌水对千粒重的影响。从中可以看出，花后 25d 测定，以花后 10d 灌水的千粒重最高，对照的千粒重最低，二者相差 2.4g，其他处理之间相差不大；花后 25d 后测定，花后 20d 灌水处理的千粒重明显增加；花后 35d 测定，以花后 10d 灌水处理的千粒重最高，为 39.8g，其次为花后 20d 灌水的，为 38.2g，分别比对照增加 5.5g 和 3.9g（表 9-8）；花后 28d 和花后 33d 灌水处理的千粒重相差不大，但均略高于不灌水处理。

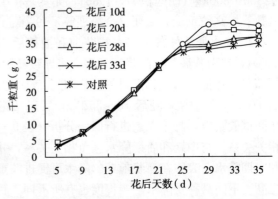

图 9-5 花后不同时间灌水对小麦千粒重的影响

表 9-8 花后不同时间灌水对小麦千粒重的影响

灌水时间	测定时期			
	花后 25d 千粒重（g）	增加克数	成熟期千粒重（g）	增加克数
对照（不灌水）	32.0	—	34.3	—
花后 10d	34.4	2.4	39.8	5.5
花后 20d	33.0	1.0	38.2	3.9
花后 28d	33.5	1.5	36.6	2.3
花后 33d	33.2	1.2	36.3	2.0

表 9-9 小麦浇灌浆水对地温的影响 （单位：℃）

离地面高度（cm）	处理	时间（月/日）						平均	相差
		5/8		5/9		5/10			
		8：00	14：00	9：30	14：00	8：00	14：00		
0	浇灌浆水	20	22	25	30	20	33	25.0	1.9
	不灌水 CK	22	24.5	27	34	20	34	26.9	
20	浇灌浆水	23	22	27	33	20	34	26.5	1.9
	不灌水 CK	25	24	29	36	20.5	36	28.4	

　　干旱年份的灌水试验表明，以孕穗期灌水处理的千粒重最高，其次为花后 10d 灌水处理，对照（不灌水）的千粒重最低。由此可见，灌浆前期灌水对粒重的增加效应大于后期灌水和不灌水处理。另外，浇灌浆水对麦田地温有一定的影响（表 9-9），据测定，浇灌浆水后，地表温度和地下 20cm 处温度均比对照下降 1.9℃。因此，在后期出现高温或干热风的年份，浇灌浆水后地温降低对减缓高温和干热风对小麦植株的危害有明显作用。

　　3. 土壤水分含量　灌浆期土壤水分不足或过多均引起小麦植株体内生理代谢紊乱，导致小麦粒重的降低。著者曾在池栽遮雨条件下研究了不同土壤水分含量对小麦籽粒灌浆的影响。试验的土壤水分相对含量分别设置为 $80\%\pm5\%$（T_1）、$70\%\pm5\%$（T_2）、$60\%\pm5\%$（T_3）和 $50\%\pm5\%$（T_4）共 4 个处理。籽粒干重增长的曲线模拟结果表明，不同水分处理间籽粒灌浆存在着明显差异。土壤干旱使籽粒充实减慢，灌浆期缩短，籽粒干重下降（表 9-10）。高水分的 T_1 处理千粒重于开花后 36d 达最大值 45.3g，其充实速率为 1.285g/千粒·d；而干旱的 T_4 处理的千粒重在开花后 32d 达最大值 37.5g，充实速率为 1.172g/千粒·d。可见，干旱处理的灌浆期缩短 4d，充实速率减小 8.8%，千粒重下降 17.2%。

表 9-10 不同土壤水分处理下小麦籽粒干重增长曲线及其特征值

处理	千粒重增长曲线方程	R	F	极大值	极值时间（d）	拐点（d）	充实速率（g/千粒·d）
T_1	$Y=4.033\,2-1.198\,4X+1.167\,7X^2-0.002\,850X^3$	0.994 8**	160.3	45.30	35.2	19.6	1.285
T_2	$Y=8.507\,2-1.895\,7X+0.211\,7X^2-0.003\,628X^3$	0.996 2**	218.6	45.24	33.5	19.3	1.352
T_3	$Y=3.477\,2-0.791\,1X+0.143\,4X^2-0.002\,634X^3$	0.998 6**	607.2	38.88	33.3	18.2	1.168
T_4	$Y=4.634\,9-1.088\,2X+0.164\,4X^2-0.003\,071X^3$	0.996 6**	97.3	37.49	31.9	17.8	1.172

　　进一步分析表明，在灌浆前 10d，处理 T_1 平均充实速率为 0.597g/千粒·d，而处理 T_3、T_4 分别为 0.727g/千粒·d 和 0.712g/千粒·d，均大于处理 T_1，但随着灌浆时间的推进，处理 T_1 于开花后的第 18d 前后赶上或超过处理 T_3、T_4，之后 T_3、T_4 分别经过其拐点，充实速率明显减慢。而处理 T_1 则继续加快（拐点后移），且经过拐点后速率减慢也较为平缓，因而与其他处理的差异逐渐加大（图 9-6）。可见，水分不足是影响籽粒灌浆进程及灌浆速率的主要因素之一，生产中小麦生育后期有利于籽粒灌浆的土壤相对含水量在 $60\%\sim70\%$ 之间。

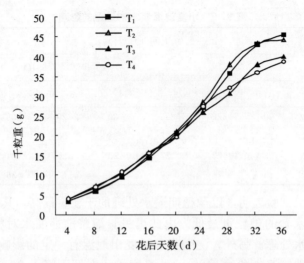

图 9-6 不同土壤水分条件下籽粒灌浆动态

第二节 小麦不同营养条件及特殊类型麦田籽粒灌浆特点

在小麦籽粒灌浆期间，植株营养状况影响小麦生长发育状况和光合代谢水平，进而影响干物质积累与转化，对籽粒灌浆和粒重产生影响。前人曾围绕营养条件对小麦粒重的影响进行了较多的研究报道，其研究结果对指导小麦生产起到了积极的作用。

一、营养条件及施肥对粒重的影响

(一) 主要营养元素

研究证明，小麦生长发育所必需的营养元素有16种，其中9种为大量元素，即碳、氢、氧、氮、磷、钾、钙、镁和硫；7种为微量元素，即铁、锰、铜、锌、硼、钼和氯。构成小麦干物质的主要元素为碳、氢、氧，约占90%以上，而氮及其他各种元素占不到5%。碳、氢、氧虽然占的比重很大，但其主要来自空气中的二氧化碳和土壤中的水，天然供应量比较丰富，通常无特别供给的必要。其他营养元素都来自于土壤，虽然占有量很小，但却直接影响小麦植株的代谢和生命活动。所以，土壤养分状况与小麦生长发育有密切关系。

对小麦生长发育而言，大量元素和微量元素都是不可缺少的，尤其是对氮、磷、钾的需要量最多，它一般随小麦的收获产品而带走，残留在土壤中的量很少，必须通过施肥给予补充。所以氮、磷、钾在小麦生长发育中具有特殊重要意义，被称为肥料三要素。要使小麦生长发育良好，不仅要吸收数量充足的大量元素和微量元素，而且其比例要恰当。

1991—1993年谭金芳等连续两年研究了氮、磷、钾配方施肥与每公顷产9 000kg小麦的肥效和穗部性状的关系（表9-11）。结果表明，氮、磷、钾肥的肥效及其对千粒重、穗粒数等穗部性状的影响非常明显，实现9 000kg/hm² 以上高产量水平的氮、磷、钾最适用量分别为 225kg/hm²、60～120kg/hm²、165～225kg/hm²。其中磷肥对穗粒数的作用大，钾肥对千粒重的作用大。

根据表 9-11 的结果进行统计分析，建立了氮、磷、钾不同配施与穗粒数及千粒重的相关关系如下：

穗粒数（Y_1）与肥料不同配施（N、P、K）的关系：

$Y_1=30.591\ 8+0.185\ 1N+0.177\ 8P+0.331\ 3K-0.561\ 9N^2-0.413\ 1P^2+$
$\quad 0.137\ 8K^2+0.237\ 5NP-0.414\ 9NK-0.372\ 2PK \quad (X^2=2.51)$

千粒重（Y_2）与肥料不同配施（N、P、K）的关系：

$Y_2=36.204\ 8+0.744\ 0N+0.256\ 9P+0.500\ 0K-0.542\ 4N^2-0.641\ 6P^2-$
$\quad 0.128\ 0K^2+0.425\ 0NP-0.069\ 0NK-0.131\ 9PK \quad (X^2=2.91)$

上述两方程中，P 代表 P_2O_5，K 代表 K_2O。

表 9-11 氮、磷、钾不同配施对 9 000kg/hm² 小麦穗部性状的影响

处理序号	不同配施			穗长（cm）	穗粒数（个）	穗粒重（g）	千粒重（g）
	N（kg/hm²）	P_2O_5（kg/hm²）	K_2O（kg/hm²）				
1	225	56.25	225	9.1	31.6	1.26	37.4
2	225	56.25	0	8.9	31.2	1.02	34.9
3	66	16.5	168.75	8.6	32.4	1.25	36.8
4	384.15	16.5	168.75	9.3	31.8	1.16	37.4
5	66	96	168.75	8.7	31.9	1.21	36.2
6	384.15	96	168.75	9.3	32.2	1.28	40.2
7	450	56.25	56.25	9.3	32.1	1.13	38.3
8	0	56.25	56.25	8.2	29.7	1.12	35.6
9	225	112.5	56.25	9.1	32.6	1.27	36.8
10	225	0	56.25	9.1	30.4	1.14	36.3
11	225	56.25	112.5	9.2	31.1	1.24	36.8

从表 9-11 和回归方程可以看出，在一定施肥范围内，随着氮、磷、钾施用量的增加，穗粒数增加。当氮、磷、钾肥的施用量分别为 225kg/hm²、112.5kg/hm²、56.25kg/hm² 时，穗粒数最高。不同肥料对穗粒数的调节作用不同，其效果为：磷肥＞氮肥＞钾肥。钾肥对提高穗粒数有特殊作用，其二次项系数为正值，曲线不出现最高点，从数学意义上讲，只要增施钾肥就能提高穗粒数。

处理 8、10 和 2 分别是不施氮肥、磷肥和钾肥的处理，其千粒重分别为 35.6g、36.3g 和 34.9g，相应处理 7、9 和 1 分别代表增施了氮、磷、钾肥的处理，其千粒重分别为 38.3g、36.8g 和 37.4g。统计表明每千克纯氮、磷和钾肥分别增加千粒重 0.09g、0.067g 和 0.167g，即三种肥料对千粒重影响顺序是：钾肥＞氮肥＞磷肥。当氮、磷、钾分别施 384.15kg/hm²、96kg/hm²、168.75kg/hm² 时，千粒重最高，达 40.2g，说明千粒重的高低依赖于氮、磷、钾肥的配合施用。

（二）施肥时期与种类

根据在每公顷 7 500kg 左右产量水平条件下对郑引 1 号的研究结果（表 9-12），小麦

各生育期氮、磷、钾的吸收量随小麦生长发育进程而有差异，对各元素吸收的高峰时期与下降程度也不相同。以氮肥为例，在小麦一生中出现两个高峰期，即年前分蘖盛期和拔节孕穗期间的营养盛期。实践证明，在高产条件下，在施足底肥的基础上，氮肥的最大效应期为起身—拔节期。而小麦磷、钾肥的临界期多在孕穗期，且其在体内再生能力强，因此，一般宜作基肥施入。

在砂姜黑土条件下，以不施肥为对照，设置 N+P、施 N、施 P 处理，测定了郑州 79201 籽粒灌浆特性（表 9-13）。结果表明，对照处理的千粒重在整个灌浆过程中均较低。其中花后 12d，N+P、N 和 P 处理的千粒重分别较 CK 增加 4.4%、3.0% 和 8.9%；花后 25d 分别增加 5.0%、10.3% 和 8.9%；成熟期分别增加 14.9%、11.7% 和 3.7%。即在花后 25d 之前施 P 处理的粒重较高，花后 25d 之后，N+P 处理和 N 处理千粒重高于其他处理，表明 N、P 配施有利于促进小麦籽粒灌浆，提高粒重。

表 9-12 小麦不同生育时期吸收养分的数量 （单位：kg/hm²）

养分（kg/hm²）	出苗—分蘖	分蘖—越冬	越冬—返青	返青—拔节	拔节—孕穗	孕穗—成熟
N	18.45	30.15	30.00	28.20	85.65	36.15
P_2O_5	3.30	5.10	6.90	13.95	29.40	40.20
K_2O	11.55	17.70	32.55	19.20	92.70	140.70

表 9-13 砂姜黑土不同施肥种类对小麦籽粒灌浆的影响

处理	籽粒形成期（花后 0~12d）千粒重（g）	日增重（g/d）	灌浆期（花后 13~25d）千粒重（g）	日增重（g/d）	成熟期（花后 26~34d）千粒重（g）	日增重（g/d）
N+P	11.3	0.94	37.8	2.21	46.3	1.06
N	11.1	0.93	39.7	2.38	45.0	0.66
P	11.8	0.98	39.2	2.29	41.8	0.32
CK	10.8	0.90	36.0	2.10	40.3	0.54

表 9-14 不同追氮处理对小麦产量性状及产量的影响

处理	穗数（万穗/hm²）	穗粒数（个/穗）	千粒重（g）	产量（kg/hm²）
N_1	720.0	31.1	41.2	8 845.5
N_2	660.0	31.0	42.5	8 397.0
N_3	679.5	32.3	44.0	9 324.0
N_4	684.0	31.7	42.0	8 688.0
N_5	658.5	33.6	43.3	9 279.0
N_6	657.0	33.5	42.7	9 045.0

王晨阳等（1998）在每公顷 9 000kg 左右产量水平条件下，曾设置了不同追氮时期、追氮量对小麦产量及其构成因子影响试验，共设 6 个处理：3 月 4 日追纯氮 120kg/hm²（小花分化期，N_1），3 月 20 日追纯氮 60kg/hm²（雌雄蕊分化末期，N_2），3 月 20 日追纯氮 120kg/hm²（N_3），3 月 20 日追纯氮 225kg/hm²（N_4），4 月 4 日追纯氮 120kg/hm²（药隔形成期，N_5），4 月 19 日追纯氮 120kg/hm²（四分体期，N_6）。结果表明，N_1 和 N_2 处理籽粒干重在花后 32d 达到最大值，千粒重分别为 41.2g 和 42.5g，之后开始下降，于花后 35d 测定，2 处理千粒重分别下降了 7.77% 和 4.24%，表明两处理植株提早结束了籽粒灌浆，呈早衰趋势。而其他 4 处理花后 32d 之后粒重持续增加，于花后 35d 达最大

值，最终千粒重以 N₃ 处理最大，为 44.0g，其次为 N₅ 和 N₆ 处理，分别为 43.3g 和

42.7g，而 N₁ 和 N₂ 处理粒重最小（表
9-14）。由此可见，在小麦雌雄蕊分化
期（N₃）和药隔形成期（N₅）追氮可
促进籽粒形成与灌浆，增产效果最好，
而小花分化期（N₁）追施氮肥延缓了
分蘖两极分化，虽有一定的促蘖增穗作
用，但不利于籽粒形成与灌浆，产量有
所下降。

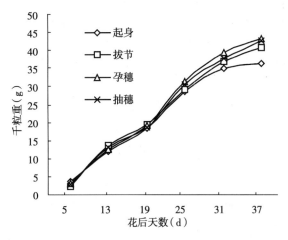

　　图 9-7 是不同追氮处理对小麦籽
粒灌浆进程的影响，开花至花后 20d 各
处理灌浆速率的变化趋势相同，开花
20d 以后，孕穗期追氮、抽穗期追氮两
处理的千粒日增重均高于拔节期、起身

图 9-7　不同发育时期追施氮肥对小麦籽粒灌浆的影响

期追氮处理，尤其最大千粒日增重高于早期追氮处理，且灌浆高峰期延长。表明生育中、
后期施氮可满足小麦在灌浆期间物质积累时的氮素需要，对提高粒重具有重要作用。

二、砂、旱地小麦籽粒灌浆特点与粒重关系

（一）砂地小麦籽粒灌浆

　　黄淮海平原的砂地主要分布在黄河故道区，如河南的开封、中牟、兰考、民权、宁
陵、长垣、濮阳、内黄、延津、封丘等地。砂土的主要特点是土壤基础肥力低，保水
保肥能力差，对温度和养分变化特别敏感，生产中由于土壤水、肥、气、热的矛盾，
常出现成穗数不足、穗粒数较少而影响小麦产量。我们选择在有代表性的开封县朱仙
镇小店王村砂土地上研究了小麦籽粒灌浆特性。结果表明，砂地小麦往往因后期土壤
干旱、田间气温高，植株水分蒸腾量大，使光合效率大幅度下降，导致籽粒灌浆速度
慢、充实度不足。尤其是后期缺水、缺肥严重条件下，使小麦早熟而灌浆期明显缩短，
千粒重下降。

表 9-15　不同砂土耕层土壤物理化学性质

土壤	物理性黏粒 （%） （<0.01mm）	物理性砂粒 （%） （>0.01mm）	凋萎湿度 （干土%）	田间持水量 （干土%）	有机质 （g/kg）	全氮（N） （g/kg）	碱解氮 （N） （μg/kg）	速效磷 （P₂O₅） （μg/kg）	速效钾 （K₂O） （μg/kg）
粗砂土	2.86	97.14	1.7	7.2	3.79	0.40	65.76	4.02	56.4
轻砂土	12.48	87.52	5.6	22.8	4.18	0.62	84.28	6.33	78.1

　　试验土壤理化及养分状况见表 9-15，其中在轻砂土上，小麦开花后第 10d，郑太育 1
号、临汾 7203 和 84-79 品系籽粒长度分别已达到最大值的 84.1%、83.0% 和 91.7%；
籽粒宽度分别为最大值的 82.6%、80.2% 和 85.9%；千粒重日增长量分别为 1.80g、

2.05g 和 2.65g（图 9 - 8）。可见，开花后 10d，砂地小麦籽粒已基本形成，且已进入灌浆期，籽粒形成阶段比一般土壤提早 2～3d。籽粒灌浆阶段，砂地小麦千粒重平均日增长量为 1.92～2.07g，最高可达 3g 以上，该期间干物质积累量占最大干重的 80% 左右，持续时间在 16d 左右。灌浆后期（开花后 27～30d），千粒重日增长量很小，且时间仅有 2～3d，易受干热风危害。砂地小麦开花至成熟只有 30d 左右，较一般土壤少 5～6d，其中主要是籽粒形成阶段和灌浆后期明显缩短，但灌浆强度几乎不受影响。两品种比较，郑太育 1 号和临汾 7203 开花期和籽粒形成时间基本一致。郑太育 1 号灌浆前期灌浆强度略低于临汾 7203，但灌浆期间平均千粒重日增重高于临汾 7203，两品种均于 5 月 27 日停止灌浆，从开花到成熟为 30 天左右。郑太育 1 号千粒重（强势粒）较临汾 7203 高 2.8g（图 9-8、图 9-9）。84 - 79 品系于 5 月 1 日开花，较以上两品种晚 5d，但其籽粒形成快于上述两品种，且灌浆强度高，灌浆期平均千粒重日增长量为 2.07g，最高达 3.35g。由于开花较晚，受高温和干热风危害严重，灌浆期缩短，不能正常成熟。上述试验结果表明，不同小麦品种在砂地的灌浆特点是基本一致的。

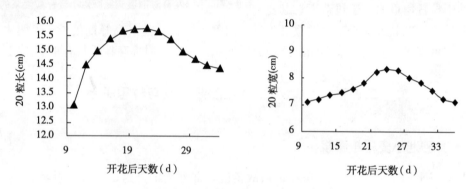

图 9 - 8　轻砂土小麦籽粒形成过程（郑太育 1 号）

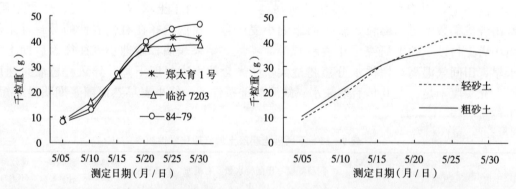

图 9 - 9　轻砂土不同小麦品种籽粒灌浆进程　　图 9 - 10　粗、轻砂土小麦籽粒灌浆进程（郑太育 1 号）

据对粗砂地小麦品种郑太育 1 号测定（表 9 - 16），花后 10d 籽粒长度和宽度已分别达到最大值的 89.1% 和 85.2%，千粒重日增重为 2.60g，分别较轻砂地高 5.0%、2.6% 和 0.8g，且籽粒已进入灌浆盛期，表明粗砂地小麦进入灌浆期的时间较轻砂地小麦更早。粗砂地小麦于 5 月 25 日停止灌浆（图 9 - 10），从灌浆到成熟千粒重平均日增长量为

1.35g，而轻砂地小麦的千粒日增长量为1.66g，较粗砂地小麦高23.0％；成熟时粗砂地、轻砂地小麦千粒重分别为36.3g和41.2g，后者较前者提高13.5％。粗砂地小麦籽粒形成、灌浆时间较轻砂地短，可早熟3～4d。本研究还表明，粗砂地小麦较轻砂地小麦开花期早1d，在小麦开花后第22d，粗砂地小麦千粒重较同期轻砂地小麦高，开花后22d至成熟，千粒重日增长量粗砂地为0.006g，远远低于轻砂地，成熟时千粒重亦低于后者，这表明粗砂地小麦因氮素营养不足，发育较快，灌浆高峰提前，灌浆结束早，千粒重较低。

表9-16 粗砂和轻砂地小麦灌浆特性比较

处 理	花后10d 籽粒长度达最大值百分比（％）	花后10d 籽粒宽度达最大值百分比（％）	花后10d 千粒重日增重（g）	灌浆至成熟 千粒重日增重（g）	成熟期 千粒重（g）
粗砂地小麦	89.1	85.2	2.60	1.35	36.3
轻砂地小麦	84.1	82.6	1.80	1.66	41.2
差 值	5	2.6	0.8	0.31	4.9

对砂地3个小麦品种茎、叶干重和千粒重的相关性进行分析表明，旗叶的单位面积干重与千粒重呈极显著负相关，而倒二叶（84-79品系除外）、倒三叶单位面积干重与千粒重相关不显著，穗下节间至倒三节间的单位面积干重与千粒重均呈极显著负相关。说明砂地小麦旗叶的光合能力与干物质运转对千粒重影响很大，而倒二叶、倒三叶因在砂地条件下容易早衰，对粒重的贡献相对较小。另外，研究表明砂地小麦茎秆中积累的干物质向籽粒的转运率相对较高（表9-17）。

表9-17 茎叶单位面积干重与千粒重的相关分析

品 种	旗叶	倒二叶	倒三叶	穗下节间	倒二节间	倒三节间
郑太育1号	−0.7138**	−0.3708	0.0298	−0.8274**	−0.8917**	−0.9337**
临汾7203	−0.6716**	−0.3753	−0.1283	−0.9045**	−0.9673**	−0.9273**
84-79	−0.7314**	−0.7772**	0.3547	−0.8547**	−0.8339**	−0.7791**

粗砂潮土在一定供水范围内，增加灌水量，能够延长灌浆时间，但对灌浆期平均千粒日增重影响不大（图9-11）。如5月7日（开花后12d）处理1和处理2每公顷分别灌水450m³和900m³，小麦分别于5月22日和5月26日停止灌浆，后者因灌水多较前者的灌浆期延长4d，但5月7～21日（小麦开花后12～26d）测定，平均千粒重日增重处理1和处理2分别为1.29g和1.32g，两者相差仅0.03g。可见粗砂潮土增加灌水量对提高小麦灌浆强度作用不显著。另据测定，粗砂潮土持水量低，灌溉以后作物根层难以蓄持

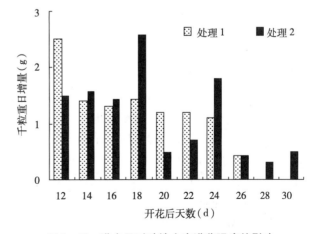

图9-11 灌水量对砂地小麦灌浆强度的影响

较多的水分，即便是常量灌溉（处理2）亦会造成水分的大量浪费。故在生产实践中，要顺应砂土漏水特点，灌溉以少量多次为宜。

表 9 - 18　施有机肥对砂地小麦籽粒灌浆的影响

处　　理	灌浆期 (d)	灌浆强度 (g/千粒·d)	最终千粒重 (g)
施有机肥（60 000kg/hm²）	20	1.41	35.25
不施有机肥	19	1.21	33.45

粗砂潮土增施有机肥，能够延长小麦灌浆时间，提高灌浆强度，增加千粒重。据著者试验，增施有机肥灌浆时间较不施有机肥的延长1d，灌浆强度提高16.5%，最终千粒重增长15.4%（表9-18）。增施有机肥促进小麦籽粒灌浆的原因，一是土壤肥力提高，改善了植株的营养条件；二是有机肥具有良好的保水作用，使其能较好地保证小麦籽粒灌浆对水分的需求。据灌水后第8d土壤含水量测定，施有机肥和不施有机肥的耕层储水量分别平均为22.5mm和20.5mm，前者较后者高2mm。由此可见，砂地增施有机肥是促进小麦灌浆和提高粒重的有效措施之一。

上述研究表明，砂地小麦的灌浆特点表现为灌浆高峰来得早，结束快，持续时间短，但其灌浆强度一般不低于其他土壤。增施有机肥，后期适量灌水均可延长砂地小麦灌浆时间，提高粒重。

（二）丘陵旱地小麦籽粒灌浆

由于丘陵旱地小麦生长所需水分几乎全部来自于自然降水，因此小麦生长后期降水多少及土壤水分含量高低是影响旱地小麦粒重的主要因素。在生产实践中，由于年际间降雨量不同，旱地小麦粒重也有很大差异。据调查，降水量少的年份与降雨量充足的年份千粒重相差4~8g，甚至更多。据在三门峡调查，后期降水较多的1990年小麦的平均千粒重为36.5g，而后期干旱的1995年平均千粒重仅为25.4g，两年相差11.1g。为了探讨旱地小麦与水浇地小麦灌浆的差异，著者分别在旱地以豫麦21和豫麦10号，水浇地以温麦6号、郑引1号和兰考86-79为材料，比较了两种生态条件下小麦籽粒灌浆特点（图9-12）。结果表明，一般年份旱地小麦开花到成熟历时33d左右，平均千粒重日增量1.2g以下，低于水浇地。从花后天数看（图9-12左），旱地小麦与水浇地小麦籽粒灌浆进程的趋势是一致的，特别是在开花后25d以前，其籽粒灌浆增长曲线平行上升，且相距较近，表明两种生态条件下小麦籽粒的灌浆速率相差很小。如花后13d测定，旱地小麦的平均千粒重为11.9g，水浇地小麦的平均千粒重为13.1g，相差1.2g；花后20d测定，旱地和水浇地小麦的平均千粒重分别为22.9g和23.3g，即水浇地小麦千粒重比旱地高0.4g。在花后25d后，旱地小麦出现早衰现象，而水浇地小麦籽粒灌浆强度明显大于旱地，到花后30d，旱地小麦千粒重为36.5g，水浇地为41.0g，比旱地高4.5g。从测定日期看（图9-12右），在5月15日以前，旱地与水浇地小麦籽粒灌浆进程曲线也是平行上升，但在同一测定日期旱地粒重大于水浇地粒重。如4月30日旱地小麦平均千粒重达到11.9g，而此时水浇地小麦平均千粒重为6.9g，比旱地小麦粒重低5.0g。5月10日测定，旱地小麦千粒重达到28.1g，而水浇地小麦千粒重为21.6g，比旱地小麦低6.5g。5月15日以后水浇地小麦籽粒灌浆强度逐渐高于旱地，据 5 月 20 日测定，旱地小麦的千粒重为 40.3g，水浇地小麦千粒重为 40.0g，两者十分接近。以后水浇地小麦千粒重逐渐超过旱地小麦，如 5 月 25 日测定，水浇地小麦千粒重比旱地的高 2.6g。这表明旱地小麦籽粒灌浆开始早、结束快。

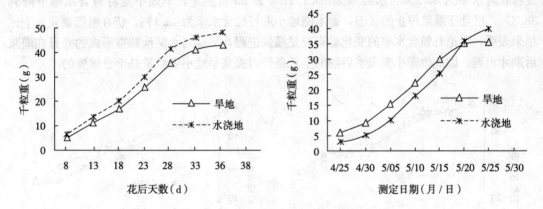

图 9 - 12　旱地小麦与水浇地小麦灌浆进程

注：旱地小麦和水浇地小麦粒重均为不同品种的平均值。

与水浇地小麦籽粒灌浆强度变化动态相比，旱地小麦灌浆高峰来得早、下降快。从图 9 - 13 可以看出，4 月 30 日旱地小麦进入籽粒灌浆高峰期，5 月 15 日以后开始明显下降；而水浇地 5 月 5 日进入籽粒灌浆高峰期，5 月 20 日以后开始下降，而且峰值较高，下降速度也较慢。

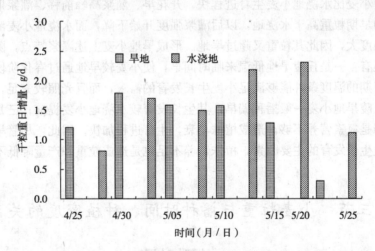

图 9 - 13　旱地与水浇地小麦籽粒灌浆强度

在小麦籽粒灌浆过程中，籽粒含水率和灌浆强度有密切的关系。一般情况下，小麦籽粒灌浆盛期籽粒含水率在 70％～55％范围内，当籽粒含水率下降到 35％（烘干计）以下时灌浆停止。因此，掌握旱地小麦籽粒含水率的变化动态，对探索其灌浆特点是十分重要的。从不同生育时期籽粒含水率的变化动态看（图 9 - 14 左），旱地与水浇地小麦籽粒含水率的下降趋势基本相同，图中两条含水率下降曲线几乎相重合，至花后 35d 以后表现出水浇地籽粒含水率下降速度快于旱地，这是因为尽管水浇地和旱地小麦均处在开花后的

35d，但两种小麦所处的时间不同，生态条件也不同，如水浇地小麦花后35d已是5月下旬，气温升高，蒸发量大，籽粒含水率下降快。从相同日期测定结果看（图9-14右），虽然旱地与水浇地含水率下降曲线近乎平行，但水浇地小麦籽粒含水率一直高于旱地。据4月30日测定，旱地小麦籽粒含水率为68.6％，水浇地为70.7％；5月10日测定，旱地小麦籽粒含水率为55.1％，水浇地为58.1％；5月25日测定，旱地小麦籽粒含水率下降到33.3％，已处于灌浆停止的状态，而水浇地小麦籽粒含水率为43.1％，仍在继续灌浆。上述结果表明，无论籽粒含水率的变化动态或是灌浆进程，旱地与水浇地粒重形成的差异在灌浆后期才出现。因此改善小麦灌浆后期的生长条件对提高旱地小麦粒重是十分重要的。

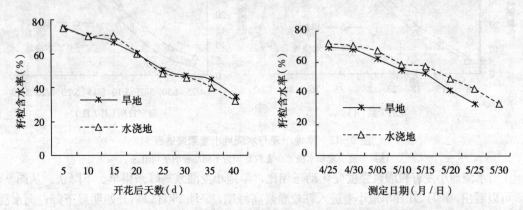

图9-14 旱地小麦与水浇地小麦籽粒灌浆过程中籽粒含水率变化动态

由于旱地小麦比水浇地小麦生育进程快，开花早、灌浆高峰前移、灌浆期缩短，表现为旱地小麦的早期粒重高于水浇地，以后灌浆强度开始下降，而水浇地小麦灌浆高峰期持续时间长、强度大，因此其粒重又超过旱地。形成旱地小麦上述灌浆特点，除了干旱这一主要原因外还有：一是丘陵旱地低温来临时间早，使小麦较早地通过春化阶段，开始幼穗发育，全生育期的温度条件能够满足小麦生长发育的需求，而且光照较充足，小麦生长发育快；二是丘陵旱地小麦一般播种偏早，其生长发育较水浇地小麦提前；三是旱地土壤肥力不足，特别是氮素营养不够，造成植株早衰，生育进程加快。因此，尽管旱地的水分条件是影响小麦生长发育的主要因素，植株营养不足也是造成粒重和产量降低不可忽视的重要原因。

第三节　小麦粒重与播种时间、种植密度的关系

一、播种时间

小麦播种时间的早晚，直接影响到小麦干物质的积累多少，而生物产量又是获得经济产量的基础。在收获指数相同情况下，生物产量愈高，经济产量就愈高。在高产栽培条件下，小麦生物产量往往已接近其上限，通过播期调节可增加后期生物产量，提高收获指数，是提高产量的关键。

小麦适期播种可以充分利用冬前的热量资源，培育壮苗，形成健壮的大分蘖和发达的

根系，制造积累较多的养分，增强抗逆力，为提高成穗率、培育壮秆大穗奠定基础。从生育期来看，不同播期影响小麦灌浆期的长短，而且由于播期不同，灌浆时所处于的气候条件不同，也影响到小麦的灌浆强度，最终影响小麦粒重。

适期播种的小麦营养生长茂盛，分蘖成穗率高，茎秆粗壮，穗粒重高。播期过早，小麦的生育期提前，越冬期部分主茎及部分大分蘖往往被冻死，分蘖成穗率低、穗层不整齐、穗粒数少；播种过晚，冬前积温少，分蘖少，穗分化时间短，不仅造成成穗数下降，而且小麦生育期后延，常受高温危害，造成青枯和高温逼熟，灌浆期缩短，穗粒重下降（表9-19）。从表中数据可以看出，随着播期的推迟，所有品种千粒重的变化趋势一致，均表现为适期播种的千粒重较高，而早播或晚播的千粒重较低。著者在多年的研究中还发现，个别年份若在籽粒灌浆后期温度升高速度较慢，则晚播小麦亦能获得较高的粒重。

表9-19 不同播期小麦主要产量性状表现

品 种	播期 （月/日）	小穗数 （个/穗）	不孕小穗 （个/穗）	穗粒数 （个）	败育小花 （个/穗）	千粒重 （g）
郑引1号	09/26	19.46	2.00	49.73	0.41	31.24
	10/01	19.08	1.85	50.64	0.43	38.76
	10/08	20.01	1.16	56.41	0.43	36.29
	10/16	20.29	0.98	60.99	0.39	30.19
	10/24	18.88	0.75	54.49	0.54	24.21
	11/01	17.44	1.68	48.77	0.64	22.11
百泉41	09/26	20.10	2.91	49.20	0.70	28.10
	10/01	18.81	2.60	48.41	0.50	28.86
	10/08	18.72	3.30	43.14	0.50	29.35
	10/16	18.15	2.30	45.52	0.61	29.86
	10/24	18.62	1.91	49.64	0.62	27.83
	11/01	18.00	2.12	43.03	0.81	25.24
兰考86-79	09/26	16.83	2.13	37.51	0.60	56.90
	10/01	16.12	2.12	34.90	0.06	57.75
	10/08	16.54	1.00	35.90	0.50	58.76
	10/16	15.52	2.10	35.42	0.51	63.72
	10/24	16.72	1.61	39.71	0.42	59.97
徐州21	10/08	18.03	2.02	40.42	0.43	35.35
	10/08	17.81	2.00	44.84	0.80	36.65
	10/16	20.44	2.00	47.82	1.00	37.03
	10/24	19.82	2.20	42.44	0.60	36.04
	11/01	18.83	1.80	44.81	0.00	33.48

注：败育小花是指小穗下部第1朵小花（强势花）不结实。

从不同播期对小麦粒重的影响可以看出（图9-15），早播的小麦生育期提前、开花早、灌浆时间长，而晚播小麦则相反。10月24日播种的小麦开花期较10月8日播种的晚4d，灌浆期缩短。从测定结果可以看出，郑引1号10月8日播种处理5月5日千粒重已达到9.6g，10月24日播种的处理千粒重只有7g；到灌浆盛期的5月20日，10月8日播种的千粒重达到38g，10月24日播种的仅有32.8g，两者相差5.2g；5月27日测定，10月8日播种的千粒重已达43.1g，而晚播（10月24日播种）的千粒重只有39g，二者相差 4.1g。冀麦 5418 品种 10 月 8 日播种的 5 月 20 日千粒重已达 42.2g，10 月 24 日播种的只有 35.8g，二者相差 6.4g；5 月 30 日测定两者千粒重分别为 49.2g 和 44.6g，相差 4.6g。据资料统计，河南省常年干热风来临多在 5 月 25 日前后，同时由于此时温度升高很快，即使没有干热风危害，对晚播小麦粒重影响也较大。

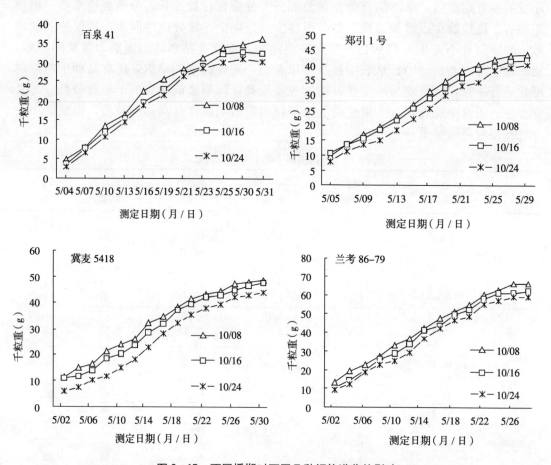

图 9-15   不同播期对不同品种籽粒灌浆的影响

二、种植密度

播种密度是决定小麦群体合理与否的关键。基本苗多少不仅决定单位面积成穗数，而且与穗粒数、千粒重亦有很大关系。密度试验证明，植株个体的健壮程度随基本苗增加而下降，而个体壮弱又导致经济产量的显著差异。因此，合理的群体结构应在保证足够穗数的前提下，减少基本苗数，使个体发育充分，单株分蘖成穗率高。

著者利用徐州 21 和郑引 1 号两个小麦品种分别在 10 月 8 日、10 月 24 日播种，分析了两种播种密度对籽粒灌浆的影响（图 9-16、图 9-17），可以看出，在灌浆前期，75×10^4 株/hm^2 基本苗处理的千粒重较高，但在花后 20d 以后，300×10^4 株/hm^2 基本苗的千粒重高于 75×10^4 株/hm^2 处理的千粒重。

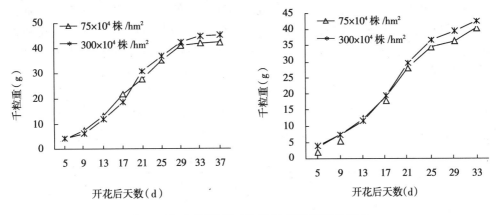

图 9-16 不同播期对徐州 21 籽粒灌浆的影响

（左图 10 月 8 日播种，右图 10 月 24 日播种）

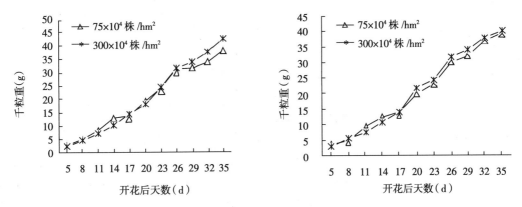

图 9-17 不同播期对郑引 1 号籽粒灌浆的影响

（左图 10 月 8 日播种，右图 10 月 24 日播种）

2002—2004 年连续两年设置试验，研究了不同种植密度对小麦穗粒数和粒重的影响，结果表明，种植密度对粒重的影响在品种间表现有所不同（表 9-20）。豫麦 34 随种植密度增大，成穗数增加，千粒重呈明显下降趋势；而豫麦 50 则以低密度和高密度两个处理的千粒重较大，但不同密度处理间千粒重的差异不显著。

表 9-20 不同密度下小麦穗粒数、千粒重的变化（2002—2004）

品　种	种植密度 （×10⁴/hm²）	千粒重 （g）	穗粒数 （个）	成穗数 （×10⁴ 穗）	产量 （kg/hm²）
豫麦 34	75	49.6a	36.2a	433.8c	7 078.2a
	150	49.4a	29.9ab	552.4b	7 411.5a
	225	47.4a	29.9ab	574.5b	7 564.0a
	300	46.5a	25.2b	651.7a	6 855.2a
豫麦 50	75	43.4a	36.9a	473.8a	7 406.1a
	150	41.7a	35.8a	537.2a	7 045.2a
	225	41.2a	29.4a	552.4a	6 841.4a
	300	43.2a	31.1a	494.5a	6 308.8a

与千粒重变化有所不同，两品种穗粒数均随种植密度增大而减少，尤其是当种植密度达到 300×10^4 株/hm² 时穗粒数减少明显，其中豫麦 34 的穗粒数减少达到了显著水平。对大穗型品种 79-16 的调查也得到了相似的结果，即在较低密度条件下，穗粒数变化不大，而在较高密度条件下穗粒数减少明显（表 9-21）。如在种植密度 30×10^4 株/hm² 和 60×10^4 株/hm² 条件下，其穗粒数分别为 46.0 粒和 45.8 粒，相差仅 0.2 粒；而种植密度在 $90\sim150\times10^4$ 株/hm² 范围内，穗粒数由 41.6 粒减少至 38.6 粒，减少了 3 粒。表明密度效应对穗粒数的影响是不连续的，即在一定的密度范围内穗粒数是相对稳定的，超过此范围穗粒数显著减少。

表 9-21　不同密度下穗粒数、千粒重、穗粒重的变化（品种：79-16）

项　目	基本苗（$\times10^4$ 株/hm²）				
	30	60	90	120	150
穗粒数（个）	46.0	45.8	41.6	40.2	38.6
千粒重（g）	46.4	43.3	42.5	46.1	39.9
穗粒重（g）	2.19	1.98	1.77	1.61	1.54

第四节　小麦粒重与病虫害及气象灾害的关系

一、病　　害

经常发生、危害严重的小麦病害主要有锈病、白粉病、全蚀病、丛矮病、黄矮病、赤霉病、根腐病、纹枯病和土传花叶病等。了解这些病害对小麦粒重和产量的影响，对采取针对性预防措施十分重要。

（一）纹枯病

小麦从苗期至抽穗期均可受到纹枯病的侵害，其发病高峰在抽穗期。小麦纹枯病症状主要出现在叶鞘和茎秆上，形成椭圆形或不规则的褐色云纹状病斑；受害植株易发生倒伏，发病重时主茎枯死，甚至形成"白穗"。小麦纹枯病发生的适宜温度为 $14\sim20℃$，当 $4\sim5$ 月份气温上升到 $15\sim17℃$ 以上时，病情发展快，是纹枯病的盛发期。齐永霞等（2006）试验结果表明，小麦千粒重随着病情指数的增加呈下降趋势，不同品种下降幅度不同：豫麦 18 千粒重下降最大，为 9.5g；皖麦 30 下降最小，为 6.2g（表 9-22）。将各品种千粒重与病情指数建立回归方程可以看出，各品种的千粒重（Y）与病情指数（X）间的回归系数均达极显著水平（表 9-23）。

表 9-22　小麦纹枯病病情指数与千粒重的关系（齐永霞，2006）

病情指数	千粒重（g）					
	皖麦 19	皖麦 30	温麦 4 号	豫麦 18	豫麦 21	扬麦 158
0	42.70	40.67	42.43	40.20	42.90	40.47
16.67	39.65	37.96	39.80	37.15	40.59	37.74
33.33	38.99	36.82	38.70	36.50	39.33	36.49
50.00	37.41	36.50	38.11	35.11	38.16	35.11
66.67	36.68	36.17	37.33	33.89	37.11	32.62
83.33	35.10	34.51	36.06	30.75	34.90	31.36

表 9 - 23　小麦纹枯病病情指数（X）与千粒重（Y）回归方程（齐永霞，2006）

品　种	回归方程（Y＝）	回归系数（r）	离差平方和
皖麦 19	−0.068 5X＋40.989	0.990 8	0.492 4
皖麦 30	−0.045 3X＋38.657	0.955 4	0.542 4
温麦 4 号	−0.053 0X＋40.654	0.992 0	0.127 0
豫麦 18	−0.092 5X＋39.303	0.961 9	1.920 9
豫麦 21	−0.081 6X＋42.098	0.989 1	0.407 5
扬麦 158	−0.099 8X＋39.653	0.992 3	0.433 1

（二）全蚀病

小麦全蚀病是一种毁灭性病害，扩展到蔓延速度较快，麦田从零星发病到成片死亡，一般仅 3 年左右时间。在小麦灌浆至抽穗期，病株成簇或点片出现早枯、"白穗"，遇阴雨易出现霉菌腐生，病穗呈褐色，黑色菌丝结在茎秆表面形成"黑膏药"，茎秆表面布满条状病斑，皮下维管束组织变灰黑。小麦全蚀病菌浸染发病的适宜温度为 12～16℃，空气湿度为 70%～80%。李建社等（1994）研究表明，全蚀病除对小麦分蘖有明显影响外，其白穗出现的早晚与小麦千粒重之间呈显著的正相关，相关系数为 $r＝0.995\,9$，$Y＝11.38＋1.35X$，即白穗出现的时间越早，对千粒重的影响越大。如对感全蚀病麦田的调查测定，5 月 4 日出现白穗的千粒重仅为 16.0g；5 月 17 日出现白穗的为 19.0g；5 月 20 日的为 23.6g；5 月 23 日的为 26.8g；5 月 27 日的为 33.6g，而健株麦穗千粒重为 42.0g。

（三）锈病

小麦锈病分为条锈、叶锈和秆锈，是发生范围广、危害程度大的一种病害。三种锈病的发病早晚与轻重，主要取决于寄主、病原菌和环境三个条件综合作用的结果，且不同小麦品种对锈菌的感染程度各异。姬红丽等（2005）研究表明，与粉锈宁喷雾保护植株相比，川麦 107 在苗期、拔节期接种后，千粒重的损失率分别为 10.6% 和 3.0%，川麦 28 的千粒重损失率分别为 24.2% 和 14.4%，Syn95 - 71 的千粒重损失率分别为 37.4% 和 21.7%。

（四）白粉病

小麦白粉病是由一类称为白粉菌的真菌引起的。一般在春天气温回升到 2.9℃ 以上，相对湿度达到 60%～65% 时，田间开始发病；气温达 11～12℃，相对湿度为 50%～74% 时，病害发生蔓延较快。田间出现第 1 次发病高峰约在 4 月中旬；出现第 2 次发病高峰在 4 月下旬至 5 月上旬；出现第 3 次发病高峰在 5 月下旬至 6 月上旬。当气温超过 20℃ 以后，病害发生缓慢且受到抑制。许红等（1997）对小麦抽穗扬花期病情指数作自然对数转换，然后与小麦千粒重下降率作相关分析，结果两者间有极显著正相关（$r＝0.782\,7$），病情指数（Y）与千粒重下降率（X）的直线回归式为 $Y＝1.031\,7＋3.855\,7\ln X_1±2.741\,7$。对小麦灌浆至乳熟期病情指数作自然对数转换，再与小麦千粒重下降率作相关分析，两者间也呈极显著正相关（$r＝0.669\,5$）；其相关性略差于抽穗扬花期病情指数，其直线回归式为：$Y=-5.507+4.266\ 7\ln X_2\pm3.278\ 9$。王爱兴等（2002）根据白粉病不同等级危害与千粒重的回归分析指出，白粉病的危害等级与小麦千粒重呈负相关，其回归方程为 $Y_{1999}=37.77-0.90X$，$r=-0.919\ 5$；$Y_{2000}=38.83-1.05X$，$r=-0.955\ 3$。

（五）赤霉病

赤霉病是我国小麦的重要病害之一，从苗期到穗期都能发生引起苗枯、基腐和穗腐，其中以穗腐为害最大。穗腐一般在乳熟期盛发，开始在个别小穗的颖壳上出现褐色水浸状斑点，且逐渐扩展到整个小穗，严重时可蔓延到全穗。病穗呈橘黄色，并在病部，特别是颖片边缘与小穗基部出现一层粉红色的胶黏状物（分生孢子座及分生孢子）。受害严重的麦粒皱缩干瘪，丧失发芽能力。一般每穗有一个或几个小穗发病，当病斑扩展到穗轴或穗颈时，部分小穗便变黄枯死。在潮湿条件下，后期病穗上可产生紫黑色小颗粒，即为病菌的子囊壳。欧仕益（1995）对三个小麦品种防治赤霉病和未防治的千粒重进行了比较，表明未防治的千粒重较防治对照分别下降了5g、3.8g和2.7g（表9-24）。

表9-24　赤霉病防治对小麦千粒重和穗粒数的影响（欧仕益，1995）

品　种	处　理	千粒重（g）	穗粒数（个）
E5-8	无防治	29.7	15.9
	防治	34.7	20.3
59	无防治	36.7	23.1
	防治	40.5	30.4
118	无防治	33.0	32.4
	防治	35.7	44.8

二、虫　害

小麦虫害的种类较多，已查明的害虫就多达117种，对小麦生产构成较大威胁的常见害虫有蚜虫、麦蜘蛛、吸浆虫、黏虫、地下害虫（蛴螬、金针虫和蝼蛄等）、麦叶蜂和麦秆蝇等。

（一）麦蚜

危害小麦的蚜虫有五种，即麦二叉蚜、麦长管蚜、麦禾缢管蚜、麦无网长管蚜和玉米蚜。前三种蚜虫发生数量多，危害重，范围广，为常发性蚜虫。麦蚜在温、湿度适宜范围内，随温度的升高繁殖量增大，世代历期缩短，蚜量迅猛增加。

有研究表明，在蚜虫危害情况下，品种间的千粒重损失率差异达极显著水平。不喷药防治蚜虫会使所有供试品种的千粒重有不同程度的降低，最高下降34.90%，最低为15.99%，平均降低24.76%。其中百农64、偃展1号的千粒重分别下降15.99%和17.66%，表现出较强的耐蚜性；豫麦49千粒重下降34.90%，表现耐蚜性最弱；漯麦4号、矮早781的千粒重损失率分别为20.44%和21.19%，表现耐蚜性较强；豫展1号、周麦11、周麦13的千粒重损失率分别为29.72%、30.01%和30.24%，表现耐蚜性较弱；周麦 9 号、温麦 8 号、新麦 9 号的千粒重损失率分别为 22.50%、23.11% 和 26.59%，说明其耐蚜性居中等水平（表 9 - 25）。

表 9 - 25　各品种受蚜虫危害千粒重损失率差异显著性比较（欧行奇，2005）

品　种	千粒重（g）		千粒重损失率（%）	差异显著性
	喷药	不喷药		
百农 64	37.3	31.3	15.99	aA
偃展 1 号	36.8	30.3	17.66	bA
漯麦 4 号	31.8	25.3	20.44	cB
矮早 781	33.5	26.4	21.19	cBC
周麦 9 号	32.3	25.0	22.50	dCD
温麦 8 号	46.0	35.4	23.11	dD
新麦 9 号	35.1	25.8	26.59	eE
豫展 1 号	40.4	28.4	29.72	fF
周麦 11	39.1	27.4	30.01	fF
周麦 13	37.7	26.3	30.24	fF
温麦 6 号	38.4	25.0	34.90	gG

（二）麦蜘蛛

危害小麦的红蜘蛛有三种，即麦长腿蜘蛛、麦圆蜘蛛和苜蓿红蜘蛛，前两种麦蜘蛛危害小麦最严重。麦长腿蜘蛛在 4 月份小麦孕穗至抽穗期间危害严重，麦圆蜘蛛在小麦返青后起身前开始危害。据调查，麦长腿蜘蛛危害后所造成的产量损失与对照相比，可减产 10%～40%，千粒重降低 10%～20%。

（三）麦吸浆虫

危害小麦的吸浆虫主要有麦红吸浆虫和麦黄吸浆虫两种。两种吸浆虫均以幼虫潜伏在小麦颖壳内，吸食正在灌浆的麦粒汁液而造成危害，轻则造成籽粒干瘪，重则麦粒空壳。据调查，吸浆虫的危害一般造成减产 10%～20%，严重的达 40%～50% 以上。一般每粒有虫 1 头可减产 37.16%，有虫 2 头可减产 58.81%，有虫 3 头可减产 77.23%，有虫 4 头可减产 94.86% 以上。对河南省 2005 年小麦吸浆虫的危害调查表明，正常小麦千粒重为 37.6g，受害麦田的千粒重仅为 21.63g（庞寒，2005）。

三、气象灾害

除了病虫害影响小麦粒重以外，气象灾害如冻害、雨后青枯、干热风等，对小麦粒重和产量亦有很大影响。

（一）冻害

小麦冻害有两种，即越冬冻害和霜冻。

1. 霜冻　霜冻是在地面层温度骤降到 0℃ 以下，低于小麦在一定发育阶段所能承受的最低温度，使小麦遭受冻害。早春冻害主要表现在主茎、大分蘖和幼穗受冻，叶片轻度干枯，外部症状表现不明显。小麦幼穗受冻死亡的顺序为先主茎，后大蘖。受冻小麦出现的分蘖成穗质量比冬前分蘖差，表现为穗型小，穗粒数少，千粒重下降，一般千粒重减少2～6g。有研究认为，受冻害小麦施肥（恢复肥）具有增粒增重作用，尤以氮、磷、钾配合施用效果好，穗粒数、千粒重分别为31.6粒和35.9g，分别比不施肥增加11.4%和13.6%（刘学珍，2000）。

2. 越冬冻害　越冬冻害是指在冬小麦越冬期间，由于低温、干旱等不利气象条件的影响，所造成的越冬死苗现象。李华昭等（2006）研究结果表明，主茎冻枯率高的，千粒重在灌浆不同时段始终较低，且在灌浆盛期降幅最大，相差8.2g。不同主茎冻枯率的穗数、粒数、粒重都有较大差异。主茎冻枯率高的，每公顷成穗数减少63万，每穗粒数减少4.14粒，千粒重降低3.42g。即主茎冻枯率每增加1%，每公顷穗数降低2.1万，每穗粒数减少0.14粒，千粒重降低0.11g，每公顷产量减少58.05kg。

（二）雨后青枯

小麦灌浆后期青枯骤死是北部冬麦区和黄淮冬麦区的主要气象灾害之一，发生几率高、危害面积大，千粒重一般下降3～7g，严重时达10g以上，每公顷减产300～600kg。经对河南省40个县22年（1966—1987）发生的雨后青枯进行统计，全省性青枯发生共有7年，占31.8%。青枯危害已成为影响小麦高产稳产的主要气象因素之一。

研究表明，发生青枯骤死现象的气象条件是5月下旬至6月上旬的高温天气出现突然降雨（低温），雨后骤晴，再度出现高温，形成V字形温度变化，使植株各器官均受到伤害，尤其是穗下节受到伤害，易造成麦株源、库、流的阻断，籽粒灌浆受阻，雨后骤晴伴随的高温促使麦株出现青枯。赵会杰等研究了V字形温度变化对小麦千粒重的影响，经过变温处理的小麦，植株中还原型谷胱甘肽（GSH）、抗坏血酸（ASA）含量和过氧化氢酶（CAT）活性下降，清除活性氧的能力减弱，膜脂过氧化作用加剧，外观上表现为青枯骤死症状，籽粒灌浆过程早止，千粒重明显降低。置于常温下的对照植株千粒重为41.61g，经变温处理植株的千粒重为35.45g，比对照降低6.16g，降低幅度达14.8%。可见雨后青枯对小麦籽粒灌浆和产量的影响是严重的。

（三）干热风

干热风是指小麦生育后期出现的一种高温、低湿并伴有一定风力的农业气象灾害。一般认为，14时气温≥30℃，相对湿度≤30%，风速≥3级，持续时间2d为轻型干热风；若14时气温≥32℃，相对湿度≤25%，风速≥3级，持续时间3d以上，则为重型干热风。干热风在我国北方麦区几乎年年发生，只是程度不同而已。干热风一般出现在5月中下旬，尤以5月下旬出现较多。干热风的出现，引起小麦籽粒形成和灌浆时间缩短，千粒重下降，可造成小麦减产10%～20%，偏重年份可减产30%以上，对小麦产量和品质影响较大。

郭天财等（1998）研究了后期高温对冬小麦根系及地上部衰老的影响，结果表明，在灌浆初期（花后5d）高温处理后，导致小麦不孕小穗增多，穗粒数减少，粒重下降（表

9-26)。高温处理 12h、24h 和 36h，不孕小穗分别较对照增加 39.1%、41.3% 和 103.0%；穗粒数分别减少 14.6%、22.8% 和 42.1%；粒重分别下降 25.4%、34.4% 和 33.3%，经方差分析，高温处理 12h 以上时，粒重与对照的差异达到极显著水平。

表 9-26　高温对小麦穗部性状的影响

处　理	不孕小穗（个）	穗粒数（个）	粒重（mg）
CK	2.3	39.7	37.80
12h	3.2	34.0	28.20
24h	3.3	29.8	24.80
36h	5.7	23.0	25.20

参 考 文 献

[1] 河南省小麦高稳优低研究推广协作组. 小麦生态与生产技术. 郑州：河南科学技术出版社，1986

[2] 河南省小麦高稳优低研究推广协作组. 小麦穗粒重研究. 北京：中国农业出版社，1995

[3] 崔金梅，梁金成，朱旭彤. 影响小麦粒重的因素. 见：小麦生长发育规律与增产途径. 郑州：河南科学技术出版社，1980，79～91

[4] 郭天财，王晨阳，朱云集等. 后期高温对冬小麦根系及地上部衰老的影响. 作物学报，1998，24(6)：957～962

[5] 崔金梅，朱云集，郭天财等. 冬小麦粒重形成与生育中期气象条件的关系. 麦类作物学报，2000，20(2)：28～34

[6] 杜军. 气候生态因子对冬小麦粒重影响规律的探讨. 中国农业气象，1997，12：34～37

[7] 赵秀兰. 气象条件对不同品质类型春小麦磨粉品质的影响. 麦类作物学报，2005，25(2)：85～89

[8] 刘丰明，陈明灿，郭香风. 高产小麦粒重形成的灌浆特性分析. 麦类作物，1997，17(6)：38～41

[9] 高金成，王润芳，沈玉华等. 小麦粒重形成的气象条件研究 I 粒花乳熟期适宜灌浆的气象条件分析. 中国农业气象，2001，12(3)：14～20

[10] 魏仲埙. 不同播期生态条件下小麦穗粒数、穗粒重及千粒重性状分析. 耕作与栽培，1993，5：20～25

[11] 李紫燕，李世清，伍维模等. 氮肥对半湿润区不同基因型冬小麦籽粒灌浆特性的影响. 应用生态学报，2006，17(1)：75～79

[12] Wiegand C L，Cuellar J A. Duration of grain filling and kernel weight of wheat as affected by temperature. Crop Science，1981，21(1)：95～101

[13] Brocjlehurst P A. Factors controlling grains weight in wheat. Nature，1977，266：348～349

[14] Varga B，Zlatko S，Zorica J，et al. Wheat grain and flour quality as affect by cropping intensity. Food Techno. Biotechnol.，2003，41(4)：321～329

[15] Warrington I J. Temperature effects at three development stages on the yield of the wheat ear. Aust. J. Agric. Res.，1977，28：11～27

[16] Zhu Y J，Wang C Y，Gui J M，Guo T C. Effects of Nitrogen Application in Different Wheat Growth Stages on the Floret Development and Grain Yield of Winter Wheat. Agricultural Sciences in China，2002，10：156～161

第十章　提高小麦穗粒重的途径与技术

小麦生产实践和科学研究结果表明，随着生产条件的改变、品种的更换和栽培技术水平的提高，要进一步提高小麦产量，就必须在保证合理穗数的基础上，提高穗粒数和粒重，即提高穗粒重。据估计，在华北平原冬麦区高产条件下，如果把穗数维持在常年水平，穗粒重每增减 0.1g，可导致每公顷籽粒产量在 525～750kg 波动。河南省在 20 世纪 80 年代小麦产量波动较大，其主要原因就是在小麦生长中后期形成穗粒重时出了问题（胡廷积等，1995）。因此，探讨稳定提高小麦穗粒重的途径及配套技术措施，对稳定提高小麦产量具有重要的理论和实践意义。

第一节　提高小麦穗粒重的技术思路

小麦的经济产量是由单位面积穗数和平均单穗粒重构成的，而单穗粒重是由每穗粒数和平均单粒重构成的。穗粒数和粒重是同一个体内部的器官之间的制约关系，由于受到群体的制约，处于群体之中的任何一个个体，所能生产的有机营养总存在一定限度，如果把小麦的每一个籽粒看成是一个器官的话，而粒数是这种同类器官的数量，在分配同化产物一定的情况下，每个器官所能分得的同化产物数量自然直接受制于参与分配的这种器官的数量多少。因此，穗粒重高低与穗粒数和千粒重之间均存在明显的相关关系。简单相关分析结果表明，穗粒重与穗粒数间呈现正相关，而与粒重间的关系不显著，但穗粒重与穗粒数、粒重间的偏相关系数都极显著，每穗粒数对穗粒重的直接效应大于粒重。由此表明，在同化物量一定的条件下，穗粒数和粒重是相互消长的关系（马元喜等，1991），即一个产量构成因素的减少，可由另一个因素的增加来补偿（郭天财等，1998；崔金梅等，1980），即小麦穗粒数和粒重是一对相互制约而又相互联系的内在矛盾。因此，提高小麦穗粒重必须依据当地的生态条件和所种植的小麦品种特点，采取或增加每穗粒数，或提高单粒重，或二者同步提高的技术思路。

一、协调小麦幼穗发育进程，增加穗粒数

穗粒数主要取决于品种的遗传特性、单位面积穗数以及从幼穗分化到籽粒形成初期的自然生态和栽培条件。穗粒数的遗传特性直接取决于所选育的品种，在相同肥力条件下，一般是大穗型品种的穗粒数高于中间型品种，中间型品种的穗粒数又高于多穗型品种。据研究，小麦穗粒数的遗传力为 24.0%～35.4%（梅楠等，1990）。从幼穗分化到籽粒形成初期为止的生态条件虽然包括了自然生态因素和栽培因素，但在很大程度上受群体大小的制约。穗粒数是穗粒重构成因素中最活跃的因素，因其开始时间早，可调节程度大，同时，小麦穗粒数是其小穗小花分化、生长发育、退化和结实等一系列生命活动过程的最终

体现，其形成时间较长，受环境因子的影响也较大。据黄淮冬麦区一些小麦高产试验证明，在光温和肥水良好的生态条件下，不同群体密度调节下每穗的小穗数，表现出在一定的范围内每穗的小穗数越多，平均每穗粒数和粒重也越高，这是个体发育良好的最终表现。在低产田，有限的土壤肥力使得小麦植株的无机营养不良，导致有机营养不足，幼穗发育和小穗、小花分化的营养条件不好，难以形成较大的麦穗。所以在低肥力水平条件下，小麦的小穗数和每小穗穗粒数少、穗子小、产量低；而在高肥力麦田，一些小麦品种，特别是多穗型品种，常因其群体过大，田间郁蔽，光合产物不足，有机营养不良，导致小穗小花退化，穗粒数减少。在丰产田中，较高的产量是在适宜穗数的前提下取得的，所以，在穗数基本一致的情况下，可以靠两种途径增加穗粒数：一是增加每穗的小穗数和小花数，二是减少不孕小穗数和不孕小花数。

一个麦穗一般可分化 180 朵左右小花，其中约有 60%～80%的小花因种种原因中途停止发育而退化。根据崔金梅 20 多年来对小麦不同品种、播期、播量等栽培试验的结果证明，在河南生态条件下，提高穗粒数的关键是在多小穗的基础上提高结实率，单纯提高小穗数和小花数或结实率，都不能有效地增加穗粒数。促进小穗和小花分化和发育的关键是协调各生育时期小麦植株体内的碳氮平衡状况和养分供应水平。在小麦生产实践中，培育壮苗是形成多小穗和多花多粒的基础。据著者测定，小麦植株干物重与结实小穗和单株粒数均呈显著正相关，其相关系数分别为 $r=0.980\,0^{**}$ 和 $r=0.987\,0^{**}$。因此，增加每穗结实粒数的调控步骤应为：促进小穗分化→防止小穗退化→力争多开花→提高开花结实率。

自小麦幼穗分化的单棱期开始，小穗原基不断分化，直到顶端小穗出现，护颖分化时，每穗分化的小穗数才达到最大值，所以，小麦幼穗分化的单棱期至二棱末期是决定每穗小穗数多少的关键时期。在这个时期内通过栽培管理措施，培育健壮个体，构建高质量群体，尽量延长小穗分化时间和增加小穗的分化强度，以提高每穗小穗数。在栽培管理措施上，可采取两个办法，一是适期播种，使麦苗幼穗分化提前进入单棱期，延长单棱期到二棱期的分化时间；另一个措施是施足底肥，适时适量追肥，特别是氮肥，既可延长穗分化的时间，又可以提高穗分化的强度。

据著者观察，在河南生态条件下，小花分化到药隔形成期是争取小花数的关键时期，药隔形成期到四分体时期是防止小花退化提高结实率的关键时期，此期小麦幼穗发育对光照和肥水的要求十分严格。因此，要促进小麦穗大粒多，必须依据穗器官的建成规律，正确运用栽培管理措施，为穗粒发育提供良好的环境条件。这里需要强调指出的是，不能把影响穗发育的因素简单地认为只有水和氮素营养，而应把水、光、温、气、有机、无机营养以及碳氮比率等同时综合考虑，并集中反映在对小麦植株碳水化合物的供应上。在小麦生产实践中，要提高小麦的穗粒数，既要考虑到肥水对穗部发育的直接影响，又要考虑到由于过量使用肥水造成群体过大，群体结构不良，光合产物减少，碳/氮比例失调等间接因素的影响。所以，协调营养生长与生殖生长、群体与个体、主茎与分蘖的关系，创造合理的群体结构，合成足够碳素营养，积累较多光合产物，并加速其向结实器官的运转，是减少小穗小花退化，争取穗大粒多的先决条件。

从以上分析来看，小麦一生中大约 200d 左右的生长时间均与穗粒数的形成有关，所以，增加小麦穗粒数要在选择品种的基础上，在播期、播量、培育壮苗、创建优质群体、

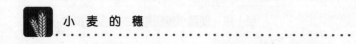

合理运筹肥水、防治病虫害等各个环节上采取切实有效的栽培技术措施，才能达到穗大粒多的目标。

二、稳定提高粒重

粒重是影响小麦产量的又一个关键因子。王昌枝等（1992）研究证明，小麦产量的高低总是伴随着粒重的高低而同步变化的，在增产年份中，粒重占增产因素的比重达87.36%；而在减产年份，因粒重下降造成产量降低占94.2%。关文雅（1991）通过对河南省1981—1991年小麦产量和产量结构分析，认为粒重高低是决定产量丰歉的一个重要因素。崔金梅（1980）指出，在小麦生产中，由于气候条件和栽培措施的影响，粒重波动很大，如郑引1号品种，千粒重的变化常在30～38g之间，特别是单产在350kg以上的中高产区，往往由于千粒重波动的影响，阻碍了小麦产量的进一步提高。因此，如何稳定提高小麦粒重已成为进一步提高小麦产量的一个突出而又亟待解决的问题。

在决定小麦粒重高低的诸因素中，具有较强制约能力的是品种的遗传特性（其遗传力大约为52.0%～81.7%）（梅楠等，1990），其次是籽粒形成和籽粒灌浆期间的生态条件以及倒伏、青枯、病虫等灾害性因素的影响。小麦粒重是籽粒灌浆速率和持续时间的函数，是小麦植株源、流、库矛盾统一过程的最终表现，只有当源、库、流和耗处于最佳配合时，粒重才能提高。在河南生态条件下，小麦从抽穗到成熟一般历时40d左右，虽然此期历时较短，但却是产量形成的关键时期。前期小麦群体与个体的生长发育状况，以及此期的温度、光照和降雨等均影响小麦粒重的高低。在我国大部分麦区，此阶段常常有高温、干旱、风、雨、冰雹等灾害性天气发生，而且还经常遭受白粉病、锈病、赤霉病、黏虫、蚜虫、吸浆虫等多种病虫危害，导致小麦倒伏、青干或早衰，严重影响小麦的正常落黄与成熟，造成粒重下降，产量降低，使得不少年份尽管前期小麦生长良好，最终仍难以获得高产丰收。

崔金梅等（1995）研究结果证明，小麦粒重高低不仅取决于籽粒灌浆期间的各种气象条件，而且与整个小麦生育期间的栽培条件有一定关系，并与小麦生育中期的气候条件密切相关。其主要原因是小麦生育中期的气候条件影响小麦的幼穗发育进程，从而影响早期粒重，而早期粒重是形成最终粒重的基础。进一步分析证明，在影响小麦早期粒重的因素中，拔节至抽穗期的温度是影响早期粒重高低的主导因素，降雨过多也对形成早期粒重不利，而且降雨分布在该阶段的两端对形成早期粒重有利。

综上所述，通过栽培手段调整群体的大小，建立合理的群体结构，既确保适宜的穗数，又是减轻甚至避免倒伏、青枯、病虫的发生，确保粒重稳定与提高的重要基础。也只有在小麦生育前期打下良好的基础，使小麦植株的无机和有机营养协调，后期获得较高的粒重才有保证。

第二节　选用适宜的穗型品种

优良品种是在一定的生态环境和栽培条件下，具有稳定一致优良遗传特性的生态类型。选用良种，既可以充分利用当地的自然资源，又能较好地发挥各种栽培管理措施的增产效应，对提高小麦产量具有十分重要的作用。国内外的资料表明，从 20 世纪 50 年代至今，小麦产量的大幅度增长，良种所起的作用约占 50％左右（范憬臣等，1988），选好品种是小麦高产栽培的重要环节之一。由于优良品种在产量构成的表现上各有千秋，提高小麦穗粒重首先要从选择适宜的穗型品种入手。

一、不同穗型品种的特性

不同穗型小麦品种在每穗分化小穗数、小花数和最终结实粒数上均存在较大的差异。据报道，国际玉米小麦改良中心（CIMMYT）已把培育多小穗、多粒类型作为提高小麦产量潜力的主要研究方向之一，并已培育出每穗 30～40 个小穗，每小穗结实 9 粒的特大穗类型。由该中心培育的"神奇小麦"，每穗结实粒数高达 200 粒左右，1998 年在智利南部曾创造出 18t/hm² 的产量记录（Holdenc，1998；郭天财等，2005）。在国内，陕西省咸阳市农业科学研究所罗洪溪等（1983）用常规育种多元聚合杂交的方式，结合定向选择，系统培育，已选育出穗长 30cm，小穗数 30 个以上的超大穗材料。西安市农业科学研究所李丕皋等（1987）利用分枝型圆锥小麦（*T. turgidum* L.）作亲本，培育出了穗粒数 68～130 粒的分枝普通小麦类型。

根据著者对河南省生产上推广的几个小麦品种的系统观察结果，在正常播期、高产条件下，大穗型品种豫麦 66 每穗分化的小穗数可达 26 个左右，而大粒型品种兰考 86 - 79 平均每穗分化的小穗数只有 17.4 个，多穗型品种豫麦 49 居中，平均每穗分化的小穗数有 21.5 个。至开花时，发育完善的小花数大穗型品种豫麦 66 每穗可形成约 80 朵，豫麦 49 可形成约 70 朵，但兰考 86 - 79 只能形成 44 朵。在最终结实粒数上，豫麦 66、豫麦 49 每穗结实分别为 59.0 粒、34.1 粒，而兰考 86 - 79 每穗结实仅 28 粒。由此可见，大穗型小麦品种的小花分化速率快，每穗分化的小花数多，最终形成的可孕小花数和结实粒数也最多。不同穗型小麦品种的小穗结实率、小花结实率和可孕花结实率均为穗型越大，结实率越高，其中以可孕花结实率的极差最为明显。究其原因，可能是不同穗型小麦品种的强势位小花在结实特性上差异较小，但弱势位小花因穗型不同而有明显的差异。穗型大的小麦品种，小穗上各小花位的结实率也相应增加，从上述可以看出，大穗型品种平均每小穗结实 2.1 粒左右，而中穗型和小穗型平均每小穗结实均在 1.6 粒左右，这表明大穗型品种每个小穗上强势小花第 1、2 小花位的结实率之间差异相对较小，但第 3、4 朵小花位的结实率差异却非常明显，据调查第 4 小花位的结实率，豫麦 66 为 14％，而兰考 86 - 79 则基本不能够结实，对这一类品种特别应注意的是减少不孕小穗，提高结实小穗率。

崔金梅（1979）通过连续多年对不同小麦品种幼穗分化的系统观察中发现，在河南生态条件下，大穗型小麦品种单棱期分化时间较短，冬前进入二棱期，仅为 61.25 d，而多穗型品种（对照）此期的分化时间为 103.75 d，处在越冬期间，平均缩短了 42.50 d，即大穗型小麦品种单棱期的分化时间较对照品种减少了 40.96％。同时，大穗型小麦品种幼穗分化进入二棱期的时间也早，比对照品种短 50～86 d，因而大穗型小麦品种二棱期的持续时间较长，平均为 33.45 d，而对照品种为 7.75 d，大穗型小麦品种二棱期的分化时间比对照增加了 25.70 d。大穗型小麦品种的护颖分化期和小花原基分化期分别为 16.8 d 和 13.7 d，比对照品种分别增加了 5.5 d 和 5.7 d，而雌雄蕊原基分化期和药隔分化期的分化时间与对照品种差异不大。由此可见，单棱期分化时间短和二棱期分化时间长是大穗型品种有较大的粒重和较多的小穗数的重要原因。

一般认为，大穗型品种的单位面积成穗数和穗粒数比多穗型品种稳定，但千粒重稳定性较差，大穗型品种的产量构成三因素的稳定性依次为穗数＞穗粒数＞千粒重，而多穗型品种则为穗粒数＞穗数＞千粒重。通径分析结果表明，穗数和穗粒数对产量决定系数为 －0.001 7，穗数与千粒重对产量的决定系数为 0.152 0。另据产量构成三因素对产量偏相关分析表明，不论大穗型品种还是多穗型品种，均以千粒重对产量的偏相关程度最大，大穗型品种产量构成因素对产量的贡献依次为千粒重＞穗粒数＞穗数，多穗型品种产量构成因素对产量的贡献依次为千粒重＞穗数＞穗粒数。

从我国目前小麦生产上推广的品种来看，穗粒数变幅较大，每穗粒数最高达到 65 粒，最少的每穗粒数仅为 17 粒，平均穗粒数为 32.5 粒，有 70% 左右的品种每穗粒数在 25～40 粒之间。同时，每穗粒数还呈现明显的地区性，总的趋势是南多北少，随纬度的增加穗粒数逐渐递减，自东向西随海拔的升高穗粒数逐渐增加，且冬小麦区高于春小麦区；南方冬小麦区高于北方冬麦区。从穗粒数的变化分布来看，1950—1990 年的 40 年间，我国小麦育成品种穗粒数有随年代逐渐增加的趋势。20 世纪 80 年代成的小麦品种较 50 年代育成品种的穗粒数增加了 5.9 粒，每 10 年平均增加约 2 粒，增长 19.4%。不同时期育成品种穗粒数的增加数量不同。60 年代育成的小麦品种穗粒数与 50 年代育成的品种相比，每穗粒数仅增加了 0.1 粒，变化很小。70 年代育成的小麦品种是穗粒数增加最快的时期，较 60 年代增加了 2.7 粒，增长了 8.3%。80 年代育成的小麦品种穗粒数增加有所减缓。从不同地区育成的小麦品种之间比较，穗粒数的增加幅度也有所不同。80 年代与 50 年代相比，穗粒数增长较快的地区有北京、黑龙江、山西、安徽、江苏 5 个省、直辖市，增长百分比在 20.8%～43.9% 之间，在育种开展较晚的地区中，西藏自治区育成的小麦品种穗粒数增长较快，20 世纪 80 年代比 50 年代增加了 7.2 粒，是全国平均增长率的 2 倍。穗粒数变化不大或略有减少的有新疆、浙江、宁夏等地，湖北、陕西两省穗粒数变化也有一定的波动性，但总的趋势是逐渐增加，其他省份小麦穗粒数的增长速度在 2.3%～18.0% 之间（刘三才，1994）。

新中国成立以来，河南省小麦品种大体经历了 8 次更新换代，每次品种更换，小麦品种的产量结构都有明显变化，使小麦产量水平得到了较大幅度提高。根据对不同年代河南推广的小麦品种产量构成因素的调查分析，河南小麦品种产量构成因素总的趋势是单株成穗数变化较小，千粒重由小增大，每穗粒数由少变多。每 667 m² 穗数由原来的 10 多万逐渐增加到 40 万左右，穗粒数从 20 多粒增加到 40 粒左右，千粒重也由原来的 30 g 增加到 40 g 以上。这说明小麦品种经过历次更新换代虽然分蘖成穗率相对减弱，但由于穗子变大，穗粒数和千粒重明显提高，穗粒重也比原来品种明显增加（表 10 - 1）。

表 10-1 河南省不同年代小麦品种穗粒重变化（河南省农业科学院，1987；段国辉等，2006）

年 份	单穗粒数（个）	千粒重（g）	收获指数（%）
1950—1960	25.0	26～28	29.0
1961—1970	28.9	30～32	30.1
1971—1980	30.9	25～45	34.3
1981—1990	31.2	35～42	38.0
1991—2000	32.4	35～42	40.4
2000 年以来	35.8	41～44	—

二、小麦品种的合理选用

小麦产量的提高是由品种的遗传因素、自然生态条件和栽培管理措施共同作用的结果。其中，选用优良品种是增产的内因，在生产上要不断提高产量，须根据当地的生态条件、地力与产量水平，因地制宜合理选用品种。

从小麦穗的形成规律来看，小穗是形成小花和穗粒数的基础，要提高穗粒数必须有一定数量的小穗和小花数。在穗分化过程中，决定小穗数、小花数的关键时期是单棱期到顶端小穗形成期，而这一阶段的持续时间和气候条件是决定穗粒数多少的重要因素，并且由于不同品种此期的持续时间和对气候条件敏感程度不同，会导致形成不同数量的小穗数和小花数。

虽然不同小麦品种每穗分化的总小花数是比较稳定的，但结实小穗、小花率变异幅度大，所以小麦穗粒数的多少除受分化出的小穗数、小花数影响外，还决定于不同品种对外界条件的敏感程度，从而决定了其小穗小花的退化程度。因此，在生产上要选择分化小穗数和小花数多，而且小穗、小花退化相对较少的小麦品种类型。如豫麦 49 是一个高产品种，但在中等或较低的地力条件下，在小麦生育后期肥水条件达不到植株生长发育的要求，尤其是中后期田间密度过大、阴雨寡照或后期干旱，往往会出现上部或下部的小穗不孕，穗粒数减少而造成产量下降；大穗型品种豫麦 66、兰考矮早八虽然成穗数较低，但其穗粒数形成对外界条件反应不太敏感，年际间每穗的结实粒数较为稳定。另外，由于不同品种耐寒性的差异，穗部受寒害的反应也不同，如豫麦 18 虽为春性品种，在越冬期抗寒性较差，但在春季抗倒春寒的能力较温麦系列和周麦系列的品种要强，在春季发生冻害的年份，相同冻害条件下豫麦18 的穗粒数减少幅度要小。

小麦品种的籽粒大小差异也受遗传基础和环境条件的共同影响，即小麦粒重的大小一方面取决于品种的遗传特性，另一方面决定于品种对外界生态因子的敏感性，而且不同小麦品种在相同的环境条件下，一般灌浆强度大的品种最终粒重要高，通过对河南省 14 个小麦品种的灌浆特性进行分析，各品种灌浆强度最大期在 5 月 15～23 日，小麦品种灌浆峰值出现得越早，粒重相对较稳定。因此，根据河南省小麦灌浆期间不利因素较多的生态特点，在小麦高产实践中，选择高产品种，应优先考虑灌浆速度较快、峰值到来早的品种。

小麦产量构成因素之间有着相互制约的关系，如多数大穗型品种，穗粒数多，达到每穗 40～55 粒，但分蘖成穗率低，单株成穗数少，仍不能达到理想的产量，而且穗粒数多的品种往往籽粒大小差异较大。根据著者多年从事小麦高产栽培的经验，多穗型小麦品种应重点解决单穗生产力低的问题，而大穗型品种应着力解决单位面积穗数少的问题。因此，在小麦生产上要根据生产、生态条件和生产水平，在保证产量目标实现足够穗数的基础上，选用穗粒数适中、粒重大小适宜的品种，并采取因种制宜的栽培管理技术措施，以减少不孕小穗为主攻目标，实现穗大粒重，从而获得高产。

第三节　施肥运筹

施肥是满足小麦营养需求的重要措施，在选择适宜穗型品种的基础上，可根据麦田的目标产量、土壤供肥状况，以及小麦植株的吸肥规律，通过合理施肥，提高小麦穗粒重，达到小麦增产的目的。

氮、磷、钾三元素为小麦所需的重要营养成分。根据著者"十五"期间承担实施国家粮食丰产科技工程项目，对不同产量水平小麦需肥规律的研究结果，小麦对氮、磷、钾养分的吸收总量随着产量水平的增加均有所提高，其中，以氮、钾的养分系数，即每生产 100kg 籽粒所需要的养分量（kg）提高明显，而磷的养分系数则变化较小（表 10 - 2）。

小麦一生对氮、磷、钾养分的要求，大致趋势是越冬前需要的养分数量不多。此期吸收的氮素多用于促进分蘖，增加总分蘖数，而吸收一定的磷、钾肥则是促进根系发育，加强体内物质运转，以利越冬，为形成较多的小穗数打基础，小麦越冬前对营养元素的吸收以氮最多，磷、钾次之；返青以后，吸收养分量显著增多，其中磷、钾较前期增加显著，但仍以氮素较多，因此应为分化较多的小花数提供足够营养。拔节以后是小麦吸收营养物质盛期，氮、磷、钾吸收量和干物质绝对量均大量增加，但氮素吸收相对量却有逐渐减少的趋势，而干物质的相对量却逐渐增加，这一时期吸收的磷、钾量显著增加，该时期主要是在植株茎、叶、穗同时发展的基础上，促进其基部茎节机械组织充分发育，以加强植株体内物质运转，协调其营养生长和生殖生长的营养平衡，减少小花退化，增加完善小花比例；抽穗以后，氮、磷、钾的吸收普遍下降，到成熟期氮、磷仍有少量吸收，植株体吸收的钾却出现外排现象。由于磷能促进碳水化合物向穗部转移，增加籽粒的千粒重及其饱满度，生育后期对磷的吸收仍应保持一定数量。

表 10 - 2　不同产量水平小麦每 100kg 籽粒的养分吸收系数

生态区域	产量水平（kg/hm²）	氮（N, kg）	磷（P₂O₅, kg）	钾（K₂O, kg）
高产灌区	8 250～9 300	3.21～3.54	0.89～1.03	3.82～4.61
中产灌区	6 450～8 000	2.89～3.32	0.81～0.94	2.82～3.03
旱作区	5 400～6 000	2.70～3.00	0.96～0.99	2.83～2.90

氮、磷、钾合理配施对提高穗粒重具有重要作用，有机肥、其他中量元素和微量元素也以不同的方式参与小麦植株体内的生理代谢过程，从而影响小麦穗粒重的高低。所以，应在小麦生育期间采取合理的施肥运筹方式，包括有机与无机肥的结合、化肥施用量的确定、营养合理配比，底施、追施和喷施恰当运用等方面的内容，争取以较少的投入，获得高穗粒重，进而获得高产。

一、氮肥的施用

氮可促进小麦根、茎、叶的生长和分蘖，增加绿叶面积，提高光合作用，增加小穗、小花数，为提高穗粒重奠定物质基础。

（一）氮肥对小麦穗粒重的影响

良好的氮素营养不仅能提高小麦成穗率，而且能增加结实小穗数，减少不孕小穗，达到穗大、粒多、粒饱。从表 10-3 可以看出，在中高产条件下，不同用量的氮肥对小穗形成和退化有明显的影响。随着氮肥用量的增加，不仅小穗数增多，而且也影响着穗部性状。据研究，不施氮处理主茎结实小穗平均为 17.5 个，其中每穗为 14~16 个的占总小穗数的 57.3%，17~20 个的占 42.2%，而每公顷施 150 kg 纯氮处理每穗平均结实小穗为 18.5 个，具有 17~20 个结实小穗的占 100%，不施氮肥处理每穗退化小穗 4~7 个的占 71.4%，而每公顷施纯氮 112.5~150 kg 处理的每穗退化小穗仅有 35.6%。每穗结实粒数和单穗粒重也表现出随施氮量的增加而提高的变化趋势。

表 10-3　不同氮素水平对小麦主茎穗器官发育的影响

施氮量 （kg/hm²）	单株成穗数 （个/株）	结实小穗数 （个/穗）	退化小穗数 （个/穗）	穗粒数 （个/穗）	穗粒重 （g/穗）
150.0	3.3	18.5	3.2	42.2	2.1
112.5	3.2	18.2	3.3	42.5	2.0
75.0	2.9	18.2	3.5	41.5	2.0
37.5	2.7	17.8	3.5	39.2	2.0
18.75	2.7	17.6	3.8	38.9	1.9
0	2.6	17.5	3.8	36.0	1.7

氮肥用量与小麦粒重的高低也有密切关系。一般在中产水平施氮，氮肥用量适中，可提高小麦千粒重，但由于土壤肥力基础、品种选用等方面的原因，施氮量超过一定的范围，则会导致小麦粒重下降。据河南省小麦高稳优低协作组试验结果表明，随施氮量的增加，穗粒数增多，但千粒重下降。如每公顷施纯氮 120kg 较 60kg 处理的穗粒数仍有增加，但穗粒重减少 0.1g，千粒重减少 3.6g，施纯氮 240kg 处理，千粒重下降 8.6g，每 667m² 产量也较 120kg 处理减少 16.1kg（表 10-4）。

表 10-4　不同施氮量对产量及产量构成因素的影响

施氮量 （kg/hm²）	株高 （cm）	每 667m² 成穗数 （万）	穗粒数 （个/穗）	千粒重 （g）	穗粒重 （g/穗）	产量 （kg/hm²）
0	58.7	276.0	23.8	30.4	0.84	2 160.0
30	64.7	316.5	29.5	33.0	0.99	3 037.5
60	68.1	418.5	33.2	34.4	1.14	3 600.0
120	71.9	507.0	33.4	30.8	1.04	4 639.5
180	75.6	567.0	34.7	31.8	0.99	4 525.5
240	76.8	—	37.3	25.8	0.90	4 398.0

在高产条件下，由于地力水平较高，适量施用基肥可以保证单位面积有足够的穗数，适期适量追施肥料可以明显增加每穗粒数和千粒重。根据著者以只基施有机肥为对照，分别在拔节期追施不同量的氮肥以及氮、磷、钾配施，从对穗粒数和千粒重的促进效果可以看出，拔节期每公顷追施纯氮 69kg，较对照的穗粒数提高 0.18 粒，千粒重增加 1.33g。这表明在基施氮肥不足的条件下，拔节期追氮不仅增加穗数，而且穗粒数、粒重均能得到相应提高；拔节期每公顷追施纯氮 138kg，穗粒数较对照增加 2.63 粒，但千粒重下降 6.65g；在同一氮素水平下（138kg/hm²），施 67.5kg P_2O_5 和 67.5kg 氯化钾处理与仅施纯氮处理相比，穗粒数提高 1.52 粒，千粒重增加 0.55g。表明追施氮肥有利于穗数和穗粒数的提高，但施氮量过多则使千粒重明显下降，在追肥中氮、磷、钾肥合理配施，可改善穗部性状，使穗粒数、千粒重明显提高（表 10-5）。

表 10-5 不同施肥量对穗粒数和千粒重的影响

项 目	处理1	处理2	处理3	处理4	处理5	处理6	处理7
穗粒数（个）	33.14	33.32	35.77	36.35	36.83	34.28	37.29
千粒重（g）	40.45	41.78	33.80	36.05	38.10	39.75	34.35

注：处理1为基施有机肥；处理2为基施有机肥＋拔节期追施纯氮 69kg/hm²；处理3为基施有机肥＋拔节期追纯氮 138kg/hm²；处理4为基施有机肥＋纯氮 69kg/hm²＋拔节期追纯氮 69kg/hm²；处理5为基施有机肥＋纯氮 69kg/hm²＋抽穗期追纯氮 69kg/hm²；处理6为基施有机肥＋纯氮 69kg/hm²＋开花期追纯氮 69kg/hm²；处理7为基施有机肥＋拔节期追纯氮 138kg/hm²＋磷 67.5kg/hm²＋钾 67.5 kg/hm²。

（二）小麦适宜施肥量的确定

小麦适宜施肥量的确定方法一般有两种：一种是测土配方平衡施肥，即根据目标产量、需肥规律、土壤供肥性能与肥料效应，在施农家肥的基础上，提出氮、磷、钾肥和中、微量元素的适当用量和比例，以及相应的施肥技术；另一种是根据肥料报酬递减率，通过施肥量试验，运用肥料效应方程式计算出适宜施肥量。一般采用第 1 种方法为多，或两者结合。

小麦一生中吸收的氮总量，因气候、品种和产量水平而不同。一般认为，每生产 100kg 小麦籽粒，约需吸收纯氮 3kg。小麦所吸收的养分，除来自当季施入的肥料外，有相当一部分是由土壤中储存的养分供给的。当季施入的肥料，有一部分被土壤固定，一部分被淋溶或挥发，被利用的仅仅是其中的一部分。从理论上讲：

$$当季施氮总量（kg）=\frac{计划施氮量-土壤供氮量}{肥料利用率}$$

土壤的供肥量，可根据 20cm 耕层内土壤养分含量进行计算。如当前我国一般每公顷 6 000kg 麦田的地力一般为不施肥产量可达 3 750kg 左右；肥料的利用率因肥料种类不同差异很大，尿素、硫酸铵一般为 50%，碳酸氢铵为 40%。拟在 3 750kg/hm² 空白地力水平获得 6 000kg/hm² 的产量，每公顷施用的纯氮量计算如下：

a. 每 100kg 籽粒需纯氮 3kg，6 000kg 的产量需氮 180kg；

b. 已知这类土壤的地力为每公顷产 3 750kg，供氮量为 3 750÷100×3＝112.5（kg）；

c. 施用的氮素肥料利用率以 40% 计；

d. 每公顷需纯氮 168.75kg。

由此可知，若每公顷施用一定量的有机肥，再施用 150～180kg 纯氮，配施一定量的磷钾肥，就可获得 6 000～7 500kg 的产量。在不同的地力水平下，产量水平越低，施氮的增产效果越显著，随着产量水平的提高，增产效果逐渐降低。因此，在小麦生产上，在一定的土壤供肥条件下，不仅要考虑最高产量的施肥量，还要考虑经济效益，即获得最大施肥效益的施肥量。根据国家小麦工程技术研究中心"十五"期间承担实施国家粮食丰产科技工程项目对不同农田肥力状况、产量水平调查和试验分析结果，不同产量水平要求麦田有较高的土壤供肥和培肥指标，如表 10 - 6 所示。

表 10 - 6　小麦不同产量水平土壤供肥与培肥指标

产量水平	土壤层次 (cm)	有机质 (mg/g)	全氮 (mg/g)	碱解氮 (mg/kg)	有效磷 (mg/kg)	速效钾 (mg/kg)	备　注
高产区	0～20	≥12.0	≥1.0	≥80.0	≥20.0	≥120.0	土体结构良好
	20～40	≥9.0	≥0.7	≥50.0	≥10.0	≥80.0	
中产区	0～20	≥9.0	≥0.9	≥60.0	≥15.0	≥100.0	土壤无明显障碍因子
	20～40	≥6.0	≥0.6	≥30.0	≥10.0	≥50.0	
旱作区	0～20	≥10.0	≥0.9	≥60.0	≥8.0	≥100.0	土壤无明显障碍因子
	20～40	≥8.0	≥0.7	≥40.0	≥6.0	≥80.0	

（三）氮肥基追比例

小麦对氮素的吸收积累既与品种生物学特性密切相关，又受其产量水平、土壤供肥能力和施肥运筹的制约。一般小麦一生中氮素吸收积累的总趋势是苗期少、中期多、后期又少，呈现两头小、中间大的特点，而且由于不同生态区不同产量水平麦田的土壤基础肥力不同，采取不同氮肥基追比例对小麦穗粒重能产生不同的影响效果。

在中、低产量水平条件下，夺取较高小麦产量的途径主要依靠增加单位面积穗数，因此，河南小麦生产在低产变中产阶段，农民群众对氮肥施用总结出了"年外不如年里，年里不如掩底"的经验，意思是氮肥全部作为基肥施入，对促进多分蘖、多成穗具有良好的效果。随着小麦产量水平的提高，农田生产条件、肥力水平的变化以及小麦品种的改良，现有多数小麦品种获得较多穗数已较为容易，而且在产量水平较高的麦田，成穗数对产量的作用相对较小，而穗粒数和粒重对产量的作用相对增大，要进一步提高产量，就必须在保证单位面积有足够穗数的基础上，尽可能提高单穗粒重。若在产量水平较高的地区仍采取传统的施肥技术，冬前和早春分蘖的增多必将会导致群体过大，田间过早郁蔽，透光率下降，造成个体发育不良，病虫害严重发生，甚至倒伏，小花退化多，穗粒数少，粒重低，最终导致减产。所以对不同麦田，应视地力和所要求的目标产量，在基施有机肥和磷钾肥的基础上，适当调整氮肥基追比，如采取 5：5（基施与追施各半），6：4（基施60%，追施40%），或 7：3（基施70%，追施30%）施肥措施，能收到较好的增产效果。

王晨阳等（1996）在高产条件下，以多穗型小麦品种豫麦 49 为材料，研究了氮肥不同基追比例对小麦产量及光合生理特性的影响。结果表明，在小麦全生育期每公顷纯氮 240 kg 的条件下，基追比为 5：5 的产量最高，平均每公顷产量为 9 081kg/hm²，基追比为 7：3 和 3：7 的产量也分别达到了 8 748 kg/hm² 和 8 496 kg/hm²，而氮肥全部基施的产量最低，仅为 8 184 kg/hm²。进一步对各处理产量构成三要素进行分析，氮肥基追比例不同，对小麦产量构成因素的影响效应也不同。在本试验条件下，氮肥全部基施在一定程度上增加了分蘖成穗数，但与其余 3 个施氮处理间差异不显著，说明高产麦田的土壤肥力水平较高，养分供应充足，施用氮肥对分蘖成穗的影响相对较小。穗粒数以 N_3 处理最多，达到 33.02 粒，且千粒重最高，达到 41.2 g。表明在高产条件下，根据产量指标确定氮肥的施用总量后，适当降低基施氮肥比例，增加追氮比例，对调控群体发展，优化群体结构，提高小麦产量具有重要的作用（表 10 - 7）。

表 10 - 7　氮肥不同基追比例对小麦产量及产量构成因素的影响（品种：豫麦 49）

处　理 （基：追）	结实小穗 （个/穗）	下位败育小花 （个/穗）	成穗数 （万/hm²）	穗粒数 （粒/穗）	千粒重 （g）	产量 （kg/hm²）
N_1（10：0）	16.43	5.65	681.0	31.38	38.3	8 184
N_2（7：3）	16.93	5.04	655.5	32.95	40.5	8 748
N_3（5：5）	17.88	4.81	667.5	33.02	41.2	9 081
N_4（3：7）	17.07	4.99	648.0	32.78	40.0	8 496

（四）氮肥追施时期

由于小麦不同生育时期对氮肥的需求量不同，氮肥不同追施时期产生不同的效果。在小麦生产中常根据小麦的长势确定追肥时间，因为弱苗与壮苗相比，弱苗本身的营养条件较差，幼穗分化所经历的时间缩短 2 d，所以从二棱期以后，各发育阶段一般均提前，而且幼穗分化的强度不及壮苗大，因此，结实小穗数和每穗粒数也较低。根据成熟时的室内考种结果，壮苗的小穗为 20～23 个，穗粒数 36～45 粒；弱苗的小穗数为 14～17 个，穗粒数 30～35 粒。通过追施氮肥培育壮苗，减小不同花位小花发育时期的差异，就可为提高结实率提供可能性。因此，对不同类型的麦田，在不同时期追施氮肥，对控制合理的群体动态，创造良好的光照条件，使植株得到充足的碳、氮营养，增加小麦穗粒重具有重要的作用。

1. 低产麦田　河南农业大学（1980）曾经研究了低产麦田追施氮肥对不同部位小穗结实粒数的促进效果（表 10 - 8），由于地薄苗弱，采取促蘖增穗与促花增粒的措施是一致的。因为分蘖增加的过程，也是小穗分化的过程，春季施氮在促分蘖的同时，小穗数也相应增加，蘖多株壮，小穗、小花数退化数减少，结实率自然提高。根据本研究结果，在冬季和小花退化高峰期之前对这类麦田供给充足的肥水，对提高结实率有十分显著的作用。

表 10 - 8　冬春季追氮对小麦不同部位小穗穗粒数的影响

苗情及处理	基部第 1 小穗结实 数（个）	基部第 2 小穗结实数 （个）	中部小穗结 实数（个）	顶部小穗结 实数（个）	每穗结实 小穗数（个）	每穗不孕小 穗数（个）	每穗小穗 数（个）	穗粒数 （个）
冬季　追肥	0	0.6	3.0	1.1	15.8	1.6	17.4	40.0
弱苗　未追肥	0	0	2.4	0.9	11.8	5.2	17.0	20.7
春季　追肥	0	3.0	3.5	1.0	18.8	1.0	19.7	54.0
弱苗　未追肥	0	0	2.3	1.1	13.3	5.7	19.0	25.6

另外，根据小麦苗情，对前期施肥不足，后期有脱肥现象的麦田，追施适量的氮肥，能防止植株早衰，延长灌浆时间，增强灌浆强度。据崔金梅 1975 年对小麦旗叶刚外伸的

叶片发黄苗，每公顷撒施尿素 75kg，并结合灌水，施肥处理的灌浆时间延长 2～3 d，千粒重较对照提高 2.1g。

2. 中产麦田 对中产麦田，要在注意促蘖增穗、促进穗分化的同时，又要防止小穗小花的过多退化。据研究，这类麦田冬前施氮可以促进分蘖成穗，小花增多。但中后期由于营养不足，小花退化数较多，结实粒数减少。起身期追氮对促进小花分化和减少小花退化均有一定效果。拔节期追氮对促进小花分化的作用小，而对减少小花退化的效果最为明显，因此，比其他时期追氮处理的穗粒数较多。综合考虑产量构成三个因素，在中产条件下，以起身期追氮处理的效果较好。这是因为，起身期小麦分蘖开始出现两极分化，此期追肥既可促蘖增穗，又可保花增粒，从而达到增产的效果（表 10-9）。

表 10-9 追氮时期对小麦穗粒数的影响

追氮时期	成穗数 （万个/hm²）	每穗小穗数 （个/穗）	结实小穗 （个/穗）	不孕小穗 （个/穗）	挑旗期小花数 个/穗	抽穗期小花数 个/穗	穗粒数 （个/穗）
冬前	553.5	20.1	17.3	2.1	147	58.3	36.3
返青	483.0	20.8	18.8	2.0	146	52.8	36.2
起身	507.0	20.4	18.5	1.9	160	65.2	37.9
拔节	507.0	20.5	19.4	1.1	165	63.8	36.5
对照	520.5	19.5	16.4	3.1	131	48.5	32.5

3. 高产麦田 对肥力较高的麦田，其幼穗分化已能获得较充足的营养，如果再通过施氮促进小穗发育，很容易大量增蘖，使群体和个体矛盾激化，反而引起小穗、小花的大量退化，导致结实率下降。这说明在高肥水麦田，影响穗粒重的主要原因不是无机营养缺乏，而是有机营养不足；不是穗的分化不充分，而是小穗小花退化数量增多。因此，在高产条件下，由于地力水平较高，物质投入也较多，致使分蘖两极分化后移，拔节期成为产量构成因素形成的重要交叉点（朱云集等，2005），即拔节期既可决定穗数的多少，又是穗粒数形成的关键时期，同时也是决定幼穗发育速度、影响早期粒重的重要时期。因此，拔节期追施氮肥可以较好地协调小麦产量构成因素之间的关系，即在保证形成足够穗数的基础上，增加穗粒数，提高粒重，从而达到高产。

著者于 1996—1998 年在偃师市高产田所进行的追施氮肥试验结果表明，在土壤肥力较高的基础上，每公顷总施氮量在 240kg 的条件下，采取基追比 5∶5，分别在小麦返青期（N_1）、起身期（N_2）、拔节期（N_3）、孕穗期（N_4）、抽穗期（N_5）追施氮肥（上述追肥时期的小麦幼穗分化分别为二棱后期、小花原基分化期、雌雄蕊分化末期、雌蕊柱头突起期和抽穗期）。据雌蕊发育过程中的形态变化，随着发育时间持续，部分小花可能发育迟缓或停止发育，只有发育到后期的小花才能成为可能结实的小花。从结果可以看出，适期追肥可延长小麦小花发育的时间。如 4 月 10 日观察，N_1 和 N_2 处理下部第 3 小穗平均分别有 2.5 朵和 2.0 朵小花进入第 7 个发育时期（柱头伸长期），而尚未施氮的处理同部位小穗的小花已停止发育。4 月 16 日观察，N_2、N_3 处理下部第 3 小穗平均有 0.5 朵小花进入第 8 个发育时期（柱头羽毛突起期），但其余 2 个处理第 3 小穗小花已停止发育。施氮对中部小穗的影响表现为，施氮早的处理，促进作用也早，如 4 月 10 日观察，N_1 处理达到第 8 个发育时期的小花为 3 朵，高于其他处理，但 4 月 16 日观察，达到第 9 个发育时期的小花数低于其他处理，以 N_3 处理小花发育最快，达到第 9 个发育时期，即发育较完善的小花为 3 朵。统计结果表明，不同时期施氮对顶部小穗小花的发育影响不大，而对中部小穗的小花发育影响较大，其中 4 月 16 日观察，N_3、N_4 处理达到柱头羽毛伸长期的小花数目与其余处理间差异达显著水平。由此可见，小麦幼穗分化从二棱后期至柱头突起期，由于施氮时期不同，对小花发育的影响不同，在雌雄蕊分化末期至雌蕊柱头突起期施氮，可延长小花发育时间，增加发育成熟的小花数目，为减少小花退化奠定了基础（表 10 - 10）。

表 10 - 10　不同追氮处理不同部位的小花数

部位 (月/日) 观察时间 发育时期	小穗位								
	下部第 3 小穗			中部小穗			顶部小穗		
	4/7	4/10	4/16	4/7	4/10	4/16	4/7	4/10	4/16
发育时期	VI	VII	VIII	VII	VIII	IX	VI	VII	VIII
二棱末期1	2.5a	0.0c	0.0a	3.0b	2.5b	2.0 c	1.0a	0a	1.0 a
小花原基分化期	2.0b	2.5a	0.0a	2.3a	3.0a	2.0 c	1.0a	0.5a	1.0 a
雌雄蕊分化末期	2.0b	2.0a	0.5a	2.6b	2.5b	3.0a	0.6a	0.5a	1.0 a
雌蕊柱头突起期	2.0b	0.5b	0.5a	2.0b	2.5b	3.0a	1.0a	1.0a	1.0 a
抽穗期	—	0.5b	0.0a	1.9 c	2.0 c	2.5b	1.0a	0.0a	1.0 a

注：品种为豫麦 49，采用 Duncan's 新复极差多重比较，不同字母表示差异达 5% 显著水平。

对上述不同氮肥追施时期处理成熟期实收测产结果表明，以拔节期追肥处理产量最高，达 9 028.5kg/hm²，孕穗期、抽穗期追氮处理的产量也分别达到 8 956.5 kg/hm² 和 8 713.5kg/hm²，而返青期、起身期追氮处理分别较拔节期追氮处理产量下降了 8.34% 和 6.21%，差异显著性检验结果表明，拔节期追氮和孕穗期追氮处理间差异不显著，而与返青期、起身期和抽穗期追氮处理间差异均达到了极显著水平（表 10 - 11）。

表 10 - 11　氮肥不同施用时期对小麦产量及产量性状的影响

调查时期	结实小穗 (个/穗)	下位退化小花 (个/穗)	穗数 (万个/hm²)	粒数 (粒/穗)	千粒重 (g)	产量 (kg/hm²)	蛋白质含量 (%)
返青期	16.3	3.1	657.0b	34.0b	41.3 C	8 275.5b	14.69
起身期	16.0	3.1	708.0a	33.1b	41.4 C	8 467.5b	14.80
拔节期	16.7	2.8	684.0a	34.8a	43.4 AB	9 028.5a	14.74
孕穗期	18.0	2.7	658.5b	35.0a	44.2a	8 956.5a	14.81
抽穗期	17.2	2.8	640.5b	33.3b	44.7a	8 713.5b	14.91

注：品种：豫麦 49，采用 Duncan's 新复极差多重比较，不同字母表示差异达 1% 显著水平。

产量构成因素分析可以看出，不同追氮时期影响群体发展和单位面积成穗数。返青期追氮处理因追氮过早，春季分蘖过多，群体质量不高，最终使得成穗数较低；起身期追氮处理在分蘖两极分化始期施氮，在一定程度上延缓了两极分化进程，并促进了分蘖成穗，因此该处理成穗数最多；拔节期、孕穗期追氮处理基本达到预期的成穗数；而且由于在雌蕊小凹期到柱头突起期追肥有利小花发育，从而显著提高了结实率。拔节期、孕穗期追氮与其余施氮处理相比，每穗结实粒数达极显著差异水平。败育的下位小花是发育完善的小花在开花授粉期间遇不适条件而未成粒的小花，从结实小穗和下位败育小花调查分析结果来看，各施氮处理间结实小穗差异不明显，但下位小花败育数相差较大，且表现为中、后期施氮与早期施氮处理相比差异达显著水平。上述结果表明，拔节期、孕穗期追氮控制了早春对小麦氮肥供应，抑制了春季分蘖的大量滋生，限制了群体的过快发展，从而提高了群体质量，在保证足够穗数基础上，提高了穗粒数和粒重，是实现产量突破的重要原因。由此提出，高产麦田足施有机肥、磷钾肥合理配比的基础上，以每公顷总施氮量240kg左右，基施氮肥和追施氮肥比例为5∶5，且以拔节期（雌雄蕊末期）—孕穗期（雌蕊柱头突起期）追施，提高穗粒重和产量的效果较好。

在氮肥对小麦穗粒数影响的机理方面，马元喜等（1995）从小麦植株体内的碳/氮代谢水平进行了研究，氮肥的施用影响了小麦体内的碳氮代谢，进而影响到小麦的成花率和结实粒数。在小麦两极分化期，过量施用氮肥造成小麦体内含碳量过低，营养生长过旺，成花率不高；施氮不足，小麦植株体内氮素过低，对成花率有严重影响。开花结实期在正常传粉受精的情况下，穗花结实率的高低与体内含糖量的关系最为密切，尤其与开花前体内糖分积累的数量关系极大，高氮处理，穗花结实率最低，低氮处理，尽管成花率不高，但穗花结实率最高。从碳氮平衡来看，开花以后要求穗中的碳/氮值迅速提高，有利于有机物向穗部运输。因此，调节碳氮平衡，达到成花率与穗花结实率的统一，是提高穗粒数的关键。

二、磷、钾肥的施用

磷肥对小麦穗器官的影响也集中表现在结实小穗和退化小穗的比例上，与氮素的效应有相同的趋势。施磷对小麦籽粒形成有重要作用，充足的磷素可促进小麦籽粒饱满。据河南省多年多点的试验证明，在缺磷土壤上，小麦增施磷肥千粒重可提高1～3 g，但如果土壤含磷丰富，增施磷肥对小麦粒重的作用较小。磷肥能加速幼穗发育，但对每穗小穗数和小花数没有多大影响，在生殖细胞形成期缺磷，会引起部分花粉和胚珠的发育不良，造成结实率降低。磷肥的经济用量主要因土壤速效养分含量和比例，以及小麦产量水平而不同，一般每667m² 施 P_2O_5 8 kg 左右。施磷的麦田比不施磷的麦田小麦抽穗期、成熟期提前 2～3 d，且落黄正常，籽粒饱满，色泽好。

钾虽然不是具有重要生理作用的有机化合物的构成元素，但能调节小麦的生理代谢过程，促进碳水化合物的合成与转化，缺钾会影响碳水化合物及蛋白质代谢作用，茎秆机械组织、输导组织发育不良，抽穗成熟显著提早，使小麦灌浆不好，粒重降低，品质变劣。

赵广才（1992）研究了不同氮磷钾水平对小麦千粒重和产量的影响，结果表明，高氮的产量比低氮增加29.6%，差异达极显著水平，以穗多和粒多取得高产。高磷的千粒重较低磷处理提高16.8%，产量增加28.7%，均达到极显著水平，证明增施磷肥可增加粒重，提高产量，但增施钾肥的效果不明显（表10 - 12）。

表 10 - 12　不同施肥水平对小麦千粒重和产量的影响

处　理	千粒重（g）	产量（g/盆）	处　理	千粒重（g）	产量（g/盆）
高氮（75mg/kg）	37.06aA	6.52aA	高钾	37.11 aA	5.54 aA
低氮（25mg/kg）	36.25aA	5.03bB	低钾	36.20 aA	6.00 aA
高磷（30mg/kg）	39.49aA	6.50 aA	喷氮	37.07 aA	5.98 aA
低磷（10mg/kg）	33.82bB	5.05 bB	不喷氮	36.24 aA	5.57 aA

砂姜黑土土质黏重，增施钾肥对小麦穗花发育及生理特性均有影响。马新明等（2000）研究了砂姜黑土条件下大粒型品种兰考86-79、中粒型品种93中6和小粒型品种温2540底施钾肥穗粒发育的影响，结果表明，不同生育时期，钾肥处理均有促进幼穗发育的作用，但因粒型大小的差异而不同。越冬前施用钾肥，能促进苞叶原基分化，各粒型之间与不施钾处理相比，苞叶原基数增加0.5～1.5个，并以对中粒型品种的作用较强；起身期施钾促进幼穗分化进程，显著增加了小粒型品种温2540的小穗分化数，达每穗2.5个，但对大粒型品种兰考86-79和中粒型品种93中6的小穗分化影响不大；拔节期以后施钾具有促进小花发育和分化的功能，与不施钾相比，小花分化数增加1～2朵（表10-13）。

表 10-13 钾处理对砂姜黑土冬小麦幼穗发育的影响

品种类型	处理	越冬前施钾		起身期施钾		拔节期施钾	
		发育时期	苞叶数	发育时期	小穗数	发育时期	小花数
兰考86-79	施钾	单棱期	7.0	二棱末期	13.0	4药隔期	2雌雄蕊
	对照	单棱期	6.5	二棱后期	13.0	3药隔期	1雌雄蕊
93中6	施钾	二棱初期	10.5	小花2.0	18.3	4药隔期	2雌雄蕊
	对照	二棱初期	9.0	小花1.8	18.0	3药隔期	1雌雄蕊
温2540	施钾	单棱末期	8.5	二棱末期	18.0	4药隔期	2雌雄蕊
	对照	单棱期	8.0	二棱后期	15.5	2药隔期	2雌雄蕊

谭金芳等（1995）采用三因素二次回归最优设计，研究了氮磷钾配施对冬小麦穗部性状的影响，试验所用肥料中的氮肥2/3作底肥，1/3在拔节后追施，磷钾肥的90%作底肥，10%于小麦灌浆期喷施，最后将不同氮磷钾配施对小麦穗部性状的影响进行了统计分析，得出了穗粒数（Y_1）与氮磷钾不同配施的关系为：

$$Y_1=30.591\,8+0.185\,1N+0.177\,8N+0.331\,3K-0.561\,9N^2-0.413\,1P^2+0.137\,8K^2+0.237\,5NK-0.414\,9NK-0.372\,2PK \quad (X_2=2.51)$$

从以上的统计分析可以看出，回归方程的主效、二次项值及交互项都属于典型的三元二次肥效方程式，说明氮磷钾肥对穗粒数的影响效果有一个最适范围，对穗粒数提高有很好的作用，但关系是复杂的：氮磷钾不同配施与穗粒数关系非常密切，从氮对穗粒数的影响效果看，当磷钾肥均施56.25kg/hm²时，不施氮肥的穗粒数为29.7粒，施氮450 kg/hm²时，穗粒数为32.1粒，当磷（P_2O_5，下同）和钾（K_2O，下同）施用量分别提高到96 kg/hm²和168.75 kg/hm²，氮由66 kg/hm²提高到384.15 kg/hm²时，穗粒数由31.9粒增加到32.2粒；磷对穗粒数的影响效果是，当氮和钾肥的施用量为225 kg/hm²和56.25 kg/hm²时，磷由不施增加到112.5 kg/hm²时，穗粒数由30.4粒增加到32.6粒，平均每千克磷增加穗粒数0.29粒；钾对穗粒数的影响是，当氮和磷的施用量为225 kg/hm²和56.25 kg/hm²，钾由不施增加到225 kg/hm²时，穗粒数由31.2粒增加到31.6粒，平均每千克钾增加0.027粒。说明在一定的施肥范围内，随着氮磷钾肥用量的增多穗粒数也在提高，但不同肥料品种对穗粒数的增加效应不同，本试验效果大小顺序为磷肥＞氮肥＞钾肥。

另有试验结果表明，施用穗肥对产量结构的影响以氮磷钾配施穗粒数最多，而氮磷配施或氮钾配施与氮肥单施效果差别不大（表10-14）。

表 10-14 不同穗肥对产量结构的影响

处理	穗数（万个/hm²）	穗粒数（粒）	千粒重（g）	结实小穗（个）
P K	461.25	28.0	49.0	19.04
N K	439.50	26.3	48.6	17.65
N P	448.80	26.41	48.5	17.84
N	432.00	26.7	48.2	17.7

近年来，在小麦生产中，随着产量的不断提高，作物从土壤中吸收的土壤钾素越多，只靠有机肥补充，已不能满足小麦高产对钾素的需求。一般认为，土壤速效钾含量<50mg/kg为严重缺钾，50～70mg/kg 为一般性缺钾。如果土壤速效钾含量小于100mg/kg，要补充一定的钾肥，不但可提高小麦产量，还能改善品质。在缺钾土壤条件下，小麦高产优质高效的施钾量是每公顷 110kg K_2O 左右（于振文等，2001）。

三、硫肥和有机肥的施用

硫是小麦重要的营养元素之一，近年来，由于肥料种类的改变，生产上使用不含硫或少含硫的化肥品种替代了过去的高含硫化肥品种，如尿素替代硫铵，磷酸二铵替代过磷酸钙，氯化钾替代硫酸钾，加上作物产量的逐步提高，作物从土壤中带走的硫也随之增加，施用硫肥不但提高缺硫麦田小麦的光合速率，增加物质积累，提高粒重，对高产麦田小麦产量和品质也有明显的效果。

朱云集等（2005）在新郑市砂质土壤上采用追施硫肥的方法，在拔节期每公顷追施纯硫 0、30、60、90 kg，分析了不同施硫量对豫麦 70 产量及构成因素的影响，结果表明，各硫肥处理产量与对照相比差异均达到显著水平，其中以每公顷施硫 60、90 kg 处理与对照相比差异达极显著水平，且以每公顷追硫 60 kg 的处理产量最高。从产量构成因素来看，不同处理小麦成穗数、穗粒数基本相同，但千粒重随追施硫肥用量的增多而提高，尤其是每公顷追施 90 kg 处理的千粒重最高，且与其他处理相比差异均达到极显著水平。由此可以看出，在基础肥力较低的砂质土壤，追施硫肥有利于提高小麦千粒重，进而达到增加籽粒产量的目的（表 10-15）。

表 10-15 追施硫肥对小麦产量及其产量构成的影响

处理（kg/hm²）	成穗数（×10⁴ 个/hm²）	穗粒数（粒/穗）	千粒重（g）	籽粒产量（kg/hm²）
0	552.0a	33.2a	33.3cC	4 934.8bC
30	559.5a	33.0a	36.4bB	5 176.3bAB
60	567.0a	33.2a	40.8bB	5 414.9aA
90	553.5a	33.1a	41.6aA	5 318.7aA

注：品种为豫麦 70；均值后字母不同表示差异显著，小写、大写字母分别表示 5% 和 1% 的显著水平。

林葆等（2000）试验表明，不同作物和不同的耕作方式对硫素的需求差别很大，评价土壤中硫素供求状况必须与具体生产条件相结合。不同地区土壤缺硫的临界值因地区而不同，Zhao 等（1999）认为 12mg/kg 为土壤缺硫临界值，高义民等（2004）认为土壤硫的亏缺值为 18.5mg/kg。本书著者（2005）在土壤有效硫含量为 22.78mg/kg 的基础上，在每公顷施氮 240kg 和 330kg 的水平下，设不施硫（S0）、施硫 60kg/hm²（S60）、100 kg/hm²（S100），结果表明，在两个氮素水平下，施硫均能提高小麦籽粒产量。在 N330 水平下，豫麦 34 S100 和 S60 与 S0 相比增产达到极显著水平，籽粒产量分别提高 28.6% 和 12.6%，且 S100 与 S60 处理间差异亦达极显著水平；在 N240 水平下，与 S0 处理相比，S100 和 S60 处理分别增产 25.7% 和 25.3%，达极显著差异。豫麦 50 也表现出同样的趋势，在 2 个供氮水平下均随施硫量的提高籽粒产量呈增加趋势，施硫处理与不施硫处理籽粒产量差异达到显著水平。相同施硫量条件下，2 个品种籽粒产量 N240 处理的产量高于 N330 处理，豫麦 34 分别高 5.8%（S100）、20.4%（S60）和 8.2%（S0），豫麦 50 分别高出 6.1%、4.8% 和 4.5%，表明在氮肥过量施用的情况下缺硫限制小麦产量的提高（表 10 - 16）。

表 10 - 16　不同供氮水平下施硫籽粒产量及产量构成的影响

品　种	N 处理 (kg/hm²)	S 处理 (kg/hm²)	穗数 (×10⁴ 个/hm²)	穗粒数 (粒/穗)	千粒重 (g)	籽粒产量 (kg/hm²)
豫麦 34	N330	S100	511.65aA	31.73aA	51.38aA	7 660.35aA
		S60	540.90aA	30.80aA	47.09bB	6 712.50bB
		S0	494.55aA	30.07aA	47.02bB	5 959.05cB
	N240	S100	551.25aA	33.40aA	50.41aA	8 106.45aA
		S60	529.80aA	32.47aA	48.34abA	8 079.45aA
		S0	472.80bB	31.27aA	47.10bA	6 450.60cB
豫麦 50	N330	S100	465.72 aA	34.80 aA	43.80 aA	7 896.20 aA
		S60	497.10 aA	36.40 aA	43.14 aA	7 429.41 bA
		S0	452.15 aA	35.93 aA	40.83bB	7 367.12bB
	N240	S100	500.52 aA	39.07 aA	44.14 aA	8 379.72aA
		S60	516.82 aA	37.30aA	42.74 aA	7 784.22 aA
		S0	463.71 aA	33.93bA	42.10 bB	7 673.27bA

就两个氮水平不同施硫处理产量构成因素来看，成穗数和穗粒数均随施硫增加呈上升趋势，豫麦 34 在 N330 下 S0 成穗数与施硫处理间达到显著水平，豫麦 50 在 N240 下不施硫处理与施硫处理间差异达显著水平。但施硫可显著提高千粒重（$P < 0.05$），豫麦 34 在 N330 水平下，S100 处理与其他施硫处理相比，均达显著水平；在 N240 水平下，S100、S60 间差异不显著，但均显著高于 S0。豫麦 50 在 2 个供氮水平下均表现出施硫处理千粒重极显著高于不施硫处理，在 N240 水平下，施硫显著提高了穗粒数。

有机肥是一种完全肥料，含有丰富的有机营养，增施有机肥对改良土壤结构、培肥地力，提高小麦粒重和产量具有明显的促进作用。根据著者在开封市粗砂土麦田的试验结果，每公顷施用 60 000kg 有机肥可延长小麦灌浆时间 1d，灌浆强度提高 16.5%，千粒重提高 5.4%。进一步分析增施有机肥促进小麦籽粒灌浆的原因，一是提高了土壤肥力，改善了小麦植株的营养条件；二是有机肥有良好的保水作用，使麦田能较好地保证小麦对水分的需求。在灌水后的第 8d 测定土壤含水量，施肥处理较对照耕层含水量高 2mm，说明增施有机肥是提高砂土地小麦千粒重和产量的重要措施之一（表 10 - 17）。

表 10 - 17　砂地小麦施用有机肥对籽粒灌浆的影响

处　　理	灌浆时间 (d)	灌浆强度 (千粒/d)	最终千粒重 (g)
施有机肥（60 000kg/hm²）	20	1.41	35.25
对照	19	1.21	33.45

四、叶面喷肥

小麦生育后期，仍需保持一定的营养水平，以延长叶片功能期和根系的活力，防止早衰。据研究，公顷单产在 5 250kg 以上的产量水平，小麦开花期叶面积指数应保持在 5 左右，灌浆盛期以 4 左右为宜。后期脱肥，则绿叶面积下降，灌浆高峰来临早，结束快，灌浆期缩短，粒重降低。但由于生育后期小麦根系的衰老死亡，吸收活力降低，灌浆后期追肥于事无补。因此，在小麦抽穗期叶色变淡，旗叶含氮量低于干重 3％，叶绿素低于 0.5％，呈现早衰趋势的麦田，在抽穗至灌浆期间，可叶面喷施少量尿素、磷酸二氢钾、微量元素及化控制剂，对于提高叶片叶绿素含量，延长叶片功能期，维持根系活力，增大物质积累，提高粒重有较好的效果。如在抽穗至灌浆期间，可用 2％～3％的尿素溶液每公顷 600～750kg 进行叶面喷洒，以补充氮素营养，一般可增加千粒重 1g 左右。用 0.3％～0.4％的磷酸二氢钾溶液每公顷 600～750kg 喷洒叶面，也有提高粒重的作用（表 10 - 18）。

表 10 - 18　叶面喷肥对小麦千粒重的影响（河南省农业科学院，1988）

产量水平 (kg/hm²)	喷肥时间	喷 0.2％的尿素		喷 0.4％的磷酸二氢钾		对照千粒重 (g)
		千粒重（g）		比对照增（％）		
3 750	花后 5d	37.2	2.0	37.1	1.9	35.2
5 250	抽穗期	42.4	0.8	43.1	1.5	41.6

第四节　微肥和植物生长调节剂的施用

一、微量元素和有机酸

微量元素也是小麦生长发育必需的营养元素，小麦缺少微量元素，轻则发育不良，重则出现相应的缺素症状，导致严重减产。小麦施用微量元素的增产作用取决于土壤中这些元素的丰缺程度。常用微量元素为锌、硼、锰等，而这些元素在我国大部分麦田处于较低的水平，需要补施才能满足小麦生长发育的需求。生产上常用的锌肥为硫酸锌，锰肥为硫酸锰，硼肥为硼砂，一般作基肥施用，每公顷用量为 15kg 左右。

小麦吸收的微量元素虽然绝对量很少，但对小麦穗粒数影响很大。如小麦穗器官形成对微量元素硼的反应敏感，缺硼时小麦雄蕊发育不良，开花时雄蕊不开裂，不能散粉，花粉少而畸形，生活力差，不萌发，雌蕊不能正常受粉，最后枯萎不结实。据河南农业大学试验结果，小麦孕穗、开花期喷硼，较对照增产 7.6％，锌也能提高小麦有效分蘖率，增加每穗粒数，减少空秕率。天力螯合肥是含有多种微量元素的一种液态肥料，著者曾于 1999 年在小麦孕穗期对不同品种进行叶面喷洒试验，喷洒清水为对照，结果表明，喷洒天力螯合肥与对照相比，能增加穗粒数（表 10 - 19）。

表 10-19 天力螯合肥对小麦穗粒数和千粒重的影响（孕穗期喷洒）

品　　种	处　理	穗粒数（粒）	千粒重（g）
豫麦 49	叶面喷施	37.2	32.1
	对照	34.8	35.0
百泉 41	叶面喷施	44.6	25.7
	对照	43.1	25.6
偃展 1 号	叶面喷施	27.0	37.5
	对照	26.0	35.3
豫麦 66	叶面喷施	57.7	37.6
	对照	45.4	39.1

　　有机酸可以为小麦生长发育提供所需要的多种微量元素，同时也可作为非酶清除剂，可提高植株体内保护酶活性，以防止和推迟膜质过氧化产物的产生。抗坏血酸和苯甲酸具有清除过量的自由基，维持活性氧代谢平衡的作用。水杨酸是一种羟基酚酸，对抑制小麦体内超氧化物歧化酶（SOD）活性下降和丙二醛（MDA）含量增加亦有明显作用。单宁酸是一种多酚类化合物，也是一种抗氧化剂，具有清除过量氧自由基、抑制脂质过氧化，并兼有抗病虫害的作用。琥珀酸是植株体内重要的二羧酸，除参与呼吸作用外，对维持活性氧代谢平衡亦起一定作用。王向阳等（1995）曾采用抗坏血酸、苯甲酸、水杨酸、琥珀酸、单宁酸、硫酸锌、硼酸，以喷清水作对照，于小麦开花后 10、20、25d 喷洒，分别在喷后 3、6、9d 取旗叶测定生理指标，结果表明，花后 10d 喷洒，除单宁酸处理小麦千粒重低于对照外，其余处理均高于对照，且喷洒抗坏血酸、琥珀酸、硼酸处理千粒重明显增加，与对照相比差异达极显著水平；花后 20d 喷洒抗坏血酸、水杨酸、硼酸和硫酸锌处理的粒重与对照相比差异也达极显著水平；花后 25d 处理对增加粒重仍有作用，但效果较小（表 10-20）。

表 10-20 不同处理对小麦千粒重的影响和差异显著性

处　理	花后 10d		花后 20d		花后 25d	
	千粒重（g）	与对照比	千粒重（g）	与对照比	千粒重（g）	与对照比
对照	38.50		38.37		37.72	
抗坏血酸	40.03	1.52**	40.03	1.66**	38.58	0.86*
苯甲酸	39.15	0.64*	39.25	0.88*	38.68	0.74
水杨酸	39.15	0.64*	40.45	2.08**	37.64	—0.08
琥珀酸	40.92	2.42**	38.72	0.32	38.18	0.41
单宁酸	37.16	—1.34	39.45	1.08**	37.81	0.09
硼酸	40.56	2.16**	39.76	1.41**	38.27	0.60
硫酸锌	39.22	0.72*	39.55	1.18**	37.87	0.13

　　从喷洒有机酸对提高小麦千粒重的内在生理生化指标分析，在小麦进入灌浆期以后，旗叶叶绿素逐渐降解，叶片失绿，蛋白质合成能力亦下降，降解大于合成，叶片逐渐衰老，在喷洒有机酸和硼、锌以后，除水杨酸处理叶绿素含量低于对照外，其余各处理旗叶叶绿素含量和蛋白质含量降解速率均减慢，且以喷洒苯甲酸、抗坏血酸、琥珀酸、单宁酸处理对叶绿素含量的作用较为明显，硼酸、硫酸锌和琥珀酸、苯甲酸、单宁酸对抑制蛋白质降解效果显著，其结果都不同程度延缓了叶片的衰老过程。

二、植物生长调节剂

植物生长调节物质可有效地调控作物生长发育的诸多过程，对增强作物抗逆性、提高产量、改善品质有积极的作用。著者（1995）曾以豫麦 24 和百泉 41 为供试品种，于小花分化期叶面喷洒油菜素内酯（BR）、赤霉酸（GA₃），观察了两品种的小花发育动态，并于成熟期进行考种分析。结果表明，在穗分化期间喷洒油菜素内酯对中部小穗第 2～4 朵小花促进作用明显，而且在喷后 5d 即可观察到促进效果，与第 1 朵小花同处于一个发育时期的小花数目多于对照，即喷油菜素内酯处理的小麦第 2～4 朵小花较对照同部位小花发育提早一个时期，这种趋势在喷后 12d 仍可看到；喷赤霉酸对顶部小穗的小花发育也有促进作用，但促进效应较晚，仅在喷后 12d 才表现出顶部小穗第 2 朵小花与第 1 朵小花发育时期接近，或同处于一个发育时期。喷洒这两种植物生长调节剂对小麦小花发育的作用，主要是有利于劣势小花发育，从而缩小了劣势小花与强势小花的发育差距，提高不同位小花发育进程的均衡性，减少小花退化，提高结实率。从考种结果也可看出，两种喷素处理平均穗粒数均较对照有所增加，其中喷油菜素内酯处理平均每穗增加 2.44 粒，喷赤霉素处理平均每穗增加 1.28 粒。从增粒部位来看，喷油菜素内酯处理麦穗上、中、下 3 个部位每小穗平均粒数均多于对照，增粒效应为中部＞下部＞顶部；喷赤霉素每小穗粒数较对照均有增加，增粒效应为顶部＞下部＞中部（表 10 - 21）。

表 10 - 21　小花分化期喷激素对小麦不同穗位粒数的影响

处 理	全 穗		下 部		中 部		顶 部	
	粒/穗	CK 增减	粒/小穗	CK 增减	粒/小穗	CK 增减	粒/小穗	CK 增减
BR	41.91	2.44	0.45	0.14	3.29	0.16	1.84	0.13
GA₃	40.75	1.28	0.42	0.11	3.23	0.10	1.88	0.17
CK	39.47	—	0.31	—	3.13	—	1.71	—

注：下部（从下第 1～3 小穗）、中部（从下第 7～10 小穗）、顶部（最上部小穗）。

小麦开花后，植株的光合产物主要供籽粒发育的需要，遇不良的环境条件，如高温干燥、低温阴雨、病虫危害等，均会造成光合产物的减少、养分运转积累受阻，有些籽粒甚至强势粒会中途停止发育、退化干枯，造成缺粒减产。据观察，籽粒退化有两种情况，一种是因未能受精，于开花后 3d 左右干缩；另一种是开花后能继续发育 5～8d，子房外形由倒三角形变为圆锥形时停止发育，籽粒颜色由青色→灰青色→灰白色→干枯，这是由于不良的气候条件、营养不足或病虫危害造成的。朱云集等（1995）曾在开花后 5d 喷洒油菜素内酯（BR）、乙烯利（ETH）、赤霉酸（GA₃）植物生长调节剂，成熟后取样进行穗部性状考察，结果表明，3 种喷素处理平均穗粒数均较对照有所增加，经方差分析，穗粒数增加较对照达显著水平。喷素还改善了穗部性状，表现在每穗结实小穗数增加，不孕小穗数减少，下位小花（每穗第 1、2 朵小花）退化数减少，各部位小穗粒数增加。其中每穗平均不孕小穗数减少和每小穗下位小花退化数与对照相比均达显著水平；每穗结实小穗数、顶部小穗、中部小穗粒数喷 BR、GA₃ 处理与对照相比均达极显著水平。下部（每穗下部第 1～3 小穗）粒数 3 种喷素处理均不显著，可能因为第 1、2 小穗处于特殊的地位，分化发育慢，摄取营养能力弱，很少成粒，表现出对化控物质反应迟钝。从 3 种调节物质的增粒效应来看，以 BR、GA₃ 的效果最好，而 ETH 作用最小（表 10 - 22）。

表 10 - 22　初花期喷素对小麦穗粒数及穗部性状的影响

处 理	穗粒数 （粒/穗）	结实小穗 （个/穗）	不孕小穗 （个/穗）	下部小穗粒数 （粒/小穗）	中部小穗粒数 （粒/小穗）	顶部小穗粒数 （粒/小穗）	下位小花退化 数（粒/穗）
BR	43.8	18.4	2.8	0.57	3.23	1.52	1.2
ETH	42.1	17.8	3.0	0.48	2.98	1.08	1.7
GA₃	44.0	18.6	2.9	0.50	3.18	1.58	1.2
CK	41.6	17.1	3.9	0.47	3.03	1.04	2.7

著者（1993）采用植物生长调节剂 6 -苄基嘌呤（6 - BA）20μmol/L、油菜素内酯（BR）0.01μmol/L、缩节胺（Pix）500μmol/L、萘乙酸（NAA）20μmol/L、多效唑（PP333）100μmol/L、三唑酮 20μmol/L，以喷清水为对照，分别在小麦开花后 10d、20d、25d 对冀麦 5418 进行叶面喷洒，喷后 3d、6d、9d 取叶片测定生理指标，成熟后分析千粒重与喷洒物质的关系发现，6 - BA、BR 在花后 10d、20d、25d 喷洒均与千粒重呈明显的正相关关系，三唑酮在花后 20d 喷洒与千粒重有极显著的正相关关系，而 PP333、Pix 无论在花后 10d、还是 20d、25d 喷洒与千粒重的提高均无明显相关关系。由此来看，不同的调节剂对小麦粒重的调节效应不同（表 10 - 23）。

表 10 - 23　花后不同时间喷洒植物生长调节剂对小麦粒重的影响　　（单位：g）

处 理	花后 10d	花后 20d	花后 25d
6 - BA	40.59**	40.52**	38.98*
BR	39.16*	39.81**	38.61*
三唑酮	38.75	39.49**	38.38
PP333	38.73	38.60	38.08
Pix	38.70	38.71	37.88

吡咯喹啉醌（PQQ）广泛存在于植物体内，除作为辅酶参与生物体内某些氧化还原酶类的催化反应外，还可以用作生长刺激因子促进微生物和植物的生长发育。朱云集等（2000）以周麦 13 为供试材料，以清水作对照，喷后取旗叶测定生理指标，成熟后分析小麦穗部性状，结果表明，孕穗期喷洒 PQQ 后，每穗结实小穗数增加，下位花败育减少，中、下部小穗的结实粒数增多，因而，每穗粒数增加显著，尤以 50μmol/L 增粒最多，但从整体上来说，孕穗期喷洒 PQQ 千粒重提高不显著。在冬小麦生理旺盛和小花退化高峰的孕穗期，喷洒 PQQ 能提高叶片中叶绿素含量，进而提高叶片的光合速率，而且还能提高硝酸还原酶和谷丙转氨酶活性，这些对改善冬小麦植株的有机和无机营养供应，调节植株体内的生理代谢，减少小花退化，提高结实率无疑是有益的（表 10 - 24）。

表 10-24　PQQ 对冬小麦穗部性状的影响（品种：周麦 13）

处理 （μmol/L）	结实小穗 （个）	不孕小穗 （个）	下位花败 育（个）	下部 1～7 小 穗粒数（个）	中部小穗 粒数（个）	上部小穗 粒数（个）	每穗粒数 （个）	千粒重 （g）
0	18.3	2.2	3.7	13.8	15.1	10.9	39.8	39.4
50	18.8	2.0	3.0	14.4	17.7	11.1	44.2	40.8
100	19.2	1.7	3.2	14.3	18.3	11.1	43.7	39.1
170	18.3	2.1	3.5	14.9	16.1	11.0	42.0	39.2

第五节　播种技术

一、播种时间

小麦适期播种可以充分利用冬前的光热资源，培育壮苗，形成健壮的大分蘖和发达的根系，制造积累较多的养分，增强抗逆力，为提高成穗率、培育壮秆大穗奠定基础。据河南省各地大量播种试验的资料分析表明，播期对小麦幼穗发育有明显影响，小麦幼穗分化的各时期随播种期的推迟而后延。播种早，幼穗分化早，时间延长，但早播种，会导致植株生长发育早，在越冬期招致冻害；过于晚播小麦因生长锥伸长期推迟，穗分化总天数和全生育期缩短，导致小穗数、小花数和结实粒数减少。

（一）播期对穗粒数的影响

据著者的研究结果表明，不同播期小麦小花发育的天数不同，如正常播期（1980 年 10 月 8 日）的半冬性小麦品种百泉 41，从 2 月底至 3 月初进入小花原基分化期，到开花历时 60d 左右。但 10 月 16 日、10 月 24 日播期处理，分别历时 52d 和 56d；春性品种郑引 1 号 10 月 16 日播期处理小花原基自 2 月上中旬开始分化，到 4 月上旬开花结束，历时 79d 左右，10 月 24 日播期处理历时 50d 左右。不同播期小麦小花的各发育时期，历时的天数也不一致，差异最大的时期是小花分化至小凹期。如 10 月 8 日播期处理春性小麦品种，12 月 25 日进入小花分化期，到 2 月 20 日达到小凹期（雄蕊药隔形成期），历时 57d；10 月 16 日播期处理此期历时 27d，减少了 30d；而 10 月 24 日播期处理从小花分化到小凹期只有 18d 左右，又缩短了 9d。这表明晚播小麦发育快，幼穗分化强度大，所以每一个穗子分化的小花数并不少，但由于各花位小花发育时间差异小，小花退化也少，这也可能是某些小麦品种在晚播条件下穗粒数并不少的原因。

（二）播期对粒重的影响

从生育中后期来看，不同播期影响小麦灌浆期的长短，而且由于播期不同，灌浆时所处的气候条件不同，也影响到小麦的灌浆强度，最终使小麦粒重变化很大。

据著者连续多年研究四个播期（10 月 1 日、10 月 8 日、10 月 16 日、10 月 24 日）对春性品种郑引 1 号粒重的影响，结果表明，适期早播的小麦生育期提前，开花早，灌浆时间长。10 月 8 日播期处理，越冬前幼穗分化已达到二棱后期，返青以后很快进入小花分化期；而 10 月 24 日播期处理，越冬前幼穗分化仅达到单棱期，开花期较 10 月 8 日播期明显推迟，灌浆期也相应后延。10 月 8 日播种的处理 5 月 5 日（开花后 11d）千粒重已达到 9g，10 月 24 日播期处理千粒重只有 2.5g；到灌浆盛期的 5 月 20 日（花后 24d），10 月 8 日播期处理千粒重达到 27.5g，10 月 24 日播期处理仅有 18.5g，两者相差 9g。由于河南省在 5 月 25 日前后常常出现干热风、雨后青枯、高温逼熟等自然灾害，这时 10 月 8 日播期处理郑引 1 号千粒重已达 40g，而晚播处理此时的千粒重只有 34g，二者相差 6g，可以看出，后期自然灾害对晚播小麦的粒重影响较大。所以晚播小麦常由于灌浆时间不足导致粒重下降。

（三）不同类型品种适宜播期

在河南生态条件下，半冬性小麦品种如百泉 41、豫麦 49 等，幼穗由护颖分化期到四分体期一般为 30~40d，播种期之间差异较小，而从穗原基到护颖分化期所经历的时间则随播种期推迟而缩短，由于播种晚，温度低，幼穗分化开始晚，单棱期分化正处于越冬的低温阶段，进入二棱期又正值小麦返青，此时随着温度回升又加快了幼穗发育进程，因此大大影响到小穗原基的分化，所以，这类品种应适期早播，以充分利用当地的气候资源，促进小穗原基的分化，发挥其增产潜力。相反，郑引 1 号、豫麦 18、豫麦 34 等春性品种，如果播种早，会由于出苗后温度高，幼穗分化速度快，苞叶原基和小穗原基分化期大大缩短，进而影响小穗的形成，致使分化的小穗数少；另一方面，在小穗原基分化结束后，护颖、小花以及雌雄蕊等分化期相应提前，甚至在越冬期就进入小花分化期和雌雄蕊分化期，造成越冬期植株拔节，极易遭受冻害，严重影响产量。

播种过早的麦苗不仅达不到提高粒重的目的，还造成穗少、粒少，减产严重。如 10 月 1 日播期处理冬前节间开始伸长，幼穗分化达到雌雄蕊分化期，越冬期主茎和大分蘖冻死，由小分蘖和春生蘖长成的麦穗比适期播种的晚熟 2~3d、千粒重低 1~2g。在有些年份早播小麦即使不受冻害，也常因前期旺长，麦苗生长瘦弱，后期脱肥早衰，最终不能获得高产。

据国家小麦工程技术研究中心的研究结果（1995），在河南生态条件下，越冬期半冬性品种幼穗发育达到二棱初期至中期，主茎叶片 6 叶至 6 叶 1 心；春性品种，幼穗发育达到二棱中期，主茎叶龄 5 叶或 5 叶 1 心，这类麦田于 4 月 25 日前后开花，灌浆时间可达 40d 左右。要达到上述生长发育标准，半冬性品种一般在日平均温度 16℃左右播种，春性品种一般在日平均温度 15℃左右播种，即可达到上述发育时期。播种过早则越冬前植株开始拔节，幼穗分化达到护颖分化至小花分化期，越冬期主茎和大分蘖有被冻死的危险。如果播种过晚则缩短了灌浆期而且降低了灌浆强度，特别是在高水肥的条件下，千粒重降低更为严重。

二、播种密度

播种量大小是决定基本苗合理与否的主导因素，是创建优质群体的起点，基本苗不但与单位面积成穗数密切相关，而且与穗粒数、千粒重也有很大的关系，掌握适宜的播种量和基本苗数，配合其他适宜的栽培措施，能协调小麦生长发育与环境条件、群体与个体的关系，保证产量构成因素协调发展，从而达到理想的产量。

（一）不同产量水平播种密度与产量及其构成因素的关系

河南省高稳低协作组（1987）曾研究了不同产量水平下播种密度与产量及其结构的关系，从结果可以看出：

1. 穗数（Y）与基本苗（X）之间的关系 表现为 $Y = X/(a+bX)$，穗数随基本苗的增加而增加，但增加的速率逐渐减小，接近某一定值，再增加基本苗数，穗数几乎不再增多。

2. 穗粒数、千粒重、穗粒重（Y）与基本苗（X）的关系 是 $Y = 1/(a=bX)$ 或 $Y = a = bX$（b 为负值），其共同规律是随基本苗的增加而减少。

3. 产量（Y）与基本苗（X）的关系 表现为 $Y = X/(a+bX+cX^2)$ 或 $Y = a+bX+cX^2+dX^3$，其特征是，起初，产量随基本苗的增加而提高，但产量增加的速度越来越低，但基本苗增加到一定数值后，产量随基本苗的增加而减少（表 10-25、表 10-26）。

表 10-25 中肥地基本苗对产量及其结构的影响（品种：7023）

每 667m² 基本苗（×10⁴ 株）	每 667m² 穗数（×10⁴ 个）	穗粒数（个）	千粒重（g）	穗粒重（g）	每 667m² 产量（kg）
3	7.3	33.8	35.6	1.20	87.84
3.7	8.0	34.0	35.8	1.22	97.40
4.1	10.0	34.5	35.6	1.21	121.40
5.3	10.5	34.8	35.7	1.24	130.45
6.2	11.7	33.3	35.4	1.18	137.92
8.1	12.9	33.1	35.5	1.17	151.58
10.4	15.4	33.1	34.7	1.15	176.88
14.7	18.8	30.7	34.2	1.05	197.29
15.8	19.8	30.9	34.1	1.05	208.63
17.9	21.3	28.1	33.2	0.93	198.71
18.2	22.4	28.0	32.3	0.90	202.49
21.4	24.6	21.9	33.2	0.73	196.75
25.7	27.8	20.1	31.4	0.63	175.46
30.4	31.5	17.1	29.7	0.51	159.98
33.8	33.9	10.8	27.4	0.30	100.52
33.6	34.2	12.1	28.7	0.35	174.00

表 10-26 高肥条件下基本苗对产量及其结构的影响（品种：百农 3039）

每 667m² 基本苗（×10⁴ 株）	每 667m² 穗数（×10⁴ 个）	穗粒数（个）	千粒重（g）	穗粒重（g）	每 667m² 产量（kg）
3.6	14.1	46.9	40.6	1.90	268.49
4.4	15.3	47.1	40.2	1.89	289.69
5.8	17.3	44.9	40.6	1.82	315.37
6.3	18.7	43.9	40.1	1.76	328.45
8.1	19.3	41.7	40.2	1.68	323.54

(续)

每667m²基本苗（×10⁴株）	每667m²穗数（×10⁴个）	穗粒数（个）	千粒重（g）	穗粒重（g）	每667m²产量（kg）
8.9	19.6	42.1	40.0	1.68	330.07
10.3	21.4	40.7	39.9	1.62	347.54
12.1	23.4	39.7	39.7	1.58	368.81
13.7	26.5	37.7	39.0	1.47	389.63
14.2	27.3	38.4	39.1	1.50	409.65
17.1	31.9	34.1	38.7	1.32	420.98
19.3	34.6	32.4	38.1	1.23	427.12
23.3	36.0	32.1	37.6	1.17	420.97
26.2	38.2	30.9	37.0	1.11	424.02
29.3	41.1	26.4	36.8	0.97	399.49
31.1	41.3	27.2	31.0	0.84	353.30
36.7	44.8	25.3	24.1	0.61	273.16

播种量与穗粒数的关系的研究结果表明，不论大穗型品种还是多穗型品种，单穗粒数均随种植密度的增加而减少，密度最小与最大处理间的单穗粒数相差10粒左右。然而过于稀植的处理穗粒数增加量有限。如大穗型品种偃师7916每公顷基本苗由90万株减至60万株时，单穗粒数增加3.2粒；当种植密度减至30万株时，由于穗层不整齐，单穗粒数仅增加0.8粒。多穗型品种豫麦13每公顷种植密度由150万株减至120万株时，单穗粒数增加3.9粒；当种植密度减至90万株时，穗粒数仅增加1.8粒。因此，为有效提高穗粒数，必须因地制宜，慎重确定种植品种的适宜密度，合理调控群体发展动态，以达到增粒增产之目的（表10-27）。

表10-27 不同种植密度与穗粒数的关系

品种类型	种植密度（万株/hm²）						
	30	60	90	120	150	180	210
大穗型品种（偃师7916）	45.5	44.7	41.5	40.1	36.8		
多穗型品种（豫麦13）			37.2	35.4	31.5	28.1	26.3

（二）不同播期下不同播量穗粒数和千粒重的表现

著者曾以郑引1号为供试材料，设置不同播期不同播量的试验，结果表明，密度较低（75万~150万株/hm²）的处理，一般随播期推迟，穗粒数有升高的趋势；但播量较大（225万~300万株/hm²）的处理，随播期推迟，穗粒数有所降低，处理间的千粒重变化不太明显（表10-28）。但在特殊年份，基本苗过低时，粒重常出现下降趋势。据试验，在每公顷75万~300万株基本苗的范围内，以225万株/hm²处理的千粒重最高，75万株处理的千粒重最低，二者相差1.7g，但这种差异因播期而不同。从不同播种密度处理籽粒灌浆过程来看，播种密度大的处理灌浆期提早，灌浆速度快。据5月20日测定，每公顷基本苗225万株与75万株处理相比，千粒重相差5.5g。当进入灌浆盛期以后，低密度与高密度处理间的千粒重差距缩小，但在灌浆后期由于气候条件不适而使灌浆停止，所以低密度处理的粒重最终仍低于高密度处理。早播小麦各密度处理的生育时期均有所提前，相应延长了灌浆时间，因而缩小了低密度与高密度处理间的粒重差异。播种密度过低造成粒重降低的原因，一是在稀植条件下，个体营养条件好，营养生长旺盛，致使开花期推迟，缩短了灌浆时间，影响了灌浆强度与积累；二是稀植小麦的分蘖穗所占比例较大，幼穗发育相应较晚。

表 10-28 不同播期与播量小麦穗粒数和千粒重比较

播期 （月/日）	75万株/hm² 穗粒数 （个/穗）	千粒重 （g）	150万株/hm² 穗粒数 （个/穗）	千粒重 （g）	225万株/hm² 穗粒数 （个/穗）	千粒重 （g）	300万株/hm² 穗粒数 （个/穗）	千粒重 （g）	平均 穗粒数 （个/穗）	千粒重 （g）
09/26	39.66	31.7	32.69	28.8					36.17	30.3
10/01	41.77	34.3	35.20	32.9	34.75	30.2	38.86	28.4	37.59	31.5
10/08	42.5	31.7	39.86	31.2	37.40	31.7	28.53	28.9	37.07	30.9
10/16	42.84	30.2	36.57	31.3	36.53	30.6	31.33	30.3	36.82	30.6
10/24	44.37	30.1	39.00	29.3	33.93	29.4	30.95	30.4	37.06	29.8
平均	42.87	31.6	37.66	31.2	35.65	30.5	31.17	29.5		

（三）不同类型品种不同播期产量及其构成的表现

著者曾于2002—2004连续两年以半冬性品种国麦1号和弱春性品种豫农9901为供试材料，进行了播期播量试验，通过调查产量构成和产量结果表明，单位面积成穗数以300万株/hm²基本苗处理最高，75万株/hm²处理最低，150万株/hm²与225万株/hm²处理间差异不明显，但与300万株/hm²处理间差异达显著水平，与75万株/hm²处理间差异达极显著水平。穗粒数与成穗数的变化趋势恰好相反，以75万株/hm²为最多，且与其余处理之间差异极显著。千粒重以75万株/hm²为最高，300万株/hm²为最小，但225万株/hm²与150万株/hm²千粒重差异不明显。从最终的产量结果来看，以225万株/hm²产量最高，且与150万株/hm²处理的差异不显著，75万株/hm²处理产量最低，且与其余三个处理差异达极显著水平（表10-29）。表明采用适宜的播量，协调穗数、穗粒数、千粒重三因素之间的关系，是实现小麦高产的重要农艺措施。

表 10-29 国麦1号不同播量的产量及产量构成因素（2002—2004）

播量 （×10⁴株/hm²）	穗数 （×10⁴个/hm²）	穗粒数 （个）	千粒重 （g）	产量 （kg/hm²）
75	533.966cC	34.671aA	42.158aA	6 265.345cC
150	608.621bB	30.231bB	39.917bcB	7 351.469aA
225	619.655bB	29.236bcB	40.564bAB	7 384.667aA
300	702.241aA	27.257cB	38.801cB	6 695.815bB

从弱春性品种豫农9901的播期试验结果也可看出，两年中分别以300万株/hm²、225万株/hm²基本苗产量较高，与75万株/hm²基本苗处理间差异达到极显著水平，与其余处理间差异达到显著水平。2003年表现出随播种量的增加，产量有明显提高的趋势，2004年则出现225万株/hm²基本苗处理高于300万株/hm²处理的产量，差异达显著水平，证明了过大的播量也会导致小麦产量的下降。从产量构成因素看，穗数表现出随密度升高而增加的趋势，300万株/hm²基本苗处理与其他处理达显著或极显著水平；穗粒数则随密度的增加而降低，以播量较小的75万株/hm²处理最高，与其余处理间差异达极显著水

平；千粒重亦表现出随播量增加而降低的趋势，其中 75 万株/hm² 处理最高，与其余处理达显著或极显著水平（表 10-30）。因此，弱春性大穗型品种豫农 9901 穗粒数和千粒重均比多穗型品种豫麦 49 高，但成穗数则明显低于多穗型品种，进而影响产量的大幅度提高。

表 10-30　不同播量对豫农 9901 产量及产量构成因素的影响（2002—2004）

密度 （×10⁴ 株/hm²）	年限	穗数 （×10⁴ 个/hm²）	穗粒数 （个）	千粒重 （g）	产量 （kg/hm²）
75	2003	292.069 cC	40.251 aA	48.583 aA	5 447.586 cC
	2004	429.310 dC	40.538 aA	48.671 aA	6 603.448 cC
150	2003	388.621 bB	35.750 bB	46.567 bAB	6 023.448 bB
	2004	487.931 cB	38.874 abAB	46.891 bAB	7 124.138 bB
225	2003	427.241 abAB	32.562 bB	46.167 bcAB	6 133.104 bB
	2004	528.276 bB	37.061 bB	46.046 bcB	7 534.483 aA
300	2003	470 aA	33.014 bB	44.333 cB	7 003.793 aA
	2004	615.517 aA	31.726 cC	44.809 cB	7 210.345 bB

（四）播量对小麦植株性状的影响

关于提高穗粒数的途径有两种观点，一是强调物质供应，采取高肥足水的栽培方式，结果在前中期就出现群体过大，使群体和个体矛盾突出，虽然无机营养充足，但有机营养缺乏，实质是个体虚弱，明显表现为不孕小穗增加，尤其二棚穗常是下半截穗无籽，结实小穗的粒数也减少，使穗粒数大大降低。二是强调田间的光照条件，采取稀植办法，促使有机营养充足，幼穗分化的小花多，退化的小花少，从而形成大穗多粒。生产上推广的一般小麦品种，每穗粒数可达 32 粒左右，但在过于稀植条件下，常有一些晚期分蘖成穗，致使二棚穗和晚熟穗的比例上升，从而导致群体的平均穗粒数增加不明显。因此，为了最大限度地促花增粒，就必须在满足植株有机营养，促使个体健壮生长的基础上，尽可能提高穗层整齐度。而增加光合生产率的有效办法是调节合理群体发展动态，使之既能充分利用无机营养，又能合成足够的有机营养，从而塑造良好的植株形态，进而获得整齐的穗层，争取穗大粒多。

据著者（1995）对多穗型品种豫麦 13 播量试验的植株性状测定结果表明，种植密度大的，叶片质量较差，每公顷播量超过 90kg，叶片的叶绿素含量较低，叶比重也小；过于稀植的，由于分蘖不整齐，叶片质量总评比较适宜群体的差（表 10-31）。对不同群体叶片性状测定结果表明，大群体与小群体相比，叶绿素 a 含量下降较多，虽然叶绿素 b 含量相应较高，但缓解能力有限，整个叶片的光合能力仍严重减弱，特别是下层叶片所受影响更严重。小群体的倒 3 叶光合强度为旗叶的 1/7，而大群体的还不到 1/30，因而单穗粒数相差 6 粒（表 10-32）。

表 10-31　不同播量抽穗期群体植株性状

项　目	播种量（kg/hm²）				
	30	60	90	120	150
叶面积指数	4.6	5.3	6.2	6.9	6.0
叶片叶绿素含量（mg/g）	1.35	1.71	1.53	1.55	1.51
叶比重	4.8	5.2	4.4	4.4	4.3

表 10 - 32　开花期不同群体叶片性状与穗粒数的关系

群体	叶面积指数	旗　叶		倒二叶		倒三叶		穗粒数
		叶绿素a/b值	光合强度(mg/dm² · h)	叶绿素a/b值	光合强度(mg/dm² · h)	叶绿素a/b值	光合强度(mg/dm² · h)	
小群体	4.81	1.82	24.69	1.70	7.19	1.17	3.75	46.0
中群体	6.19	1.37	12.07	1.36	3.81	1.07	3.13	43.7
大群体	7.22	1.21	10.08	1.29	1.88	1.02	0.32	40.2

　　在河南生态条件下，半冬性多穗型小麦品种适宜的种植密度为每公顷 150 万株～210 万株基本苗，春性多穗型品种适宜的种植密度为 225 万～270 万株基本苗；半冬性大穗型小麦品种适宜种植密度为每公顷 225 万～300 万株基本苗，特殊类型品种的种植密度可增加到 375 万～420 万株基本苗，播期推迟应适当加大播种量。大量研究和生产实践表明，对多穗型品种而言，在每公顷成穗 600 万株以下时，未出现粒重随穗数的增加而明显下降的现象，其粒重稳定的原因之一在于播量适宜、群体动态发展合理、个体生长健壮。

　　在基本苗确定的情况下，要采取措施控制群体结构变化。在适宜的密度下，越冬前每公顷群体茎蘖数控制在 975 万～1 050 万株，叶面积指数 2 左右，最高群体不超过 1 350 万株；拔节期群体控制在 1 050 万株茎蘖数左右，叶面积指数为 3～4，公顷成穗数半冬性品种为 645 万～675 万株，春性品种为 600 万～650 万株。这种群体动态，前期可充分利用地力、光能，形成早发壮苗，在生育中期小花发育的过程中，由于群体质量较高，植株之间通风透光好，可保证有机营养的正常合成、运输，小花退化数量少，穗粒数多，并可为高粒重奠定基础。

三、合理的配置方式

　　马元喜等（1993）的遮光试验结果表明，在小麦幼穗发育过程中，如果小花发育的任何一个时期给予 2/3 的自然光照处理，每穗粒数均明显降低。这是由于遮光后小麦植株体内含糖量相应降低，影响到小花发育或正常受精，以及籽粒发育过程的正常进行。由此可见，在小花分化发育期间植株体内含糖量减少是降低结实率的主要原因之一。为了争取穗大粒多，应重视提高群体质量，特别是拔节以后，要避免株间过早郁蔽，以加速碳水化合物的运转，提高光合效率，增加结实率。

　　近年来，随着生产条件的改变和小麦产量水平的提高，特别是一些地方因栽培管理措施不当，生产上常出现群体偏大、田间郁蔽、通风透光不良的现象，不但影响个体发育，而且导致病虫害严重发生，甚至造成大面积倒伏，制约着小麦产量的进一步提高。合理的行距配置与播种方式，可保证单株有适宜的营养面积，群体与个体合理发展，产量构成因素协调，进而有利于提高产量。但由于不同穗型小麦品种的苗、蘖、穗生长发育规律不同，适宜的行距配置也不一样。大穗型小麦品种茎秆粗壮，根系发达，单株穗粒重高，但分蘖成穗率低，按宽行距种植，行内单株营养面积较小，个体间竞争激烈，分蘖发育明显迟于主茎，虽然主茎穗的穗粒数较多，但由于单株成穗数和单株穗粒数少，制约着产量的提高。多穗型小麦品种由于分蘖成穗率高，单株分蘖多，在小行距播种方式下，容易造成群体郁蔽，通风透光不良，影响光合产物的合成与积累，产量构成因素不协调，虽然单位面积成穗较多，但穗粒数少，粒重低，也影响了产量的进一步提高。

我国主产麦区小麦生产上目前采用的行距配置方式主要有：

（一）等行距条播

等行距条播的行距可根据小麦品种的特性和产量水平高低而定，一般有 16cm、20cm、23cm，25cm 以上等。对于新选育的优良品种在推广初期为扩大繁种系数，一般采用较宽的行距配置，以尽可能扩大单株的繁殖系数。大穗型品种，为增加分蘖成穗数，常采用窄行密植的方式，其优点是缩小播种行距后，能充分利用地力和光照，使单株营养面积均匀，植株生长健壮整齐。在国家第九和第十个五年计划期间，由国家小麦工程技术研究中心主持承担的国家重中之重科技攻关项目"小麦大面积高产综合配套技术研究开发与示范"和国家粮食丰产科技工程河南课题"小麦夏玉米两熟丰产高效技术集成研究与示范"，在进行小麦超高产（每公顷籽粒产量在 9 000kg 以上）攻关研究中，所采用的大穗型小麦品种，如豫麦 66、兰考矮早八等，常年单穗重在 2.5g 左右，但由于其分蘖成穗率低，如果继续沿用过去较宽行距的配置方式，即使通过加大播量，增加基本苗数，也常因植株在田间的均匀度差，单株营养面积小，植株间竞争加剧，致使单株分蘖成穗率不高，甚至还有部分主茎也不能成穗。为提高该类品种的分蘖成穗率，实现预定的超高产产量指标，在精细整地、测土配方施肥的基础上，采用 2BJM 型精密播种机，以等行距 15cm 进行播种，配合其他栽培技术措施，连续多年实现了公顷产量超 10t 的超高产纪录。分析实现超高产的主要原因，即在等行窄距匀播的条件下，配合其他高产栽培技术措施，小麦植株在田间分布均匀，群体质量高，单株发育健壮，次生根条数多，主茎与分蘖生长协调，每穗小花分化数目多，退化数量少。据成熟时取样调查，平均每穗粒数在 52 粒左右，千粒重高达 50g 以上，每公顷成穗较对照田增加 45 万株以上，从而有利于该类品种产量潜力的发挥。

（二）宽幅条播

采用这种配置方式播种的小麦行距和播幅都较宽，如有的地方改制的宽幅耧，播幅 7cm，行距 20cm；有的采用 23cm 的耧靠播等。采用宽幅条播的优点是：播幅加宽，种子在行内分布均匀，减少了缺苗断垄现象，改善了单株营养条件，有利于通风透光，适合于大穗型小麦品种和每公顷 6 000kg 以上的麦田使用。该种配置方式的不足是，生产中使用重耧复播时，2 次播种会造成种子播深不一致，导致出苗不均匀而影响壮苗。

（三）宽窄行条播

各地采用的配置方式有：窄行 20cm，宽行 30cm（20cm×30cm）；窄行 17cm，宽行 30cm（17cm×30cm）及窄行 17cm，宽行 33cm（17cm×33cm）等。据试验研究，在高产麦田种植多穗型小麦品种采用宽窄行条播方式较等行距增产 5%～10%。原因在于：一是宽窄行株间光照和透风条件得到了改善，据河南农业大学测定，植株高度 2/3 处，宽窄行较等行距的透光率提高 9%，茎基部提高 2.6%，在一定程度上还减少了病虫危害；二是宽窄行群体状态比较合理，采用宽窄行播种的小麦在各生育期的群体发展较为协调，单株分蘖适中，次生根较多，个体生长健壮，秆粗穗大；三是宽窄行播种的小麦叶面积相对稳定，变幅较小，延缓了后期早衰，延长了叶片功能期，有利于提高穗粒重。

刘万代等（1999）曾以多穗型小麦品种豫麦 49 为供试材料，设置了 33cm×13cm、30cm×16.5cm、26.4cm×19.8cm、23cm×23cm 的行距配置试验，结果表明，以 30cm×16.5cm、26.4cm×19.8cm 两种配置方式处理产量最高，产量最低的为 33cm×13cm 处理。分析其原因，前两种行距配置处理小麦生长前期个体生长健壮，群体质量较高，产量构成三因素协调发展，而 33cm×13cm 处理因窄行过窄、宽行过宽，影响了产量构成因素的协调发展，进而限制了产量的提高（表 10-33）。

表 10-33 不同行距配置对小麦产量及穗部性状的影响

处理 (cm)	总小穗数 （个/穗）	结实小穗数 （个/穗）	不孕小穗数 （个/穗）	成穗数 （万个/hm²）	穗粒数 （个/穗）	千粒重 （g）	生物量 （kg/hm²）	经济系数	产量 （kg/hm²）
33×13	21.7	16.6	5.1	549.0	30.9	45.0	16 500	0.40	6 591.0
30×16.5	22.0	16.6	5.4	610.5	30.6	44.0	16 275	0.43	6 966.0
26.4×19.8	22.4	16.6	5.8	600.0	32.0	42.9	16 350	0.43	6 961.5
23×23	22.4	16.9	5.5	592.5	31.7	43.6	16 020	0.42	6 798.0

（四）无行距撒播

在我国稻茬麦区和春麦区撒播是一种较为常见的小麦播种方式。这是因为稻茬麦区受光热资源的限制，水稻收获较晚，影响下茬小麦的正常播种，导致小麦穗粒数受到严重影响，产量低而不稳。使用撒播技术后，不仅省工，而且能有效地解决传统犁耙播种造成的误期晚播，但存在着播量大，植株分布不均匀、田间管理困难等问题。

第六节 灌水技术

水是植物细胞的主要组成成分，又是植株体内一切代谢过程不可缺少的物质，对小麦生长发育和产量的形成有着至关重要的作用。我国是一个水资源严重短缺的国家，农业又是第一用水大户，水资源不足已成为影响小麦高产稳产的主要限制因素。高产小麦的不同生育阶段如果供水不足，土壤水分过低，常造成植株矮小，分蘖少，穗粒数和千粒重降低，甚至植株提前枯死，难以实现高产；而灌水或降雨过多，土壤湿度大，植株个体瘦弱，病虫害加重，后期遇风雨，会造成大面积倒伏或青枯逼熟，粒重降低，亦不能达到高产的目的。因此，高产麦田应根据小麦不同生育阶段的需水规律，不同地区气候条件的变化，确定适宜的灌水次数、灌水量和灌水时间，确保各生育阶段都能保持适宜的土壤水分含量，以实现高产、稳产。

小麦生育期间灌水对小麦穗粒重的影响主要是返青—起身水、拔节—孕穗水和灌浆水。在小麦生产中要根据自然降雨和土壤水分变化、苗情与肥力基础，以及田间长势和管理情况等，科学决策，合理运筹。

一、前中期灌水

据河南省小麦高稳优低研究推广协作组（1988）在高肥水麦田的试验结果（表 10-

34），在返青至拔节阶段分别保持高水分（田间持水量的 70%～90%）、中水分（田间持水量的 60%～80%）和低水分（田间持水量的 50%～70%）3 种处理，其他阶段均保持中水分，最终的产量结构，高水分处理的穗数分别比中、低水分处理多 12.0 万个/hm²、39.0 万个/hm²，每穗粒数比中、低水分处理高 0.9～1.8 粒，千粒重分别比中、低水分处理低 0.5g 和 2.3g，高、中水分 2 处理分别比低水分处理增产 8.2% 和 4.9%。可见每公顷产量水平在 6 000kg 以上的麦田，返青至起身期保持中等水分即可。拔节孕穗阶段，小麦营养生长与生殖生长并进，生长速度加快，需水量增加，如河南省北部每公顷日需水量由返青的 15m³ 左右，增至拔节阶段 42m³ 左右。及时浇拔节水能减少中等分蘖的死亡，提高成穗率，明显增加穗粒数。

晚播弱苗分蘖数少，提早浇拔节水，不但能提高分蘖成穗率，而且也可适当加快穗的发育进程，因此，弱苗在返青以后要以促为主，浇返青水以后仍要浇拔节水。旺长麦田因群体过大，要控制浇返青水和拔节水，以抑制氮素的吸收与代谢，加速中小分蘖的死亡，使群体逐渐趋于合理，并及时浇好孕穗水，有明显增加穗粒数的效应。据研究，高产麦田适期浇好孕穗水，郑引 1 号平均每穗达到 39.1 粒，产量可达 7 515 kg/hm²，推迟浇水 12 d，当土壤（黏土）含水量下降到 14% 时进行灌水，每穗粒数仅 32.6 粒，籽粒产量降至 6 375 kg/hm²。

表 10-34　在不同生育阶段不同水分处理对小麦产量及其构成的影响（品种：郑引 1 号）

生育期	处理	穗数（万个/hm²）	穗粒数（个/穗）	千粒重（g）	产量（kg/hm²）
返青至拔节	高水分	489.0	38.8	38.5	7 015.5
	中水分	477.0	37.9	39.0	6 736.5
	低水分	450.0	37.0	40.8	6 484.5
拔节至抽穗	高水分	474.0	40.1	39.2	8 146.5
	中水分	435.0	41.8	38.9	6 927.0
	低水分	390.0	40.4	39.0	6 285.0
抽穗至成熟	高水分	451.5	41.3	39.1	7 375.5
	中水分	450.0	37.0	38.0	6 151.5
	低水分	432.0	36.5	37.6	5 917.5

由于小花发育时期较长，期间不同程度的土壤干旱对小花总数没有明显影响，但对小花成花数和结实粒数影响较大。王沅等（1982）研究发现（表 10-35），若将小花分化分为小花分化期（从小花原基分化—小花分化高峰期）、小花两极分化期（小花开始退化—开花）和开花结实期 3 个时期，分别在各时期内使土壤缺水，使土壤绝对含水量 0～20cm 土层平均为 8.5%，20～40cm 土层平均为 11%，对照 0～40cm 含水量保持在 16%～17%，各处理小花数虽然趋于一致，但成花数和成花率却差异较大。开花结实期缺水，因为小花发育的全过程没有受到水分亏缺的影响，因此，成花数和成花率与对照相似，而小花分化期和小花两极分化期缺水，成花数和成花率均较低。从表中可以看出，小花分化期土壤水分不足，导致每穗粒数减少，不孕小穗数显著增加，穗长缩短。从影响小花的部位来看，小花分化期土壤缺水对顶部和基部的小穗结实率影响较大，尤其是顶部小穗，几乎每个麦穗有两个以上的小穗不结实。由此可以看出，土壤水分的亏缺首先影响基部和顶部小穗上的小花发育、受精和籽粒形成，其次是中部

小穗的上位花（第 3、4 朵花），这与麦穗两端小穗上的小花和上位花的发育时间晚、速度慢有关。

表 10 - 35　土壤水分亏缺对小麦穗部性状的影响

处　理	穗长 (cm)	总小穗数 (个/穗)	顶部不 孕小穗 (个/穗)	基部不 孕小穗 (个/穗)	穗粒数 (个/穗)	结实率 (%)	千粒重 (g)	穗重 (g/穗)	穗数 (万个/hm²)
小花分 化期缺水	6.99	17.7	2.3	0.65	33.55	72.3	41.7	1.40	481.5
小花两极 分化期缺水	7.16	17.4	1.56	0.40	36.05	85.5	39.7	1.41	480.0
开花结 实期缺水	7.04	17.5	0.85	0.30	36.00	71.4	36.4	1.31	592.5
对　照	7.32	17.8	0.90	0.10	39.90	79.6	35.6	1.42	519.0

土壤水分影响小麦穗粒数的原因是土壤水分不足影响小麦正常生长的同时，限制了小麦对土壤中氮素、磷素的吸收，可见，缺水与缺氮、磷对小麦植株的影响相似。另外，土壤水分不足引起的营养条件恶化，使植株营养体和生殖体的生长量减少，加速了生长和发育的进程，这种现象尤以早期缺水麦田更为明显。在小花分化和两极分化期缺水，植株变小，叶片窄短，叶面积小，单株生产率降低，同时由于干物质的积累减少，茎鞘中所积累的全氮和无机磷的含量比对照少。由此可知，缺水麦田小麦生长和发育进程加快，生长量减少，既是水分不足的表现，也是营养缺乏的结果，并由此造成成花数和穗粒数降低。所以，小麦拔节到结实阶段要保证充足的土壤水分，在水源不足的地区，灌水方案设计应首先保证浇拔节水。

水分对不同蘖位的小花发育均有影响，表现出随小麦生育进程推进，供水量的减少使各茎蘖穗小花发育明显加快，呈现出高位蘖小花追赶低位蘖小花，高花位小花追赶低花位小花的趋势增强，同时又不同程度地提前了小花的两极分化，小花成花数减少。返青后供水不足，各茎蘖位小花的两极分化越明显，随着水分胁迫的加强，各茎蘖位小花成花数减少，特别是高位蘖表现较为明显。这一研究为小麦返青至抽穗期灌水提高穗粒数提供了理论依据。

二、后期灌水

后期浇水主要指灌浆水和麦黄水。在小麦灌浆期间，籽粒的成熟与植株含水量有密切关系。一般籽粒中的绝对含水量保持稳定，到成熟期才开始急剧下降。当籽粒含水量下降到 30% 时，灌浆基本停止。在小麦籽粒灌浆过程中，茎秆中的含水量保持在 70% 以上，当含水量下降到 60% 以下时灌浆停止。这表明在灌浆过程中，植株要求保持一定的含水量，比如，为了防止籽粒灌浆期间失水过早、过急，使籽粒在长时间内保持 40% 以上的含水率，就要求土壤应保持适宜的含水量。据著者测定，在小麦灌浆中期，即开花后 15～20 d，对土壤水分供应不足的麦田浇水能增加灌浆强度，延长灌浆时间，灌浆期间一般 0～30 cm 土层，砂土应保持 12% 左右，壤土保持 16% 左右，黏土保持 18%～22%。

据新乡市农业科学研究所（1987）观察，百泉 41 在开花后 13 d，正值灌浆初期，千粒日增重 1g 左右，在此期以前浇水，能促进灌浆盛期及早来临，千粒日增重达 2g 左右。灌浆强度的提高，是由于灌水使植株体内水分增多，光合强度提高，而呼吸强度有所下降（表 10-36）。

表 10-36 浇水时间对小麦千粒重的影响

灌水时间	千粒重（g）	千粒重增加量（g）	千粒重增加（%）
抽穗后 10 d	36.7	1.6	4.7
抽穗后 15 d	36.0	1.9	5.6
抽穗后 20 d	34.5	0.4	1.2
抽穗后 25 d	33.2	−0.9	−2.6
抽穗后 10 d 和 20 d	37.3	3.2	9.4
抽穗后 10 d 和 25 d	34.0	0.8	2.3
对　照	34.1		

对于土壤肥力中等的麦田，小麦生育后期严重干旱时，可在浇灌浆水的基础上再浇麦黄水，有利小麦植株体内养分运转，增加粒重。在后期干热风严重的年份，浇麦黄水还有增加田间湿度，使株间温度下降 2~4℃（表 10-37），具有减轻干热风危害的生态效应。

表 10-37 浇麦黄水对小麦株间温度的影响　　　　　　　（单位：℃）

地面高度（cm）	处　理	8 时	10 时	12 时	14 时	16 时	18 时	平均
20	浇麦黄水	21.0	26.0	30.0	29.0	24.0	22.5	25.4
	对　照	20.0	29.0	36.0	36.0	30.5	24.0	29.3
80	浇麦黄水	24.0	29.4	29.8	32.2	27.5	26.0	28.2
	对　照	23.9	29.6	33.4	36.3	32.9	27.0	30.3

但浇麦黄水的效应随土壤肥力、产量水平不同表现很大差异。高肥水麦田，由于氮素水平较高，浇麦黄水后，以水调肥，温度降低，成熟期推迟，而且由于加速根系死亡，影响籽粒饱满度，甚至造成减产。因此，应因地制宜，一般要浇好灌浆水，以防后期干旱。

第七节　耕作措施

小麦萌发出苗及其生长发育与小麦苗壮、蘖足、穗粒重高有密切的关系，需要良好的土壤环境。播前整地是创造良好土壤环境的基本措施，其目的是通过合理的耕作技术，使麦田耕层深厚，地面平整、水、肥、气、热状况协调，土壤松紧适度，保水、保肥力强，为全苗创造良好的条件；在小麦生育期间，中耕镇压保墒等耕作措施能改善土壤理化性状，促进小麦稳健生长，对提高小麦穗粒重亦有较大作用。

一、播前整地

播前整地对一年两作的麦田，前茬作物收后立即耕地，做到随收、随耕、随耙。在保证质量的前提下，尽量简化耕作整地程序，以争取适时播种，为保证苗全、苗匀、苗壮，并为提高穗粒重、增加产量打好基础。因此，不同茬口、不同土质麦田的耕作整地工作，必须达到深、透、细、平、实、足的要求。

（一）深耕深翻

土层深厚的水浇麦田，深耕在于打破犁底层，土层较薄的山丘地要通过深耕加深活土层。由于深耕易打乱土层，使当季土壤肥力降低，耕层失墒过快，土壤过松，影响麦苗生长。在干旱年份，播前深耕易影响苗全、苗壮，并且费工费时和延误播期。深耕能源消耗较多，生产上常出现深耕地当季减产的事例，所以深耕可采用年际间深耕与浅耕相结合的方法。总之，必须因地制宜，一般要做到：

1. 深耕结合增施肥料　肥料多时，应尽量分层施肥，在深耕前铺施一部分，浅耕翻入耕作层，若肥料少，在深耕后铺肥，再浅耕掩肥。

2. 防止打乱土层　注意熟土在上，生土在下。

3. 深耕必须结合精细耙地　机耕机耙，耙深耙透，土壤不悬空，耕层达到应有的紧实度。

4. 掌握合理深度　土（耕）层较深厚的高产麦田，犁底层深度大都在 20～23cm，破除犁底层的耕深以 25cm 为宜，土（耕）层薄的山丘地，可逐步加深到 30～40cm。

（二）耙耱与造墒

耙耱是在土壤耕翻后采用的一种表土耕作方式，可使土壤细碎，消灭坷垃，上松下实，防止土壤水分散失。不同茬口、不同土质都要在耕地后根据土壤墒情及时耙地，若机械作业，要机耕机耙，最好组成机组复式作业，耙地次数以耙碎耙实、无明暗坷垃为原则，播种前遇雨，要适时浅耙轻耙，以利保墒和播种。

耕作较晚、墒情较差、土壤过于疏松的情况下，播种前后镇压，有利沉实土壤，保墒出苗。镇压强度以 450～500g/cm² 为宜。土壤过湿、涝洼、盐碱地不宜镇压。

耙地以后耱地是进一步提高整地质量的措施，耱地可使地面更加平整、土壤更加细碎、沉实，造成疏松表层，减少水分蒸发。

不同耕作措施必须保证底墒充足，并使表墒适宜，一般要保证土壤水分占田间持水量的 70%～75%，因此除通过耕作措施蓄墒保墒外，在干旱年份播种前土壤底墒不足，要蓄水造墒，可在整地前灌水造墒，或整地作畦后再灌水造墒，待墒情适宜时耢锄耙地，然后播种，有些田块可以在前作物收获前浇水造墒，也可整地后串沟或作畦造墒，防止大水漫灌贻误农时。

（三）整地作畦

水浇麦田要求地面平整，以充分发挥水利效益，并保证播种深浅一致，出苗整齐，为此要坚持平整土地，做到大平有计划的整，小平年年整，耕地前大整，耕地作畦后小整。所谓地平，实质上是把地面控制在一定的比降范围内，以便灌水管理，一般适宜的地面比降为 0.1%～0.3%。具体比降根据地势、土质、水源状况决定，以保证灌水均匀，不冲、不淤、不积水、不漏浇为标准。畦子规格各地差异较大，因地面比降、水源条件、灌水定额、种植方式、土质等不同，长度从几十米到几百米，宽度从 1m 到 7～8m，并考虑到种植方式与播种机配套。

二、中耕与镇压

中耕是麦田管理的重要农艺措施。中耕不仅可切断土壤毛细管，减少土壤水分蒸发，起到保墒、疏松土壤、提高地温、促苗早发、接纳雨水和消灭杂草等作用。镇压可压碎坷垃，减少蒸发，使深层土壤中的水分上升到根系密集的地方供小麦利用，镇压后再中耕，保墒的效果更好。冬前中耕、镇压可以增温保墒，促进根系下扎，控制冬前过多分蘖的发生，从而起到促下控上的作用。早春中耕不仅能起到保墒灭草的作用，而且可提高地温 1℃ 左右，有利于小麦早发快长，加速生育进程，提高小麦穗粒重。对旺长麦田进行镇压，有增加茎粗，增强抗倒能力的作用。据河南省小麦高稳优低研究推广协作组（1987）研究结果表明，镇压结合中耕较不中耕镇压增产，而不中耕镇压较不镇压中耕增产（表 10 - 38）。

表 10 - 38 镇压与中耕的增产效果

| 处　理 | 0～20cm 土层含水量（%） | | | | 穗数 | 穗粒数 | 千粒重 | 产量 |
	12/25	1/14	2/24	4/14	（万个/hm²）	（个）	（g）	（kg/hm²）
镇压结合中耕	13.9	10.7	11.7	12.1	316.5	30.3	36.8	3 351.0
镇压	10.8	9.2	10.9	9.8	273.0	29.5	34.4	2 500.5
镇压比不镇压增	3.1	1.5	0.8	2.3	43.5	0.8	24.4	850.5

刘万代等（1997）曾选用长 34cm，直径为 26.5cm，重 40kg，压强为 1 350kg/m² 的铁皮圆桶，以豫麦 49、郑引 1 号为供试材料，设 4 个时期进行镇压处理，以不镇压为对照，分别在不同生育时期取样观察，结果表明，镇压对小麦的发育进程有一定的抑制作用，其叶龄比对照小，幼穗发育慢于对照。据镇压后 30 d 调查，豫麦 49 的叶龄比对照少 0.2 片，虽然幼穗发育均进入二棱期，但苞叶原基数比对照少 0.3 个。镇压也促进了单株次生根的发生，降低了株高，尤其对基部 1、2、3 节的抑制作用较大。镇压之后早期延缓幼穗发育进程，生育后期各处理趋于一致，对每穗小穗数影响不明显，但镇压能提高结实小穗率和结实小花数，因而增加穗粒数。从对小麦穗部性状的分析来看（表 10 - 39），不同镇压处理对小麦穗部性状均有影响。10 月 8 日播种的豫麦 49，每穗小穗数的表现为，冬前单棱期、二棱初期镇压略少于对照，其他镇压处理和对照相近；结实小穗占总小穗的比例，镇压处理较对照提高 2.0%～8.1%，穗粒数增加 2.0～8.0 粒。千粒重冬前镇压比对照高 1.4g，其他处理比对照降低 0.1～0.8g。10 月 16 日和 10 月 24 日播种的小麦，因镇压时间较晚，每穗小穗数与对照基本相同，但小穗结实率分别比对照提高 5.9%～5.6%，每穗粒数分别增加 4.8 粒和 4.6 粒，千粒重分别提高 3.0g 和 2.7g。10 月 16 日播种的郑引 1 号于小花分化期进行镇压处理对每穗小穗数和结实小穗数均无明显影响，但可提高结实小花数，穗粒数和千粒重分别提高 4.9 粒和 1.4g，12 月 20 日镇压，由于气温较低，镇压后植株受伤，导致冻害加重，粒重低于对照。

表 10-39 镇压对豫麦 49 穗部性状的影响

播期 (月/日)	处理 (月/日)	每穗小穗数 (个/穗)	结实小穗数 (个/穗)	不孕小穗数 (个/穗)	小穗结实 率(%)	穗粒数 (粒/穗)	千粒重 (g)
	11/20	22.9	18.8	4.1	82.1	40.8	34.7
	12/20	22.5	17.1	5.4	76.0	35.7	33.3
10/8	2/22	23.4	18.9	4.5	80.8	41.7	32.2
	12/20+2/22	23.3	18.3	5.0	78.5	36.1	32.5
	对照	23.5	17.4	6.1	74.0	33.7	33.3
10/16	镇压	22.4	17.5	4.9	78.1	39.0	42.6
	对照	22.3	16.1	6.2	72.2	34.2	39.6
10/24	镇压	21.4	17.8	3.6	83.2	40.2	41.9
	对照	21.4	16.6	4.8	77.6	35.6	39.2

第八节 适期收获

小麦进入灌浆期以后，穗数和穗粒数已经固定，粒重大小已成为左右产量高低的唯一因素。小麦粒重高低与收获时期有一定的关系，收获过早，籽粒灌浆不足，不能充分发挥品种的增产潜力；收获过迟，灌浆停滞，籽粒因呼吸代谢而引起粒重下降。我国大部分麦区收获季节常有阴雨、大风、冰雹等灾害性天气，常引起穗发芽、籽粒霉变以及掉穗、落粒等损失，因此，适期收获对确保小麦丰产丰收非常重要。

一、成熟期的鉴别

根据河南省小麦高稳优低协作组多年的研究结果，小麦籽粒的成熟过程可划分为糊熟期、蜡熟初期、蜡熟中期、蜡熟末期、完熟期等，鉴别各期的参考指标总结如下：

（一）糊熟期

籽粒颜色呈绿黄色，外形已达正常大小，穗上部颖壳带黄绿色，中部微绿色，下部微黄色，穗下茎呈黄绿色。籽粒含水量一般为 35%～40%，籽粒腹沟带绿色占的 60%～70%，中部叶片变黄，上部约有 1 片左右呈黄绿色，全部节间保持绿色，含水量一般占50%～60%。

（二）蜡熟初期

籽粒正面呈白色，腹沟黄绿色，胚乳如凝蜡，籽粒含水量在 30%～35%，腹沟带绿色的占 30%～35%，胚带绿色的占 30% 左右，籽粒硬度手捏不动的占 70%～80%。

（三）蜡熟中期

籽粒全呈黄色，胚乳变白，外形略有缩小，籽粒含水量在 20% 左右，茎秆叶片全部变黄，但仍有弹性，颖壳上下部呈黄色，中部略带绿黄色，籽粒腹沟带绿在 7% 左右，胚带绿在 4% 左右，籽粒硬度捏不动接近 96% 左右。

表 10 - 40　小麦不同成熟期外部长相与籽粒成熟度的鉴别

项　　目		成　熟　期				
		糊熟期	蜡熟初	蜡熟中	蜡熟末	完熟期
单株带黄绿色叶片数		1.2	0.5	0	0	0
穗颖壳颜色	上部	黄绿	黄绿	黄	黄	黄
	中部	微绿	绿黄	绿黄	黄	黄
	下部	绿黄	绿黄	黄	黄	黄
穗下茎颜色		黄绿	黄	黄	黄	黄
籽粒腹沟带绿（%）		64.6	33.8	0.5	0.7	0
籽粒胚带绿（%）		53.6	30.2	3.3	0.7	0
籽粒硬度	手捏不动（%）	39.7	74.4	96.2	100	100
	手捏成片（%）	34.1	14.7	3.3	0	0
	手捏成筋（%）	21.1	7.2	0	0	0

（四）蜡熟末期

籽粒颜色呈本品种的固有色泽，胚乳变白，籽粒含水量在 20% 以下，手捏不动，全株呈黄色，叶片全枯死，茎秆仍有弹性。

（五）完熟期

籽粒呈本品种的固有色泽，含水量在 15% 左右，全部变硬。茎秆全呈黄色，变脆，有的品种穗子下垂（表 10 - 40）。

二、适宜收获期的掌握

根据河南省小麦高稳优低研究推广协作组（1988）的研究结果，小麦的适宜收获期与品种特性、气候条件和收割方法有密切关系。在晾晒时间相同的情况下，蜡熟中期收获的平均千粒重最高，其次是蜡熟初期或蜡熟末期，而糊熟期或完熟期收获千粒重较低。适期收获的小麦籽粒饱满，容重大，千粒重高，色泽好，青粒和破损粒少，产量最高（表 10 - 41）。

表 10 - 41　收获期、晾晒期对千粒重的影响　　　　　　　　　　（单位：g）

晾晒天数	收获期				
	糊熟	蜡熟初	蜡熟中	蜡熟末	完熟
0	34.7	35.0	37.1	36.2	35.0
2	35.0	36.3	36.8	35.6	34.5
4	36.0	36.2	36.5	35.6	34.4
6	35.0	35.2	35.9	35.2	34.1

袁剑平等（1995）针对河南省一些地区小麦收获偏晚、产量损失大的问题，选择生产上大面积推广的豫麦 13、豫麦 17、豫麦 18、豫麦 21、西安 8 号和偃师 86117 等 6 个品种，研究了不同收获时期与籽粒、茎秆鲜重、干重、脱颖率的关系，并系统观察籽粒、穗、茎、叶、叶鞘及节等在成熟过程中的颜色变化。结果发现，接近蜡熟末期收获的粒重

最高，收获过早或过晚，均导致粒重下降，造成减产，一般延迟收获5 d，千粒重下降2～4g，造成每公顷籽粒产量损失 350～700kg。并且植株茎秆、穗及籽粒的含水率随灌浆过程而直线下降，但茎秆含水率下降较平缓，在籽粒干重达最大值时，茎秆含水率仍达50％～60％，以后急剧下降。因此，在小麦生产中，用茎秆含水率较难把握小麦的适宜收获期。而穗和籽粒含水率非常一致，当其含水率在28％～35％时，即进入小麦的最佳收获期。小麦最佳收获期的标准是：籽粒含水率30％左右，全田植株已变黄，各叶片已枯黄，但旗叶尚未干枯，基部微带绿色，茎秆枯黄但仍具弹性；麦穗及穗下节变黄，最上一节及邻近叶鞘微带绿色。

由于小麦的收获期很短，麦收前要做好充分准备，并按照品种成熟早晚、颖壳松紧及后熟期的长短等，做到科学安排，先后有序。若采用机械收割，为便于脱粒，宜在粒重达到最大值后的1～2 d进行。

参 考 文 献

[1] 胡廷积等．小麦生态与生产技术．郑州：河南科学技术出版社，1986

[2] 胡廷积，郭天财，王志和等．小麦穗粒重研究．北京：中国农业出版社，1995

[3] 马元喜等．小麦超高产应变栽培技术．北京：农业出版社，1991

[4] 郭天财，朱云集等．小麦高产关键栽培技术．北京：中国农业出版社，1998

[5] 崔金梅，梁金城，朱旭彤．小麦粒重影响因素及提高粒重途径．见：小麦生长发育规律与增产途径．郑州：河南科学技术出版社，1980，79～91

[6] 崔金梅，朱旭彤，高瑞玲．不同栽培条件下小麦小花分化动态及提高结实率的研究．见：小麦生长发育规律与增产途径．郑州：河南科学技术出版社，1980，69～73

[7] 马元喜，王晨阳，朱云集．协调小麦幼穗发育三个两极分化过程增加穗粒数．见：中国小麦栽培研究新进展．北京：农业出版社，1993，119～126

[8] 刘三才．我国小麦穗粒数及多粒种质的研究进展．麦类作物学报，1994，5 期，41～43

[9] 朱云集，崔金梅，郭天财等．温麦6 号生长发育规律及其超高产关键栽培技术研究．作物学报，1998（6）：947～951

[10] 朱云集，崔金梅，王晨阳等．小麦不同生育时期施氮对穗花发育和产量的影响．中国农业科学，2002，35（11）：1 325～1 329

[11] 于振文等．优质专用小麦品种及栽培．北京：中国农业出版社，2001

[12] 朱云集，郭天财，谢迎新等．施用不同种类硫肥对豫麦49 产量和品质的影响．作物学报，2006，32（2）：293～297

[13] 朱云集，谢迎新，潭金芳等．砂土麦田追施硫肥对冬小麦产量和品质的影响．土壤通报，2005，36（5）：723～725

[14] Zhao F J, Hawkesfordt M J, McGrath S P. Sulfur assimilation and effects on yield and quality of wheat . J. Cereal Sci., 1999, 30：1～17

[15] 林葆，李书田，周卫．土壤有效硫评价方法和临界指标的研究．植物营养与肥料学报，2000，6（4）：436～445

[16] 高义民，同延安，胡正义等．陕西省农田土壤硫含量空间变异特征及亏缺评价．土壤学报，2004，41（6）：938～944

[17] 朱云集，郭汝礼，郭天财．两种穗型冬小麦品种分蘖成穗与内源激素之间关系的研究．作物学报，2002，28（6）：783～788

[18] 朱云集，李向阳，郭天财等．不同冠温型冬小麦籽粒灌浆过程中内源激素含量变化．植物生理学通讯，2005，41（6）：720～724

[19] Zhu Y J, Wang C Y, Cui J M, Guo T C. Effects of Nitrogen Application in Different Wheat Growth Stages on the Floret Development and Grain Yield of Winter Wheat. Agricultural Sciences in China. 2002, 10: 1 156~1 161

[20] 朱云集，王永华，刘卫群等．吡咯喹啉醌对小麦生育后期某些生理特性及产量的影响．植物生理学通讯，2000（4）：330～332

[21] 王晨阳，朱云集，郭天财．氮肥后移对超高产小麦生理特性和产量的影响．作物学报，1998（6）：978～983

[22] 赵会杰，李兰真，朱云集等．羟自由基对小麦叶片的氧化损伤及外源抗氧化剂的防护效应．作物学报，1999，25（2）：174～180

[23] 王向阳，崔金梅，赵会杰．小麦不同生育时期超氧物歧化酶活性与膜脂过氧化作用的初步研究．河南农业大学学报，1991，25（1）：1～6

[24] 赵会杰，崔金梅，王向阳等．小麦旗叶的某些生理变化与籽粒灌浆关系的研究．河南农业大学学报，1993，27（3）：215～222

[25] 赵会杰，邹琦，郭天财等．密度和追肥时期对重穗型冬小麦品种L906群体辐射和光合特性的研究．作物学报，2002，28（2）：270～277

[26] 崔金梅，王向阳，彭文博等．植物生长调节物质对小麦叶片衰老的延缓效应及对粒重的影响．见：中国小麦栽培研究新进展．北京：农业出版社，1993，307～313

[27] 王向阳，彭文博，崔金梅等．有机酸和硼、锌对小麦旗叶活性氧代谢及粒重的影响．中国农业科学，1995，28（1）：69～74

[28] 康国章，郭天财，朱云集等．不同生育时期追氮对超高产小麦生育后期光合特性及产量的影响．河南农业大学学报，2000，34（2）：103～106

[29] 郭天财，姚战军，王晨阳等．水肥运筹对小麦旗叶光合特性及产量的影响．西北植物学报，2004，24（10）1 786～1 791

[30] Zhao H J, Tan J F. Role of calcium ion in protection against heat and high irradiance stress‐induced oxidative damage to photosynthesis of wheat leaves. Photosynthetica, 2005, 43（3）：473～476

[31] Zhao H J, Zou Qi. Protective effects of exogenous antioxidants and phenolic compounds on photosynthesis of wheat leaves under high irradiance and oxidative stress. Photosynthetica, 2002, 40（4）：523～527

[32] 李存东，曹卫星，刘月晨等．不同播期下小麦冬春性品种小花结实特性及其与植株生长性状的关系．麦类作物学报，2000，20（1）：59～62

[33] 李国强，朱云集，郭天财等．硫氮配施对强筋小麦豫麦34籽粒灌浆特性的影响．麦类作物学报，2006，26（32）：98～102

[34] 李向阳，朱云集，马溶慧等．不同冠温特征小麦的籽粒灌浆特性及其与内源激素的关系．麦类作物学报，2005，25（5）：32～37

[35] 梅楠，范迟民．冬小麦穗粒形成的生物学分析及其肥水调控．河南职业技术师范学院学报，1990（3～4）：1～12

图书在版编目（CIP）数据

小麦的穗/崔金梅等著. —北京：中国农业出版社，
2007.12
ISBN 978-7-109-12323-6

Ⅰ. 小⋯　Ⅱ. 崔⋯　Ⅲ. 小麦－栽培－研究　Ⅳ. S512.1

中国版本图书馆 CIP 数据核字（2007）第 156659 号

中国农业出版社出版
（北京市朝阳区农展馆北路 2 号）
（邮政编码 100026）
责任编辑　舒　薇

中国农业出版社印刷厂印刷　　新华书店北京发行所发行
2008 年 5 月第 1 版　　2008 年 5 月北京第 1 次印刷

开本：787mm×1092mm　1/16　印张：21.25　插页：6
字数：475 千字　　印数：1～2 000 册
定价：120.00 元
（凡本版图书出现印刷、装订错误，请向出版社发行部调换）